普通高等教育“十三五”规划教材

过程设备制造工艺学

樊玉光　袁淑霞　编著

中国石化出版社

内 容 提 要

本书以培养工程能力和创新能力为主旨，致力于提高学生的工艺实践能力、按工程要求创造性地完成过程装备制造工艺编制的能力，注重传承专注、严谨、精益求精的“工匠精神”。主要内容包括设备制造的材料准备工艺、成形工艺、焊接工艺、组装工艺、质量检验工艺、热处理工艺，并涵盖了过程设备的现代制造技术以及质量控制及管理体系等内容，全面介绍了过程装备制造工艺过程及主要方法，系统地论述了过程装备制造所需要掌握的基础知识和基本方法。

本书可以作为普通高等院校过程装备与控制工程及相关专业的本科教材，也可作为从事过程装备设计、制造、检验和使用等工程技术人员的参考书及培训教材。

图书在版编目(CIP)数据

过程设备制造工艺学 / 樊玉光，袁淑霞编著. —北京：中国石化出版社，2017.3
普通高等教育“十三五”规划教材
ISBN 978-7-5114-4426-4

Ⅰ.①过… Ⅱ.①樊… ②袁… Ⅲ.①化工过程-化工设备-制造-工艺学-高等学校-教材 Ⅳ.①TQ051.06

中国版本图书馆 CIP 数据核字(2017)第 086025 号

中国石化出版社出版发行

地址：北京市朝阳区吉市口路 9 号
邮编：100020　电话：(010)59964500
发行部电话：(010)59964526
http://www.sinopec-press.com
E-mail:press@sinopec.com
北京柏力行彩印有限公司印刷
全国各地新华书店经销
*
787×1092 毫米 16 开本 16 印张 397 千字
2017 年 5 月第 1 版　2017 年 5 月第 1 次印刷
定价：39.00 元

前　言

制造工艺是指按照技术要求，运用知识和技能，利用客观工具，通过相应的方法和手段，使原材料在一定条件下发生物理、化学变化，转化成工具、设备和产品的过程。过程设备制造工艺则是以金属板材为主要原材料，以成形、焊接为主要工艺的制造石化、化工、石油等流程工业静设备的过程。对其中"方法和手段"的研究称之为"学"。《过程设备制造工艺学》是过程装备与控制工程专业及相关专业必须掌握的核心专业课程之一。

近年来，随着石化、石油、化工等流程性过程工业的迅猛发展，过程设备制造业也得到了快速发展，以有色金属为代表的新材料在过程设备中也得到广泛的应用，相应的设备制造方法也应随之更新；制造业的发展带来制造工艺的进步，制造方法也推陈出新，而焊接设备、机加工设备和数控技术的进步也带来了制造方法的变革。随着人类社会资源与环境问题的日益突出，绿色、可持续发展理念逐渐贯穿于制造过程，为此，党的十八大提出"实施创新驱动发展战略"、《十三五规划纲要》提出"创新、协调、绿色、开放、共享"等可持续发展理念、《中国制造2025》提出坚持"创新驱动、质量为先、绿色发展、结构优化、人才为本"的基本方针。以上发展和变革也促进了过程设备制造的相关标准(国家标准及行业标准)和法规的更新和完善。

为适应新技术、新标准、新要求以及创新型社会发展的需要，满足"以智能制造为主导的第四次工业革命——工业4.0"对专业人才的需求，对《过程设备制造工艺学》课程内容的改革也势在必行。本书是在广泛参阅及吸收国内外过程装备制造的新工艺、新方法、新标准的基础上，结合编者多年来的教学经验编著而成的。

本书以培养工程能力和创新能力为主旨，致力于提高学生工艺实践能力、按工程要求创造性地完成过程装备制造工艺编制的能力，注重传承专注、严谨、精益求精的"工匠精神"。其内容包括设备制造的坯料准备工艺、成形工艺、焊接工艺、组装工艺、检验工艺、热处理工艺，并包括过程设备的现代制造技术以及质量控制及管理体系等内容，全面地介绍了过程装备制造工艺过程及主要方法，系统地论述了过程装备制造所需要掌握的基础知识和基本方法。本书的特色在于融入了现代设备制造的机械化、自动化和智能化等内容，介绍了自动化制造、虚拟制造、物联网制造和绿色制造、再制造等现代制造技术在过程设备制造过程中的应用，内容体现新标准、新知识、新技术、新方法，适当留有供自学和拓宽专业的知识内容；顺应材料学科发展趋势，包含了铝、钛、镍、锆等有色金属及其合金材料的设备制造方法。

本书绪论及第5章、第6章、第7章、第9章由樊玉光教授编写；第1章、第2章、第3章、第4章、第8章由袁淑霞编写。

本书部分文字及插图来自辛希贤、樊玉光、康勇主编的《化工设备制造工艺学》一书，对该书作者辛希贤教授及康勇教授表示感谢，同时也感谢本书参阅的其他教材、专著、论文、标准的作者。

在编写过程中得到了陕西化建工程有限责任公司设备制造公司林雅岚总工程师以及陕西省锅炉压力容器检验所夏锋社副总工程师的现场技术帮助，在此表示感谢；同时感谢陕西应用物理化学研究所高级工程师张迎春帮助校阅书稿。

由于作者水平所限，书中不可避免地会存在一些缺点、不足，恳请各位读者指正。

目　录

0 绪　论

0.1　课程内容、性质及要求

过程设备服务于过程工业，过程工业是加工制造"流程性材料产品"的现代国民经济支柱产业之一，如化工工艺过程、炼油工艺过程、制药工艺过程等。"流程"是在过程机器与设备的合力搭配下完成的，其实现和发展必然要求越来越先进的机械化、自动化、智能化和绿色化的设备。过程装备与控制工程是机械、化学、电学、能源、信息、材料工程等学科的交叉学科，是集成创新的新学科，具有强大的生命力和广阔的发展前景。

装备制造业是为国民经济和国防建设提供技术装备的基础产业，装备制造业的发展是提高生产力、实现现代化的基础，是提高国际竞争力的根本体现，更是实现国民经济全面协调可持续发展的战略举措。随着人类的活动空间的拓展，太空、海洋、乃至地球深处都将是过程装备大有作为的领域[1]，而这一切也需要过程装备制造技术发展的支持。研究完成工艺过程中的各种设备(如塔器、换热器、储罐、反应器及其他非标准设备)及其主要部件制造工艺理论与技术的课程，称之为设备制造工艺学。其内容包括设备制造的坯料准备工艺、成形工艺、焊接工艺、组装工艺、检验工艺及质量管理等。过程设备大多数属于压力容器，而压力容器的设计和制造需要特种设备许可证及相应的质保体系，通过课程教学，使学生初步掌握特种设备制造的基本原理和基本知识，培养学生联系实际，一切从实际出发的思维模式，初步学会过程设备制造的基本技能以及质量控制和技术管理的方法。

0.2　过程设备的种类

0.2.1　设备类型

根据设备在过程工程中所起的作用，将其分为储运设备、热交换设备、分离设备、反应设备和特殊设备等。

(1) 储运设备(代号 C，其中球罐代号 B)　主要用来盛装过程工程中的物料，如酸、碱，氨、氧、氮等工业液体、气体、液化气体及其加工品等。用作储存物料的设备称作储罐，如圆筒形储罐和球形储罐；运输物料的设备称为槽车，如汽车槽车和铁路槽车。

储罐的结构较简单，虽然其承受的压力差别较大，但大多属薄壁容器的范畴。除球形储罐外，几乎均由圆筒形筒体加上各种封头组成。

槽车由于流动性大，载荷状态与静止设备不同，可能发生的意外情况较复杂，因此比一般储罐有更严格的要求。

(2) 热交换设备(代号 E)　主要用于完成过程工程中介质的热量交换，如各种热交换器、冷却器、冷凝器、蒸发器等。就结构而言，主要有管壳式、板式、螺旋板式和板翅式等几种类型。

(3) 分离设备(代号 S) 主要用于完成介质的流体压力平衡缓冲和气体净化分离的压力容器，例如各种分离器、过滤器、集油器、洗涤器、吸收塔、铜洗塔、干燥塔、汽提塔、分汽缸、除氧器等。其中塔设备通常分为板式塔和填料塔两大类。其基本结构一般包括由筒节和各种封头组成的塔体，由塔板或填料及其支承构件组成的内件、裙式支座、人孔、进出料接管、仪表接管以及平台扶梯和保温层等附件。

(4) 反应设备(代号 R) 主要是用于完成介质的物理、化学反应的压力容器，例如各种反应器、反应釜、聚合釜、合成塔、变换炉、煤气发生炉等。

(5) 特殊设备 一些特殊的过程设备，如管式加热炉(其结构一般分圆筒式和箱式两种)，除直立的外壳和钢架结构外，内部构件通常是由炉管、弯头、支架或吊挂以及各种燃烧器等组成。

随着制造技术的发展，过程设备的制造过程也越来越现代化，数控加工等自动化制造技术早已在过程设备制造中采用；将仿真与制造相结合的虚拟制造技术也在重要设备中得到应用；互联网技术的发展将设备的定制、加工、使用过程之间建立了有机联系；随着集约型社会的发展，可持续发展的理念也体现在设备制造过程中，设备中的塔内件、换热管、加热炉炉管等容易损坏或影响性能的内件均可进行再制造，提高效能，节约资源。

0.2.2 设备分级

从壳体的几何形状和受力特点看，上述设备(除加热炉外)都是含有压力介质的容器，故又统称为压力容器。《固定式压力容器安全技术监察规程》(TSG 21—2016)[2]中，规定工作压力大于或者等于0.1MPa、容积大于或者等于0.03m^{3}并且内直径(非圆形截面指截面内边界最大几何尺寸)大于或者等于150mm、盛装介质为气体、液化气体以及介质最高工作温度高于或者等于其标准沸点的液体的容器为压力容器。

按容器内压力 p 的大小，压力容器又分为外压容器(如减压塔、真空容器等)和内压容器。内压容器按压力范围可分类如下：

低压容器(代号 L)：$0.1\text{MPa} \leqslant p < 1.6\text{MPa}$

中压容器(代号 M)：$1.6\text{MPa} \leqslant p < 10.0\text{MPa}$

高压容器(代号 H)：$10.0\text{MPa} \leqslant p < 100.0\text{MPa}$

超高压容器(代号 U)：$p \geqslant 100.0\text{MPa}$

从安全技术管理和监督检查出发，根据容器压力的高低，介质的危害程度以及在生产过程中的重要作用，TSG 21—2016[2]中将压力容器分为Ⅰ类、Ⅱ类和Ⅲ类容器。根据压力及容积，三类容器的分类见图0-1和图0-2。

不同种类的容器不仅在设计上有不同的依据与要求，在制造和检验方面也有不同的特点和要求。

虽然压力容器的形状各不相同，但在不同程度上却有其共同的特征，包括：

(1) 设备体积和重量较大，但除高压和超高压容器外，一般筒壁均较薄；

(2) 设备本体的承压部分通常由圆筒体和各种形状的封头组成，大多由板材制成，其主要制造工序包括板材的预加工、弯卷、成形、焊接及无损检测等；

(3) 内件的制造和组装通常应满足传热、传质、分离以及物料反应等工艺要求；

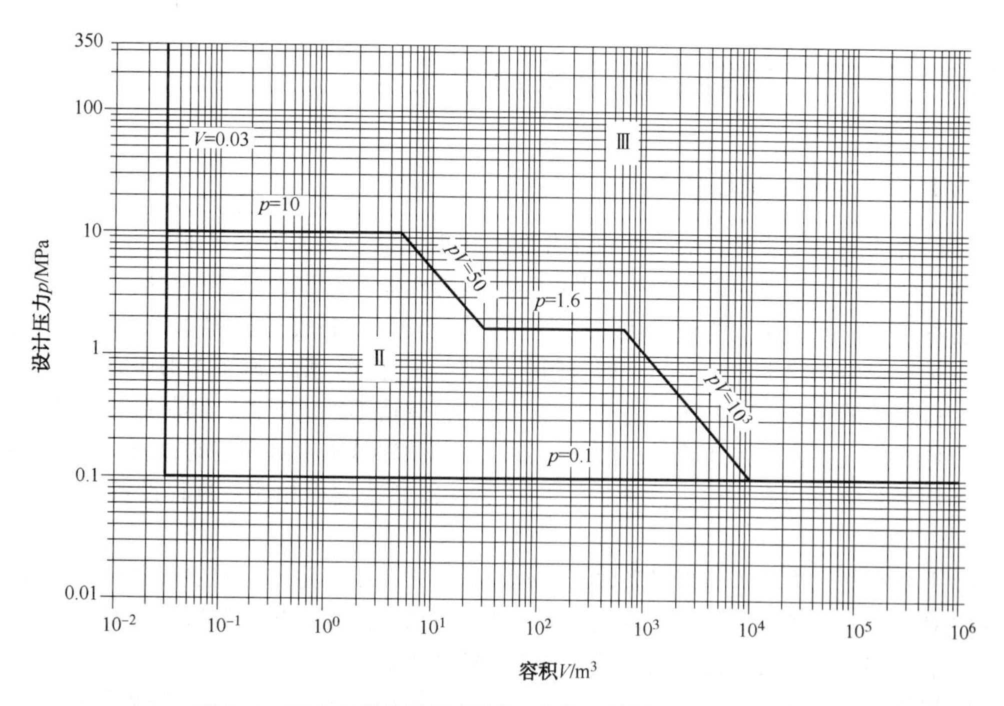

图 0-1　压力容器分类图(剧毒、高危、易爆及液化气介质)

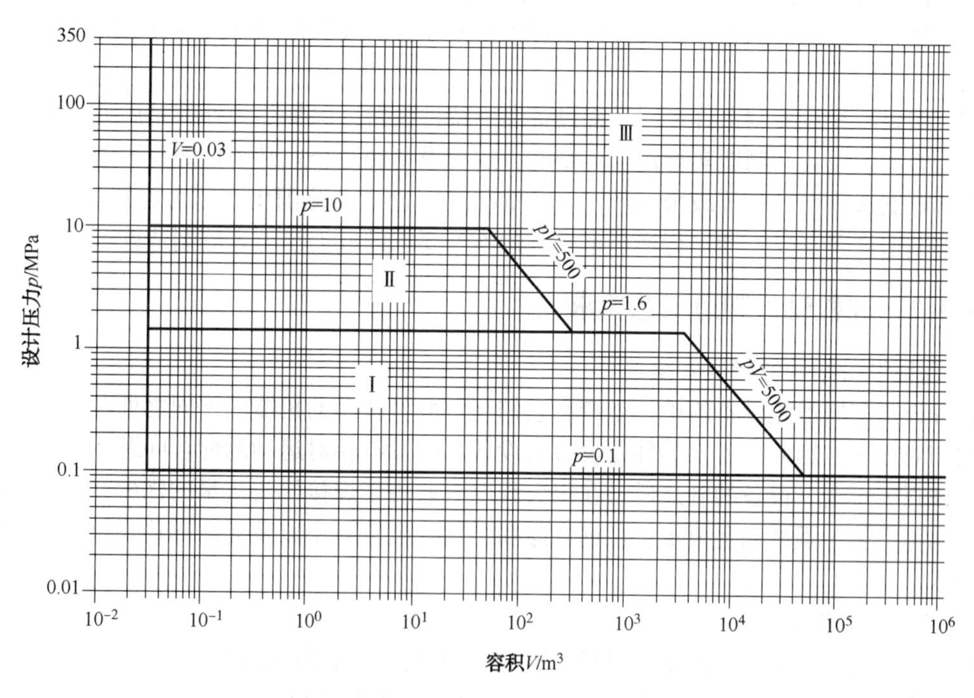

图 0-2　压力容器分类图(其他介质)

（4）各连接部件具有很高的密封性要求；

（5）设备用材料除应满足强度、制造工艺性、耐腐蚀性要求外，其表面不得有降低上述性能的各种缺陷。

过程设备具有的上述特点决定了设备制造工艺的特殊性。

0.3 过程设备制造特点及工艺要求

0.3.1 过程设备制造特点

过程设备的制造工艺有着很广泛的综合性，几乎包括了金属的各种加工方法，如焊接、冷热冲压、锻压、热处理、切削加工以及特殊的装配作业等。过程设备种类虽然很多，但大多是由各种尺寸的圆筒体、各种形状的封头、板式坯料以及各种杆件和弯头、弯管等构成。其他可大量集中生产的零件或成品，如阀门、管件、配件等，则不属于本书研究的对象。过程设备制造过程的主要工序大体上是不变的，例如，制造不同的容器，其制造过程可概括为备料、零件成形、组装焊接和质量检验等。各工序的顺序基本上是固定的，同一工序的基本原理、所用工艺装备和操作也大致相同。与其他设备制造过程相比，过程设备制造有以下特点：

（1）单件小批量生产　过程设备属于非标设备，很难批量生产，需要根据设备的结构特点、制造技术和运输条件的不同，确定整体制造、分段制造还是现场制造，随着设备大型化的发展，有很多设备需要分段制造再到现场进行整体组装。

（2）以焊接为主体的制造工艺　由于过程设备主要由板材加工而成，焊接是其主要加工工艺。在过程设备焊接过程中，焊条电弧焊的应用比例正在降低；埋弧自动焊、CO_2气体保护焊、氩弧焊的应用比例正在加大；自动焊接技术和机器人的使用使大型容器的焊接实现了自动化。

（3）需要特种设备制造许可　过程设备属于特种设备，除加热炉外都是压力容器，我国规定压力容器的设计和制造实行许可证制度，过程设备制造企业必须按照技术监督部门批准的压力容器制造许可证的等级来生产，未经批准或超过批准范围生产压力容器都是非法的。压力容器制造许可证要定期进行换证审核，达不到要求的取消压力容器制造许可证。

0.3.2 过程设备制造工艺要求

1）保证设备结构的强度安全

过程设备多属静止设备的单件生产。它们与一般可转动的机器的不同之处在于没有机件之间的相对运动，因此设备零部件及设备与设备之间没有相对运动的配合问题，其制造过程主要保证强度安全。设备的制造质量在很大程度上取决于焊接接头质量的优劣，因此，保证设备的结构完整、强度满足要求；保证壁厚和结构残余应力小以及无内部缺陷是设备制造的关键要求。

2）必须充分保证可靠性

在设备制造中还必须对设备的可靠性有充分的保证，这是保证过程设备长周期正常安全操作的重要条件之一。必须在备料、零部件成形、组装焊接和质量检验各环节保证设计要求，各道工序之后一般都有检验工序，以确保后继工序的质量。利用无损检测技术最大程度发现结构内部缺陷，消除事故隐患，结合压力试验保证过程设备的安全可靠性。故而，制造质量检验是设备制造的另一关键工序。

3）制造许可制度要求质量保证体系和过程管理

过程设备要充分保证其可靠性，其制造质量管理工作也要更加科学化和现代化。为此在制造过程中及最后大多要求进行严格的无损检验及压力试验，以保证设备质量及生产安全。当代石油化工过程装备与控制工程领域的发展方向是使过程装备高效率、高自动化、安全可靠、数据参数自动监控、在线测量和预报、系统故障远程诊断与自愈调控，其主要的研究方向有：研究故障产生规律及早期发现故障的征兆信息，研究故障信号处理及识别特征，应用红外、涡流、绝缘、超声、X射线等多种技术诊断、预测工业装备故障，装备状态检测诊断及控制一体化系统、主动控制系统，压力容器技术，装备密封技术，高效分子蒸馏技术，过程机械计算机辅助工程(CAE)，高聚物加工技术及装备，过程智能检测与先进控制工程等。

4）大型设备制造要求多种制造工艺、大型制造设备和现场组装技术

为确保压力容器大型化和在高参数下安全操作，实现制造工艺多样化、管理科学化，必须保证制造质量。为此，出现了多种制造工艺。如壳体，最早用整体锻造，以后随着焊接技术的发展与冶金技术水平的提高，出现了锻焊及单层卷焊等壳体结构，接着又出现了多层包扎和槽型绕带等组合式壳体结构。20世纪60年代以来，重点发展了组合式壳体制造工艺，如大型多层热套、冷套胀合等。在超高压容器中发展了自增强技术。另据有关资料报道，在前联邦德国还试制成功了大型全焊肉(The Total Weldment)容器，如已制造出了直径为6m、长10m、重200t的高压容器。

随着设备制造技术及运输能力不断发展，设备在制造厂预制工作量的比重已大幅度提高。这有利于设备制造质量的提高和成本的降低，但仍有些设备无法整体在制造厂预制，如大型球罐直径可达26m($10000m^3$)，无法用铁路运输，只能将容器的构件在制造厂预制后再到现场安装和焊接。因此设备制造有现场组装工作量大的特点。另外，由于有些设备直径大而壁厚相对较薄，故在制造过程中为了保持筒体的稳定性，需加支撑。

5）降低制造成本、缩短制造周期

在保证设备安全可靠性的前提下，降低制造成本、缩短制造周期，是设备制造企业主要追求的目标。采用合理的最适合企业的工艺方法和工序、应用先进的工装设备和计算机辅助制造技术(数控加工、自动检测、CAPP等)可以在缩短制造周期的同时、保证稳定的制造质量、降低制造成本。

0.4 现代设备制造的特点

现代设备制造的特点是机械化、自动化、智能化和绿色化。对于重大装备与关键产品，大型化、系统化、轻量化和高可靠性是其发展趋势，这也对制造业提出了新的挑战。

0.4.1 多尺度制造

过程装备的大型化及微小型化集成是近年来的发展趋势。

1）设备大型化

（1）过程设备的大型化

近几十年来，随着工业生产的需求和科学技术水平的发展，化工设备的发展主要表现在规格大型化、高设计参数、结构的改进及材料的进步等各个方面。例如，合成氨装置产量已由20世纪50年代的0.1万吨/年发展到如今的120万吨/年；在20世纪50年代单套炼油装置产量为200万~300万吨/年，目前世界上最大的单套炼油装置规模已达到1750万吨/年；2013年埃克森美孚公司位于新加坡裕廊岛的乙烯装置生产量已达350万吨/年。对于单件设

备，亚洲直径最大的塔设备直径已达 18m，塔设备最大厚度已达 300mm 以上；最大的换热器换热面积已达 $13000m^2$；加氢反应器单件重达 1500t。

（2）过程设备大型化对制造技术的要求

① 对材料的要求　设备大型化首先要求强度高的材料，以尽可能降低容器壁厚，达到减轻重量的目的，便于运输和安装。例如，大型加氢反应器的厚度已达到 300mm 以上，重量已达 1500t，急需强度更高的材料。如果将材料强度提高 8%，质量便可减少 120t，节省费用十分可观。

② 对设计技术的要求　为了尽量减轻设备的重量和确保使用安全性，对大型承压设备往往需要采用以应力分析为基础的设计方法。大型压力容器采用分析设计方法具有明显的经济效益。例如，一个单体质量 1000t 的加氢反应器按分析方法设计比常规方法设计可减轻设备重量约 20%，节省投资 1000 万～1200 万元。

③ 对制造技术的要求　大型设备意味着规格大、设备厚度大、重量大以及制造难度大和工作量大，因此制造技术的先进性、高效性显得尤为重要。首先是先进、高效的焊接技术。例如，一台大型储罐，焊缝总长度达几千米，提高焊接速度是保证按期完工的关键因素。其次是锻件空心浇注技术。大型加氢反应器绝大多数采用锻焊结构，对于其筒形锻件坯料的生产，国外一些公司采用空心浇注技术，而国内只能采用整体浇注技术。前者具有成材率高、加工量小、成本低的优点，具有强大的市场竞争力。第三是现场组装技术。由于运输条件的限制，一些大型加氢反应器已不能完全在制造厂内制造，只能在制造厂先制成几部分，然后再在使用现场进行组焊。现场组焊技术中很重要的一项是热处理，大型设备现场热处理技术的发展也使得设备现场组装成为可能。设备大型化也对无损检测技术提出了更高要求。

2）微小型化

（1）微型化工设备

微化工技术是集微机电系统设计思想和化学化工基本原理于一体并移植集成电路和微传感器制造技术的一种高新技术，涉及化学、材料、物理、化工、机械、电子、控制学等各种工程技术和学科[3]。微型化工设备是微化工过程的核心部分，其开发和应用为微化工过程的实现提供了强大的支持，按其用途将微型化工设备分为微换热器、微反应器、微混合器、微分离器等。

① 微换热器　微换热器考虑了热质传递过程的尺度微细化、结构与条件复杂化等效应，微尺度流动与传热已成为现代高新技术的理论和技术基础之一。由于其通道尺寸小（一般在微米级）、比表面积大，因此与传统的换热器相比，其温度梯度和传热系数大。微换热器的传热系数较常规换热器大 1～2 个数量级[4]。

② 微反应器　微反应器也被称作是微通道反应器，是强化化工过程的微型仪器[5]。微反应器内部微通道的特征尺寸一般在数十到几百微米之间[6]，特征通道中单相流动的特点为较低的雷诺数，由层流扩散影响混合，局部也会形成二次流混合[7]。微反应器的尺寸属于微尺度范畴，所产生的直接优势就是扩散时间很短，混合过程很快。尺寸的缩小赋予微反应器无与伦比的比表面积，可以达到 10000～$50000m^2/m^3$，而传统的搅拌设备的比表面积最多可以达到 $1000m^2/m^3$。

③ 微混合器　微混合器是一种能在微尺寸条件下实现多相混合的设备。它一般通过微通道实现，多股流体分别在多个通道内流动，然后汇合在一起，从而起到混合流体的作用。

微通道的尺寸一般为10～500μm，微混合设备中一般包括几个甚至几十个微型通道。

④ 微分离器　以毛细管电泳、色谱学为主要内容的现代微分离分析技术极大地推动了生物分离技术的发展。以小内径的石英毛细管（常用内径为20～100μm，有效长度50～75cm）为分离通道，依据各组分之间的电泳淌度或分配系数的差异实现分离。

（2）过程设备微型化对制造技术的要求

经过几个阶段的发展，虽然目前已经可以设计出复杂的微反应结构通道，比如基于光刻母模板的软刻法，制作工艺已经很成熟，但是制作的成本仍然很昂贵，因此开发简化的制作工艺、降低制作成本是一项艰巨的任务。对于高通量的微流体系统，快速均一的液体分布十分重要。微通道的几何构造将会决定流体的分布并最终影响产品质量，而优化微通道的几何结构是一项复杂的过程和挑战，因此开发一种精度高、成本低的微通道制造技术是急需要解决的难题。

0.4.2　标准化、个性化共存

1）标准化

标准化提高了制造的精度和效率，在装备制造业中扮演着越来越重要的作用，是过程装备制造乃至机械制造长期以来的发展方向。面对智能制造和"互联网+"的新形势、新机遇和新挑战，需要建立智能制造标准体系并系统地开展智能制造标准化工作来引领智能制造产业健康有序发展。

2015年5月，备受关注的《中国制造2025》正式出台，这是我国实施制造强国战略第一个10年行动纲领，过程设备制造也是其中主要一环。同时，《中国制造2025》也被称之为中国版的"工业4.0"规划，经常与德国的"工业4.0"进行比较和对照。而在德国"工业4.0"实施建议的8个优化行动领域中，标准化列于首位。依据德国"工业4.0"标准化路线图，德国已在国家层面、欧洲层面以及国际层面推进"工业4.0"标准化工作。

不仅德国"工业4.0"中将标准化战略看成是应对第四次工业革命挑战的战略，欧洲其他国家同样将标准化战略看成是提升装备制造业和大力推行智能制造的重要抓手。俄罗斯围绕航空产品全生命周期过程，在产品全生命周期数据管理、集成商和供应商之间模型的集成、稳定性、强度、空气流体动力学计算与仿真、产品长周期归档、工艺规划和流程建模等多个层面开展标准化工作。并围绕增材制造技术（过程设备制造中铸型制造技术、金属熔覆制造技术和堆焊/全焊肉技术等都属于增材制造技术）全周期过程开展了标准化研究。我国也正建立智能制造标准体系。

2）个性化

个性化是科技创新的标志，C2M（顾客对工厂）正在成为趋势。实现C2M，提供个性化、定制化的制造，已成为制造企业打造差异化竞争力的发力方向。传统制造和规模量产正在消失，取而代之的是以消费者为中心的个性化制造，非标的过程设备也是典型的个性化制造，过程设备处理的物质主要为流体，流体的性质千差万别，很难对其设备进行标准化。对过程设备进行个性化制造，实现真正的C2M，关键是企业的制造执行系统（MES）与企业资源计划（ERP）系统必须实时互动。过去ERP处理的是历史数据，现在必须是实时数据。而且，过去的系统设计是"消费者（如石油化工企业）对应物流、消费者对应库存"，现在的系统设计是"消费者对应生产制造"。

个性化制造的几个关键点是：①生产环节实现单件生产；②要有一个非常灵活的自适应

系统，即使在生产环节中有任何产品出了故障或者缺陷，整个生产链、生产系统也能自动调整，不影响整个生产链；③整个生产链要优化能耗或者对能源使用进行管理，使得生产过程真正实现能源的高效利用；④在产品生产完成之前、产品出故障之前，就必须能够进行预测，做到预测性维保。

企业内部的工厂不再是从上到下，而是和外部联系在一起，是一个智能的流程。产品研发也和传统定义的产品研发完全不一样，全部设备都有传感器。个性化制造实现了从“制造”向“制造+服务”的转型。

0.4.3 先进制造工艺的迅猛发展

精密制造、信息化制造、虚拟制造等先进制造技术对过程装备制造产生了重要的影响。计算机科学和信息技术的发展冲击着每个工程科学领域，影响着学科的基础格局，过程设备的数字化制造(如数控切割、数控钻孔)大大提高了生产效率和制造精度。生产观念由传统的、单纯的物质制造向与信息融合的生产制造转变。过程设备复杂系统的监控一体化和数字化是发展的必然趋势。而将与产品制造相关的各种过程与技术集成在三维的、动态的仿真实体数字模型之上，在产品设计阶段，借助建模与仿真技术及时地、并行地模拟出产品未来制造过程乃至产品全生命周期的各种活动对产品设计的影响，预测、监测、评价产品性能和产品的可制造性的虚拟制造技术可以更加有效地、经济地、柔性地组织生产，增强决策与控制水平，有力地降低由于前期设计给后期制造带来的回溯更改，达到产品的开发周期和成本最小化、产品设计质量的最优化、生产效率的最大化。

0.4.4 以材料科学为导向的制造技术

材料技术与信息技术、生物技术、先进制造技术并列，被世界许多国家认为是当代以及今后相当长的历史时期内，影响人类社会全局的高新技术。材料科学的进展与其他学科的结合也成为目前诸多领域研究与开发的热点。

过程工业许多高科技工艺过程的实现都主要地取决于材料技术的进步，如高温裂解、超临界萃取、先进发电工艺、生物质能利用等都和新的结构材料的开发密切相关，而大型过程设备的控制又有赖于新的功能材料的开发。近年来，在过程机械产品的开发和过程设备的再制造工程中，新材料和新的加工工艺得到了广泛的重视和应用。但材料的快速更新换代，加工制造工艺的不断发展变化，也使得过程设备制造业对新材料的响应相对滞后。为此，探索新材料在过程设备中的应用，并通过基础研究提高应用水平，从根本上改变我国过程设备制造业的知识产权状况，对于过程机械及相关工业领域的发展具有十分重要的意义。

新世纪，纳米技术正在试制出轻质、高强度、热稳定的新型材料，甚至能自动修复磨损或裂纹等缺陷的智能材料。纳米技术新材料的特点是先形成超微粒子，在化学成分不再改变的前提下，设法调整其介质常数、熔点、硬度、韧性等物理力学性能，或者通过原子操纵配制出符合压力容器受力特点的非均质功能性梯度材料。选用这类材料进行加工成形时，不再是传统的“去材法”或“变形法”制造理念(即先按设计几何结构适当留出余量，再通过切削磨铣或锻压冲延来达到设计要求的产品)，而是运用“增材法”制造理念，通过分层实体造形，逐层堆积金属微粒子，快速制成所需产品，并使产品的材料性能可逐层满足加载后的强度、刚度和其他要求。这样既大大节省了原材料，降低了环境污染，又可使不同材料层起到不同的特殊功能。

0.4.5 全生命周期及可持续发展制造

现代设备制造不仅要考虑节约材料、延长使用寿命，还要做好产品使用过程中的维修、再制造及废弃、回收等全生命周期的综合决策。可持续发展的战略思想渗透到工程科学的多个方面，表现了人类社会与自然相协调的发展趋势。制造工业和大型工程建设都面临着有限资源和破坏环境等迫切需要解决的难题，从源头控制污染的绿色设计和制造系统是今后发展的主要趋势之一。节水、节能、无污染地实现过程设备的绿色制造，是新世纪设备制造发展的主要动力。在绿色制造的基础上，对老旧设备(如塔内件、换热器管束)进行在役再制造工程可以进一步节约能源，改善我国石化、冶金等企业高能耗、低效运行的现状。

在役再制造工程是以设备健康能效监测诊断理论为基础指导，以在役老旧和性能低下的设备实现提升健康能效和智能化水平为目标，以再制造后的设备更能适应生产为需求准则，以先进技术和再设计为手段，进行改造设备的一系列技术措施或工程活动的总称[8]。在役再制造工程可确保设备系统安全、节能、环保、长周期运行，降低生产成本和产业技术升级成本，也为我国设备制造业可持续发展和培育新兴服务型在役再制造产业提供新的机遇和市场。

1　过程设备材料及其预处理

1.1　过程设备主要用材及选材原则

过程设备主要由圆筒体、封头和接管等组成，大多由板材、管材和型材制成。随着技术的发展，过程设备用材已不仅限于钢材，有色金属材料[9,10]、非金属材料[11,12]、高分子材料[13,14]、复合材料[15]甚至纳米工程材料等也得到了应用。相应的标准也进行了修改，例如GB 150[16]已从原来的《钢制压力容器》修改为《压力容器》，而《钢制塔式容器》(JB/T 4710—2005)、《钢制卧式容器》(JB/T 4731—2005)也分别被《塔式容器》(NB/T 47041—2014)[17]和《卧式容器》(NB/T 47042—2014)[18]所替代。因此，在过程设备设计、制造中，也可以选用钢材以外的材料。铝、钛金属及其合金由于重量较轻，在航空航天中得到了广泛应用；镍金属及其合金材料是很好的耐高温材料；锆金属及其合金是核反应堆设备的主要材料。鉴于以上材料的广泛应用，本书除钢材外，也介绍了铝、钛、镍、锆等有色金属及其合金材料的设备制造工艺。

根据《固定式压力容器安全技术监察规程》(TSG 21—2016)[2]，过程设备用有色金属(铝、钛、铜、镍、锆及其合金等)应当符合以下要求：

(1) 用于制造压力容器的有色金属，其技术要求符合产品标准的规定，如有特殊要求，需要在设计图样或者相应的技术文件中注明；

(2) 压力容器制造单位建立严格的保管制度，并且设专门场所，与碳钢、低合金钢分开存放。

1.1.1　过程设备用钢

我国过程设备钢板的标准水平从20世纪60年代开始不断提高，钢种由碳素结构钢发展为优质钢、低合金钢、合金钢以及不锈钢。由于过程设备使用条件恶劣，并且需要满足锻压性能和焊接性能，其用钢也有特殊的要求。

1) 过程设备用钢的牌号表示

根据《锅炉和压力容器用钢板》(GB 713—2014)[19]，碳素钢和低合金高强度钢的牌号用屈服强度的“屈”字、压力容器的“容”字的汉语拼音首位字母表示，例如：Q345R。钼钢、铬钼钢的牌号用平均含碳量和合金元素字母，压力容器“容”字的汉语拼音首位字母表示，例如：15CrMoR。根据《低温压力容器用钢板》(GB 3531—2014)[20]低温设备用钢的牌号由平均含碳量、合金元素字母和低温压力容器“低”和“容”的汉语拼音首字母表示，例如：16MnDR。

2) 化学成分要求

为保证钢材的塑性、韧性、成形性、焊接性，防止热脆、焊接热裂纹，防止冷脆，减少夹杂物，过程设备用钢板应具有低碳、低硫、低磷、低氧、低氮、低氢等特性。

根据《固定式压力容器安全技术监察规程》(TSG 21—2016)[2]，用于焊接的碳素钢和低合金钢钢材碳(C)、磷(P)、硫(S)的含量分别为C≤0.25%、P≤0.035%、S≤0.035%。

压力容器专用钢中的碳素钢和低合金钢(用于钢板、钢管和钢锻件)，其P、S含量应当符合以下要求：

(1) 标准抗拉强度下限值小于或者等于540MPa的钢材，P≤0.030%、S≤0.020%；

(2) 标准抗拉强度下限值大于540MPa的钢材，P≤0.025%、S≤0.015%；

(3) 用于设计温度低于-20℃并且标准抗拉强度下限值小于或者等于540MPa的钢材，P≤0.025%、S≤0.012%；

(4) 用于设计温度低于-20℃并且标准抗拉强度下限值大于540MPa的钢材，P≤0.020%、S≤0.010%。

但《锅炉和压力容器用钢板》(GB 713—2014)[19]规定钢板P、S含量分别为P≤0.025%、S≤0.010%，《低温压力容器用钢板》(GB 3531—2014)[20]规定低温压力容器的P、S含量分别为P≤0.020%、S≤0.010%。

3) 材料制造方法

钢由氧气转炉或电炉冶炼。对标准抗拉强度下限值大于540MPa的低合金钢钢板和奥氏体-铁素体不锈钢钢板，以及用于设计温度低于-20℃的低温钢板和低温钢锻件，还应当采用炉外精炼工艺[2]。

连铸坯、钢锭的压缩比不小于3，电渣重熔坯的压缩比不小于2。

4) 钢板交货状态

交货状态为热轧、控轧、正火以及正、回火，不同钢材的交货状态有所区别，可参考GB 713—2014[19]和GB 3531—2014[20]。拉伸试验(抗拉强度R_m、室温屈服强度R_{eL}、断后伸长率A)、冲击试验(冲击吸收能量)和弯曲试验性能应满足GB 713—2014和GB 3531—2014规定的要求。钢板应逐张进行超声检测。钢板表面不允许存在裂纹、气泡、结疤、折叠和夹杂等对使用有害的缺陷。钢板不得有分层。如有上述表面缺陷并允许清理，清理深度从钢板实际尺寸算起，应不大于钢板厚度公差之半，并应保证清理处钢板的最小厚度，缺陷清理处应平滑无棱角。其他缺陷允许存在时，其深度从钢板实际尺寸算起，不得超过钢板厚度允许公差之半，并应保证缺陷处钢板厚度不小于钢板允许最小厚度。

1.1.2 过程设备用铝及铝合金

铝具有熔点低(<660℃)，强度低(熔炼、铸造、加工容易)，密度小($2700kg/m^3$)，塑性好(无低温脆性)，抗腐蚀(表面极易钝化生成Al_2O_3保护膜)，导热性强等特点。原铝在市场供应中统称为电解铝，是生产铝材及铝合金材的原料。除应用部分纯铝外，为了提高强度或综合性能，通常配成合金，经常加入的合金元素有铜、镁、锌、硅、锰等。

1) 铝及铝合金的牌号表示

根据所加元素的不同，可分为7个系列，1×××系列表示含天然杂质的铝，铝含量不低于99%；2×××系列为铝-铜合金；3×××系列为铝-锰合金；4×××系列为铝-硅合金；5×××系列为铝-镁合金；6×××系列为铝-镁-硅合金；7×××系列为铝-锌合金。过程设备用铝牌号为1060，铝合金牌号主要是5083、5086和5A05。

2) 铝及铝合金的使用要求

铝合金压力容器设计压力不大于16MPa。含镁量大于或者等于3%的铝合金(如5083、

5086)，其设计温度范围为-269~65℃；其他牌号的铝和铝合金，其设计温度范围为-269~200℃。其化学成分应符合表1-1的要求，更多铝及铝合金化学成分参见《变形铝及铝合金化学成分》(GB/T 3190—2008)[21]。

表1-1 过程设备用铝及铝合金化学成分要求(质量分数) %

牌号	Si	Fe	Cu	Mn	Mg	Cr	Zn	Ti	其他	Al
1060	0.25	0.35	0.05	0.03	0.03	—	0.05	0.03	0.03	99.6
5083	0.40	0.40	0.10	0.40~0.10	4.0~4.9	0.05~0.25	0.25	0.15	0.05	余量
5086	0.40	0.50	0.10	0.20~0.70	3.5~4.5	0.05~0.25	0.25	0.15	0.05	余量
5A05	0.50	0.50	0.10	0.30~0.60	4.8~5.5	—	0.20	—	0.05	余量

1.1.3 过程设备用钛及钛合金

钛的熔点比钢稍高，密度约为钢的60%，比强度(强度/密度)大，膨胀系数与钢大体相同，导热系数与奥氏体不锈钢大体相同。工业纯钛在常温下的抗拉强度大约为700MPa，但多种超过1000MPa的高强钛合金也已生产出来，在300~400℃疲劳特性、低温韧性等特别好的合金也较多。钛具有许多重要的特性，如密度低、比强度高、耐腐蚀性好、线胀系数低、导热率低、无磁性等，其中两个最为显著的优点是比强度高和耐腐蚀性好。钛也在航空航天、常规兵器、舰艇及海洋工程、核电及火力发电、化工与石油化工、冶金、建筑、交通、体育与生活用品等领域得到了广泛应用。用钛代替超低碳奥氏体不锈钢可提高设备耐尿素腐蚀能力10倍以上；在炼油工业中用钛做常压塔顶冷凝冷却系统的衬里，是解决该部位低温露点腐蚀问题的一个很好的途径。

1）钛及钛合金的牌号表示

工业纯钛是指几种具有不同的铁、碳、氮、氧等杂质含量的非合金钛。它不能进行热处理强化。其成形性能优异，并且易于熔焊和钎焊。它主要用于制造各种非承力件，长期工作温度可达300℃。半成品有厚板、薄板、棒材、丝材、管材、锻件和铸件。主要变形工业纯钛牌号有TA1-1、TA1、TA1ELI、TA2、TA2ELI、TA3、TA3ELI、TA4、TA4ELI。重要铸造工业纯钛有ZTA1、ZTA2、ZTA3。

按照退火态相组成将钛合金分为α钛合金、($\alpha+\beta$)钛合金、β钛合金。因为α相区扩大到高温，所以耐热性和焊接性良好。

2）钛及钛合金的使用要求

目前用于石油化工设备的主要工业纯钛有TA1、TA2等，其材料化学成分见表1-2，更多钛及钛合金化学成分参见《钛及钛合金牌号和化学成分》(GB/T 3620.1—2007)[22]及《钛及钛合金加工产品化学成分允许偏差》(GB/T 3620.2—2007)[23]。

表1-2 过程设备用钛及钛合金化学成分要求

牌号	名称	主要成分	杂质含量(不大于)/%						
		Ti	Fe	C	N	H	O	其他元素	
								单一	总和
TA1	工业纯钛	余量	0.20	0.08	0.03	0.015	0.18	0.10	0.40
TA2	工业纯钛	余量	0.30	0.05	0.03	0.015	0.25	0.10	0.40

钛和钛合金用于压力容器受压元件时，应当符合以下要求：

(1) 钛和钛合金的设计温度不高于315℃，钛-钢复合板的设计温度不高于350℃；

(2) 用于制造压力容器壳体的钛和钛合金在退火状态下使用。

1.1.4 过程设备用镍及镍合金

镍具有熔点比较高(1455℃)、耐蚀性好、力学性能高、在冷、热状态下都有很好的压力加工性能，并具有一些特殊的物理性能，如铁磁性、磁致伸缩性、高的电真空性能等，因而在工业上得到广泛的应用。

镍合金的分类可按其特性和应用领域分为耐腐蚀镍合金、耐高温镍合金和具有特殊物理性能的功能镍合金(软磁合金、弹性合金、电阻合金、膨胀合金、测温合金、电真空用合金等)。过程设备上主要应用纯镍(加工用镍)、耐腐蚀镍合金和耐高温镍合金。

耐腐蚀镍合金的应用领域主要是化学化工、发电机抗湿腐蚀部件(如进水加热器和蒸汽管道等)，污染控制设备(如废气除硫设备等)，船舶和海洋工程用耐蚀镍合金。耐高温镍合金在过程设备中主要用于制造加热炉炉管。

1) 镍及镍合金的牌号表示

加工用纯镍的牌号为二号镍(N2)、四号镍(N4)、六号镍(N6)、七号镍(N7)、八号镍(N8)。

根据《耐蚀合金牌号》(GB/T 15007—2008)[24]，耐腐蚀镍合金牌号的表示方法：采用汉语拼音字母符号“NS”作前缀，(“N”、“S”分别为“耐”、“蚀”两字的汉语拼音首字母)，后面有4个阿拉伯数字，第1个数字表示分类，即：

NS1×××——固溶强化型铁镍基合金；NS2×××——时效硬化型铁镍基合金；

NS3×××——固溶强化型镍基合金；NS4×××——时效硬化型镍基合金。

镍基高温合金分变形高温合金、铸造高温合金和粉末冶金高温合金。根据《高温合金和金属间化合物高温材料的分类和牌号》(GB/T 14992—2005)[25]，我国高温合金的牌号表示方法是根据合金的成形方式、强化类型和基体元素，采用汉语拼音字母符号作前缀，其后再接阿拉伯数字。变形高温合金用GH作前缀(“G”“H”分别为高、合两字汉语拼音的首字母)，后面接4位阿拉伯数字。第1位数字表示合金分类(1、2表示铁基和铁镍基，3、4表示镍基，5、6表示钴基)。铸造高温合金用字母K作前缀，后面接3位阿拉伯数字，其含义与变形合金相同。

2) 镍及镍合金的使用要求

镍和镍合金用于压力容器受压元件时，应当在退火或者固溶状态下使用。过程设备用纯镍杂质含量范围：Co≤1.5%、Fe≤0.5%、O≤0.4%、其他元素每种≤0.3%。过程设备用镍及镍合金中要求：C≤0.15%、S≤0.03%、P≤0.04%，镍及镍合金压力容器的化学成分应符合《镍及镍合金制压力容器》(JB/T 4756—2006)[26]的要求。

1.1.5 过程设备用锆及锆合金

锆(Zirconium)的熔点为1852℃，锆及锆合金是优异的化工耐蚀结构材料，在酸、碱等介质中表现出良好的耐蚀性。金属锆具有优异的核性能，它的热中子吸收截面小，仅为$0.18\times10^{-28}m^2$，比许多做结构材料的金属低，堆内辐照后，放射性也低。锆和铀的相容性好，锆合金在高温水和蒸汽中有很好的抗腐蚀性能，用锆合金代替不锈钢作核反应堆的结构材料，可以节省铀燃料1/2左右。锆合金有合适的力学性能和良好的加工性能。

1）锆及锆合金的牌号表示

作为工程用的锆材主要形式是：原生锆，如海绵锆和晶条锆；锆及其合金加工材，锆复合材等。锆及锆合金材料又分为核用和非核用两大类。

核工业用锆主要有原子能级锆（R60001）、Zr-2（R30802）、Zr-4（R60804），其中括号内为美国 ASTM 牌号。非核工业用锆及锆合金牌号包括 R60702、R60703、R60704、R60705 和 R60706。

2）锆及锆合金的使用要求

根据《锆制压力容器》（NB/T 47011—2010）[27]，锆制压力容器的设计温度上限为 375℃，不能用于更高的温度。由于奥氏体不锈钢、铝、铜等材料的容器均可较经济地用作低温容器，昂贵的锆容器一般并不用于低温容器。

压力容器采用的锆材牌号甚少，ASME 中只采用了 R60702 与 R60705 两个牌号，对应我国标准中的 Zr-3 和 Zr-5，而我国压力容器还采用了与 R60700 相对应的 Zr-1。

实际上 Zr-1 主要用作复合钢板层，并不检验强度下限值，不参与容器的强度计算。Zr-5 为 Zr-2.5Nb 合金，耐蚀性与成形性能均低于 Zr-3 工业纯锆，而且要求 Zr-5 焊后必须热处理，因此 Zr-5 用得很少，主要利用其强度比 Zr-3 高的性能而用于螺栓等非焊构件。锆容器采用的基本材料牌号为 Zr-3（R60702）。根据美国 ASTM 标准，R60702 的化学成分应满足以下要求：Hf≤4.5%、Fe+Cr≤0.20%、H≤0.005%、N≤0.025%、O≤0.16%。

1.1.6 材料的选用原则

过程设备的制造过程是由多种制造工艺过程组合而成的。正确地选择材料是顺利完成工艺过程和达到制造工艺要求的基础。材料的各种性能会直接影响到过程设备制造的工艺过程，设备的使用性能、使用寿命、经济性等多方面因素，是最终能否达到设计和生产目的的关键。制造设备所用的材料应该能满足使用条件和制造工艺两方面的需要。主要应该考虑的因素[28]包括强度（包括低温和高温机械性能）、密度、导热性、线膨胀系数、温度急变耐力、耐腐蚀性、耐冲蚀性、对工作介质的影响、材料的孔隙率、热处理对材料性质的影响、塑性、可加工性、材料价格、材料来源等。

材料的主要可加工制造性能分：铸造性能、锻压性能、切削加工性能、焊接性。对于过程设备用材，其锻压性能和焊接性比较重要。

良好的工艺性能体现在以下几方面：

（1）可成形性　成形加工是在外力的作用下，材料产生塑性变形，从而达到一定的尺寸和形状。为了便于成形加工，材料的塑性一定要好，一般要求 $\delta_s = 18\% \sim 20\%$，如果变形抗力太大，使加工动力消耗增加。还要考虑到裂纹的敏感性、加工硬化现象、内应力等一系列问题。

（2）可焊性　过程设备一般是将各零部件焊接而成的。材料应具有要求的可焊性。可焊性的好坏反映了焊接的难易程度。

（3）可切割性　所采用的切割方法价格不能太高。

选材时，在材料的可靠性的前提下，还要考虑其经济性，一般从以下几个方面考虑：

（1）减少焊缝的长度和数目　这样可减少工作量和原材料，减少不必要的浪费。如若制造直径小于 600mm 的筒体时，尽量直接选用管材，而对直径小于 800mm 和直径小于 1800mm 的筒体，拼焊板的块数，一般也不能超过 1 块或 2 块。

（2）用料尽量便宜　凡可以用低碳钢和低合金钢的设备不用其他材料。如低碳钢广泛用于工作温度在-40~475℃的微腐蚀设备，低碳钢和低合金钢占了整个过程设备材料的80%以上。

1.1.7　材料的验收

首先验收原材料的出厂质量证明书上技术数据是否同其实际标准的数据相一致，不合格的原材料不能接收投产。对于采购的第Ⅲ类压力容器用Ⅳ级锻件、不能确定质量证明书真实性或者对性能和化学成分有怀疑的主要受压元件材料、用于制造主要受压元件的境外材料、用于制造主要受压元件的奥氏体型不锈钢开平板以及设计文件有要求的材料，还要进行复验，材料复验的主要内容包括：

奥氏体型不锈钢开平板应按批号复验力学性能(整卷使用者，应在开平操作后，分别在板卷的头部、中部和尾部所对应的开平板上各截取一组复验试样；非整卷使用者，应在开平板的端部截取一组复验试样)；其他要求复验的情况，应按炉号复验化学成分，按批号复验力学性能；材料复验结果应符合相应材料标准的规定或设计文件的要求；低温容器焊条应按批进行药皮含水量或熔敷金属扩散氢含量的复验，其检验方法按相应的焊条标准或设计文件。

1.2　材料预处理

过程设备属于特种设备，对材料的要求非常高，因此在使用之前要经过一定的预处理工序，如对板材、管材和型材进行净化、矫形和涂保护底漆等，尽量使材料焊接过程不产生焊接缺陷。

1.2.1　净化

1）净化目的

材料在轧制过程中或运输和存放期间，常常在其表面会产生各样的污物，钢材产生的污物主要为氧化皮(Fe_3O_4)、铁锈($Fe_2O_3 \cdot nH_2O$)、油污和砂子等。净化主要是除去材料表面的各种污物。因为它们的存在会影响过程设备的制造质量，特别是坡口附近污物的存在更会影响到焊缝质量。不锈钢和铝设备，除必须在组装前先进行净化外，其制造中还有可能破坏原表面的钝化而引起点蚀破坏，故在整个设备完成之后还需用某种溶剂作钝化处理，使其表面形成新的致密的钝化膜，以提高其耐腐蚀性。

铁遇到水分，氧化生成的产物即为铁锈，反应方式如下：

$$4Fe+2H_2O+3O_2 \longrightarrow 2Fe_2O_3 \cdot H_2O \qquad (1-1)$$

焊接时在电弧的高温作用下，锈中所含的水蒸发，而且可进一步分解。由于铁的存在，其反应如下：

$$Fe+H_2O \longrightarrow FeO+H_2-Q \qquad (1-2)$$

反应生成的氢气(H_2)在电弧高温下进一步分解成原子氢(H)，原子氢易溶于焊接熔池中，冷却时H又从液体金属中析出和聚集形成气孔及裂纹，故必须在焊接坡口附近将铁锈清除。

氧化皮是一种黑灰色物质，其主要成分是Fe_3O_4，它是在轧制或加热过程中生成的。

在焊接高温下，Fe_3O_4转变为 FeO（Fe_3O_4+Fe ⟶FeO），FeO 的增加降低了焊缝的冲击韧性。

油脂是有机物质，含有氢，在焊接时氢原子将会溶入焊缝中形成气孔。砂子（SiO_2）和矾土（Al_2O_3）在焊接过程中会变成熔渣。它使焊接熔渣的化学成分和物理性质受到影响，进而影响焊缝的质量。

制造设备时，除锈工作量很大，国外一些工厂常采用板材预除锈工艺，在板材进厂先进行除锈净化和涂漆，然后才转入生产流程。其优点是除锈过程可以自动化，做到文明生产。除锈工艺的生产成本要比成品除锈低得多。

2）净化的方法

目前净化钢材表面的方法较多，常用的有以下几种：

（1）机械净化法

机械净化法种类较多，其中有金属刷净化、砂轮净化、刨削净化及喷砂净化等。

金属刷净化是最常用的方法。这种方法使用的工具简单，但劳动强度大、效率低，净化效果也不好，一般在补焊工作中使用较多。

砂轮净化是一种有效的方法，但人工掌握砂轮很不容易，劳动强度大，净化效率不高。可以设计简便易行的专用砂轮净化机具来代替手工打磨。

（2）喷砂法

喷砂是最常用而且是一种有效的机械净化方法，多用于材料的大面积净化，效率高、净化效果好。它是利用高速喷出的压缩空气气流带出的高速运动的石英砂，对工件表面进行猛烈地冲击，从而消除其上的污物和铁锈，使金属表面形成均匀的、一定粗糙度的表面，以便使涂层（如表面喷漆、喷铝和衬胶等）具有足够的附着力。

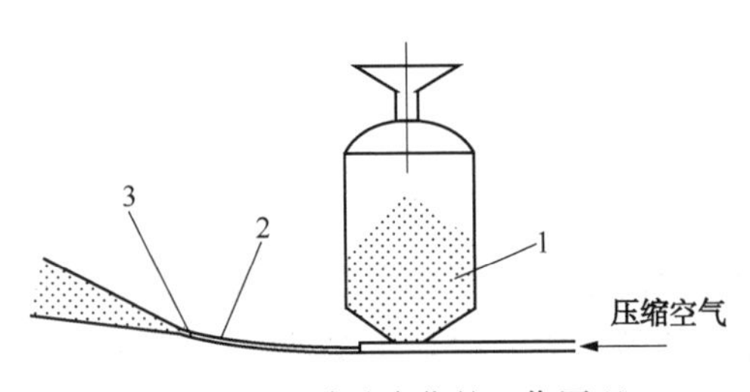

图 1-1　喷砂净化的工作原理

1—砂斗；2—软管；3—喷嘴

喷砂净化装置一般由高速送砂机构（或称为喷砂枪）、砂子回收设备、板材输送设备、除尘设备 4 部分组成。

喷砂净化的工作原理如图 1-1 所示，调整高速流动的空气在砂斗口形成负压而将砂粒带出，并经软管由喷嘴喷出。喷砂用的砂粒尺寸（对碳钢）一般为 1.5mm 左右，压缩空气的压力为 0.5~0.7MPa。在喷砂嘴出口处气流与砂粒均达到了很高的速度，具有很大的冲刷力。

（3）抛丸法

由于喷砂法严重危害人体健康、污染环境，目前国外已普遍应用抛丸法处理。抛丸是利用高速旋转的叶轮把小钢丸或者小铁丸抛掷出去高速撞击零件表面，故可以除去零件表面的氧化层。同时钢丸或铁丸高速撞击零件表面，造成零件表面的晶格扭曲变形，使表面硬度增高[29]，是对零件表面进行清理的一种方法，抛丸常用于铸件表面的清理或者对零件表面进行强化处理。其主要特点是改善了劳动条件，易实现自动化，对材料表面质量控制方便。例如，对不锈钢表面处理使其表面产生压应力，可提高抗应力腐蚀的能力。表面粗糙度的不同要求，可通过选择抛丸机的型号、数量和安装分布位置来实现。抛丸机抛头的叶轮一般为 380~500mm，抛丸量 200~600kg/min，钢丸粒度 ϕ0.8~1.2[30,31]。

目前大型企业都是采用多级联合自动化流水生产进行净化。经过联合净化，并经喷涂保护底漆、烘干处理等工序后，既可保护钢材在生产和使用过程中不再生锈，又不影响机械加工和焊接质量。具体工艺路线：电磁吊料—升降输送—辊道输送—预热(40℃)—抛丸除锈—清理丸料—自动喷漆—烘干(60℃)—快速输送—出料。

(4) 化学清洗法

化学清洗法包括用有机溶剂擦洗、碱洗和酸洗。有机溶剂擦洗常用于衬里(如衬橡胶)设备表面喷砂后的清洗。碱洗主要用于各种金属表面的去油(如机油、矿物油、凡士林等)。酸洗是常用的净化方法，它可以除去金属表面的氧化皮、焊缝上的熔渣等。通常采用的酸液是稀硫酸或盐酸并加入一定量的缓蚀剂。碱洗或酸洗是将被净化工件浸入酸液或碱液中，浸泡一定的时间，然后取出用清水洗净，以防余液的进一步腐蚀。对于无法采用碱、酸浸渍式净化的工件，可以用配成的膏状净化剂涂刷在工件表面，放置在阴凉通风处，待一定时间后用水冲洗干净并干燥。

(5) 金属表面的氧化、磷化和钝化

氧化、磷化和钝化是将清洁后的金属表面经化学作用，形成保护性薄膜，以提高防腐能力和增加金属与漆膜的附着力的方法。

① 氧化处理　金属表面与氧或氧化剂作用，形成保护性的氧化膜，防止金属被进一步腐蚀。黑色金属氧化处理主要有酸性氧化法和碱性氧化法，前者经济性好、应用较广，耐腐蚀性和力学强度均超过碱性氧化膜。有色金属可以进行化学氧化和阳极氧化处理。

② 磷化处理　用锰、锌、镉的正磷酸盐溶液处理金属，使表面生成一层不溶性磷酸盐保护膜的过程称金属的磷化处理。此薄膜可提高金属的耐腐蚀性和绝缘性，并能作为油漆的良好底层。

③ 钝化处理　金属与铬酸盐作用，生成七价或六价铬化层。该铬化层具有一定的耐腐蚀性，多用于不锈钢、铝等金属。

(6) 物理净化法

火焰净化法属于物理净化法，它基于材料表面杂质会因加热及冷却时的膨胀系数不同于材料本身而相继脱落。火焰净化是用安装在滚子支架上的若干个氧乙炔火焰喷嘴来进行净化，可将氧化皮和锈从金属表面除去。火嘴沿被净化面往复移动，移动速度约为1.5~6m/min。火嘴与表面的距离约50mm，火焰对表面的倾角小于45°，加热温度不得高于150℃，即净化过程不应使金属内部组织发生变化。如需要两次净化时，应待第一次完全冷却后再进行第二次净化。

1.2.2　矫形

1) 矫形的目的

材料在轧制过程中，因不均匀的加热和冷却或轧制设备的磨损，以及在运输、吊装和储存过程中或其他某些原因，常常出现不平、弯曲、扭曲及波浪等缺陷。这些缺陷不仅给测量、划线、切割带来困难，而且还会影响到成形零件的精度。例如，板材若有较大的波浪变形和凹凸不平，必然会增大卷圆后筒节的直径偏差，这将直接影响到环焊缝对接接口的错边量。

当钢板、铝及铝合金板、钛及钛合金板、镍及镍合金板、锆及锆合金板材的不平度分别超过表1-3[32]、表1-4[33]、表1-5[34]、表1-6[35]、表1-7[27]中的数值时，一般要进行矫形。

表 1-3　钢板允许不平度　mm

公称厚度	钢类 L				钢类 H			
	下列公称宽度钢板的不平度(≤)							
	≤3000		>3000		≤3000		>3000	
	测量长度							
	1000	2000	1000	2000	1000	2000	1000	2000
3~5	9	14	15	24	12	17	19	29
>5~8	8	12	14	21	11	15	18	26
>8~15	7	11	11	17	10	14	16	22
>15~25	7	10	10	15	10	13	14	19
>25~40	6	9	9	13	9	12	13	17
>40~400	5	8	8	11	8	11	11	15

注：1. 钢类 L——规定的最低屈服强度值<460MPa，未经淬火或淬火加回火处理的钢板；

2. 钢类 H——规定的最低屈服强度值在 460~700MPa 之间以及所有淬火或淬火加回火的钢板。

表 1-4　铝及铝合金板材允许不平度

项目	厚度/mm	纵向不平度 d/L	横向不平度 d/W	局部不平度 d/R	纵向或横向上的最大不平度或端头部位的翘曲高度[a]	
					A 类合金	B 类合金
冷轧板材	>0. 20~0. 50	不要求或供需双方协商确定				
	>0. 50~3. 00	≤0. 8%	≤1. 0%	≤0. 8%	≤20mm	≤35mm
	>3. 00~6. 00	≤0. 6%	≤0. 8%	≤0. 5%		
热轧板材	>2. 50~3. 00	≤0. 8%	≤1. 0%	≤0. 8%	≤25mm	≤40mm
	>3. 00~6. 00	≤0. 6%	≤0. 8%	≤0. 5%		
	>6. 00~50. 00	≤0. 5%	≤0. 8%	≤0. 5%		
	>50. 00~250. 00	≤0. 4%	≤0. 5%	不要求或供需双方协商确定		

注：L 为板材长度，W 为板材宽度，R 为任意不小于 300mm 的弦长，d 为波高。

a. 端头部位是指沿板材长度方向上，两端 300mm 长度范围内所包含的端部整个板面。若板材为正方形，端头部位为靠边缘四周 300mm 所包含的正方形圈的板面。

表 1-5　钛及钛合金板材不平度允许偏差

厚度/mm	规定宽度的不平度/(mm/m)	
	≤2000	>2000
≤4	20	—
>4~10	18	20
>10~20	15	18
>20~35	13	15
>35~60	8	13

表 1-6　热轧矩形或圆形镍及镍合金板材不平度允许偏差

厚度/mm	规定宽度或直径范围的不平度(≤)/(mm/m)		
	≤1000	>1000~1500	>1500~3000
4. 1~7	15	20	25
>7~10	13	15	20
>10~15	10	13	15
>15~20	10	10	15
>20~25	10	10	13
>25~50	8	10	13
>50	8	8	13

注：表中不平度适用于长度 3500mm 范围内的板材，或长度大于 3500mm 板材的任意 3500mm 长度。

表 1-7　锆及锆合金板材的不平度允许偏差　　mm

厚　度	产品不平度(长度或宽度，≤)					
	规定宽度范围					
	≤1219	>1219~<1524	1524~<1829	1829~<2134	2134~<2438	2438~2800
3. 20~<6. 35	19	26	31	34	41	41
6. 35~<9. 52	17	19	23	28	34	36
9. 52~<12. 70	12	14	17	19	23	28
12. 70~<19. 05	12	14	15	15	20	28
19. 05~<25. 40	12	14	15	15	19	20
25. 40~<38. 10	12	14	14	14	17	17
38. 10~50. 80	4. 7	7. 9	9. 5	11	12	14

注：1. 需方有要求时，厚度小于 3. 2mm 的薄板不平度可按每 1000mm 不大于 5mm 规定执行。
2. 表中不平度适用于长度不大于 4. 6m 的厚板或长度更长厚板的任意 4. 6m 长度。
3. 当厚板的较长尺寸不大于 914. 4mm 时，其任意方向上的不平度应不大于 6. 35mm。

通常薄板的弯曲现象最为严重，所以薄板需要矫形的机会比较厚板为多。可按照表 1-8 确定所必须矫形的板材。

表 1-8　金属薄板必须矫形的百分数

厚度/mm	必须矫形的金属薄板的百分数/%	厚度/mm	必须矫形的金属薄板的百分数/%
<2	100	6~12	50
2~6	90	>12	≤10

除坯料在划线前需要矫形外，用剪板机剪切下的板材有皱缩、弯曲现象，以及焊接后有热变形的工件也要进行矫形。

矫形的目的是调整弯曲件“中性层”两侧的纤维长度，最后使全部纤维等长。可以中性层为准，使长者缩短，短者伸长，最后达到与中性层等长，把其余的纤维都拉长而达到矫形的目的。如，拉伸法矫形主要用于断面较小的管材和线材，如有色金属管的拉直，但要注意控制其延伸率。

为了减小型材在矫正、矫直后材质本身塑性性能的损失，型材在矫正、矫直之前的变形量不能太大。低碳钢在矫形时的伸长率不能超过 1%，若超出规定则应考虑热矫形。

2）矫形的方法及原理

对于板材的矫形，常用的有机械法矫形和火焰加热法矫形两种方法。

（1）机械法矫形

机械法矫形是一种普遍使用的方法，它是将工件将要矫形的部位放在两个支点之间，然后压弯工件，使产生反向的塑性弯曲变形。根据原来变形度的大小，控制矫形下弯的大小，使矫形弯曲应力处于弹塑性或全塑性状态（图 1-2）而达到矫形的目的。

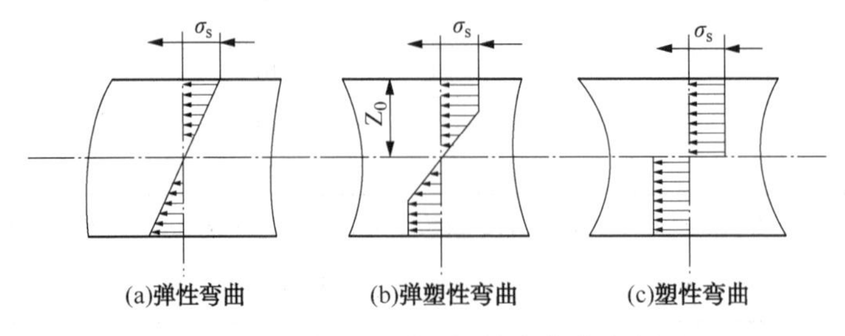

图 1-2　材料理想弹塑性状态弯曲应力图

板材的矫平一般在辊式矫形机上进行。这类矫形机具有平等排列的两辊轴，上下两列辊轴互相交错排列，辊子之间的距离可以调节。上列和下列辊轴之间的间隙要调节到略小于接受矫形的板材的厚度。上列两个边辊（又称导向辊）可单独调节，以保证板材的顺利咬入和平直送出。板材的矫形均采用多次反复交变弯曲。为了实现矫形的过程，多辊式矫形机都有往复传动机构。

板材由辊轴的转动拖入，板通过辊轴之间时，受到多次交变弯曲，其中产生的应力应超过材料的屈服极限，使得板材得到矫平。矫形过程的共同特点是使有局部变形缺陷的板材向曲皱相反的方向弯曲。弯曲量的大小不仅要把曲皱的部分向相反方向矫平，还要调过一些，以补偿弹性恢复量。由于曲皱部分与平直部分连在一块板上，板材上某一曲皱被矫正的同时，必然引起相邻平直部分做相应的变形。因此矫形工作既要使板材的最大曲皱变形能够消除，还要使平直部分不留下过大的残余变形。

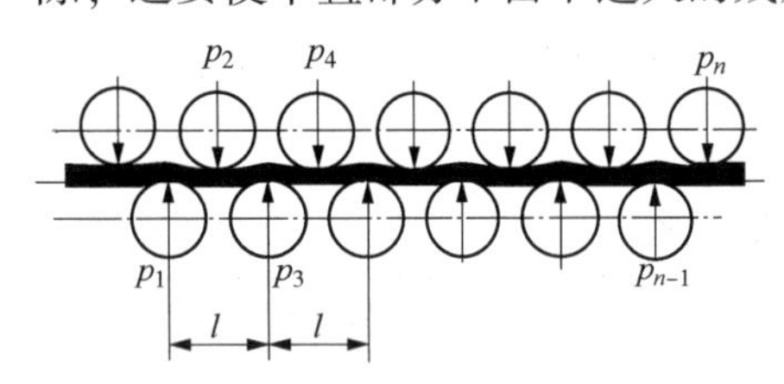

图 1-3　多辊矫形机工作示意图

如图 1-3 所示，假定板材的原始变形曲率在 $0\sim\pm1/R_0$，其中正负号表示向下凹和向上凸（从板材上表面看）。现在分析第二及第三辊子的矫形过程。板材在第二个辊子上，经过第一次弯曲后，向反方向弯曲的曲率半径为 ρ_0，假定其大小选取的正好能使板材向下凹的曲率 $1/R_0$ 被消除，则具有向下凹的曲皱断面自第二辊子下面出来后，弹性弯曲曲率即将消失，板材变直。但这时板材具有向上凸的曲皱断面经过第二辊子时不受弯曲。板材上凸最大曲率 $1/R_0$ 的变形经过第三个辊子才能产生矫形的作用。而板材的平直部分经过第二个辊子后，却得到了新残余变形，其曲率为 $1/R_1$。假如第四辊调整得使残余的最大曲率 $1/R_1$，在通过第四辊后消失，同时，这个平直部分又会得到了曲率为 $1/R_2$ 的残余变形。以后就如此重复下去，而且每次的残余变形曲率都是越来越小。板材缺陷随着通过的辊数增多而逐渐减少。因此多辊矫形机可提高矫形的质量。

图 1-4 是曲梁多次交变弯曲的试验结果。弯曲试样是经过正火消除硬化及残余应力的板材。试验时，先将试样向弯曲的反方向弯曲，然后进行多次交变弯曲，其曲率都远小于初

始的曲率。从曲线可知，多次交变弯曲的弯曲力矩在量上是交替变化的。当向着与试样初始曲率相同的方向弯曲时，其弯曲力远小于向反方向弯曲的弯曲力矩。当交变弯曲多次重复时，可以看到初始曲率对弯曲力矩的影响逐步减弱，同向和反向的弯曲力矩逐渐相同，这表明钢材趋于平直。这个实验同样证明了交变弯曲次数愈多，愈容易保证矫形质量。板材矫平时的受力情况如图 1-5 所示。

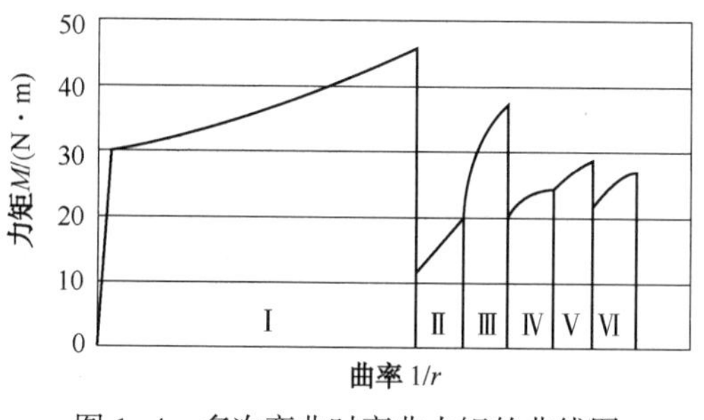

图 1-4　多次弯曲时弯曲力矩的曲线图

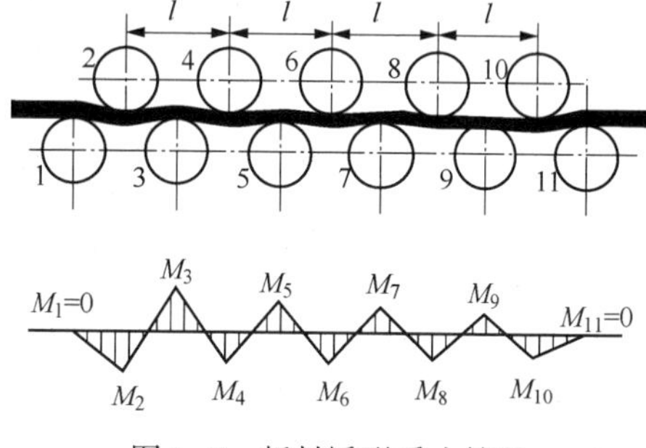

图 1-5　板材矫形受力情况

矫形机的辊子直径 D、辊子间的距离 l 和辊子数三者对矫形的效果影响很大。辊间距大时，只需较小的辊压力就可以得到较大的弯矩，但在相同下压量时的矫平效果较差。反之，矫平效果较好，但此时辊子对板材的接触应力增大，造成板材和辊子表面的损伤。所以辊间距取决于辊子与板材间允许的最大接触应力。通常对于一定厚度的板材，矫平机的辊间距按允许接触力设计计算，即 l 是不可变的，辊子的直径则按 $D=(0.9\sim0.95)l$ 来决定[36]。并根据被矫板强度、最大厚度和宽度进行校核。辊数量越多，矫平的精度越高，但机构也越复杂。

由于薄板在弯曲时所需压力较小，所以薄板矫平机的辊间距和辊子直径较小。但板薄反弹量较大而不易矫平，需要更多的矫正次数，故辊子数目较多；厚板则与之相反。通常 5~11 辊用于矫平中、厚板；11~29 辊用于矫平薄板。

除板材外，钢管、型钢也需要矫形，常用的矫形方法、矫形设备及其适用范围见表 1-9。

表 1-9　机械矫正方法及适用范围

矫形方法	矫形设备及示意图	适用范围
手工矫形	手锤、大锤、型锤(与被矫正型材外形相同的锤)或一些专用工具	操作简单、劳动强度大、质量不高；适用于设备无法矫正的场合
拉伸机矫形		适用于薄板瓢曲矫正、型材扭转矫正及管材矫正
压力机矫形		适用于板材、管材、型材的局部矫正；对型钢的校正精度一般为 1.0mm/m
辊式矫板机矫形		适用于板材矫正，不同厚度板材选择辊子数目、直径不同的矫板机；矫正精度为 1.0~2.0mm/m

续表

矫形方法	矫形设备及示意图	适用范围
斜辊矫管机矫形		适用于管材、棒材的矫正，有不同的结构形式；左侧上图有一个矫正循环；左侧下图有两个矫正循环，矫正质量较高
型材矫正机矫形		适用于型材的矫正；矫正辊的形状与被矫形截面形状相同，一般上、下列辊子对正排列；防止矫正过程产生扭曲变形

(2) 火焰加热法矫形

有些板材的矫形是不易或无法用机械矫形的方法进行矫形的。例如，焊接变形、碰撞变形等变形产生在成形之后。此时可以采用火焰加热进行矫形，火焰加热矫形和手工矫形是设备制造中碳钢容器常用的矫形方法。

火焰加热矫形是在板材凸起侧面及其周围(即纤维较长的区域)，用气体火焰对板面顺次点状进行加热，然后用冷水急骤冷却的方法来实现矫形。当对钢材凸起侧进行加热时，加热部位金属受热膨胀，但又受到周围冷金属的阻碍产生压应力。当其达到屈服强度后，被加热部位产生塑性压缩变形。冷却时虽然该部位也受到周围冷金属的阻碍产生拉应力，但温度已下降，此时的屈服强度已升高，变形很小。所以从加热到冷却过程中，被加热部位的金属纤维总体上是缩短了，达到了矫形的目的。矫形时加热温度要控制在易于塑性变形的范围(一般加热到800~900℃)，加热区要选择适当。金属的火焰加热法矫形如图1-6所示，其中(a)为板材的火焰矫形，(b)为型钢的火焰矫形。

板材的火焰矫形应先对凸起部分的边界进行加热，而后快速冷却。加热范围从凸起边界向中心逐次逼近，直至全部平整为止。型钢的火焰矫形一般对凸起侧加热成三角区，使金属纤维的最大伸长处受到最大的压缩，如图1-6(b)所示。

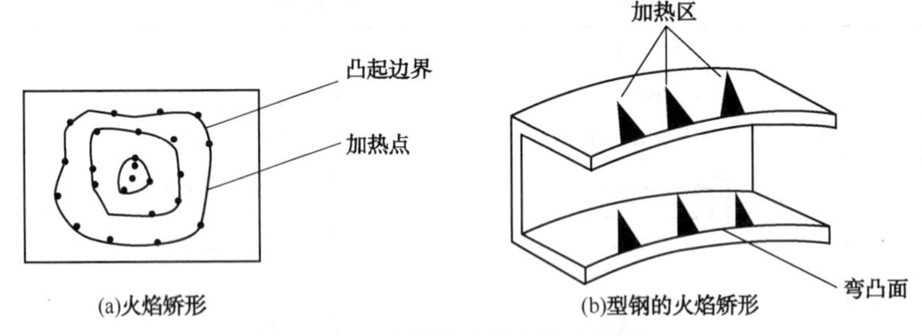

图1-6　金属的火焰加热法矫形

1.3　划线

1.3.1　设备的组成及划线的目的

设备是实现某个工艺过程的工作单位，如塔器、换热器、储罐等。设备可依次分成部件、零件和毛坯。部件是设备制造或安装检修中的一个装拆单位，如塔盘等。零件是部件上的一个几何单位，如筒体、封头等。毛坯则是零件上的划线单位。有的零件是一个毛坯组成的，如整体冲压的椭圆形封头；有的零件则是由若干个毛坯所组成，如拼接的球形封头。

划线的工艺过程一般分为三步：分拆、展开、号料与排板，是把要制造的零件或毛坯按照实际尺寸和加工要求，正确地划在原料或样板材上的工艺过程。它的目的是保证切割、坡口加工、成形加工及焊后有正确的形状和尺寸，保证制造质量，避免材料的浪费。

1.3.2 分拆和展开

1）设备的分拆

为了实现设备的制造，必须先将整体设备按制造单元进行分拆，即把零件拆成毛坯的过程。应当尽可能把设备设计成若干个部件，这样便于制造和安装。

由零件组成部件时，要考虑焊接结构的特点，最主要的有：接头处要有圆滑的过渡，应当尽可能避免阶梯(厚板与薄板直接联接)和尖角(联接边缘是折线)，以免造成应力集中。焊缝分布要均匀对称，要靠近结构的弯曲中心线，以减少弯曲变形。焊缝不要集中，以免造成应力和变形互相影响而更加恶化。尽可能不将焊缝布置在受力严重的部位，如图 1-7 所示。

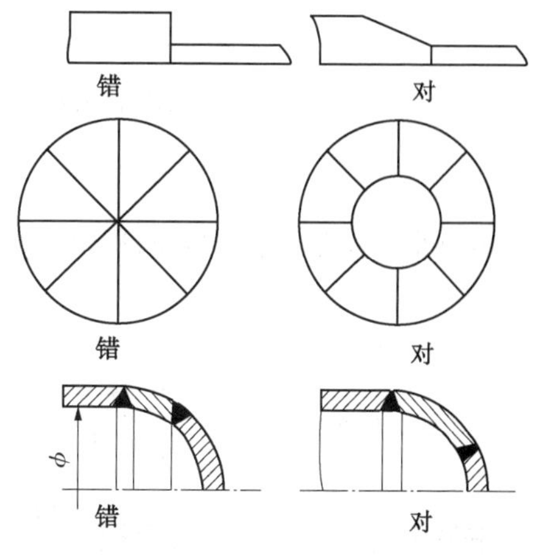

图 1-7 部分焊接结构的特点

展开的目的是将空间曲面展开成平面，以便划线。空间曲面的母线是直线的为可展曲面，如筒体和无折边锥体；母线是曲线的为不可展曲面，如球壳、椭圆形封头等。后者只能采用近似方法展开。

展开尺寸是根据中性层尺寸确定的，中性层的长度理论上在弯曲时保持不变。一般板状零件就是以其厚度的中心计算。中性层的概念是弹性变形中的假定，故用来处理塑性变形的展开问题时需要修正，工件越厚，这种修正就越必要。

2）展开方法

展开方法主要有计算法、作图法和变形近似法。由于计算机辅助工艺的发展，作图法和变形近似法也将逐渐被淘汰。

计算法是利用零件的几何尺寸，通过计算直接得到零件的展开尺寸。可展曲面的展开计算非常简单，如筒体的展开面为矩形；无折边锥形封头的展开面为扇形。不可展曲面的展开只能通过变形近似法来近似展开。过程设备中不可展开零件的壳体都是由板材经过塑性成形加工而成的。近似展开的根据有两种，一种是数学上的近似(作图法)，即用切线或割线来代替曲线，以切面或割面代替曲面。另一种是运用某些塑性变形原则作为展开图形的依据，例如，认为变形过程中弧长不变的就称等弧长法，认为变形过程中面积不变的就称等面积法，它们总称为变形近似法。实践证明，等弧长法的误差大，大多数毛坯成形后余料多，但用它计算作图简单。等面积法精确，但计算作图较繁琐。

椭圆封头是典型的不可展曲面，用两种方法所得面积相差较大。椭圆形封头的展开计算如图 1-8 所示，已知内径 DN、壁厚 δ、封头曲面深度 h_g、封头直边高度 h。

椭圆形封头、球形封头、碟形封头都属于不可展的零件，但生产中冲压加工或旋压加工时毛坯料(展开后的图形)都为圆形，所以只需要求出展开后的半径或直径即可。

封头中性层处直径 D_m 等于公称直径（内径）与壁厚之和，即 $D_m=DN+\delta$。封头中性层处长、短半径分别为 a 和 b，则 $a=D_m/2$，$b=h_m=h_g+\delta/2$（中性层处曲面深度）。

（1）等面积法（图 1-8）

椭圆形封头毛坯的较准确计算方法应为等体积法（即板材在成形前后的体积是不变的），但实际上壁厚的变化很小，可以忽略，故可以认为中性层处的表面积在展开前后是相等，即等面积法。

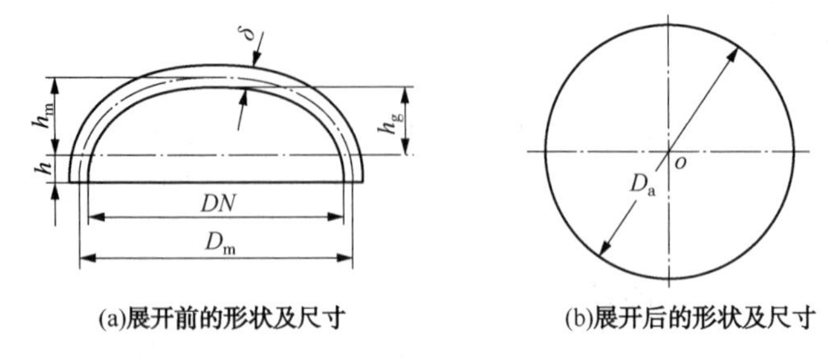

图 1-8　椭圆形封头展开计算

椭圆形封头展开前的表面积由直边部分表面积和半椭球表面积组成[37]，即：

$$\pi D_m h+\pi a^2+\frac{\pi b^2}{2e}\ln\frac{1+e}{1-e} \tag{1-3}$$

式中　e——椭圆率，$e=\frac{\sqrt{a^2-b^2}}{a}$；

椭圆形封头展开后的表面积为$\frac{\pi D_a^2}{4}$，因此：

$$\frac{\pi D_a^2}{4}=\pi D_m h+\pi a^2+\frac{\pi b^2}{2e}\ln\frac{1+e}{1-e} \tag{1-4}$$

则：

$$D_a^2=8ah+4a^2+\frac{2b^2}{e}\ln\frac{1+e}{1-e} \tag{1-5}$$

对于标准椭圆封头，$a/b=2$，可得：$D_a=\sqrt{1.38D_m^2+4D_m h}$

（2）等弧长法

$$D_a=\frac{\pi}{2}\sqrt{2\left[\left(\frac{DN}{2}\right)^2+b^2\right]+\frac{1}{4}\left(\frac{DN}{2}-b\right)^2}+1.5h \tag{1-6}$$

1.3.3　排板和号料

1）排板

板坯的展开尺寸计算出来后，有两种情况。一种情况是板坯尺寸小于材料厂商供应的板材尺寸，此时就考虑合理配置各个板坯，不仅要使材料得到充分利用，还要使焊缝配置合理，减少焊缝长度。在板材上合理配置各板坯的工序是排板的第一种情况。

实际生产中还有第二种情况，就是相当多的筒节由于展开长度超过材料厂商供应的板材的额定尺寸长度，必然出现二道或二道以上的纵焊缝。特别是近年来装置的生产规模越来越大，设备的尺寸也越来越大，筒节往往由数块板材用多道纵缝连接而成。对于这种情况，根据产品图纸按中性面尺寸计算出理论展开长度之后，必须进行排板，即确定展开图上焊缝的位置和数量。也就是决定由多少块板材拼焊而成，每块尺寸多少，并绘制排板图。

排板时应遵循以下主要原则：

（1）最充分地使用板材，减少边角余料，提高材料的利用率

圆柱形筒节尽可能利用整张板材拼焊，只是最后一张按展开尺寸切断。小筒节用不了一张板，余料应充分利用，一般先排列大的板坯，再排小板坯。尽可能用一条切割线作两块板坯的外廓，避免不必要的重复切割。

（2）焊缝配置应符合有关技术条件的规定

① 相邻筒节 A 类接头间外圆弧长应大于钢材厚度 δ 的 3 倍，且不小于 100mm；

② 封头 A 类拼接接头、封头上嵌入式接管 A 类接头、与封头相邻筒节的 A 类接头相互间的外圆弧长，均应大于钢材厚度 δ 的 3 倍，且不小于 100mm；

③ 组装筒体中，任何单个筒节的长度不得小于 300mm；

④ 容器内件和壳体间的焊接应尽量避开壳体上的 A 类、B 类焊接接头。

（3）符合制造工艺条件

筒节及管子上纵焊缝与环焊缝，以及封头、接管、人孔与筒体焊缝的配置，应该便于对焊缝作肉眼观察、质量检查和缺陷修补操作。对于大型设备，特别是特种材料制造的大型设备，焊接工作量大，材料用量也大。一般都由设备制造厂按需要向材料厂商提出板材订货，板材尺寸由双方商定。设备制造厂工艺人员在确定板材的最佳长度和宽度时，应作综合的技术经济分析，以降低筒体的成本。

确定板材的最佳长度应以计算的展开长度为依据，并考虑下列因素：拼焊成筒节的板数应是整数；各板的计算长度应尽可能接近板材的标定尺寸长度；拼接焊缝的数量应尽可能少。

筒体在划线时，应事先在图纸上做出划线的方案，即确定出筒体的节数(每节长与相应的板材宽度适应)和每一节上的装配中心线、开孔中心线及其他装配位置，如图 1-9 所示。这样可以保证将来不在焊缝上开孔，焊缝分布较为均匀。

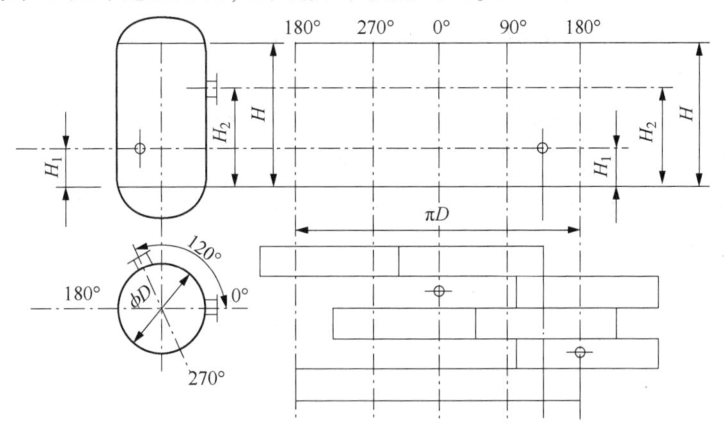

图 1-9　筒节展开方案示意图

当焊缝需要进行无损检测时，要使检测能方便可行。例如，需要进行超声波检测时，在焊缝两侧要留有适当的探头操作移动的范围和空间，如图 1-10 所示，探头移动区应不小于 $1.25b_2$ 或 $b_2 \geqslant 2\delta k$（k 称为透过率，它是透过声压 p_1 与入射声压 p_0 之比，即 $k=p_1/p_0$，$b_2 \geqslant$

$2\delta\tan\alpha$)，同时再考虑探头尺寸及适当的余量空间[30]。

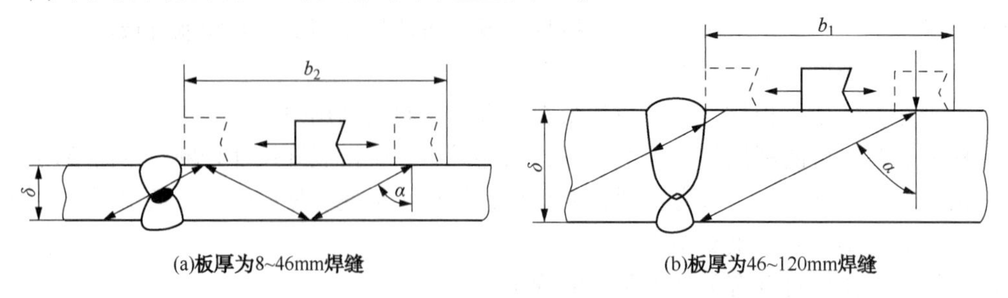

图 1-10　探头移动范围

2）号料

工程上把零件展开的图形，考虑一定的余量后划在板材上的工艺过程称为号料。为了保证加工尺寸的精度及防止下料尺寸线模糊不清，可用洋冲冲眼来表达某些加工线或中心线。号料过程中主要注意两个方面的问题：全面考虑各道工序的加工余量；考虑划线的技术要求。

上述展开尺寸只是理论计算尺寸，号料时还要考虑零件在全部加工工艺过程中各道工序的加工余量，如成形变形量、机械加工余量、切割余量、焊接工艺余量等。由于实际加工制造方法、设备、工艺过程等内容不尽相同，因此加工余量的最后确定比较复杂，要根据具体条件来确定。本节重点介绍几个方面的内容作为参考。

（1）筒节卷制伸长量（$\Delta l_{卷}$）

由于卷板机的挤压，卷板时板材将会有一定伸长量，该伸长量与被卷材质、板厚、卷制直径大小、卷制次数、加热等条件有关。通常用经验公式（1-7）估算伸长量：

$$\Delta l_{卷}=k\pi\delta_n(1+\delta_n/D_i) \tag{1-7}$$

式中　δ_n——板材名义厚度；

D_i——筒体内径；

k——卷制系数，其取值受很多因素影响，最好通过实验来确定，初步计算可取 $k=0.07$，不同材质的板，可根据材料的屈服强度进行修正。

（2）边缘加工余量（$\Delta l_{加}$）

边缘加工主要考虑内容为机械加工（切削加工）余量和热切割加工余量。边缘机加工余量见表 1-10，边缘加工余量与加工长度关系见表 1-11。计算边缘加工余量时，要考虑需要加工的边缘数量，一块板材有两个边需要加工，如果筒节尺寸较大，由多块板拼接而成，则需要分别考虑每块板的边缘加工余量。

表 1-10　边缘机械加工余量　　mm

不加工	机加工		要去除热影响区
0	厚度≤25	厚度>25	>25
	3	5	

表 1-11　边缘加工余量与加工长度关系　　mm

加工长度	<500	510~1000	1000~2000	2000~4000
每边加工余量	3	4	6	10

（3）切割余量（$\Delta l_{切}$）

板材切割下料时同样损失一部分材料，该部分应在号料尺寸中加以考虑，钢板切割加工余量见表 1-12。

表 1-12　钢板切割加工余量　　mm

钢板厚度	火焰切割		等离子切割	
	手　工	自动及半自动	手　工	自动及半自动
<10	3	2	9	6
10~30	4	3	11	8
32~50	5	4	14	10
52~65	6	4	16	12
70~130	8	5	20	14
135~200	10	6	24	16

（4）坡口间隙（$\Delta l_{间}$）

焊接坡口余量主要是考虑坡口间隙。坡口间隙的大小主要由坡口形式、焊接工艺、焊接方法等因素来确定。由于影响因素较多，坡口形式也较多，所以实际焊接坡口余量（间隙）要由具体情况确定，可参见《气焊、焊条电弧焊、气体保护焊和高能束焊的推荐坡口》（GB 985.1—2008）[38]、《埋弧焊的推荐坡口》（GB 985.2—2008）[39]以及《铝及铝合金气体保护焊的推荐坡口》（GB 985.3—2008）[40]。对于平对接焊缝（不开坡口），$\Delta l_{间} \leqslant 0.5\delta$（$\delta$ 为板厚度，下同）；单 V 形焊缝，$4mm \leqslant \Delta l_{间} \leqslant 8mm$；双 V 形焊缝、U-V 组合型焊缝、U 形焊缝，$1mm \leqslant \Delta l_{间} \leqslant 4mm$；陡边焊缝，$16mm \leqslant \Delta l_{间} \leqslant 25mm$。

（5）焊缝变形量（$\Delta l_{收}$）

对于尺寸要求严格的焊接结构件，划线时要考虑焊缝变形量（焊缝收缩量）。焊缝收缩变形计算较为复杂，与坡口形式、对接间隙、焊接线能量、板材厚度、材料以及焊接截面面积等有关，除其他因素，变形大小与焊缝的充填金属量、输入热能成正比。同一板厚的对接焊缝横向收缩量大小依次为：单 V 形、X 形、单 U 形、双 U 形坡口。多道焊时，每道焊缝所产生的横向收缩量逐渐递减。

板材单 V 形坡口对接焊缝横向收缩近似计算公式：

$$\Delta l_{收} = 1.01e^{0.0464\delta} \tag{1-8}$$

双 V 形坡口对接焊缝收缩量计算公式：

$$\Delta l_{收} = 0.908e^{0.0467\delta} \tag{1-9}$$

式中　$\Delta l_{收}$——焊缝横向收缩量，mm；

　　　δ——板材厚度。

焊缝收缩量和焊缝其他变形受多种因素影响，准确地考虑比较困难，应结合实际确定。

（6）加工余量与尺寸线之间的关系

在实际生产中经常划出零件展开图形的实际用料线和切割下料线，对于筒体（节）划线。实际用料是在展开尺寸的基础上考虑了卷制伸长量、边缘加工余量、坡口间隙、焊缝收缩量等得到的尺寸。而切割下料时，还需要考虑切割余量以及划线公差。鉴于数控切割的广泛应用，一般不需要划线环节，所以可不考虑划线公差。因此号料尺寸 l 可表示为：

$$l=l_{展}-\Delta l_{卷}+\Delta l_{收}-\Delta l_{间}+\Delta l_{加}+\Delta l_{切} \quad (1-10)$$

式中 $l_{展}$——展开尺寸；

$\Delta l_{卷}$——卷制伸长量；

$\Delta l_{收}$——焊缝收缩量；

$\Delta l_{间}$——焊缝坡口间隙；

$\Delta l_{加}$——边缘加工余量；

$\Delta l_{切}$——切割余量。

有些企业实际操作中，环焊缝收缩量、焊缝坡口间隙通常不在每一块板材上考虑，而是集中在最后一块板材统一考虑。

1.3.4 标记和标记移植

根据 TSG 21—2016[2]，用于制造压力容器受压元件的材料在分割前应当进行标记移植。因此在板材划线时应该对制造受压元件的材料进行标记确认，核实材料的制造标准代号、材料牌号及规格、炉(批)号、国家安全机构认可标志、材料生产单位名称及检验印签标志，并于材料切割前完成标记移植工作。材料标记应清晰、牢固(如钢印、标号或其他标志)，以保证后续工序顺利进行，且有利于材料的管理、待查和核准。对有防腐要求的不锈钢以及复合钢板制容器，不得在防腐蚀面采用硬印作为材料的确认标记。

目前，国家在有关标准中还没有统一的标记代号，故各制造厂对材料的标记管理和移植制度都有各自的规定[30]。

筒体类板材的标记位置如图 1-11 所示。封头类板材的标记位置如图 1-12 所示。

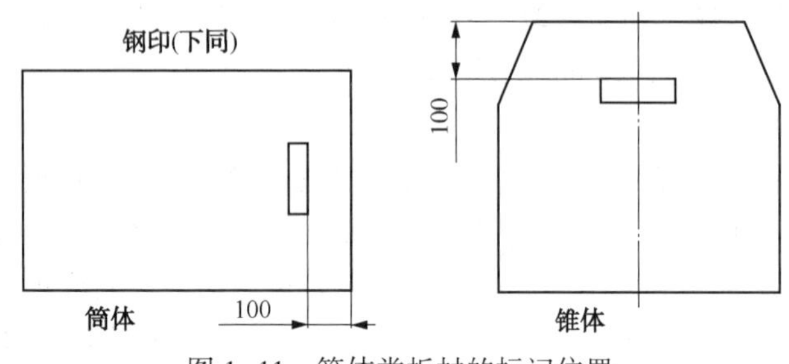

图 1-11 筒体类板材的标记位置

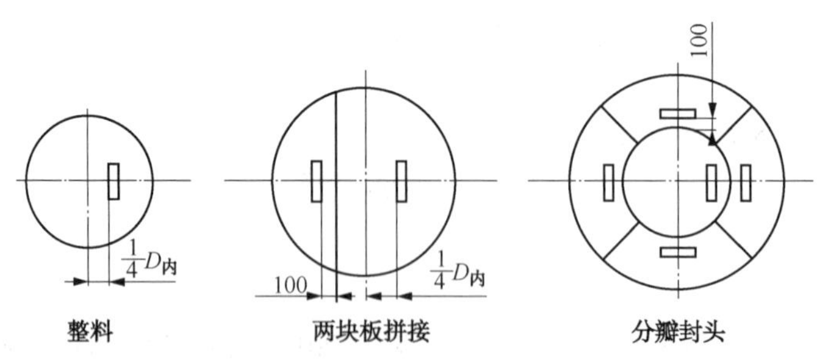

图 1-12 封头类板材的标记位置

标记移植和确认要求在材料切离之前，先将标记移植到被切开而又无标记的那一块材料上，而且应经检验人员复检并打上检验人员的确认标记。这样在每一个材料标记代号下，都有一个检验确认标记。对仅有材料标记代号而无检验确认标记的材料，标记管理和标记移植制度规定不得使用。

2　切割及边缘加工

切割是按划线工艺确定的切割线从原料上切割下所需的形状和尺寸的毛坯，为以后成形、拼装和焊接做好准备。边缘加工是板材焊接前的一道准备工序，其目的在于去除切割时产生的边缘缺陷；根据焊接工艺要求，在板材边缘加工出一定形状的坡口。

金属的切割方法一般分两大类，一类是机械切割，如锯切、剪切(其设备有龙门剪切机、振动剪床、圆盘剪床等)、铣刨切割、联合冲剪等；另一类是非机械切割，非机械切割又包括热切割和冷切割，热切割主要有火焰切割、电弧切割(包括等离子切割)、激光切割、电火花切割等，冷切割目前应用较多的是磨料水射流切割。

2.1　机械切割

2.1.1　剪切方法简介

机械切割是应用机械设备进行切割的方法，设备制造中常用的机械切割方法包括锯切、剪切和联合冲剪三种类型。属于第一种的有普通锯床和砂轮锯，主要用来锯切型材和管材。第二种主要有龙门剪切机、圆盘式剪切机和振动剪切机，其中最常用的是龙门剪切机(图 2-1)。龙门式剪板机按其传动方式有机械的和液压的两种，其剪切角度有平口式和斜口式两种，主要用于直线切割。平口式多用于切割窄而厚的矩形断面的板材；斜口式多用于切割薄而宽的板材。由于热切割和磨料水射流切割的广泛使用及其在切割 6mm 以上板材方面的优势，再加上全自动计算机控制切割机床的推广与普及，龙门剪床已逐步淡出焊接生产范畴[41]。

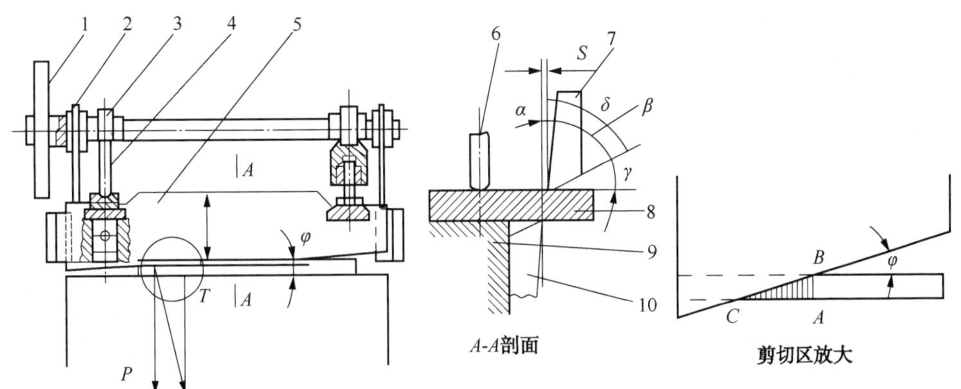

图 2-1　斜口式龙门剪切机结构示意图[42]

1—带轮；2—离合器；3—偏心机构；4—连杆；5—横梁；6—压头；
7—上剪刃；8—待切割板材；9—工作台；10—下剪刃

联合冲剪主要有冲型剪切机和联合冲剪机，前者除用于直线、曲线或圆的剪切外，还可用来冲孔、冲型、冲槽、切口、翻边和成形等工序，用途广泛，而后者通过更换不同型钢断面的刀刃，可以用于切割型材、棒材、板材和冲孔。

2.1.2 剪切机工作原理

剪切机分为平口和斜口两类。平口剪切机的两个刀片刃口都是水平的(图 2-2)，主要用来剪切厚度略大，但不很宽的金属板材。斜口剪切机的两个刀刃的刃口组成一定角度 α(图 2-3)。一般是上刀刃倾斜，下刀刃水平。下刀刃的倾角受水平分力的限制，实际上 α 取在 2°~6°之间。斜口剪切机的剪切力远小于切割同样厚度金属的平口剪切机的剪切力。

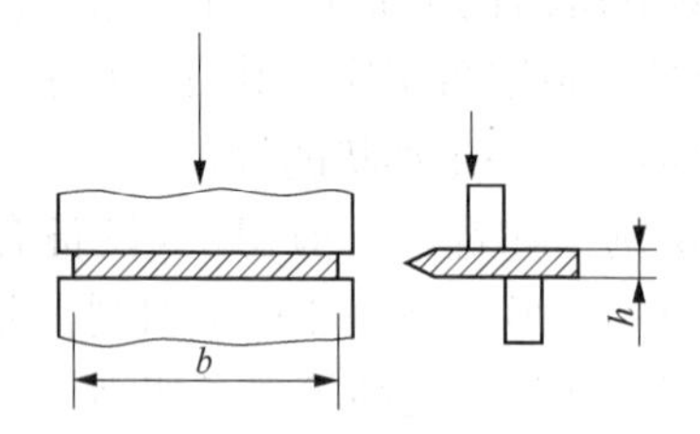

图 2-2 平口剪切刀片位置示意图

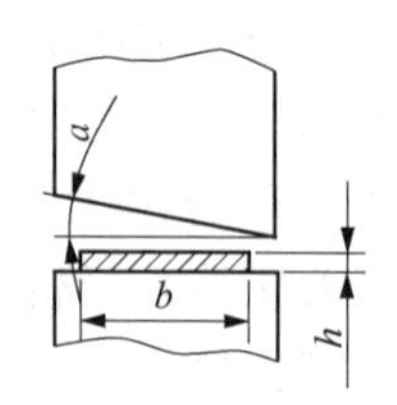

图 2-3 斜口剪切机刀片位置示意图

剪切机的驱动是电动机通过飞轮带动曲轴、滑块等来完成的。图 2-4 为是简单的剪切机传动示意图。大皮带轮同时起着飞轮的作用，这样在选用剪切机的电动机功率时，就可取中间值而不取最大值。剪切机的启动可由离合器来控制。平口剪切断口表面如图 2-5 所示。

为了研究剪切过程及其抗力的变化，可通过试验找出剪切力和相对切入深度($\varepsilon=Z/h$)之间的关系曲线。剪切过程中，由于在各个变形阶段，金属的内部产生的现象不同，所以剪切力也随着刀刃压入的程度在不断变化。由图 2-6 可以看出，曲线上 *AB* 段相当于金属的弹性变形阶段，*B* 点为塑性变形开始，*BC* 段为金属的塑性变形阶段，*C* 点是 *B* 所达到的最大值，此后裂纹出现并开始发展，在 *CD* 段，裂纹进一步地扩展，被切金属的实际截面逐渐缩小，所以剪切力从此开始减小，至 *D* 点时金属全部断裂。

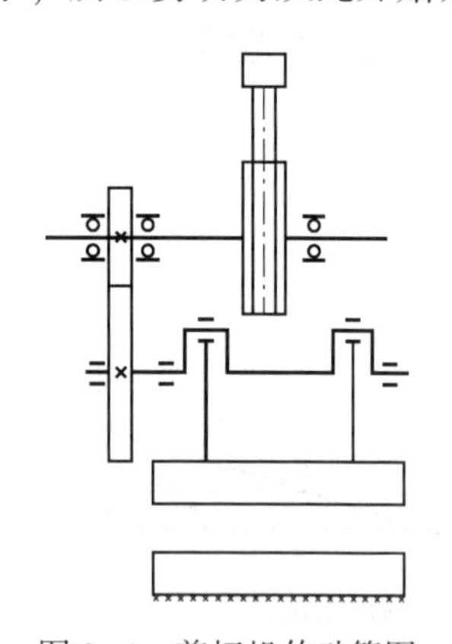
图 2-4 剪切机传动简图

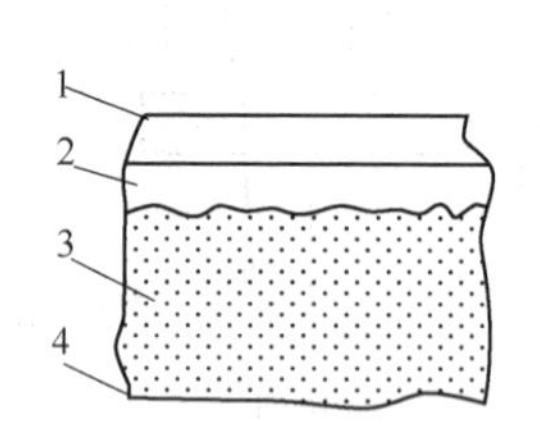

图 2-5 剪切断口表面

1—塌角；2—剪切面(平滑面)；3—剪断面；4—毛刺

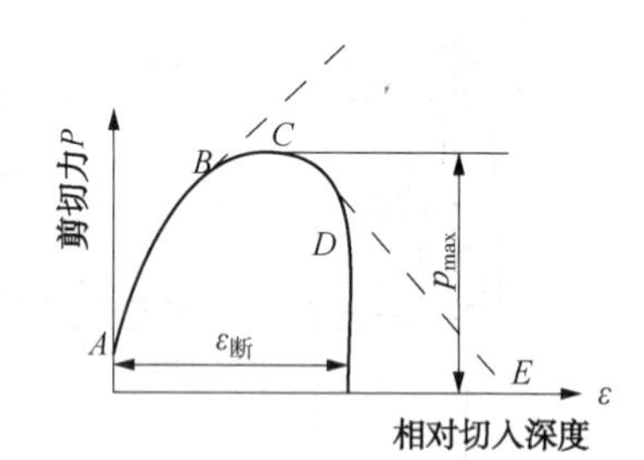

图 2-6 剪切力与刀具相对切入深度关系

剪切力是随剪刃压入深度增加成抛物线变化。但曲线并没有沿虚线方向发展，而在 *BC* 段变缓，这是由于刀刃与金属接触处产生金属流动而出现塑性变形的结果。在 *C* 点出现裂纹，剪切力达到最大。在分离阶段，随着裂纹的产生发展，剪切力大大降低，加之被剪切的截面积逐渐减小，使剪切力骤然下降，直到断裂。

2.1.3 其他剪切机

1）圆盘式剪板机(图 2-7)

圆盘式剪板机用于剪切薄而长的板材，可作直线或曲线的剪切。它是用一对圆盘刀具旋转并施加一定压入力而使板材剪离的。根据刀轴位置的不同，圆盘式剪切机可分为上下刀轴平行、下刀轴倾斜及上下轴均倾斜三种。

2）振动剪床

振动剪床是用刃口长约 20～30mm 的两把剪刀中的上剪刀的快速振动(1500～2000 次，其振幅为 4～8mm)实现剪切的，如图 2-8 所示，可进行曲线剪切，但一般只能剪切 4mm 以下的板材。

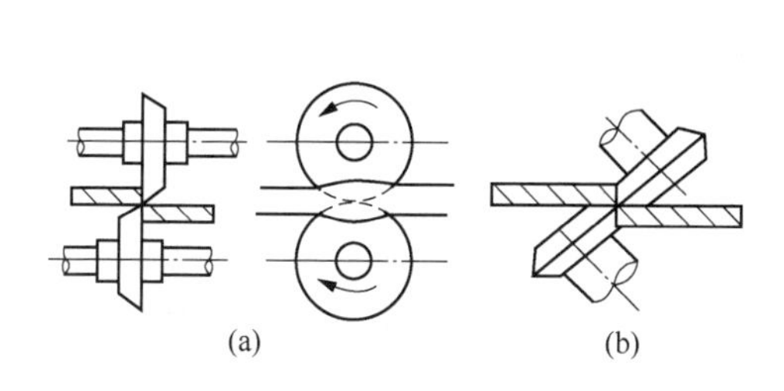

图 2-7　圆盘式剪板机工作示意图

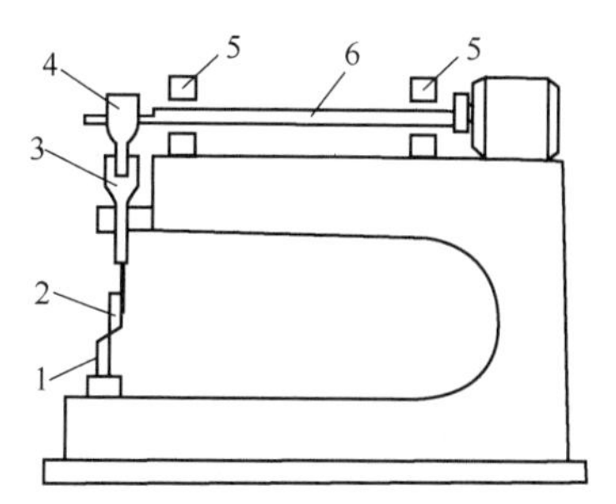

图 2-8　振动剪床示意图

1—下剪刃；2—上剪刃；3—刀架；
4—连杆；5—轴承；6—偏心轴

机械切割具有高效率、切口粗糙度小、尺寸准确等优点，但剪切机投资大，适用于大批量生产，且随着金属的厚度增大，其体积愈加庞大，所以切割金属的厚度受到一定的限制。

2.2 氧气切割

氧气切割是氧-乙炔切割的简称，又简称火焰切割式气割。它是过程设备制造中重要的切割工艺。氧气切割的设备简单，操作灵活方便，可用于切割碳钢和普通低合金钢，准确地切出直线、圆以及各种复杂的形状，切割厚度的范围较大。同时还易于实现自动化，特别是随着数控技术以及高质量割嘴的应用，这种趋势越来越明显。气割的割缝质量好，切割速度也较快。此外，氧气切割还可以直接切割坡口。

2.2.1 氧气切割原理和条件

利用氧-乙炔(或氧-丙烷)火焰把被金属加热到燃点，在纯氧气流中燃烧并用高压氧流把燃烧形成的氧化物(熔渣)吹走，使金属分割；其中氧化燃烧放出的大量汽化潜热也可加热被切金属，使其温度达到燃点。这样，随着氧化过程的继续进行及割嘴的不断移动，而形成割缝。由于氧气切割过程通过金属预热——金属元素的燃烧——氧化物被吹走三个过程而实现，所以，金属的气割是固态下燃烧的切割方法，而不是金属熔化被吹走的过程，对于碳钢，其化学反应为：

$$3Fe+2O_2 \longrightarrow Fe_3O_4+1.11kJ \qquad (2-1)$$

因此要实现氧气切割必须满足以下条件：

1）金属的熔点应高于其燃点

即先燃烧，后熔化。金属燃烧前必须是固态，燃烧后的金属氧化物被一定压力的氧气流吹掉，切口才窄而齐。若不能满足该条件，金属先熔化而先行流走，使切口难于控制。由碳平衡图可知，随着含碳量增加，金属熔点逐渐降低，燃点变化不大。低碳钢的燃点（约1350℃）低于熔点（约1500℃）具有良好的切割条件。但当其含碳量达0.7%时，其燃点与熔点均为1300℃，采用氧气切割已得不到好的切口。若钢的含碳量进一步增加，因其熔点低于燃点而使切割无法进行。铸铁、铜、铅的燃点都高于其熔点，也不能用氧气切割。

2）金属的熔点高于其氧化物（熔渣）的熔点

只有当金属氧化物处于液态时才具有流动性，才能被高压氧气流吹走，否则金属氧化物成为附着在金属上的固态膜而无法吹除，不仅无法形成割缝，而且防碍了金属的进一步氧化。各种金属及其氧化物的熔点见表2-1。

表2-1　几种金属及其氧化物的熔点　℃

名　称	熔　点		名　称	熔　点		名　称	熔　点	
	金　属	氧化物		金　属	氧化物		金　属	氧化物
纯铁	1535	1370	铬	1520	2435	锰	1250	1072
低碳钢	1485	1370	镍	1450	1990	钛	1725	1850
高碳钢	1350	1370	不锈钢	1410	—	铝	653	2050
生铁	1200	1370	铜	1080	CuO：1448 Cu_2O：1235	铅	657	2050

3）金属燃烧时要放出足够的热量

经测试分析，低碳钢切割时，燃烧放出的热量约为切割所需总热量的70%，而火焰预热仅占15%~30%，所以可以满足这一要求。其他金属因燃烧放出的热量低往往不能达到此要求，因而需要进行预热或在切割过程中加入助熔剂，这些助熔剂氧化时会放出补充热量，如加铁粉、铁皮等。板愈厚，预热占的比例愈小。几种金属氧化物形成时放出的热量见表2-2。

表2-2　几种金属氧化物形成时放出的热量

氧化物	FeO	Fe_3O_4	Fe_2O_3	CuO	Al_2O_3	NiO	Cr_2O_3	ZnO	SnO
放出热量/（kJ/mol）	269	1116	830	157	1644	244	1141	348	284

4）金属的热导率不能过高

金属热导率高，燃烧产生的热量很多向切口两侧传导而散失，以致切割过程无法开始或继续。如铝、铜及其合金因热导率太高而无法切割。

5）生成的氧化物的流动性要好

生成的氧化物的流动性要好，否则切割时就不能很好地将氧化物吹掉，因而妨碍切割过程的进行。如，铸铁由于含有大量的硅，切割时生成很多SiO_2，SiO_2熔点较高，黏度较大，使切割发生困难。

2.2.2　氧气切割适用范围

只有当2.2.1节的条件均能满足时，金属才具有良好的氧切割性能，例如，低碳钢、普通低合金钢等。铝、铜、铅等金属不能满足上述条件，因而不能进行氧切割。几种金属氧气切割性能见表 2-3。

表 2-3　几种金属氧气切割性能

名　称		氧气切割性能
碳钢	C≤0.4%	良好
	0.4%<C≤0.5%	良好，预热，200~400℃，气割后退火
	0.5%<C≤0.7%	尚好，预热>400℃，气割后退火
	C>0.7%	难于切割
不锈钢		难于切割
铜及其合金		不能切割
铅及其合金		不能切割

2.2.3　氧气切割工艺

1）氧气与燃料气体对切割过程的影响

氧气切割的实质是金属与氧气的氧化反应。而且正是这种氧化所放出的热量，成为切割过程所放出热量的主要来源，因此氧气的纯度、流量、流速和氧流的形状等对切割速度和切割质量有重要的影响。

（1）氧气的纯度

氧气纯度越高，切割速度越快，切割耗氧量越少，切口质量越好。切割氧气的纯度对切割过程影响很大，如图 2-9 所示，氧气纯度低于 98.5%时，气割过程很难进行。这一方面是因为参与氧化反应的氧量减少，更主要的还在于氧流由于氧气的消耗使杂质富集而形成一个很薄的脱氧层，阻碍了氧气向待切金属的扩散。当氧气的纯度由 99.5%降低到 98%（即降低 1.5%时），切割速度要下降 25%，而氧气的消耗量则增加 50%。因此，切割用氧气的纯度要尽可能高，一般要求在 99.5%以上。

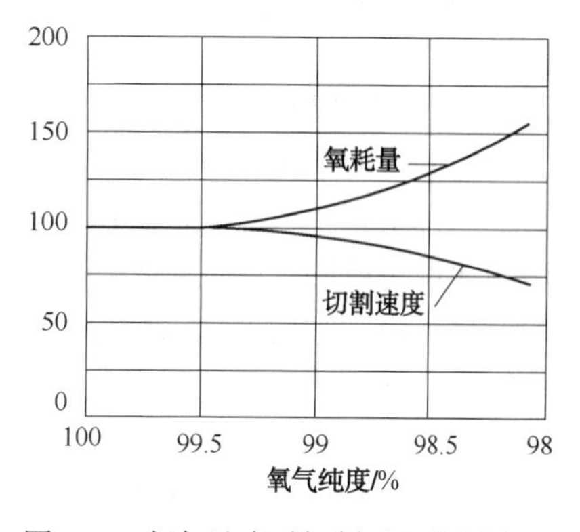

图 2-9　氧气纯度对切割过程的影响

（2）氧气流速与流量

氧气流速与流量不足，氧化不完全，吹渣能力也会减弱。反之，流量过大，过量的氧气反而使切口冷却过快，导致切割速度减慢，甚至不能进行。图 2-10 所示为切割速度与切割氧流量关系的曲线，亦称切割性能曲线。即板厚一定时，连续改变割嘴的大小，并相应采用理想的氧流量切割时，切割速度如曲线 *ABF* 逐渐加快。当超过 *F* 点后，切割速度虽然可以随着氧耗量的增加而提高，但切割质量（如表面精度、平直度等）又有所下降。倘若要得到 *ABF* 线上相同的切割质量，则必须使切割速度降低到 *FCDE* 线所示的位置，由这两条线的区域提供了最适宜的切割速度和氧气流量。图中区域Ⅰ为高质量切割区；区域Ⅱ为可分离切割；区域Ⅲ为不能切割区。

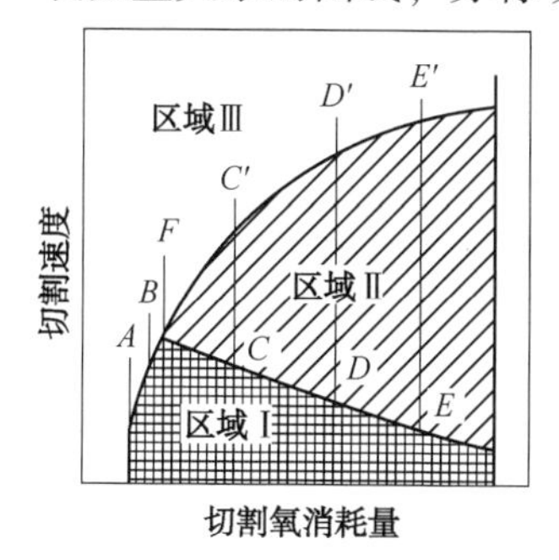

图 2-10　切割性能曲线

（3）氧气压力和氧流形状

对于一定形状的割嘴，随着氧气压力的提高，可切割的厚度也有所增加，随着压力的增加，割嘴内外的压差增大，氧流在割嘴出口处膨胀而使切口变宽。对于一定的切割厚度，适当提高氧气压力可提高切割速度和减小切口表面粗糙度。但氧气压力过高，存在氧流过大的问题。对于低碳钢的切割，适宜的氧气压力一般为 0.6MPa 左右。

氧流形状与氧气压力和割嘴形状有关。氧流形状以长而整齐的圆柱状为最好。氧流形状在切割厚度范围内能保持整齐的柱状流时，可得到满意的切割质量。

（4）切割燃气的影响

常用作切割燃料的气体有乙烷、丙烷和天然气(96%的甲烷)等。可燃气体与空气的氧化火焰温度对切割预热效果有重要作用，而且可燃气性质(如燃烧速度和热值等)不同，对切割速度和切割厚度等方面都有不同的影响。常用燃气中，乙炔的燃烧速度最快，燃烧猛烈，火焰集中且温度最高，因此切割用燃料气中以乙炔最为普遍。

2）切割速度的控制

切割速度应当与金属的氧化速度相适应。切割速度过小，金属过热，此时切口边缘的金属也被加热，甚至熔化，浪费了燃料气与氧气，而且还降低了切割质量。若速度过大，则会产生很大的后拖量(图 2-11)。即上部金属已切断，而下部金属未烧透，其结果将会破坏切割过程的正常进行，目前切割速度一般由计算机进行控制。

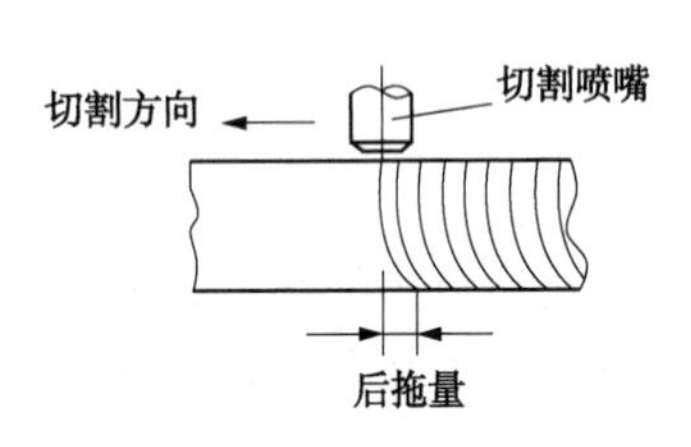

图 2-11　切割过程中的后拖现象

3）割炬倾角的控制

用同样的割炬进行切割时，由于切割氧流的倾角不同，切割速度也不同。一般气割时，割炬大都垂直于板材表面，即氧流的倾角 $\alpha=0°$。若将割炬逐渐后倾，即氧流的倾角增大，切割速度也就随之改变。如图 2-12 所示，割炬后倾 α 时，可使切割氧流动量的水平分量增大，将熔渣先吹向割缝前缘再被吹走，这就充分利用了铁氧反应的热量，提高了切割速度，减少了后拖量。对扩散型割嘴，这一特点更为显著。因此，在手工切割时，可充分利用这一特点。当然倾角 α 过大，也会使切割氧气流量沿板厚的分量减小，从而降低切割能力，一般切割薄板取较大倾角，厚板取小倾角。如切割 12mm 以上的工件，倾角 α 一般为 20°~30°。

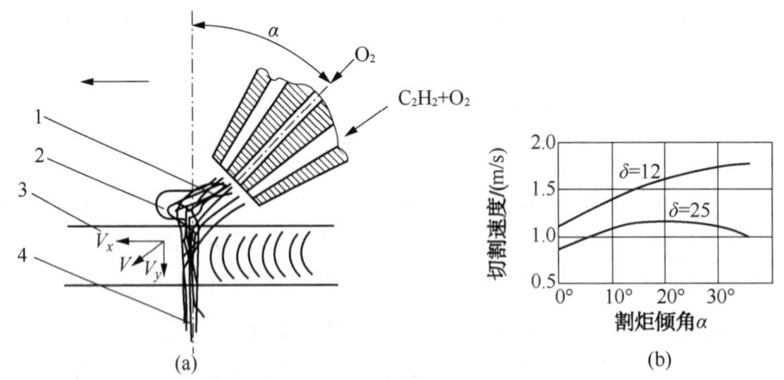

图 2-12　割炬倾角及其对切割速度的影响

1—切割氧流；2—预热火焰；3—工件；4—熔渣

4）割炬与工件表面距离的控制

割炬是手工气割的主要工具，最常用的是射吸式割炬。当氧气进入割炬后，一路进入氧导管由切割氧气调节阀控制做切割用，另一路由预热氧调节阀调节。乙炔进入割矩并与预热氧气混合，点燃后即成为预热火焰，再调节为中性火焰。当切口处预热到800℃左右(暗红色)时，打开切割氧气阀并移动割炬即可进行切割。

割炬的切割质量除与操作者的技能有关外，还受割嘴与工件间相对位置的影响。割嘴与工件间的距离太大时，达不到预热所必须的温度、不能有效地利用高速氧流的吹力，会出现切口粘连或切割中断的现象；若间隙太小又容易使割口上缘熔塌和熔渣堵塞嘴孔，从而影响切割的正常进行。正常的间距一般取3~5mm。割嘴对工件的倾角对切割质量也有一定的影响，当割嘴垂直于工件表面时，上部燃烧快而下部燃烧慢，这一滞后现象会使切割反面出现粘连，故常用于200mm以下的板材。

5）钢材初始温度

被切割板材的初始温度对气割过程有相当大的影响。切割薄板时，若把板材温度从10℃加热到400℃、700℃和1000℃，则气割速度可相应地提高33%、67%和108%。另外，有相关研究得到了不同初始温度下，切割各种厚度的低碳钢的最大切割速度(图2-13)。

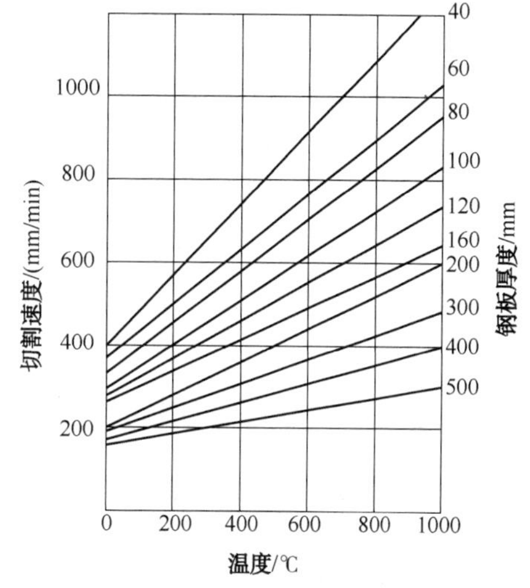

图2-13　切割初始温度对切割速度的影响

2.2.4　氧气切割对切口金属性能的影响

1）对切口边缘化学成分的影响

切割时在切口表面及近缝区，金属的化学成分有所改变。在切割含有C、Cr、Cu、Ni、Si、Mn等元素的钢时，在切割边缘的表层中，C、Ni及Cu的含量比钢中的原始含量高，而Cr、Si的含量减少。钢中含锰量不大时，锰能保持原始的含量。

各种合金元素在切割边缘表层的含量增多或减少，决定于它与氧的化合力。凡与氧的化合力比铁与氧的化合力弱的合金元素，在切割边缘中的含量增加。反之，凡与氧的化合力比铁与氧的化合力强的合金元素，在切割边缘中的含量减少。

碳与氧的化合力比铁与氧的化合力大，按理它在切割边缘中的浓度应该减少，但实践证明，碳在切割边缘表层中的含量总是有所增高。这是因为在切割时，直接和氧流接触的金属，虽然发生了碳的烧损，但紧跟着切割氧气之后的预热火焰的外焰，含有一氧化碳和二氧化碳气体，这些气体与接近熔点的金属接触，发生渗碳过程，使切口边缘表层的含碳量增加。

2）切口附近金属组织的影响

切割时切口边缘局部经受加热冷却过程，切口附近金属将发生组织变化。组织变化区的深度称为热影响区，它随切口附近金属单位体积内承受热量的增加而增大。由表2-4可知，热影响区的深度随着含碳量的增加而增大。低碳钢在热影响区中不会产生淬硬现象，主要表现是晶粒粗大。但对中碳钢及某些低合金高强度钢，在热影响区会出现淬硬倾向，出现马氏体、屈氏体等组织。不仅加工困难，甚至会产生淬火裂纹。在GB 150—2011[16]中还规定在切割抗拉极限值大于等于540MPa的低合金钢及Cr-Mo低合金钢时，如采用热切割方法，坡口表面还需进行磁粉检测，检测结果需Ⅰ级合格。

表 2-4 氧气切割时切口热影响区深度

被切割板材的厚度/mm		5	25	100	250	800
切割速度/(mm/s)		400	250	150	100	40
热影响区深度/mm	0.3%C 碳钢	0.1~0.3	0.5~0.7	1.5~2.0	1.5~3.0	4~5
	0.5%~1.0%C 碳钢	0.3~0.5	0.8~1.5	2.5~3.5	3.5~5.0	6~8

3）切口附近材料硬度的变化

金属组织的变化往往会引起硬度的变化，因此含碳量较高的有淬硬倾向的钢，切口边缘会发生硬度增高现象。

2.3 等离子切割

2.3.1 等离子切割的特点

等离子切割是利用其高温(13000~33000K)、高速(300~1000m/s)的等离子弧来切割金属的方法，是将被切的金属局部迅速熔化，同时利用压缩气流的机械冲刷力将熔化金属吹掉，形成割缝的过程。

等离子体是一种特殊的物质形态，是通过某种方式将气体中的中性原子或分子电离，变成带正电的正离子和带负电的电子，现代物理学上把它列于固体、液体、气体之后的物质第四态，即等离子态。等离子体中的原子、离子和电子处于某种动态平衡状态。在一定条件下原子不断被离解成离子和电子，另一方面，离子和电子又复合成原子。当离子和电子复合时，将会以光和热的形式释放能量，使得等离子体具有很高的温度和强光。等离子切割正是利用这些能量对金属进行切割。

2.3.2 等离子切割的适用范围

等离子切割与氧气切割有本质上的区别，它不是依靠金属的氧化来实现切割的，是用高温的等离子弧将金属熔化，再将熔渣吹走的过程。等离子可以切割用氧气切割所不能切割的所有材料。其中，包括金属或非金属，如不锈钢、铝、钛、镍、铜、铸铁、钨、铂以及陶瓷、水泥和耐火材料等。而且它具有切割速度快、质量好、热影响区及变形小等一系列优点。

等离子切割的缺点是污染性大，包括有害气体及金属烟尘(N_2O、NO、NO_2、N_2O_3)、光辐射、高频电磁场、放射性钍的污染，但只要采取相应措施，加强劳动保护，这些有害影响是完全可以避免的。

GBZ 2.1~2.2—2007[43,44]规定的工作场所有害因素职业接触限值见表 2-5。放射性气溶胶年摄入量限值见 GBZ/T 154—2006。

表 2-5 有害因素职业接触限值

O_3/(mg/m^3)	NO_2/(mg/m^3)	高频电磁场/(V/m)	噪音/dB
0.3	5	25	85

等离子切割对工件也有污染，用等离子切割后工件表面已经完全发黑，在有特殊要求的场合需要进一步处理。

2.3.3 等离子切割的原理

等离子切割的原理是材料的熔化过程，为实现该过程需要产生高温的等离子弧。同时为了使割缝窄而齐，需要等离子弧柱稳定、能量集中、直径小。因此需要通过特殊装置将普通的电弧压缩，使其能量高度集中形成等离子弧。

1）等离子弧的产生及特点

（1）等离子弧的产生

等离子弧的产生过程是在电极和工件之间加一个高电压，借助于高频振荡器先在电极与喷嘴之间激发形成小电弧，切割时电弧转移到电极与工件之间，如图 2-14 所示。等离子体由电子和正离子组成，所以它具有很好的导电能力；可以承受很大的电流密度。在焊接电弧中心处也有等离子体，不过整个电弧还不是等离子体。大约在 10000℃以上，物质就可以达到全部电离而成为等离子体。所以，创造一个特别高的高温是建立等离子体的主要方法。另外，对温度高达几万摄氏度的等离子体，是不可能用固体器壁来约束的，但它可以被磁场约束。

（2）等离子弧的压缩

为实现等离子切割，需将等离子的能量集中起来，因此需要通过特殊装置将普通的电弧压缩，使其能量高度集中形成等离子弧。如果利用一种特殊装置使自由电弧受到强迫压缩，就会成为温度比自由电弧高得多的等离子弧。这种强迫压缩作用称为“压缩效应”。等离子弧是由机械、热及电磁三种形式的压缩效应得到的，见图 2-15。

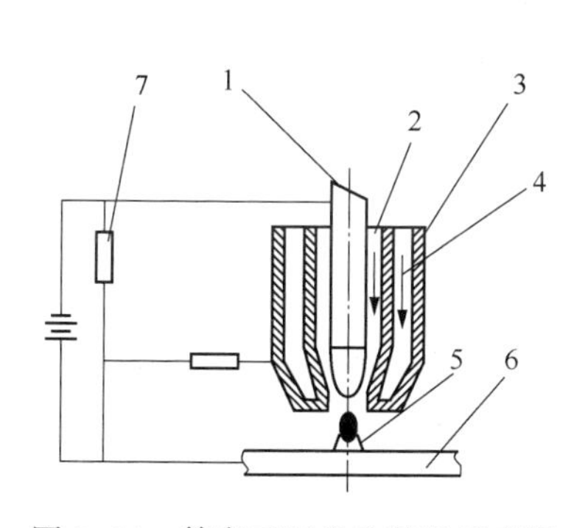

图 2-14　等离子弧发生装置示意图

1—钨极；2—气体；3—割嘴；4—冷却水；
5—离子弧；6—工件；7—高频振荡器

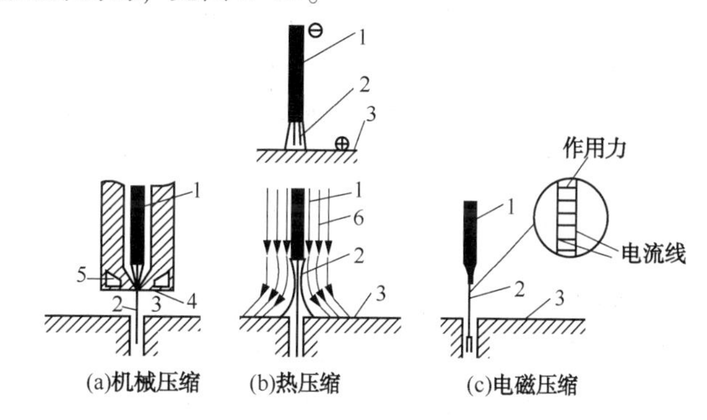

图 2-15　等离子弧的压缩效应

1—钨极；2—电弧；3—工件；4—细孔；
5—冷却水；6—冷却气流

机械压缩效应是强迫自由电弧通过孔形为逐渐收缩的喷嘴时，弧柱直径被迫受到压缩，如图 2-15(a)所示。热压缩效应是在喷嘴细孔中弧柱周围通有常温的高速气流，不断地将弧柱的热量带走，使弧柱边缘层的温度下降，边缘层气体的电离度也急剧降低，从而失去导电能力，这就迫使带电粒子(电子和正离子)向高温和高电离度的弧柱中心区域集中，结果使弧柱直径变细，这种压缩作用称为热压缩效应，如图 2-15(b)所示。电磁压缩效应则是把弧柱中的带电粒子流看成是无数根平行的通电导体。导体自身的磁场所产生的磁力使导体相互吸引，由于弧柱中心的电流密度很高，这种作用也就十分显著，已被压缩变细的弧柱由于这种相互的吸力而进一步收缩，这种压缩称为电磁压缩效应，如图 2-15(c)所示。

以上三种效应使弧柱显著收缩，因而能量高度集中，温度达到 30000K，弧柱内的气体

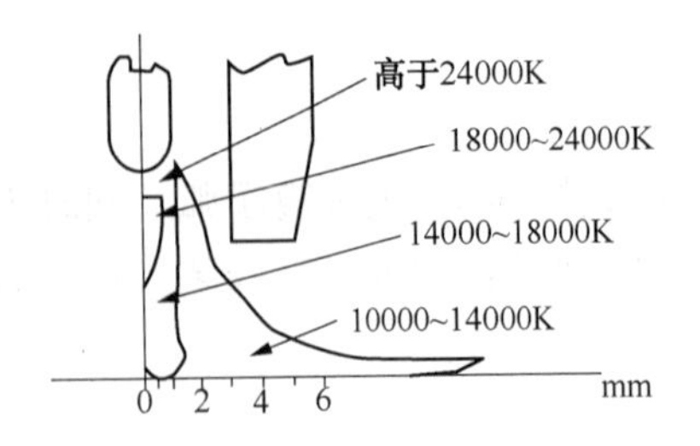

图 2-16　等离子弧温度分布示意图

喷嘴直径 4.8mm，氩气流量 $28.4\times10^{-3}m^3/h$，电流 200A

完全电离，形成稳定的等离子弧。由于等离子弧是通过对电弧压缩后得到的，故又称压缩电弧。通过喷嘴对弧柱进行热压缩的常温气体被弧柱加热，在喷嘴孔道内形成高温气体，与等离子弧一道从喷嘴高速喷出，使等离子弧焰流具有强大的机械冲刷力。

图 2-16 为等离子焰流温度分布的一个例子。在焰流喷出喷嘴后，由于温度降低，部分离子结合为分子(或原子)，放出热量，所以在焰流中心较长一段上能保持较高温度，而离开中心，温度下降很快。这样，等离子焰流高温区细而长、温度高、导热性好，可将大量的热量传给工件，而且焰流速度高、冲刷力强、热影响区小，所以是切割各种材料的理想热源。

(3) 等离子弧的特点

等离子弧具有以下特点：

① 能量高度集中($480kW/cm^2$)。

② 电弧的温度梯度极大。等离子弧的横截面面积很小，一般直径约 3mm，从温度最高的弧柱中心到温度最低的弧柱边沿，温度梯度非常大。

③ 电弧稳定性好。由于等离子弧电离程度极高，所以放电过程稳定。弧柱呈圆柱形，不像氩弧那样在靠近工件部位呈喇叭状分散，故等离子弧挺直，使焊件受热面积几乎不变，当弧长变化时，电弧电压与焊接电流变化都较小。

④ 具有很强的机械冲刷力。等离子弧发生装置内通入常温压缩气体，受电弧高温加热而膨胀，在喷嘴的阻碍下使气体的压缩力大大增加，当高压气流由喷嘴的细小通道中喷出时，气流速度可超过声速，所以等离子弧有很强的机械冲刷力。

2) 等离子弧的类型

根据电极的不同接法，切割用的等离子弧有转移型等离子弧和非转移型等离子弧两种类型。

转移型等离子弧(直接弧)将电极接负极，工件接正极，等离子弧产生在电极和工件之间，见图 2-17(a)。由于高温的阳极斑点(电极端面上发射或吸收电子的区域叫辉点或斑点，阳极斑点温度高于阴极斑点)直接落在工件上，工件受到的热量高而集中。这种直接弧常用于切割各种金属的中厚板。

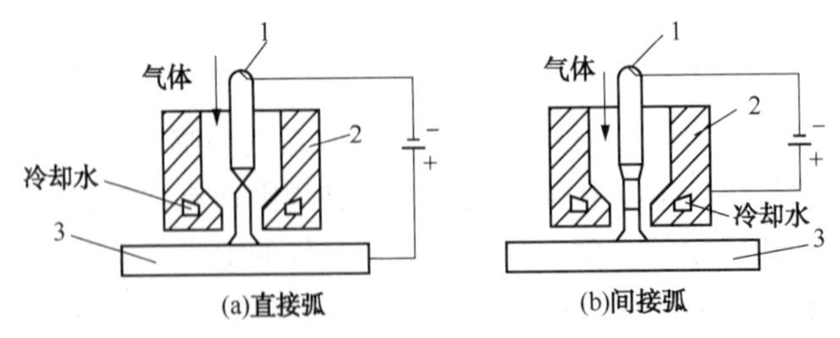

图 2-17　等离子弧的类型

1—电极；2—喷嘴；3—工件

非转移型等离子弧(间接弧)将电极接负极，喷嘴接正极，等离子弧产生在电极和喷嘴内表面之间，如图 2-17(b)。非转移性等离子弧是依靠从喷嘴喷出的等离子焰流的传热来加热、熔化金属，而且传热过程有部分热量因辐射而损失，所以温度不如转移型等离子弧高，能量也不如转移型等离子弧集中，切割速度也慢得多。但切口质量好，容易控制，主要用于切割薄板及非金属材料的切割和喷镀。

2.3.4 等离子切割设备与切割工艺

等离子切割质量，主要用切缝是否平直、光滑，背面有无沾渣，切缝的宽度和热影响区的大小来衡量。为了保证等离子弧切割过程的稳定性和切缝质量，除割炬喷嘴的结构和尺寸外，必须要考虑以下几个方面的因素。

1）电离气体的作用及选择

（1）电离气体的作用

电离气体的作用包括：在弧柱与喷嘴孔内壁之间起绝缘、绝热作用；作为电离介质和电弧的热导体，使金属熔化；利用气压的机械力吹掉熔化或其他物质；对电弧起热压缩作用；对钨极起冷却作用。

（2）电离气体的选择原则

电离气体的选择原则包括：保证电弧的稳定性；不得与喷嘴和电极发生反应；有较高的电离电位和较高的分解热；成本低，易制备，危险性小。

等离子切割常用的气体是氮气、氩气、氢气以及它们的混合气，其中用的最多的是氮气。氮气价格便宜，危险性小。切割用氮气的纯度应不低于99.5%。如其中含氧量及水气量较多，会对钨极起氧化作用，使之严重烧损，甚至会烧坏喷嘴，同时还会引起规范参数不稳定，使切口粗糙，并使可切割的厚度降低。

氩气电离势高，不易起弧，但氩气是单原子气体，不会分解也无吸热作用，而且热焓值小，所以弧柱的热损失小，稳定性好。在一般中薄板不锈钢的切割中最为常用。氮气为双原子气体，又有较高的焓值，多用于中厚板的切割。氢气的导热率大，对弧柱冷却强烈使弧焰稳定性极差，一般不单独使用，通常加在氩气和氮气中，以增加其弧柱温度，扩大切割厚度。例如，用氩-氢混合作为等离子切割的气体，可以切割厚度500mm以上的碳钢、铝合金等。

2）钨极和喷嘴的烧损

等离子弧是在钨极和喷嘴之间形成的。由于钨极和喷嘴是等离子弧的两个电极，钨极又直接发射电子，因此很容易烧损。钨极或喷嘴烧损将影响切割过程的稳定和切割质量。

（1）钨极的烧损

切割时钨极烧损是不可避免的，但应尽量减少。钨极的烧损主要与电极成分、气体纯度和电流密度有关。纯钨熔点虽高，但烧损仍较严重。为减少烧损一般采用钍钨极。钍钨极的电子热发射能力强，工作时钍钨极端面的绝大部分能量用于使电子逸出，所以钍钨极端面的温度较低。同时钍钨极对氮和氧的作用较弱，这就减少了在高温下的烧损。由于钍有放射性，对人体有害，有用铈代替钍的趋势。同样的钍钨极，氮气纯度越高烧损越小。当电流过大时，钨极会迅速烧损。钨极基本上不烧损的极限电流密度为35A/mm^{2}左右。

（2）喷嘴的烧损

钨极与喷嘴不同心时，气流分布不均，破坏了对喷嘴的冷却作用，容易产生“双弧”现象。双弧是钨极与工件之间，喷嘴与工件之间同时起弧，这时喷嘴与钨极距离较小的一边易被烧损。切割前应将钨极与喷嘴调至同心。电流过大时，弧柱直径增大，气流起不到保护作用，喷嘴就易烧坏。切割时由于热量不够而切不透，使火焰上返或喷嘴与工件接触，均会烧坏喷嘴。

3）等离子切割工艺规范

等离子切割工艺规范的参数较多，主要有空载电压、切割电流、工作电压、气体流量、切割速度、喷嘴到工件距离、钨极到喷嘴端面的距离及喷嘴尺寸等。

（1）空载电压

用于切割的等离子弧要求挺直度好和机械冲刷力大，切割时为使电弧易于引燃和电弧的稳定，切割电源必须具有较高的空载电压（150V 以上），在切割较厚（20mm 以上）板材时，则要在 200V 以上。提高空载电压有利于稳定电弧、改善等离子弧挺直度、机械冲刷力大，可以切割更厚的金属板，但在操作时，需要特别注意安全。

（2）切割电流及工作电压

这两个参数决定着等离子电弧的功率，提高功率能够提高切割速度和切割厚度。若单增加切割电流，则弧柱变粗，割缝变宽，喷嘴也容易烧坏。而用增加等离子弧工作电压来增加功率，往往比增加电流有更好的效果。这样不会降低喷嘴的使用寿命。工作电压可以通过改变气体成分和流量来实现，氮气的电弧电压比氩弧高，氢气的散热能力强，可提高工作电压。但是当工作电压超过空载电压 65%时，会出现电弧不稳现象，故在提高工作电压的同时必须提高空载电压。

（3）气体流量

增加气体流量，既能提高工作电压，又能增强对电弧的压缩作用，使等离子弧的能量更加集中，有利于提高切割速度和切割质量。但当流量过大时，反而会使切割能力减弱，这是因为部分热量被冷却气流带走，使熔化金属的热量减少，同时电弧燃烧也不稳定，影响切割过程正常进行。通常切割厚度在一定范围内，可以适当减小气体流量，使热量损失减少，从而提高切割能力，当割件厚度增加很大时，往往是用增加等离子弧功率来解决。

（4）切割速度

合适的切割速度能使切口表面光滑。切口背面没有粘渣，在功率不变的情况下，提高切割速度能提高生产率，使割缝变窄，使割件的受热面积减小并变窄，热影响区缩小。但切割速度过大，则不能切透工件。速度过慢，不但降低生产率，而且增加粘渣，并使切缝表面粗糙，增大工件变形。

（5）喷嘴到工件距离

喷嘴到工件距离不宜太大，一般为 4～7mm。距离过大，电弧电压升高，电弧能量散失增加，切割工件的有效热量相应减小，使切割能力减弱。距离过小，虽然功率得到充分利用，但使操作控制困难。喷嘴与工件表面倾斜时与增加喷嘴到工件距离的影响相同，所以一般割炬和工件表面应垂直，只是在为了排渣方便时，割矩才采用一定的后倾角。

（6）钨极到喷嘴端面的距离（指内缩距离）

合适的内缩，使电弧在喷嘴内受到良好的压缩，电弧稳定，切割能力强。内缩过大时，对工件的加热效率低，甚至破坏电弧的稳定。内缩距离太小，等离子弧被压缩的效果差，切割能力减弱，并易造成钨极和喷嘴短路而烧坏喷嘴。内缩距离一般取 6～11mm 为宜。

上述各参数应当综合考虑才能获得高效优质切割。一般等离子弧切割规范参数选择方法：首先根据工件的厚度和材质选择合适的功率，根据功率选用切割电流大小，然后决定喷嘴孔径和电极直径，再选择适当的气体流量及切割速度，便可获得质量良好的割缝。

4）机械化切割装置

氧气切割、等离子切割的手工操作效率低、切割质量差，难以实现标准化。数控切割机是目前最为先进的热切割设备。数控切割机是在数控系统的基础上，经过二次开发而运用到热切割领域的，如图 2-18 所示。数控切割机的割矩可以在氧气切割或等离子切割之间进行更换，可谓“一机两用”。数控设备带来的制造工艺的改变是取消了划线工艺，只需输入相应的程序便可连续完成任意形状的高精度切割。先进的控制系统已经可以现场直接绘制加工图形，或将图形输入系统，进行图形跟踪切割。数控切割机是一种高效节能的切割设备，适用于各种碳钢、不锈钢和有色金属的切割。

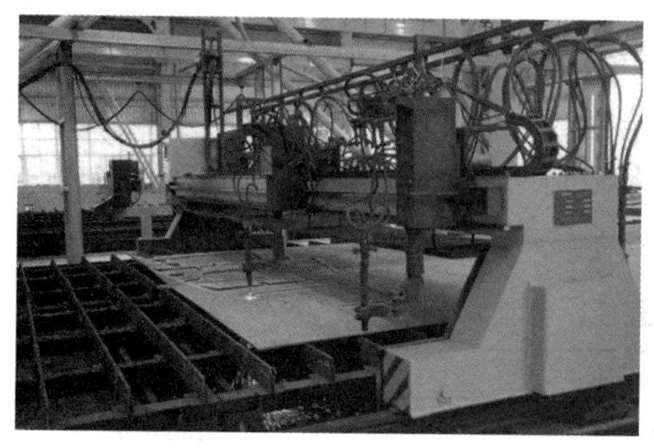

图 2-18　数控切割机

2.4　碳弧气刨切割

2.4.1　碳弧气刨的原理

碳弧气刨是利用碳极电弧的高温，把金属局部加热到熔化状态，用压缩空气的气流把这些熔化金属吹掉，从而对金属进行“刨削”的一种工艺方法。图 2-19 所示为碳弧气刨示意图。压缩气从喷嘴吹出时，需先经过碳极才能到达被熔金属，这样冷却气首先被高温碳极加热，也使碳极冷却，因此当它到达工件表面后不会使金属温度急剧下降，这不仅对电弧的稳定性十分有利，而且还能减少碳极的烧损。碳弧气刨的优点是具有较高的切割速度、没有震耳的噪声、减轻了劳动强度。对封底焊缝用碳弧气刨刨槽时容易发现各种细小的缺陷，并可以实现半自动化和自动化切割。

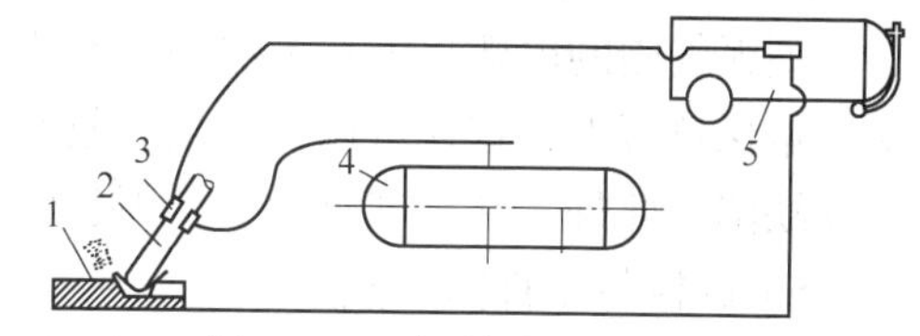

图 2-19　碳弧气刨示意图

1—工件；2—碳棒；3—卡头；4—压缩气储罐；5—直流电焊机

由于碳棒本身是碳，切割时易产生渗碳现象，所以对于切割要求严格的设备不宜采用该方法。

2.4.2　碳弧气刨的切割范围

碳弧气刨可以切割各种金属，如切割不锈钢、锰钢、铜、镍合金等。但由于碳弧气刨电弧没有经过压缩，能量不够集中，切割效率较低，因此经常作为辅助切割方法[37]。如刨去硬表面覆盖层、铲除焊根、返修有缺陷的焊缝时清除缺陷、刨平焊缝余高以及开坡口等。对于薄不锈钢工件，用碳弧气刨也可以代替等离子切割，如切割相贯体的开孔。特别是开 U 形坡口时，由于沟槽呈半圆形，所以采用碳弧气刨尤为适宜。碳弧气刨还可用来清理铸件的毛刺、浇铸的冒口以及铸件中的缺陷，切割不锈钢等金属的中、薄板等。

2.4.3 碳弧气刨工艺

1）极性

对于一般钢材(碳钢和低合金钢)宜直流反接(即工件接负极)。经试验发现，普通低碳钢采用反接时，熔融金属的含碳量为1.44%(正接时为0.38%)，使碳极的温度升高，正离子的碳大量进入熔池，增加了熔池金属的流动性，使刨槽光滑，刨削速度加快。

2）碳棒直径、电流大小与板材厚度的关系

碳弧气刨所用的碳棒电极是镀铜的实心或扁圆形碳棒。铜皮可有效地防止碳棒氧化并使电弧仅在其顶端产生。刨削电流和电极直径的选择与工件厚度有关，其经验值见表2-6。碳棒直径大小还与所要求的刨槽宽度有关。电流大则刨槽深而宽，而且刨削速度加快，同时也要考虑板材厚度。一般碳棒直径应比要求的槽宽小2~4mm。

表2-6　板材厚度与棒直径、电流大小的关系

板材厚度/mm	碳棒直径/mm	电流/A
1~3	4	140~190
3~5	6	190~270
5~30	8	270~320

3）刨削速度

刨削速度对刨槽尺寸、表面质量都有一定的影响。刨削速度太快，会造成碳棒与金属相碰，使碳棒在刨槽的顶端形成所谓“夹碳”的缺陷。刨削速度增大，刨削深度就减小。一般刨削速度在0.5~1.2m/min较合适。

4）压缩空气压力

压缩空气压力高对刨削有利，碳弧气刨常用的压缩空气压力为0.4~0.6MPa。压缩空气中水分和油的含量应加以限制，含量太多会使刨槽质量变坏，必要时可加过滤装置。

5）电弧长度

碳弧气刨的电弧长度在1~2mm之间。电弧过长会引起操作不稳定，甚至熄弧。操作时要尽量保持短弧，这样可以提高生产效率，也可以提高电极的利用率，但电弧太短，会引起夹碳缺陷。此外，在刨削过程中，弧长的变化应尽量小，以保证均匀的刨槽尺寸。

6）碳棒与工件间的倾角

倾角的大小主要影响刨槽的深度。倾角增大，槽深增加。倾角一般为45°左右。

7）碳棒的伸出长度

碳棒从钳口导电嘴到电弧端的长度叫伸出长度。伸出长度大，钳口离电弧就远，压缩空气吹到熔池的风力就不足，不能顺利地将熔渣吹走。伸出长度越大，碳棒的烧损也越大。但伸出长度太短会使操作不便。操作经验证明，一般伸出长度在80~100mm较合适。当碳棒烧损到20~30mm时，就需要进行调整。

2.4.4 碳弧气刨常见的缺陷和预防措施

1）夹碳

刨削速度太快或碳棒送进过猛，使碳棒头部碰到铁水或未熔化的金属上，电弧就会短路而熄灭。由于这时温度还很高，当碳棒再往前送或向上提时，头部脱落，并粘在未熔化的金属上，这种缺陷叫夹碳。发生夹碳后，在夹碳处电弧无法再引燃，阻碍了碳弧气刨的继续进行。此外，夹碳处还形成一层硬脆且不易清除的碳化铁。必须防止夹碳产生，一旦产生应注意清除，否则焊后易出现气孔和裂纹。清除方法是在缺陷前端引弧，将夹碳处连根一起刨掉。

2）粘渣

碳弧气刨时，吹出来的铁水叫渣。它的表面是一层氧化铁，内部是含碳量很高的金属。如果渣粘在刨槽的两侧，便形成粘渣。粘渣主要是压缩空气压力小引起的，但刨削速度与电流配合不当，刨削速度太慢亦容易粘渣，这在大电流时更为明显。其次，在倾角过小时，也易粘渣。

3）刨槽不正或深浅不均

碳棒歪向槽的一侧就会引起刨槽不正。碳棒上下波动会引起刨槽的深度不匀。

4）刨偏

刨削时碳棒偏离预定目标会产生刨偏。刨偏与人为因素、技术熟练程度及气刨枪的结构有关。

5）铜斑

采用表面镀铜的碳棒时，有时因镀铜质量不好，铜皮成块剥落。剥落的铜皮呈熔化状态，在刨槽表面形成铜斑点。只要在焊前用钢丝刷将铜斑刷干净，就可以避免母材的局部渗铜。如不注意清理，铜进入焊缝金属的量达到一定数值时会引起热裂纹。

2.5 激光切割

2.5.1 激光切割的基本原理

激光切割是利用经聚焦的高功率密度激光束照射工件，使被照射处的材料迅速熔化，气化、烧蚀或达到燃点，同时借助与光束同轴的高速气流吹除熔融物质，从而实现割开工件的一种热切割方法[45]。其切割过程如图2-20所示，切割过程发生在切口的终端处一个垂直的表面，称为烧蚀前沿。激光和气流在该处进入切口，激光能量一部分为烧蚀前沿所吸收，一部分通过切口或经烧蚀前沿向切口空间反射。

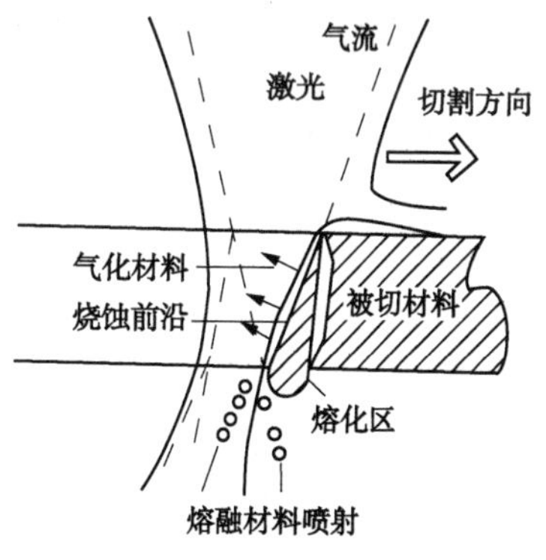

图2-20　激光切割区示意图

激光切割的主要优点是切缝细，对一般低碳钢，其宽度可小到0.1～0.2mm，切后不需加工，即可使用，切口边缘热影响区很小，宽度仅0.01～0.1mm，淬硬区很小，性能不受影响；切割变形很小，切割时工件不用夹具固定，割口垂直，切割工件的尺寸精度高。

2.5.2 激光切割分类

从切割各类材料不同的物理形式来看，激光切割大致分为气化切割、熔化切割、反应熔化切割和控制断裂切割四类。

1）气化切割

在极高的激光功率密度(10^8W/cm^2)光束的作用下，工件上将产生很高的温度梯度，由于加热时间极短，物质还来不及熔化时温度已超过材料的沸点温度，因此物质瞬间气化，在切割处气化物质被迅速排开而实现了切割。气化过程中，大约40%的材料化作蒸气逸走，而有60%左右的材料则是以熔滴形式被气流驱除的。

2）熔化切割

熔化型激光切割的激光功率密度（$10^7 W/cm^2$左右）也必须大到足以在材料表面产生匙孔，但其熔化物不是靠气化过程清除，而是另外用辅助气流吹除。气体喷嘴常与激光束同心，这种切割不存在蒸气对激光束的反射与吸收问题。这种方法最初主要应用于不能与氧发生放热反应的材料，如铝等。但是，由于激光器件的发展，目前高压无氧切割已成为不锈钢、高温合金等材料切割的主要方法，其特点是切口粗糙度低，再铸层小。激光切割常使用大于12MPa惰性气体或不活泼气体作为辅助气体。

3）反应熔化切割

利用激光束将材料加热到燃点（材料在纯氧中的燃烧温度），然后用能与材料发生放热反应的工业纯氧作为辅助气体，使之发生化学反应，放出的热量为下一层切割提供能量。在切割低碳钢时，钢在纯氧中燃烧所放出的能量占全部热量的60%，因此这种方法所需激光能量只有气化切割的1/20。

4）控制断裂切割

控制断裂切割是指通过激光束加热，把易受热破坏的脆性材料高速、可控地切断。这种切割原理可概括为：激光束加热脆性材料小块区域，引起热梯度和随之而来的严重机械变形，使材料形成裂缝。控制断裂切割速度快，只需很小的激光功率，功率太高会造成工件表面熔化，并破坏切缝边缘。目前国外应用该项技术切割汽车工业等使用的钢化玻璃相当成功。

2.5.3 切割范围

由于激光切割方式包括气化、熔化、氧化，理论上所有材料都可以采用激光切割。但激光切割能否实现与材料对激光辐射的吸收有关。因此需要合理选择激光器。产生激光束的激光器有固体、气体和半导体激光器等，切割大都采用CO_2气体激光器产生的激光。切割用的辅助气体随被切材料而异，可使用惰性或中性气体；对一般金属的切割，则采用氧气，此时，激光束使金属预热、熔化到燃点，然后在吹出的氧流中燃烧，熔渣被氧流吹走，从而形成割缝。和氧-乙炔切割一样，大大地提高了切割速度和质量，此外，辅助气体还保护聚焦透镜免受污染。

除材料对激光辐射的吸收外，影响切割性能的材料参量还包括它的热导率和热膨胀系数。此外，材料密度、比热容和汽化潜热也有相当的影响。根据这三项基本性能，可对材料进行分类，如表2-7所示。

表2-7　材料对激光辐射的吸收性能

低吸收率——金属			高吸收率——非金属			
Ⅰ不充分吸收	Ⅱ充分吸收		Ⅲ有机		Ⅳ无机	
	高熔点	低熔点	热抗性为0	热抗性大于0	高膨胀系数	低膨胀系数
金、银、铜、铝、黄铜	钨、钼、铬、钽、钛、锆	铁、镍、锡、铅	丙烯酸、聚丙烯、聚四氟乙烯、聚甲烯及其氧化物、聚丙烯、聚碳酸酯、橡胶（合成）	聚氯乙烯、胶合材料、皮革、木材、橡胶、羊毛制品、棉织品	玻璃	陶瓷、石英、刚玉、瓷器、石棉、云母、天然石块

表2-7中，Ⅰ类材料（即金、银、铜、铝等）是对 CO_2 激光束不充分吸收的金属材料，能否利用 CO_2 激光进行切割，取决于是否有足够的起始功率，以形成为获得穿透效果需要的匙孔，它们一般需要3.5kW以上的功率才能成功。在加工时可优先选择对其吸收率高的YAG激光器进行切割。也可以选择在待加工材料表面增加吸收涂层的方法来提高吸收率。涂层不同，吸收率也不同。Ⅱ类材料的切割应用较多，对 CO_2 激光束具有高吸收率，在低功率下也能顺利进行切割。某些材料（如Ⅳ类中的玻璃）在切割过程中有开裂倾向，因此需要进行特殊的处理，如预热或切后热处理等。

2.5.4 激光切割工艺参数

激光切割质量的影响因素主要包括以下工艺参数。

1）切割速度

对给定的激光功率密度和材料，切割速度符合于一个经验公式，只要在阈值以上，材料的切割速度与激光功率密度成正比，即增加功率密度可提高切割速度。同时，切割速度与被切材料的密度和厚度成反比。当其他参数保持不变，提高切割速度的因素有提高功率、改善光束模式、减小聚焦光斑直径等。对金属材料切割而言，在其他工艺参数保持恒定情况下，激光切割速度可以有一个相对调节范围而仍能保持较满意的切割质量，这种调节范围在切割薄金属时显得比厚件稍宽。切割速度太快，会切割不透；而切割速度太慢，材料发生自燃，热影响区增大，也会导致排出热融材料烧蚀切口表面，使切面很粗糙。

2）焦点位置

由于激光功率密度对切割速度及质量影响很大，而聚焦透镜的焦距对聚焦光斑的大小以及焦深有很大影响，一般在切割薄板时，选择短焦距的透镜，有利于提高切割速度及质量；而对厚板，则尽量选择长焦镜片，可以保证切缝的垂直度。对任何透镜来说，焦深都有一定限制，相对于更换镜头而言，焦点位置的选择和保持是激光切割中的一个更重要的问题。在一般的切割过程中，视加工零件的厚度，选择置焦点位置在材料表面或向下1～2mm处。为了在切割过程中保持焦点的位置，激光切割机一般配有传感器，这些传感器包括电容传感器、电感传感器以及机械传感器。

3）辅助气体压力

一般情况下，材料切割都需要使用辅助气体，问题主要牵涉到辅助气体的类型和压力。通常，辅助气体与激光束同轴喷出，保护透镜免受污染并吹走切割区底部熔渣。对非金属材料和部分金属材料，使用压缩空气或惰性气体清除熔化和蒸发材料，同时抑制切割区过程燃烧。

对于大多数金属激光切割则使用活性气体（主要是氧气），使炽热金属发生氧化放热反应，这部分附加热量可提高切割速度1/3～1/2。在确定辅助气体的前提下，气体压力是极为重要的因素。当高速切割薄型材料时，需要较高的气体压力以防止切口背面沾渣。当材料厚度增加或切割速度较慢时，则气体压力宜适当降低。

激光切割实践表明，当辅助气体为氧气时，它的纯度对切割质量有明显影响，氧气纯度降低2%会降低切割速度50%，并导致切口质量显著变坏。

高功率的激光切割机一般具有高压无氧切割系统，辅助气体使用氮气或惰性气体，压力达到12MPa以上，主要用于不锈钢、高温合金等材料的切割，切口表面几乎无再铸层和热影响区。

4）激光输出功率

工件厚度一定时，激光功率随切割速度的要求而增加，切割速度越快，要求的激光功率越高。在激光功率一定时，切割速度与工件厚度成反比，工件越厚，切割速度越慢，热影响区也相应增大。

2.6 高压水射流切割

2.6.1 高压水射流切割原理

高压水射流加工技术是用水作为携带能量的载体，对材料进行切割、穿孔和去除表面层的加工方法，俗称“水刀”。高压水射流加工技术一般分为纯水射流切割和磨料水射流切割，纯水射流加工切割能力低，只适用于切割软材料；磨料水射流切割则以水和磨料(80~150目 SiO_2、Al_2O_3等)作为能量载体[31]。

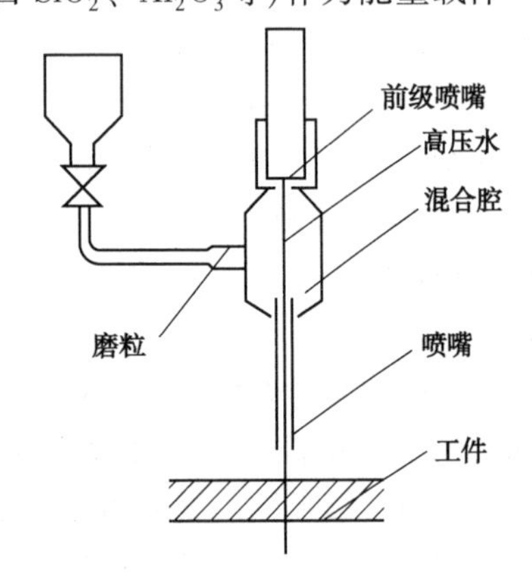

图 2-21 高压水射流加工原理示意图

高压水射流切割的基本原理是利用液压系统把水压增加到 200~400MPa，使高压水通过一个专门设计的一级水喷嘴(直径 0.1~0.6mm)或称前级喷嘴，形成 2~3 倍音速的高速水射流，冲击待加工表面从而去除材料，其加工原理如图 2-21 所示。

2.6.2 高压水射流切割范围及特点

高压水射流加工可以切割任何材料，特别是加工许多难加工材料。例如，塑性材料：淬火钢，钛合金，铜及铜合金，铝合金；脆性材料：玻璃，陶瓷和石英等。在过程设备制造厂，是切割不锈钢及有色金属材料必备的切割工具。高压水射流切割无切割热变形、不仅能进行二维加工，而且还能进行复杂形状的三维成形等。切削力小，装置简单。但高压水射流加工需要高的一次投入成本和运行成本。据估计，磨料水射流一次投入需 30 万~300 万元，运行和维护成本需 60~180 元/h，使磨料水射流加工费用高于其他形式的非传统加工成本，如等离子、激光切割等。此外切割的噪声较大，对水的污染也很大，产生的废水需要后续处理。

2.6.3 高压水射流加工参数

1）加工参数及工件参数

较之纯水水射流，高压水射流切割中应用较多的是磨料水射流。大量的加工参数特征确定了磨料水射流切割工艺的效率、经济性和质量。因此对加工参数进行科学地定义，分类与优化是成功应用磨料水射流技术的基本要求。总体上，磨料水射流切割加工参数包括流体参数(泵压)、切割工艺参数(移动速度、悬距、切割次数、冲击角)、混合加速参数(混合喷嘴直径及长度)、磨料参数(磨料流量、磨粒直径、尺寸分布、形状、硬度、再生性)。

在磨料水射流切割应用中，切深(h)、厚度(b)是工件最重要的几何参数。在某些条件下可以被分开使用，在一些情况下联合使用。另外，材料的去除率与加工参数和工件参数有重要关系材料的去除率。

2）加工参数优化

为了提高水射流加工精度、质量以及加工能力，深入研究磨料水射流加工中磨料射流的性质及其与材料相互作用过程，揭示磨料水射流特性及其与被加工对象的作用机理是十分重要的。分析描述去除机理的手段大致分为：建立磨料水射流的性质及其加工特征的数学模型；实验检测分析加工参数与加工质量的对应关系或相关关系。两种方法既是揭示磨料水射流加工现象和规律的手段，也是优化加工参数的手段。由于磨料水射流加工过程十分复杂，加工参数及其影响因素的确定必然是十分复杂的。研究人员正在努力探索找到简单、准确和实用的优化方法，解决加工参数的优化问题。所要解决的问题如下：

（1）必须通过实验检测找到各个加工因素与加工性质和效果的关系；

（2）在理论上通过磨料水射流计算流体力学建模描述粒子速度、分布、结构及其与材料表面的作用特征，建立起能准确描述切口性能的数学模型。

最典型的多目标优化实验方法是正交实验，对于优化生产实际的加工参数既简单又实用。随着计算机技术的发展，各种计算方法、优化方法、工具软件不断商业化，为准确建立磨料水射流加工与性能效果的数学模型提供了有效手段。

2.7　边缘加工方法和工艺

2.7.1　边缘加工目的

边缘加工是焊接前的一道准备工序，其目的是根据设备零件坯料尺寸要求，切去边缘或划线以外的多余金属部分及影响焊缝质量的潜在缺陷部分。例如，加工硬化、微裂纹、渗碳渗氮、淬硬组织等，其目的是为进一步改善焊接条件和提高产品质量。对于高强度合金钢、低温设备或承受动载荷部件的焊接更为重要，同时为焊接准备适当的坡口。另一方面，根据尺寸要求，当切去边缘的多余金属并开出坡口时，应保证焊缝焊透所需的填充金属用量最小。

当板材厚度较大时，必须对其进行开坡口。焊接坡口的形状与尺寸应按《气焊、焊条电弧焊及气体保护焊和高能束焊的推荐坡口》(GB 985.1—2008)[38]、《埋弧焊的推荐坡口》(GB 985.2—2008)[39]、《铝及铝合金气体保护焊的推荐坡口》(GB/T 985.3—2008)[40]以及《复合钢的推荐坡口》(GB 985.4—2008)[46]规定进行选择，其中有卷边坡口、I 形坡口、V 形坡口、陡边坡口、V 形坡口(带钝边)、U-V 组合坡口、V-V 组合坡口、U 形坡口、双 V 形坡口及双 U 形坡口等，可根据焊件厚度、焊接方法和施焊方法(单面或双面)来选定。焊接接头形式(即坡口形式)对焊缝外表成形及内在质量均有直接的影响。焊接接头形式选择合理，则焊接质量就会提高，焊接变形也会更小。关于如何合理地选择这些接头形式，将在第 4 章中较详细地进行介绍。

2.7.2　边缘加工的方法

根据加工目的、工序间位置以及工件特征的不同，可以有不同的加工方法。常用的有热切割和机械加工两种。属于热切割的有氧气切割、等离子弧切割和碳弧气刨等，而机械加工主要是用刨边机、铣边机和滚边器械进行边缘加工。除碳弧气刨外，热切割的边缘加工几乎都可以在割离板材板坯时一次完成，而碳弧气刨主要用于焊缝的清根等工作。

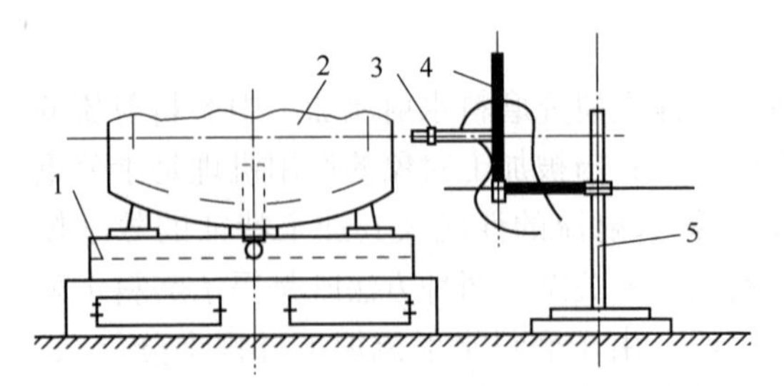

图 2-22 立式自动火焰切割装置

1—花盘；2—封头；3—喷嘴；4—导杆；5—立柱

1）氧气切割的边缘加工

氧切割的边缘加工通常是与切割余料同时完成的，而且多半采用半自动或自动的方法进行，仅在缺乏这些设备或不适应时才采用手工氧气切割。自动热切割的生产率较高，图 2-22 所示为立式自动火焰切割装置。封头 2 放在花盘 1 上；切割嘴 3 可沿导杆 4 上下移动，以对准封头的切割线。切割嘴还可沿导轨作径向移动以切割不同直径的封头，同时可作一定角度的倾斜。与切割嘴相连的还有一个定距规，通过它可以使切割嘴和封头之间的距离进行自动调节，恒定保持固定的距离，以免由于封头椭圆率等形状误差而影响切割质量。切割前先移动切割嘴使之高于封头切割线约 15mm，再打开并调整预热火焰，接着自上而下切割，当割嘴与封头切割线相重合时，停止割嘴的向下移动，转动花盘，沿切割线切去总裕量。花盘的转动速度决定了切割速度，可根据封头直径和厚度进行调节。

用氧气切割焊接坡口时，视坡口形状不同可用两个或三个切割嘴组合起来同时进行切割。用两个割嘴切割 V 形坡口时，其排列如图 2-23 所示。一个割嘴垂直于被加工金属的表面，另一个与表面成一个倾斜角 α。两个割嘴在切割线上相距为 A，这个距离的大小取决于板材的厚度。倾斜放置的割嘴 2 与切割线相距为 B，这个距离的大小取决于板材的厚度、坡口所要求的倾角以及钝边的大小。垂直放置的割嘴在前面，而倾斜放置的割嘴在后面，切割时两割嘴相互位置不变，即可切成所需的 V 形坡口。

用三个割嘴切割双 V 形坡口时，其排列方式如图 2-24 所示。在距垂直割嘴 1 为 A 的位置，安置有切割下斜边的割嘴 2；距割嘴 1 为 B 的位置，有切割上斜边的割嘴 3。三个割嘴同时进行工作就可一次切割出双 V 形坡口。

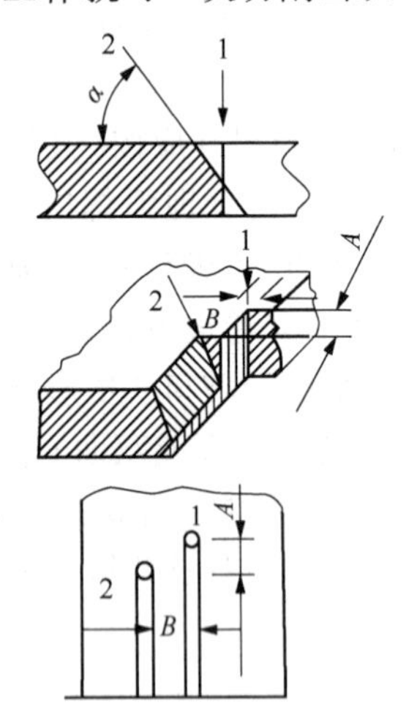

图 2-23 切割 V 形坡口时割嘴排列图

1—垂直割嘴；2—倾斜割嘴；

A—两割嘴前后距离；B—两割嘴的横向距离

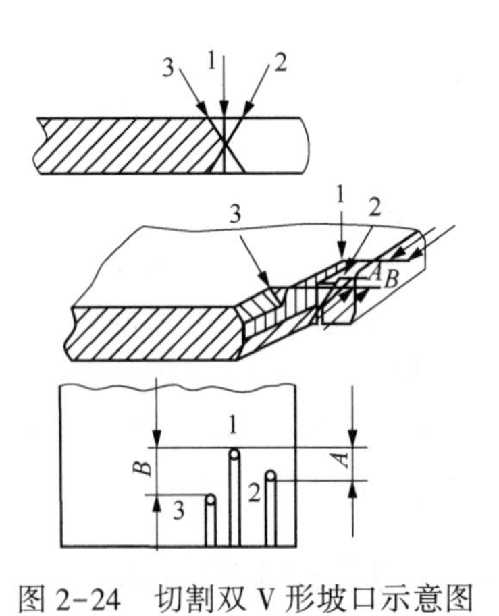

图 2-24 切割双 V 形坡口示意图

1—垂直割嘴；2，3—倾斜割嘴；

A—割嘴 1、2 之间的距离；B—割嘴 1、3 之间的距离

1、2 两割嘴之间的距离 A 应尽可能小，只要切割时不致产生交叉的气流即可。1、2 两割嘴经过同一切割点相距的时间，应该短到金属还没有来得及冷却、垂直切口壁没有来得及

凝结成氧化物薄膜。否则，倾斜割嘴 2 的气流和垂直切口壁上变硬了的氧化物接触时，会损失部分动能，并沿垂直切口壁转折向下，而不能切出斜坡口。由于割嘴 1 和 2 在切割时为割嘴 3 创造了良好的预热条件，因此，割嘴 1 和割嘴 3 之间的距离 B 可大于 A。

U 形坡口的氧气切割如图 2-25 所示。开 U 形坡口分两道工序进行。第一道是在板材边缘做出半圆形凹槽，如图 2-25(a)所示，凹槽的半径应与坡口底部的半径相等。第二道是按规定的角度切割坡口的斜边如图 2-25(b)所示，这个角度通常控制在 10°~30°。

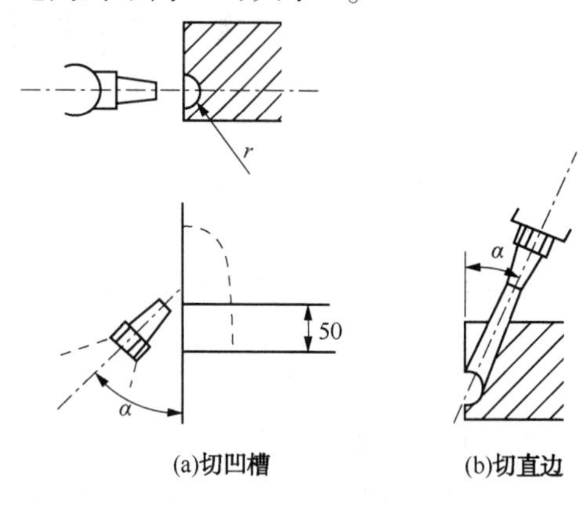

图 2-25　切割 U 形坡口示意图

第一道工序应正确地选择氧气喷嘴的出口直径、喷嘴中心线在水平面上与边缘所成的斜角 θ、切割速度，以及进入喷嘴前的氧气压力。一般的斜角 θ 约在 20°~30°之间，如斜角过大，熔渣有回流的倾向；斜角过小，凹槽的深度就会减小。第二道工序应注意把割嘴放在与第一道工序所切出的凹槽的内表面相切的方向上。

2）机械加工坡口

刨边机上的边缘加工属于线形的刨削加工，常用作筒节板坯的周边加工。边缘加工时，工件固定在刨边机的床身上，借助于多个油缸压头及螺旋压头压紧，装有刨刀的刀架沿床身运动，通过刀架的数次往返，即可完成对板材板坯的边缘加工。由于刀架沿直线运动，因此适宜加工直线边缘及其上的 V 形或双 V 形和 U 形坡口。一般仅用于板材的加工。刨边机边缘加工速度快，加工成本低，是设备制造中薄壁容器筒节板坯边缘加工的主要手段。

铣边机是一种采用刀盘高速铣削的边缘加工设备，是专门为板材焊接前开焊缝坡口的焊接辅助设备，主要分为自动行走式铣边机、大型铣边机、数控铣边机等几种。广泛应用于锅炉、压力容器等制造行业。可加工各类中低碳钢板、不锈钢板及铝板在焊接前的斜边、直边、U 形坡口等。

滚切器械的边缘加工。该器械是一种携带式坡口切削机，它不需固定板材的专用床身。加工时，设备扣紧在板材边缘上，一边滚切一边移动，操作灵活方便。但受夹持移动和刀具等诸多因素的影响，该机的滚切速度、所能加工的坡口大小、深度及材料具有的抗拉强度等都受到一定的限制。

此外，还可以用其他的机械设备加工坡口，如用龙门刨床加工瓦片，用端面车床加工筒节，用立式车床加工封头等。

3 材料的成形加工工艺

过程设备所有的材料大多是板材、管材和型材。在经过压力加工、弯曲、弯卷、冲压等成形工艺后，制造成所需要的设备零件。材料成形是指其在冷态或热态下借助外力产生塑性变形的过程。过程制造中材料成形的工作量非常大，例如，筒节、锥形封头、弯管、大型法兰及型钢加强圈等都需要进行成形加工。

筒节的弯卷成形通常是在卷板机上完成的，根据板材的材质、厚度、弯曲半径、卷板机的形式和卷板能力，实际生产中筒节的弯卷可分为冷卷和热卷、封头有冷冲压和热冲压。因此，材料的塑性变形过程包括冷加工和热加工。

3.1 金属材料的塑性变形

3.1.1 金属材料的冷变形

金属材料冷加工是在外力作用下使材料产生塑性变形，达到改变金属外部尺寸和形状的要求。这种变形主要是金属内部晶粒间受剪应力作用，产生滑移的结果。

金属材料大多数是多晶体。晶粒愈细，则单位体积内晶粒数目愈多，变形便在多晶粒间进行，故变形均匀且不致产生应力过分集中，同时又因晶粒越细，晶界也越多，裂纹敏感性差，抗变形能力强。金属晶粒愈细，不但金属强度高，其塑性和韧性也好。在设备制造中，都希望采用细晶粒的金属材料。

金属在冷态塑性变形时会产生加工硬化现象，原因是金属内部晶粒间产生滑移后，在滑移面上晶格发生剧烈歪扭和畸变，使晶粒被拉长、破碎和纤维化，金属材料的强度和硬度升高，塑性和韧性下降，材料机械性能随塑性变形而增加所引起的这种变化一般称为“冷加工硬化”现象。冷加工硬化给设备零件的后续加工带来一定程度的不便，例如，使动力消耗增加，并使塑性和韧性降低，直接影响过程设备的制造质量。因此，冷加工后的工件需要进行消除加工硬化的热处理。此外，有些材料在冷加工塑性变形后易产生裂纹甚至断裂，必须进行预先的退火处理。

冷塑性变形的另一个特点是产生内应力。由于工件各部分变形不均引起的内应力称为宏观内应力；由于金属内部晶粒间变形不均匀引起的内应力称为微观内应力。

当金属材料存在宏观内应力时，其内部组织有恢复到无应力稳定状态的趋势。随着时间的增长，设备零件的尺寸和形状将发生变化，以致产生裂纹或断裂。另外，金属塑性变形后产生的内应力，如不加以消除，则在腐蚀介质共同作用条件下，可能导致工件的延迟破坏，发生应力腐蚀。

3.1.2 金属材料的热加工及其要求

金属材料被加热到“再结晶温度”以上进行锻压加工，称为热加工。经过冷加工硬化的金属，加热至高温时，金属原子活动能力加大，使原来破碎及畸变的晶粒开始长大，原子已发生的位错、偏离及晶粒破碎开始恢复并生成原先完好的小晶粒。这些小晶粒不断地向周围扩展并长大，直到金属的冷变形组织完全消除为止，这一过程称为再结晶。使金属获得粗大的再结晶晶粒的冷变形度，称为金属的临界变形度[47]。金属冷加工时的变形度对再结晶后晶粒的大小影响极大。在其他条件相同的情况下，金属的晶粒大小与冷变形度之间的关系如图 3-1 所示。在冷加工时板材的变形度应在材料的临界变形度范围之外，如果在临界变形度附近，再结晶会引起金属晶粒的增大，这就改变了材料的机械性能。

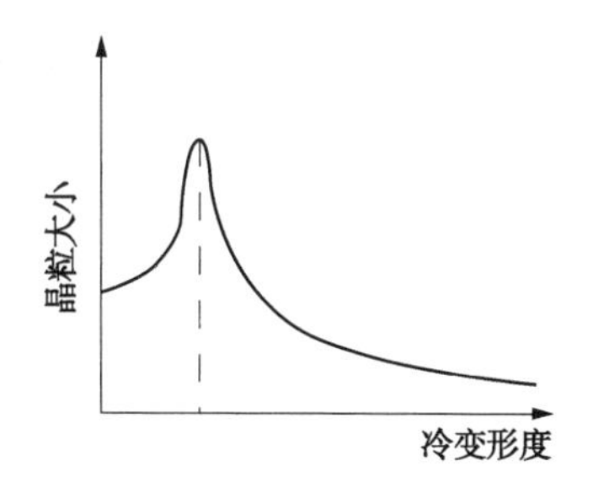

图 3-1　晶粒尺寸与冷变形度的关系曲线

金属的热加工与冷加工的严格区别是以再结晶温度作为界线的，即在再结晶温度以上的加工叫热加工；在再结晶温度以下的加工叫冷加工。

金属热加工过程中，存在着加工硬化和再结晶恢复两个转化过程，而加热温度对其性能有直接影响。如加热温度较低，变形阻力增大，变形加工会使金属产生裂纹和断裂；反之，当加热温度较高，变形度小时(接近临界变形度)，则再结晶和晶粒长大占优势，金属晶粒变粗大，使其机械性能变坏。因此，在设备制造中，对封头的热冲压、厚壁筒节的热态弯卷和矫圆、型材和管子等的热弯，都对锻压工艺温度做了较严格的规定。

金属的再结晶温度 T_z 与金属熔点 T_u 之间的关系：

$$T_z = (0.35 \sim 0.4) T_u \tag{3-1}$$

为了保证热加工质量和提高生产效率，必须合理地制订加热温度范围、加热速度、加热时间等工艺参数。

1）加热温度范围

加热温度范围是指塑性变形时的开始温度(始锻温度)和终了温度(终锻温度)间的一段温度间隔。在这段温度范围内金属应具有足够的塑性、低的变形抗力。为了减少加热次数，一般都力求扩大加热温度范围。温度范围是通过对各种实际塑性变形方式的试验和分析金相状态图的方法确定的。一般材料在成形时的温度愈高，塑性愈好，则变形抗力愈小，易于成形；同时在成形中变形的能量消耗减少。但温度过高会使材料产生过热或过烧，造成金属的氧化、脱碳等现象。始锻温度一般应低于熔点 100～200℃。

过热是因金属加热温度过高，在炉中停留时间较长，加热到接近熔点温度时，使晶粒显著长大，材料机械性能变坏，尤其是塑性明显下降；过烧则是温度进一步升高时，由于晶界的低熔点杂质或共晶物开始有熔化现象，炉中的氧化性气体沿晶界渗入，使晶界发生氧化变脆，破坏了晶粒间的联系，一经锻压就脆裂甚至无法成形。过烧的材料就变成废品，这种过烧现象所造成的损失是不可逆的。

过热金属在冲压时塑性降低，更为重要的是在成形后再经热处理，所得晶粒比较粗大，降低了材料的机械性能。为了纠正过热所造成的粗晶粒组织，对于已过热的金属可用正火或退火的方法来处理。对于不能用热处理的方法细化晶粒的合金钢(如铬镍奥氏体钢)应特别注意防止过热。为了避免过热，必须控制加热温度和时间。

对于碳钢，由图 3-2 可以看出，其始锻温度随含碳量的增加而降低。合金钢始锻温度通常随含碳量的增加降低得更多。终锻温度主要是保证在结束变形前金属还有足够的塑性，以及工件在冲压后获得再结晶组织，但过高的终锻温度也会使工件在冷却过程中晶粒继续长大，从而降低了机械性能，尤其是冲击韧性。

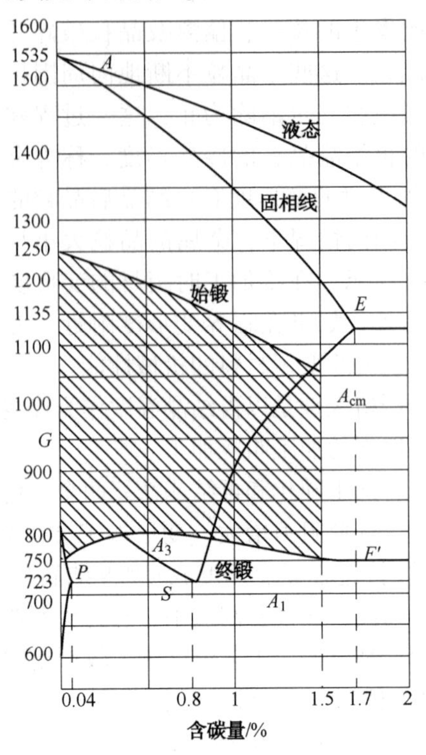

图 3-2　钢材锻压始锻温度与终锻温度

常用材料的加热可按表 3-1 所示加热参数进行，复合板按覆层的要求进行加热。

表 3-1　常用材料的加热温度及保温时间

材料	20R Q345R	15MnV 35MnVN 15MnTi	18MnMoNb 14MnMoV	20Cr3NiMoA	0Cr13 1Cr13	0Cr18Ni9	铝及 铝合金
加热温度/℃	950~1000	930~980	950~1050	980~1000	950~100	1000~1100	350~450
保温时间/(min/mm)	1	1.5			1	15	15

2）加热速度

金属材料在加热过程中，其表层与炉内氧化气体（H_2O、CO_2、O_2等）进行化学反应，生成氧化皮。这种氧化皮的生成与炉温的升高和材料在炉中的加热时间有关。加热时间愈长，生成的氧化皮愈厚。它不仅损失了金属，而且在冲压封头、弯曲筒节工序中，坚硬的氧化皮被压入工件表面形成凹陷点坑，降低了材料的表面质量。

材料的加热应该是以一定的速度升温，将工件加热到始锻温度后，进行适当的保温而使工件热透。其加热速度应当是在保证工件表、里温差均匀的前提下用尽可能短的加热时间。加热速度过快，温差较大而使工件表、里膨胀不均，加上相变引起的体积变化的不同，使工件产生较大的内应力，造成加热过程中的工件开裂。实践证明，对于导热性差的合金工具钢、中碳钢或高合金钢，以及断面尺寸较大的工件，加热速度过快，产生裂纹的可能性较大，故需要低温预热或在 600℃以下缓慢加热。而对于普通低碳钢或含碳量在 0.5%以下的中碳钢，则可在 1000~1100℃的高温装炉，使其快速达到始锻温度。

3.2 板材的弯曲变形理论

3.2.1 板材弯卷的变形率、临界变形率

板材弯卷时的塑性变形程度可以用变形率 ε 表示。板材弯卷的塑性变形程度沿板材厚度方向是不同的，外侧伸长，内侧缩短，中性层可以认为长度不变。按外侧相对伸长量计算变形率：

$$\varepsilon=\frac{\pi D-\pi D_{\mathrm{m}}}{\pi D_{\mathrm{m}}}\times 100\%=\frac{\delta}{D_{\mathrm{m}}}\times 100\% \tag{3-2}$$

或

$$\varepsilon=\frac{\delta}{2R_{\mathrm{m}}}\left(1-\frac{R_{\mathrm{m}}}{R_0}\right)\times 100\%\text{（单向拉伸，如钢板卷圆）} \tag{3-3}$$

或

$$\varepsilon=\frac{1.5\delta}{2R_{\mathrm{m}}}\left(1-\frac{R_{\mathrm{m}}}{R_0}\right)\times 100\%\text{（双向拉伸，如筒体折边、冷压封头）} \tag{3-4}$$

式中 ε——板材弯卷变形率,%；

δ——板材名义厚度，mm；

D——筒节外径，mm；

D_{m}——筒节中性层直径，mm，$D_{\mathrm{m}}=2R_{\mathrm{m}}$；

R_{m}——筒节中性层半径，mm；

R_0——板材弯曲前的中性层半径，对于平板为无限大，mm。

由式(3-2)~式(3-4)可以看出，板材越厚、筒节的弯卷半径越小，则变形率越大。变形率的大小对金属再结晶后晶粒的大小影响很大。金属材料冷弯后产生粗大再结晶晶粒时的变形率，称为金属的临界变形率(ε_0)。一般，金属材料的临界变形率范围为5%~10%。板材的实际变形率 ε 应该小于临界变形率，否则粗大的再结晶晶粒将会降低后续加工工序(如热切割、焊接等)的力学性能。

3.2.2 最小冷弯半径

冷卷成形通常是指在室温下的弯卷成形，不需要加热设备，不产生氧化皮，操作工艺简单，费用低。但冷态下，当相对弯曲半径减小到一定程度时，会使弯曲件外表面纤维的拉伸应变超过材料性能所允许的极限而出现裂纹或折断。在保证毛坯外表面纤维不发生破坏的条件下，工件能够弯成的内表面的最小圆角半径，称为最小弯曲半径 $R_{\min}$。$R_{\min}/\delta$ 越小，板材弯曲的性能也越好。生产中用它表示弯曲时的成形极限。最小冷弯半径可由冷成形后的允许变形率 ε 确定。由图3-3可知：

$$\frac{R_{\mathrm{m}}}{R_{\mathrm{w}}}=\frac{L_{\mathrm{m}}}{L_{\mathrm{w}}};\quad \frac{R_{\mathrm{m}}}{R_{\mathrm{m}}+0.5\delta}=\frac{L_{\mathrm{m}}}{L_{\mathrm{m}}+\varepsilon L_{\mathrm{m}}} \tag{3-5}$$

所以有：

$$R_{\min}=R_{\mathrm{m}}-\frac{\delta}{2}=\frac{0.5\delta}{\varepsilon}-\frac{\delta}{2} \tag{3-6}$$

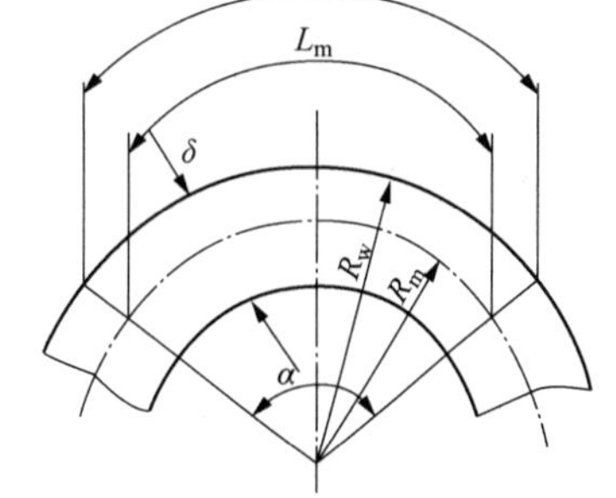

图3-3 板材弯曲示意图

式中 R_{w}——筒节外侧弯曲半径；

R_m——中性层弯曲半径；

L_m、L_w——R_m、R_w的弧长；

ε——相对伸长(弯卷变形率)；

δ——板材名义厚度，mm。

R_{min}和中性层的最小弯曲半径R_m只相差$\delta/2$，计算时为方便起见也可以用R_m代替R_{min}。

3.2.3 不同材料的最小冷弯半径

1）钢材

在GB 150—2011[16]中规定，碳钢、低合金钢冷卷变形率≤5%，奥氏体不锈钢≤15%，卷板变形率大于上述值时，卷板后应进行热处理，以消除加工应力、改善延展性；而《钢制化工容器制造技术要求》(HG 20584—2011)[48]中规定：碳素钢、16MnR(Q345R)≤3%(单向拉伸)，5%(双向拉伸)；其他低合金钢≤2.5%(单向拉伸)，5%(双向拉伸)；奥氏体不锈钢≤15%。

板材冷弯卷制筒节时，筒节的半径要大于或等于最小冷弯半径R_{min}，否则需要考虑进行热处理。常用钢板的最小冷弯变形率及最小冷弯半径R_{min}见表3-2。

表3-2 钢板最小冷弯变形率及最小冷弯半径

材　　料	条　　件	可不热处理的冷变形量上限/%	最小冷弯半径
碳素钢、Q345R	单向拉伸	3	16.7δ
	双向拉伸	5	10δ
其他低合金钢	单向拉伸	2.5	20δ
	双向拉伸	5	10δ
奥氏体不锈钢	双向拉伸	15	3.3δ

2）镍基合金

《镍及镍合金制压力容器》(JB/T 4756—2006)[26]中引用《俄罗斯镍基耐蚀合金焊制容器与设备 一般技术要求》(OCT 26—01—858—1988)规定，冷成形的镍钼合金筒体的弯曲直径与厚度的比值小于40，对于纯镍和除镍钼合金以外的封头，当弯曲直径与厚度的比值小于30时，冷成形后应热处理，对筒体的规定相当于纤维伸长率分别超过4%和3%时应热处理，镍及镍合金材料的最小冷弯变形率及最小冷弯半径见表3-3。

表3-3 镍及镍基合金最小冷弯变形率及最小冷弯半径

材料组别	牌　　号	条　　件	可不热处理的冷变形量上限/%	最小冷弯半径
Ni1 纯镍	200、201	成形后要焊接	5	10δ
		成形后不焊接	10	5δ
Ni2 镍钼合金	B-2	与材料厂协议一致	7	7.1δ
	B-3		15	3.3δ
	B-4		10	5δ
Ni5 镍铬合金	602CA		10	5δ

3）铝、钛及其合金

铝及钛的塑性较好，冷加工性能较好。铝的最小冷弯半径见表3-4[9]。钛的最小弯曲半径见表3-5。

表 3-4　铝及铝合金最小弯曲半径

材　料	退火材料		冷作硬化状态	
	弯曲线位置		弯曲线位置	
	垂直纤维	平行纤维	垂直纤维	平行纤维
铝	0.3δ	0.45δ	0.5δ	1.0δ
硬铝（退火状态）	1.3δ	2.0δ	2.0δ	3.0δ
硬铝（硬状态）	2.5δ	3.5δ	3.5δ	5.0δ

表 3-5　工业纯钛板材的成形性能

成形性能	牌　号	冷　态		热　态	
		最低值或极限值	工作值	最低值或极限值	工作值
最小弯曲半径	TA2	(1.5~2.0)δ	(2.5~3.0)δ	(1.0~1.2)δ	(1.5~1.8)δ
	TA3	(1.7~2.0)δ	(2.7~3.2)δ	(1.0~1.5)δ	(1.5~2.0)δ

4）锆及锆合金板

根据《锆制压力容器》(NB/T 47011—2010)[27]，锆及锆合金板的冷卷变形率≤3%，当变形率大于该值时宜采用热卷或消除应力后处理。换算成最小冷弯半径为：$R_{min}=16.7\delta$。

3.2.4　影响最小弯曲半径的因素

1）材料的力学性能

材料塑性越好，外层材料允许变形程度大，最小弯曲半径越小。相反，塑性差的材料，最小弯曲半径大。

2）弯曲线方向

弯曲件的弯曲线与板材的纤维方向垂直时，最小弯曲半径的数值最小。反之，弯曲件的弯曲线与板材的轧制方向平行时，最小弯曲半径的数值最大。当弯制 R/δ 较小的工件或塑性较差的材料时，弯曲线应垂直于轧制方向；在弯制 R/δ 较大的工件时，主要考虑材料的利用率。

3）板材的表面质量与冲切断面的质量

一般冲裁件断面上有光亮面、粗糙面和毛刺存在。毛刺和粗糙面在弯曲时都会产生应力集中现象，致使弯曲件从侧边开始破裂。有时让毛刺的一面处于弯曲的受压内缘，以免应力集中而破裂。

4）弯曲中心角的大小

理论上弯曲变形区局限于圆角部分，而直壁部分完全不参与变形，因而变形程度只与 R/δ 有关，而与弯曲中心角无关。但实际上由于材料的制约作用，接近圆角的直边也参与了变形，即扩大了弯曲变形的范围。圆角附近的材料参与变形以后，分散了集中在圆角部分的弯曲应变，这对圆角外表面受拉状态有缓解作用，因而有利于降低最小弯曲半径的数值。弯曲中心角越小，变形分散效应越显著，所以最小弯曲半径的数值也越小。一旦弯曲中心角大于 60°~90°以后，最小弯曲半径的数值与弯曲中心角的大小无关。

5）板材的厚度

变形区内应变在厚度方向上按线性规律变化，在外表面最大，在中性层为零。当板材的厚度较小时，应变变化的梯度大，很快地由最大值衰减为零。与变形最大的外表面相邻的金属，可以起到阻止外表面金属产生局部不均匀延伸的作用。在这种情况下，可能得到较大的变形和较小的最小弯曲半径。

3.3 板材弯卷设备及工艺

板材弯卷是单向弯曲过程，可把坯料视为直梁弯曲。对板材进行连续、均匀的塑性弯曲就可以获得需要的圆筒形壳体，在卷板机上可以实现这种连续均匀的塑性弯曲，卷板机是设备制造厂最常用的设备之一。卷板机种类较多，按卷板机辊轴的中心线位置分为卧式及立式卷板机，立式卷板机应用较少。按卷板机的辊轴数目分三辊及四辊卷板机，四辊卷板机价格高，应用较少，制造厂大多采用三辊卷板机。按卷板机传动方式分为机械式和液压式，常用的卧式三辊卷板机，又可分为机械式对称三辊卷板机、机械式非对称三辊卷板机、液压式对称三辊卷板机及液压式上辊万能卷板机。

3.3.1 对称式三辊卷板机

1）工作原理

机械传动与液压传动的对称式三辊卷板机工作原理相同。如图 3-4(a)所示，上辊 1 是从动辊，可以上下移动，以适应各种弯曲半径和厚度的需要，并对板材施加一定的弯曲压力。两个下辊 2 是主动辊，对称于上辊轴线排列，以同向同速转动。工作时将板材置于上、下辊之间，然后上辊向下移动，使板材被压弯到一定程度，接着启动两个下辊转动，借助于辊子与板材之间的摩擦力带动板材送进，上辊随之转动。通常，一次弯卷很难达到所要求的变形程度，此时可将上辊再下压一定距离，使板材继续弯卷，这样经过几次反复，可将板材弯卷成一定弯曲半径的筒节。这种卷板机操作简单，在生产上得到普遍的应用。

板材弯卷的可调参量是上、下辊的垂直距离 h，h 取决于弯曲半径 R 的大小，其计算可从弯卷终了时各辊的相互位置中求得，见图 3-4(b)。在图 3-4(b)所示直角三角形中，利用勾股定理可得：

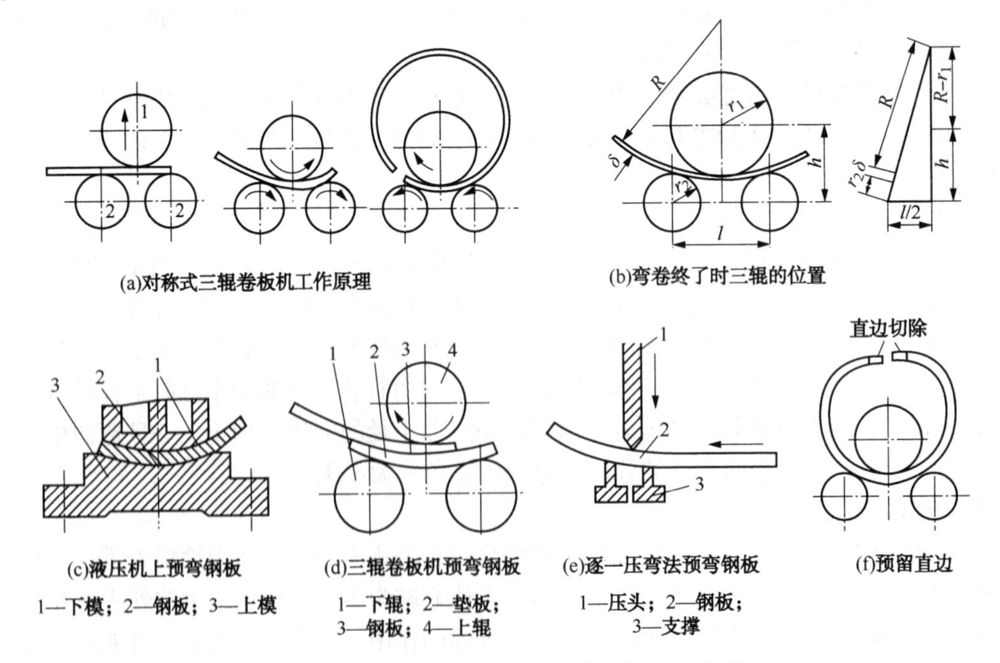

图 3-4 对称式三辊卷板机工作原理及直边处理

$$(R+\delta+r_2)^2=(R-r_1+h)^2+\left(\frac{l}{2}\right)^2 \tag{3-7}$$

$$h=\sqrt{(R+\delta+r_2)^2-\left(\frac{l}{2}\right)^2}-(R-r_1) \tag{3-8}$$

式中 δ——板材厚度，mm；

R——筒节弯曲半径，mm；

r_1、r_2——上、下辊半径，mm；

l——两下辊之间中心距，mm；

h——上、下辊中心的垂直距离，mm。

卷圆工艺过程包括卷前准备、卷圆操作两个过程。

卷板机可卷制的最小圆筒直径 D_{min} 按式(3-9)计算：

$$D_{min}=d_1+(0.15\sim0.20)d_1 \tag{3-9}$$

式中 d_1——卷板机的上辊直径，mm。

2）卷板操作

卷板的基本过程：放平找正→上辊下压→上下辊旋转→反复矫正→吊下卷筒。

首先要调准辊轴轴线，确保平行，否则会使两侧的实际压下量不等，造成筒节两侧弯曲半径不等形成锥度，如图 3-5(a)所示。

板材放入滚圆机时要保证放正，即筒节的素线与辊轴的素线平行，否则卷成的筒节端部边缘不是平面内的圆，而是一条螺线，称为错口，如图 3-5(b)所示。

实际操作中并不是用计算压下量的方法来控制滚弯半径，而是用一个薄铁板制成的内样板去检验已卷出部分的实际 R 值(图 3-6)，再确定下一步的压下量。为保证检查精度，样板弧长不能太短，样板弦长 B 应为筒节内径的 25%或更大些。若直径较小可以放大些，直径太大可以收小些，样板上注明半径数值，以便分辨。检查时中心露光表示已卷圆过度，$R<0.5DN$，两端露光表明滚圆不足。一般总压下量要分几次完成，尤其是板厚接近卷板机最大厚度时。操作中要注意避免卷圆过度，因为卷板机自身无法矫回，如图 3-5(c)称为滚圆不均。

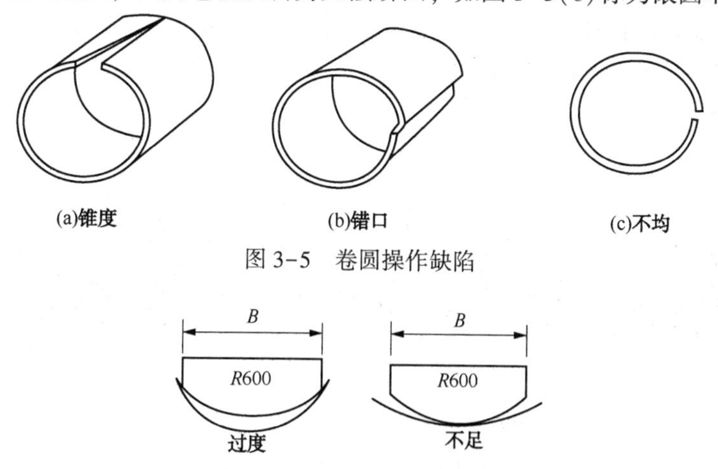

图 3-5 卷圆操作缺陷

图 3-6 用样板检查曲率半径

由于板材在辊子压力下既有塑性弯曲，还有弹性弯曲，故板材转出辊子后有弹性变形恢复，称为弹性恢复，在实际生产中计算时，弯卷筒节半径就取比需要的数值略小，其数量的计算是一个比较复杂的问题。目前设备制造厂所用卷板机大多为液压式数控卷板机，数控卷板机程序中已考虑了弹性恢复量，设定卷板直径后卷板机会自行计算每次压下量。

3）特点

对称式三辊卷板机和其他型式的卷板机相比，构造简单，价格便宜。但板材不能全部卷弯，在板材的两端各有一段长约两下辊中心距一半的平直部分，不能弯曲，使板材的两边都存在一段直边。

采用对称三辊机时，滚圆前要解决直边问题，直边必须在卷圆之前采取预弯等工艺措施。这种在弯卷以前，将板材两端不能用卷板机弯曲的部分用其他方法进行弯曲的工序称为预弯曲。生产上采用的方法有：

（1）预留直边，板材号料时在长度方向增加两侧直边长，滚圆时在适当时候切除，用于滚圆精度要求很高的场合（如多层容器制造），如图 3-4(f)所示。

（2）模压直边，在批量大时制造一个专用预弯模在压力机上预弯上件两端，如图 3-4(c)所示。

（3）滚弯直边，用滚弯模垫在工件之下在三辊卷板机上预弯两侧直边，滚弯模是一段用厚板弯成的圆柱面，弯曲半径要比预弯的工件滚圆半径小，如图 3-4(d)所示。

3.3.2 对称式四辊卷板机

对称式三辊卷板机卷圆后两端出现无法弯卷的直边，对称式四辊卷板机可以解决该问题。对称式四辊卷板机如图 3-7 所示，上辊 1 为主动辊，下辊 3 可垂直上、下移动调节，两侧辊 2 是辅助辊，其位置也可以调节。卷板时，将板材端头置于 1、3 辊之间并找正，升起下辊 3 将板材压紧，如图 3-7(a)所示。然后升起左侧辊对板边预弯，如图 3-7(b)所示。预弯后适当减小压力(防止板材碾薄)，启动上辊旋转，此时构成一个非对称式三辊卷板机对板材弯卷。随后升起右侧辊托住板材，当板材卷至另一端时，上辊停止转动，将下辊向上适当加大压力，同时将右侧辊上升一定距离，弯曲直边，再适当减小下辊压力，并启动上辊旋转，又形成一个非对称式三辊卷板机，连续弯卷几次直到卷成需要的筒节为止，如图 3-7(c)所示。这种卷板机的最大优点是一次安装卷完一个圆筒，而不留下直边，故加工性能较先进。但其结构复杂，辊轴多用贵重合金钢制造，加工要求严格，造价高。高压锅炉的厚壁锅筒都是在这种卷板机上卷制的。近年来。随着各种新型三辊卷板机的出现，四辊卷板机已有逐渐被取代的趋势。

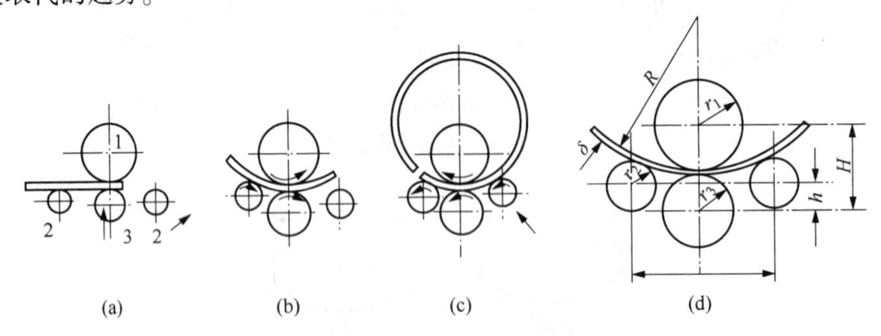

图 3-7 对称式四辊卷板机

对称式四辊卷板机可调参量和弯曲半径的计算如下，图 3-7(d)为弯卷终了时四辊的位置，由图中几何关系可得：

上、下辊中心距： $H=r_1+r_3+\delta$ （3-10）

两侧辊与下辊的高差：　$h=R+\delta+r_3-\sqrt{(R+\delta+r_2)^2-\left(\frac{l}{2}\right)^2}$　(3-11)

式中　δ——板材厚度，mm；

R——筒节弯曲半径，mm；

r_1、r_2、r_3——上辊、侧辊和下辊半径，mm；

l——两侧辊之间中心距，mm。

3.3.3　其他三辊卷板机

1）机械式非对称三辊卷板机

该类型卷板机为机械传动，称为机械式非对称三辊卷板机。其上辊为主传动，下辊垂直升降运动，以便夹紧板材，并通过下辊齿轮与上辊齿轮啮合，同时作主传动；边辊作升降运动，具有预弯和卷圆双重功能，可以解决弯卷中直边的问题。如图3-8所示，它的上辊1(主动辊)装在下辊2的上面(有时下辊2也为主动辊)，电动机经变速器带动其旋转。旁辊3装在下辊2的一侧。下辊可在垂直方向进行调节，调节量的大小约等于卷板的最大厚度；旁辊可沿A向调节。下辊与旁辊间的调节可用电动或手动操作。这种卷板机不仅可卷圆筒节，由于旁辊两端可分别调节，故也可弯卷锥形筒体。

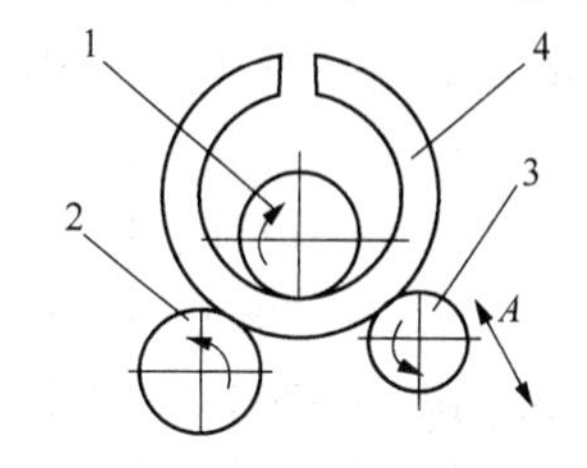

图3-8　非对称三辊卷板机

1—上辊；2—下辊；3—旁辊；4—卷板

2）液压式上辊万能卷板机

上辊万能式卷板机属于液压式三辊卷板机，上辊可以垂直移动、水平移动。预弯时上辊水平移动，使上辊相对于下辊呈非对称位置来实现；滚圆时通过电动机、减速机带动两下辊进行。预弯过程如图3-9(a)、(b)、(c)所示，滚圆过程如图3-9(d)、(e)、(f)所示。

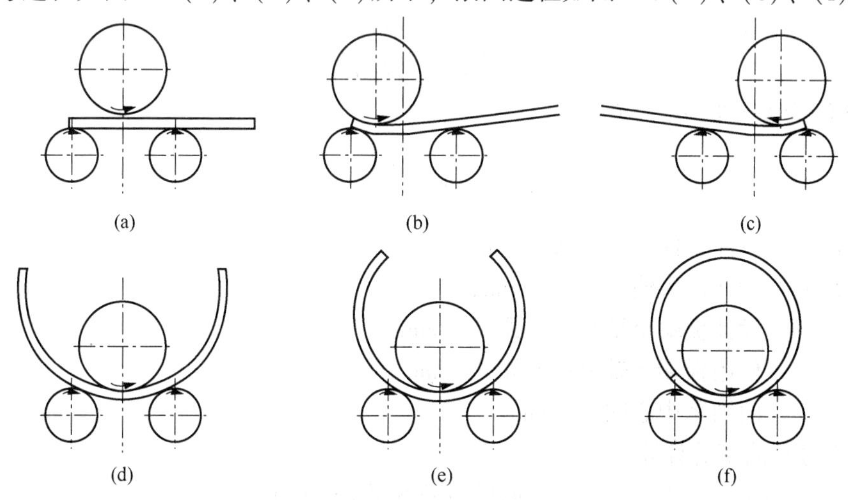

图3-9　上辊万能式三辊卷板机

3.3.4　卷制条件改变时卷板机工作参数计算

卷板机的主要工作参数是根据某一材料(通常为低碳钢)在常温下，按一定的板厚、板宽等卷制条件来设计的。当使用条件与设计条件不同时，如冷卷、热卷、板宽改变、弯卷曲率改变等，可以进行适当计算以扩大使用。

1）改变板材材料的计算

板材弯卷时受到连续的弯曲，卷板机能弯卷的最大板厚取决于上辊能给予板材的最大弯矩，因此，换算时是以不同使用条件下，卷板机所能给予板材的最大弯矩相等为依据。当材料改变时，由于屈服强度的改变，所能卷制的厚度也不同：

冷卷：

$$\delta_2=\delta_1\sqrt{\frac{(1.5+k_{01}\delta_1/R_1)\sigma_{s1}}{(1.5+k_{02}\delta_2/R_2)\sigma_{s2}}} \tag{3-12}$$

热卷：

$$\delta_2'=\delta_1'\frac{\sigma_{s1}'}{\sigma_{s2}'} \tag{3-13}$$

式中 δ_1、δ_2——常温下设计、使用当量板厚，mm；

R_1、R_2——设计、使用最小弯曲半径，mm；

σ_{s1}、σ_{s2}——常温、设计、使用材料屈服极限，MPa；

k_{01}、k_{02}——设计、使用材料相对强化模数；

σ_{s1}'、σ_{s2}'——700℃时设计、使用材料屈服极限，MPa；

δ_1'、δ_2'——700℃以上设计、使用当量板厚，mm。

2）改变板材宽度的计算

卷板机所允许的最大板厚是以它能弯卷的最大板宽为基准的。若所弯卷板材宽度小于允许的最大值，则可弯卷板厚还能增加，其换算见式(3-14)。

$$\delta_2=\delta_1\sqrt{\frac{b_1(b_1+2c_1)(4a_1l+2b_1c_1+b_1^2)}{b_2(b_2+2c_2)(4a_2l+2b_2c_2+b_2^2)}} \tag{3-14}$$

弯卷条件为 $a_1=c_1$，$a_2=c_2$，$b_1\approx l$，见图3-10，有：

$$\delta_2=\delta_1\sqrt{\frac{b_1^2}{b_2(2l-b_2)}} \tag{3-15}$$

弯卷条件为 $b_1\approx 2l-b_2$，有：

$$\delta_2=\delta_1\sqrt{\frac{b_1}{b_2}} \tag{3-16}$$

式中 δ_1、δ_2——设计、使用当量板厚，mm；

b_1、b_2——设计最大使用板宽，mm；

a_1、c_1——设计板端至轴承中心距离，mm；

a_2、c_2——使用板端至轴承中心距离，mm；

l——两轴承中心间距，mm。

3）改变弯卷曲率的计算

改变弯卷曲率后(图3-11)，冷卷时的计算见式(3-17)：

$$\delta_2=\delta_1\sqrt{\frac{D_2(D_1+d_c)}{D_1(D_2+d_c)}} \tag{3-17}$$

式中 δ_1、δ_2——设计、使用当量板厚，mm；

D_1、D_2——设计、使用筒节外径，mm；

d_c——距上辊最近的下辊直径，mm。

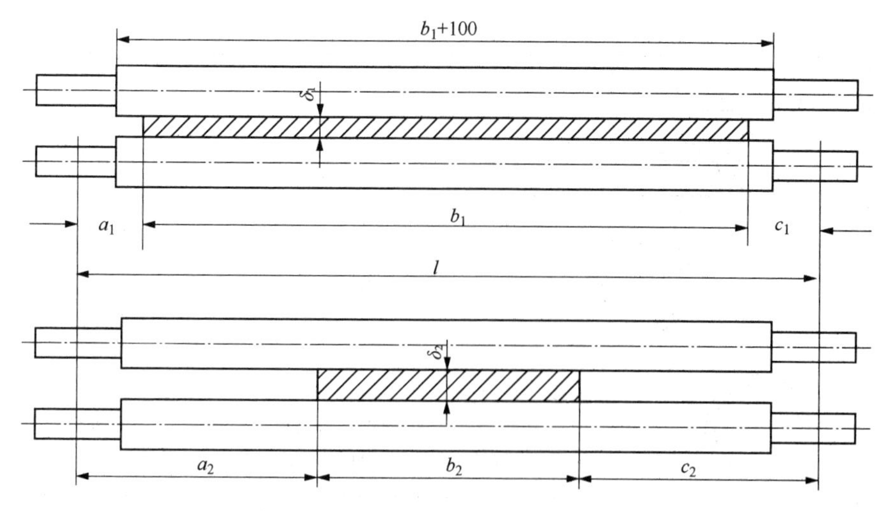

图 3-10　卷板机板宽改变时的几何关系

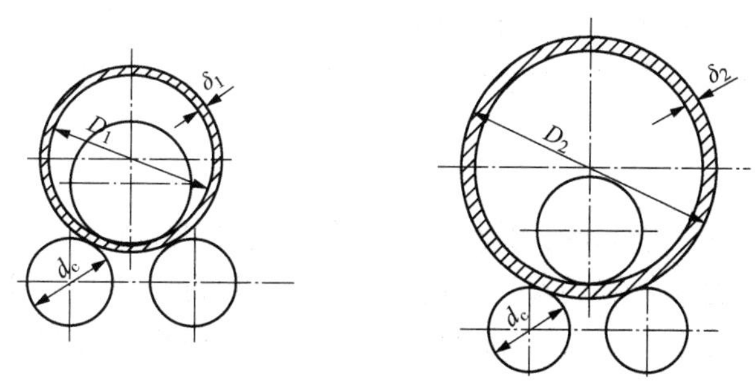

图 3-11　卷板机弯卷曲率改变时的几何关系

3.3.5　卷圆质量保证

卷圆完成后应对其进行一般性质量检查，下面是对卷圆质量的分析。

1）外形缺陷

外形缺陷主要是由于操作不当而产生的。主要情况、产生的原因及预防矫正措施见表 3-6。

表 3-6　卷圆操作不当产生的缺陷

缺陷名称	图　例	成　因	预防或矫正措施
锥形		辊轴轴线不平行	用样板检测两端，使上下辊达到平行
鼓肚		辊轴刚度不足	按工件尺寸，选择卷板机类型和规格，卷圆中加支撑辊轴
束腰		上、下辊轴间压力过大，板材受到辗压	矫圆

续表

缺陷名称	图例	成因	预防或矫正措施
扭曲		没有对中；板材沿辊轴方向受力不匀	加强对中；卷板时注意板材两侧进料速度是否一致
过弯		辊轴间距过小	辊轴压下量分段施加，每调整一次，用样板检测，敲击筒节边缘可消除
棱角		预弯不准确；预弯不足时即形成外棱角；预弯过大时即形成内棱角	加强接缝处的矫圆

2）表面压伤

表面压伤的原因是板材表面或设备辊面粘有硬性杂质；热卷时氧化皮脱落并随板面辗压，为此应在卷前加强清杂工作。对表面质量要求高的筒节，可将板面敷涂料后或两面衬垫厚纸再卷。

3）卷裂

卷裂主要是变形量过大引起的；其次是板材有微观缺陷或存在应力集中的因素等。预防措施有：计算变形量，必要时采用温卷或热卷；尽量使板材轧制方向与弯曲线一致。

保证卷圆精度，规定筒节在同一断面上最大直径与最小直径之差 e 应符合 GB 150—2011 规定。

3.3.6 锥形筒体加工

有些设备的底部是锥形壳体，称为锥形封头。锥形封头的展开图是扇形面。用机械方法制造锥形封头有一定的困难，其原因在于锥形体的母线各点的曲率半径不同，自大半径端到小半径端逐渐变小，这样锥体旋转一周母线各点的圆周线速度不同。而且不同锥角的锥体的这种线速度变化也不同。而卷板机辊轴表面的线速度在一定的转速下是固定的，目前还没有锥体卷板机，与圆柱形筒体相比，锥体的加工相对复杂，需要一些特殊的手段和措施。常用的制造锥体方法有以下几种：

1）压弯成形法

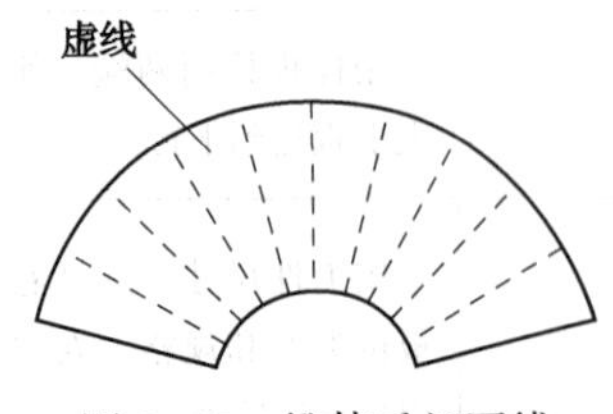

图 3-12　锥体毛坯画线

在锥体的扇形毛坯上，均匀地划出若干条虚线，如图 3-12 所示。然后将毛坯放到压力机或卷板机上，按所画虚线压弯，待边缘对合后，将两对合边用点焊固定，最后进行矫正和焊接。

这种整体压弯成形方法适用于薄壁锥体。当锥体壁厚较大时，可将扇形毛坯分成若干等份，按射线压弯后再组合成锥体并用焊接联成整体。这种制造方法，劳动量大，费工时。

2）在对称三辊卷板机上弯卷锥形筒体

对于锥角很小的锥形筒体可以在对称式三辊卷板机上进行弯曲。其方法是将上辊倾斜 α 角度安装(通常采用三辊万能式卷板机)，如图 3-13 所示。在三辊卷板机上卷筒半径是决于上下辊中心线间距离 h。上辊倾斜后从 h_1 到 h_2 是以线性由大变小的，这样，假若弯卷时坯料与辊轴之间没有相对滑动，就可得到一个正确的锥筒。从图 3-13 可知，对称三辊卷板机上辊的倾斜度可由式(3-18)决定：

$$\tan\alpha=\frac{h_1-h_2}{b} \tag{3-18}$$

式中　α——上辊相对下辊的倾斜角；

h_1、h_2——板材两边缘处上下辊中心距；

b——板材宽度。

每台卷板机上辊可倾斜的角度都有一定限度，因而锥筒的锥角也受该角度的限制。

在实际操作时，为了保证获得较理想的锥筒，需要在扇形坯料的内圆弧边缘竖一根管子，如图 3-14 所示，增加内弧旋转时的阻力，减小内弧旋转速度，以保证实现锥筒成形时旋转线速度不同步的要求。卷制时，先将上辊调节到一个较适当的倾斜位置，再把下好的坯料放入卷板机，并使坯料边缘平行于轧辊轴中心线，当上辊倾斜地下移时，坯料便被逐步压紧并弯曲。经反复转动几次后，即可得到所需的锥体。当然，卷制过程中还应注意随时进行检验，必要时也可用楔垫矫正锥筒大小端口的直径。

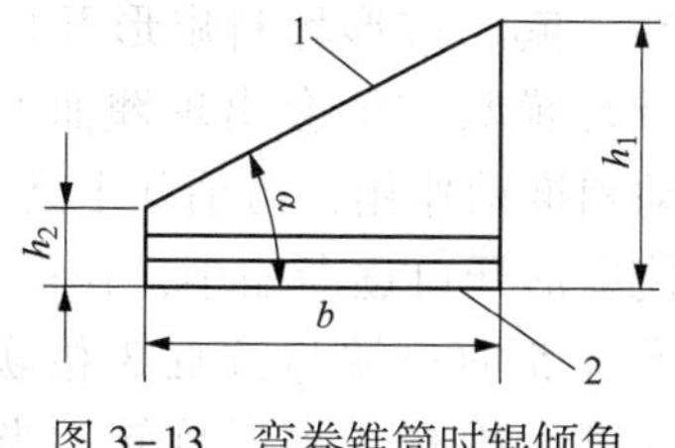

图 3-13　弯卷锥筒时辊倾角

1—上辊中心线；2—下辊中心线

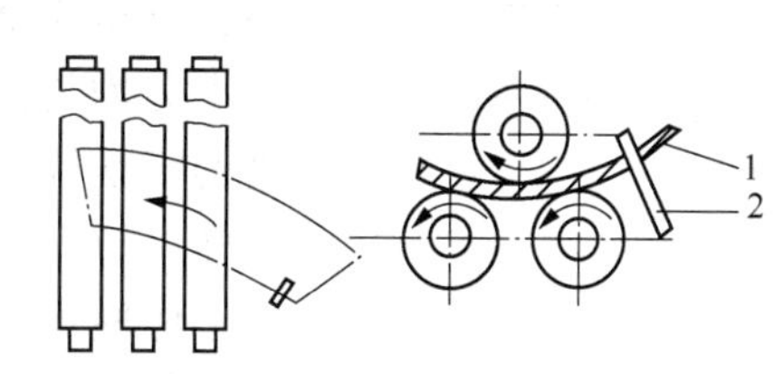

图 3-14　锥形圆筒弯卷过程

1—板材；2—钢管

3）采用辅助阻力夹具加工锥筒

在卷板机的活动轴承架上，装上如图 3-15 所示的框式阻力夹具来卷制小型锥筒。弯卷时靠框式阻力夹具上的圆柱表面与扇形坯料内圆弧面的摩擦力来减慢该圆弧面的进给速度，以实现锥筒的卷制。

还可采用如图 3-16 所示分离式阻力夹具卷制大型锥筒。这时坯料较长，为了有效地控制扇形坯料内、外圆弧面的不同步进给速度，采用间距较大的阻力夹具。这种分离式阻力夹具用滚柱代替了框式阻力夹具中的固定圆柱表面，不仅能较好地控制坯料的移动，而且还减轻了摩擦面的损伤。

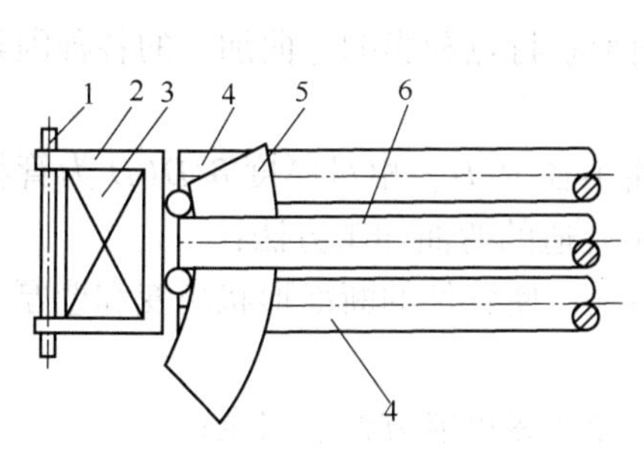

图 3-15　采用框式阻力夹具制小型锥筒

1—销轴；2—框式阻力夹具；3—启开端机头；4—下辊；5—坯料；6—上辊

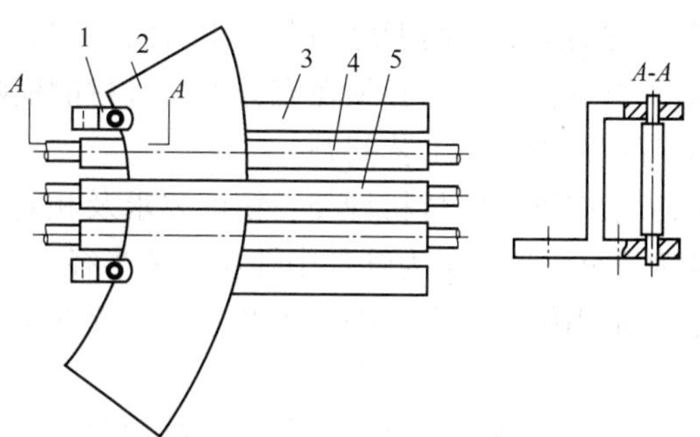

图 3-16　采用分离式阻力夹具制小型锥筒

1—滚柱；2—坯料；3—机架固定板；4—下辊；5—上辊

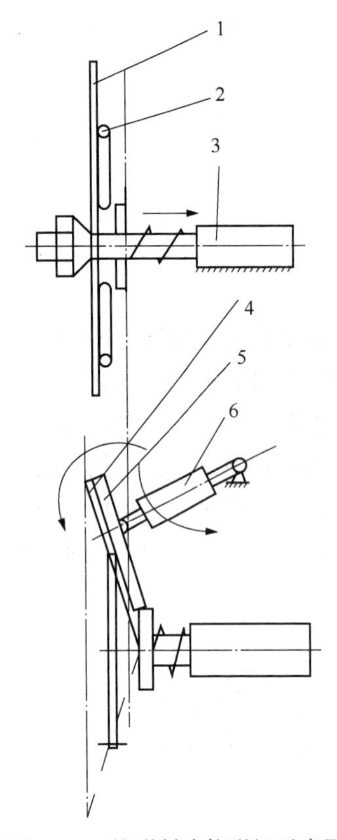

图 3-17　锥形封头拉形机示意图

1—扇形坯料；2—圆环形模具；3—液压缸；4—锥体；5—推杆；6—液压缸

必须着重指出，这种方法是一种非正常使用卷板机方法，它会使卷板机承受很大的轴向力(这是卷板机设计时并未考虑的问题)，因而它会大大加速卷板机轴承等构件的磨损，甚至会损坏活动轴承等零件。使用该方法时，应综合考虑其不良后果。

4) 大直径锥形封头的控制方法

有些化工、食品业的液态物料常压储罐使用的大直径(*DN*1000~4000)锥形封头可利用专用的锥形封头拉形机(图 3-17)制造，其控制过程是：扇形坯料 1 上有一工艺孔，用来与液压缸 3 上的螺纹副固定在一起，当液压缸 3 回拉时，扇形坯料 1 受固定圆环型模具 2 的阻碍，因而它不能按受力方向平移，只能随模环 2 的直径缩小其直径，从而使扇形面的扇形开口合拢，并产生弹塑性变形。随着平板坯料 1 中心孔的右移，扇形开口逐渐变小，直至完全并拢在一起。锥形坯料扇形开口合拢时并不十分均匀，故而圆环模具左侧会出现翘曲变形。此时借助于推杆 5 的转动和推动作用，可消除上述翘曲变形。这样一拉、一推会使扇形开口逐渐缩小，在最后合拢时，锥形体便可形成。推杆 5 的一端与拉缸 3 相联，中间用铰链与摆动油缸 6 相联，推杆 3 可以旋转。当控制成形的锥形封头在未卸料前先进行点焊并拢的对口，以防弹性变形部分的回弹。

3.4　管材的弯曲

过程设备上用到的管件，除直管外还有很多弯曲管件、U 形管、盘管等。这些弯管都需要弯曲加工成形。管材的弯曲与板材的弯曲加工相比，虽然变形性质相似，但由于管材空心横断面的形状特点，弯曲加工时不仅易引起横断面形状发生变化，也会使壁厚发生变化。在弯曲加工方法、需要解决的工艺难点、产品的缺陷形式和防止措施、弯曲用模具(或工具)及设备等方面问题，两者之间存在很大的差别。

对管材进行弯曲，必须在充分考虑管材的横断面形状特点和影响弯曲加工的各种因素的基础上着重解决以下工艺问题：

(1) 根据管材的材料种类、精度要求及相对弯曲半径 R/D、相对厚度 δ/D(D 为管材外径，δ 为管材壁厚，R 为管件中性层弯曲半径)，选用合适的弯曲加工方法；

(2) 适当施加外力或外力矩及采取必要的工艺措施，使管件的断面形状畸变和壁厚变化量尽可能小；

(3) 采用的弯曲模具及设备尽可能简单、通用，操作尽可能方便、安全；

(4) 应保证一定的生产效率，加工成本尽可能低。

3.4.1 管子弯曲加工原理

1）弯管受力分析

如图 3-18 所示，管子在弯矩 M 作用下发生纯弯曲变形时，中性轴外侧管壁受拉应力 σ_1 的作用，随着变形率的增大，σ_1 逐渐增大，管壁可能减薄，严重时可产生微裂纹；内侧管壁受压应力 σ_2 的作用，管壁可能增厚，严重时可使管壁失稳产生折皱；中性层既不受拉也不受压，仅出现纯弯曲。同时在合力 N_1 与 N_2 作用下，使管子横截面变形，若管子是自由弯曲，变形将近似为椭圆形，若管子是利用具有半圆槽的弯管模具进行弯曲，则内侧基本上保持半圆形，而外侧变扁，如图 3-18 所示。

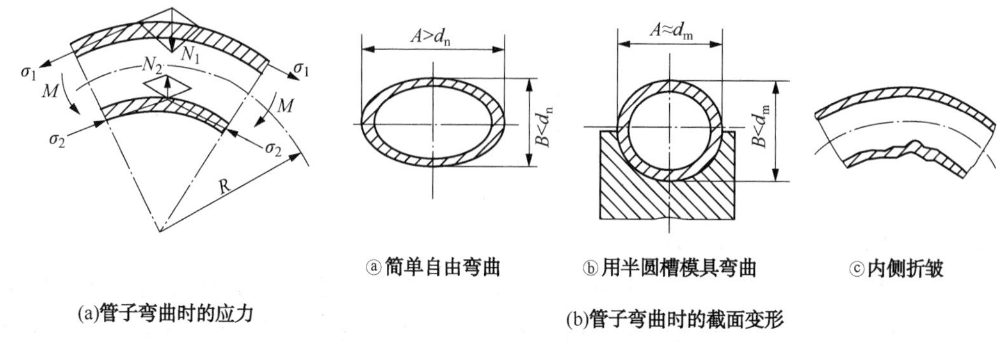

图 3-18 管子弯曲的应力和变形分析

上述缺陷一般情况下不同时发生，当相对弯曲半径和相对弯曲壁厚越小、管子公称外径 DN 越大、管子壁厚越薄时，上述弯管缺陷越容易产生，问题严重时会使管件的工作性能显著下降。如壁厚减薄过多，会导致管件工作时破裂；过大的椭圆率、过大的折皱会增加管件内流体阻力。为保证管子的成形质量，必须在许可的范围内控制其变形程度。

管子外径 D 和壁厚 δ 通常是由结构与强度设计决定的，而管子弯曲半径 R 应根据结构要求和弯管工艺条件来选择。为尽量预防弯管缺陷的产生，管子弯曲半径不宜过小，以减小变形度。若弯曲半径较小时，可适当采取相应的工艺措施，如管内充砂、加芯棒、管子外用槽轮压紧等工艺。

2）管子弯曲变形程度——变形量计算

（1）管子椭圆率

管子截面变椭圆的倾向和它的某些尺寸有关，这些尺寸是：管径 D、壁厚 δ 和管子的弯曲半径 R。如果以 B 表示长轴，H 表示短轴，a 表示相对椭圆率，则有：

$$a=(B-H)/D \tag{3-19}$$

根据实测结果绘制如图 3-19 抛物线形状曲线，即：

$$a=p\ (1/r)^2 \tag{3-20}$$

式中 p——系数，对于一定的材料及尺寸的管子是一个常数；

r——管子的相对弯曲半径，$r=R/D$；

R——管子的弯曲半径；

D——管子直径。

对不同的 δ/D 抛物线有不同的曲率，常数 p 是由 δ/D 决定的，δ/D 越大，p 越小，所以 a 也越小。对于不同直径的管子，实验得出的规律大致相同，因此说明相对椭圆率是 δ/D 和

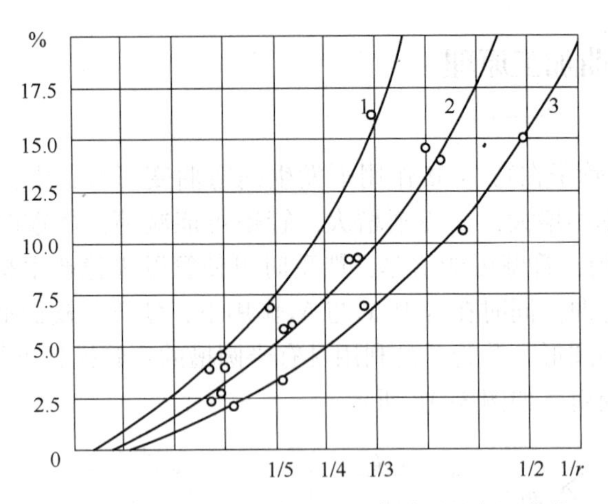

图 3-19　管子相对曲率与椭圆率关系的实际曲线

1—$D=25$mm，$\delta=2.5$mm，$\delta/D=0.1$，$R/D=167$；

2—$D=25$mm，$\delta=3.0$mm，$\delta/D=0.12$，$R/D=112$；

3—$D=25$mm，$\delta=4.0$mm，$\delta/D=0.16$，$R/D=80$

R/D 的函数，即 $a=f(\delta/D,\ R/D)$。

δ/D 表示管子形状的特性，δ/D 小，刚度就小，就易于变形；R/D 代表弯曲程度的特性，R/D 越小，说明弯曲程度越严重，则要求外加弯矩 M 越大，此时图 3-18 中使管子横截面变形的合力 N 越大，则截面变形越严重，椭圆率就愈大。

（2）弯管外侧壁厚减薄量

在管子弯曲变形时，外侧受到拉伸作用壁厚减薄；内侧受压应力作用壁厚增加，位于最外侧和最内侧的管壁，其壁厚的变化最大。导致了壁厚不均的现象。

管壁厚度的减薄量，取决于管材的相对弯曲半径 R/D 及相对厚度 δ/D。设管外径为 D，弯曲后壁厚为 δ_1，弯曲中性层曲率半径为 R。壁厚最大变薄量 $\Delta\delta$：

$$\Delta\delta=\delta-\delta_1=\delta\left(1-\frac{2R/D}{1+2R/D-\delta/D}\right) \tag{3-21}$$

在实际生产中，弯曲外侧的最小壁厚 δ_{min} 和内侧的最大壁厚 δ_{max}，通常用式(3-22)～式(3-23)作近似估算：

$$\delta_{min}=\delta\left(1-\frac{1-\delta/D}{2R/D}\right) \tag{3-22}$$

$$\delta_{max}=\delta\left(1+\frac{1-\delta/D}{2R/D}\right) \tag{3-23}$$

式中　δ——管材原始厚度，mm；

　　　D——管材外径，mm；

　　　R——中心层弯曲半径，mm。

由上面两式可知，管壁厚度的变化量与管材相对厚度 δ/D 及相对弯曲半径 R/D 有关，其变化关系曲线如图 3-20 所示。

管壁厚度变薄，不仅与相对弯曲半径和相对厚度有关，而且与弯曲方法影响关系很大。在各种弯曲工艺中，凡是能够降低中性层外侧的拉应力数值；或改变变形区的应力状态，增加压应力成分的方法，都有助于减小壁厚变薄量。

减小管壁厚度变薄的主要途径：降低外侧拉应力、改变变形能力。

降低中性层外侧产生拉伸变形部位的拉应力数值。例如采用电阻局部加热的方法，降低中性层内侧金属材料的变形抗力，使变形更多地集中在受压部分，达到降低受拉部分拉应力的目的。

改变变形区的应力状态，增加压应力的成分。例如，压弯工艺中采用顶压弯管方法，可使壁厚变薄量显著减小。如型模式推弯工艺，便是通过对管子轴向施加压力，改变了变形区的应力状态，增加了压应力的成分，克服了管壁过度变薄的缺陷。

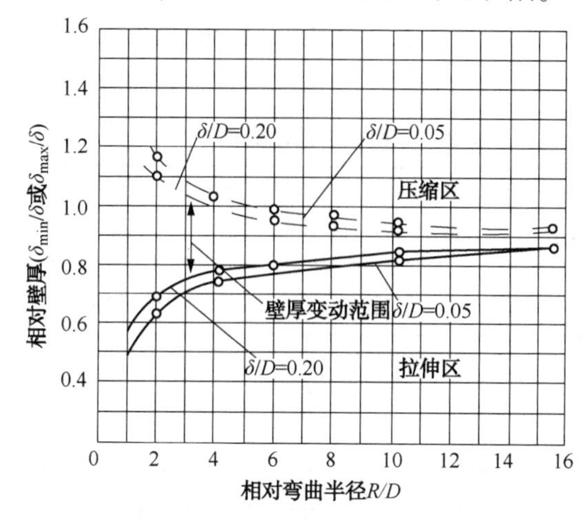

图 3-20　壁厚变化与相对厚度、相对弯曲半径的关系

（3）管子弯曲变形率

管材弯曲时的允许变形程度，称为弯曲成形极限。管材的弯曲成形极限与板材弯曲时不同。板材的弯曲成形极限，主要取决于材料的力学性能，通常以弯曲时未产生裂纹前的中性层最小弯曲半径 r_{min} 表示。r_{min} 值越小，说明成形极限越大。由于管材薄壁结构的断面形状能够引起诸如断面形状畸变、壁厚不均及失稳起皱等新问题，因此考察其成形极限时，必须充分考虑这些问题对制做使用性能的影响。

管材的弯曲成形极限应包含以下几个内容：

① 中性层外侧拉伸变形区内最大的伸长变形，不允许超过材料塑性允许值而产生破裂的成形极限；

② 中性层内侧压缩变形，受切向压应力作用的薄壁结构部分不允许超过失稳起皱的成形极限；

③ 如果管子有椭圆率要求时，控制其断面形状畸变的成形极限；

④ 如果有承受内压的强度要求时，控制其壁厚减薄率的成形极限。

实际生产中管子有不同的使用性能要求，仅考虑满足不产生破裂的成形极限条件显然是不够的。可从两方面采取措施：不要设计过小弯曲半径 *R* 的弯管，以减小弯曲程度，但这要满足设备的需要。需要较小的弯曲半径时，则应采取限制变扁和起皱的工艺措施，如在管内充砂、加芯，在管内增加管子变扁和起皱的阻力，从而能减小这两种变形。生产实践证明，弯管半径尺寸大于 4 倍管子的平均直径 *DH* 时，不会出现明显的缺陷；在充砂弯管时，*R* 大于或等于 2 倍的 *DH* 时不会出现明显的缺陷。

在《钢制化工容器制造技术要求》(HG 20584—2011)[48]中对钢管冷弯曲的变形率作出如下规定：

钢管冷弯后，如变形率超过下列范围时，应进行热处理：

① 碳钢、低合金钢的钢管弯管后外层纤维变形率应不大于钢管标准规定伸长率的 1/2，或外层材料剩余变形率应不小于 10%；

② 对有冲击韧性要求的钢管，最大变形率不大于 5%。

在实际生产中控制管子弯曲变形率的主要方式是控制管子弯曲的半径。弯曲半径越小，变形率越大，就越容易产生弯管缺陷。《热交换器》(GB 151—2014)[49]中要求 U 形管弯管段的弯曲半径 R 应不小于两倍的管子外径。常用换热器的最小冷弯半径 R_{min} 按表 3-7 选取。工业纯钛弯管的最小冷弯半径按表 3-8 选取。锆及锆合金管的最小冷弯半径为 5D。

表 3-7　换热管最小弯曲半径 R_{min}　　mm

换热管外径	10	14	19	25	32	38	45	57
R_{min}	20	30	40	50	65	75	90	115

表 3-8　工业纯钛弯管的最小冷弯半径

外径壁厚比 D/δ	最小弯曲半径(外径的倍数)	外径壁厚比 D/δ	最小弯曲半径(外径的倍数)
<10	1.2D	25~50	2.7D
10~20	2.0D	50~60	3.2D

综上所述，不同弯曲加工方式的最小弯曲半径见表 3-9。

表 3-9　不同弯曲加工方式的最小弯曲半径

管 材 类 型	弯曲加工方式	最小弯曲半径(外径的倍数)
碳钢	热弯	2.5D
	冷弯	4D
	褶皱弯	2.5D
	压弯	1D
	热推挤	1.5D
高压钢管	冷热弯	5D
	压弯	1.5D
有色金属管	冷热弯	3.5D

3.4.2　弯管工艺及方法

弯管方法较多，按操作方法分手工弯管及机械弯管；按施力方向又分拉弯、压弯和顶弯等；按弯曲时加热与否可分为冷弯和热弯；按弯曲时有无填充物可分为有芯弯管和无芯弯管。有时为满足管子的特定形状要求，或为减轻弯曲加工工艺难度，也采用其他的特殊弯管方法，如折皱弯管方法等。其主要目的是在保证弯管的形状、尺寸的同时，要尽量减少和防止弯管时产生缺陷。

1）管子的冷弯

冷弯在制造厂多用于弯曲公称直径在 60mm 以下的管子，而公称直径大于 100mm 的管子很少应用冷弯。

(1) 压弯法

压弯法是把管子卡在固定弯模上，然后用滚轮[图 3-21(a)]或滑块[图 3-21(b)]使管子变弯。利用这种方法来弯管，一般在管子内不装充填物，并且都是弯曲小直径管子（32mm 以下）。用压弯法时，管子的中性线位于距弯曲外侧 $DN/3$ 处（DN 为管子公称直径），因此可以认为管壁金属大部分受压，由此而得名压弯法。

用滚轮压弯法弯曲管子，最小弯曲半径不小于管子外径的 4 倍；用滑块压弯法弯曲管子，最小弯曲半径可为管子外径的 2.5 倍。这是因为后者与管子的接触比前者良好的缘故。滚轮、滑块和弯模的圆槽应和管子外径相适应。

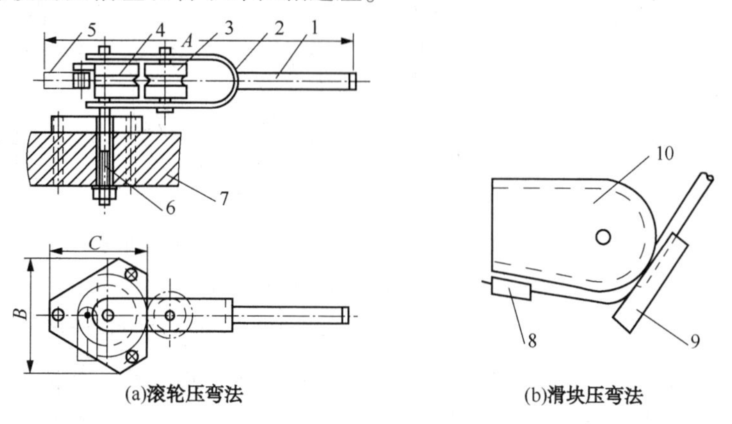

图 3-21　管子压弯法

1—杠杆；2—支撑架；3—滚轮；4—固定弯模；5—夹子；6—固定螺丝；7—基础；8—夹子；9—滑块；10—固定弯模

（2）拉弯法

常用的机动弯管机采用拉弯法使管子截面材料的受拉应力为主弯曲成形，按其结构形式分为滚轮式和导向槽式两种，可以采用无芯弯管、反变形弯管和有芯弯管等方法。

用拉弯法弯曲管子时，中性线位于距弯曲内侧 $DN/3$ 处，管壁金属大部分受拉。在弯曲同样直径及壁厚的管子时，拉弯法比压弯法能弯出更小的弯曲半径，而不致发生折皱。拉弯法用于弯曲直径为 20~108mm 的管子。设备制造厂使用的弯管机基本上都用拉弯法弯管。

辊轮式弯管机无芯弯管和有芯弯管分别如图 3-22 所示，辊轮式弯管机由电机驱动，通过减速器带动扇形轮 1 转动。弯管时，将管子 5 安置在扇形轮 1 与压紧轮 3、导向辊 4 中间，并用夹头 2 将管子固定在扇形轮的周边上。当扇形轮顺时针转动时，管子随之一起旋转，被压紧辊和导向辊阻挡而弯曲成形，扇形轮的半径即为弯管的弯曲半径（弯管机配有不同半径的扇形轮）。

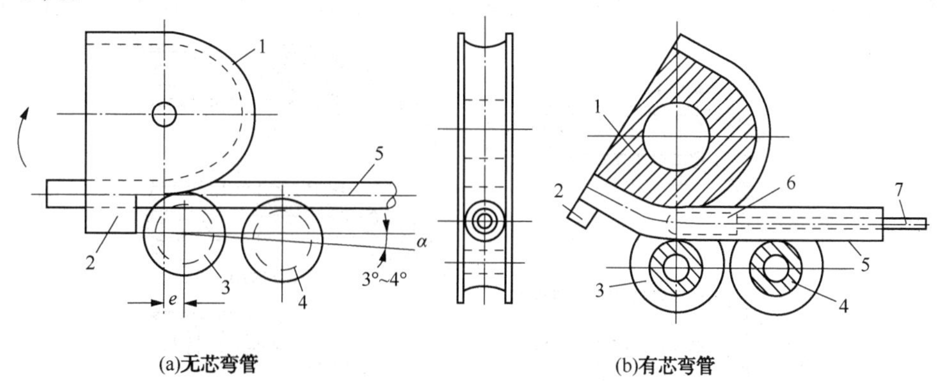

图 3-22　辊轮式弯管机弯管

1—扇形轮；2—夹子；3—压紧辊；4—导向辊；5—管子；6—芯棒；7—芯杆

导槽式弯管机有芯弯管如图 3-23 所示，它与辊轮式弯管机的区别是用导槽代替辊轮。由于导槽与管子接触面大，在控制管子截面变形上比辊轮优越。另外，还可以在管子内放置一根芯棒，预防管子的变形(见有芯弯管)。

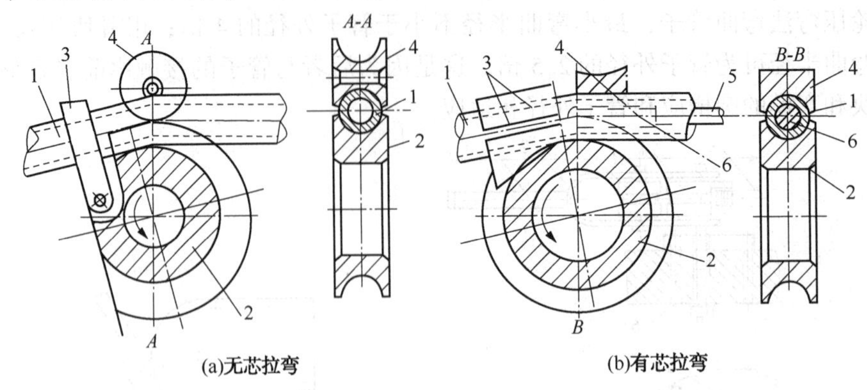

图 3-23　导槽式弯管机拉弯示意图

1—管子；2—工作扇形轮；3—夹子；4—滚轮和滑块；5—芯棒杆；6—芯头

为弯制大直径的管子，减少弯管变形，可在管内设置一根芯棒，芯棒另一端固定在弯管机支架上，弯管时芯棒不动，芯棒的形状、尺寸及在管内的位置是保证有芯弯管质量的关键。辊轮式和导槽式弯管机有芯棒弯管时芯棒形状如图 3-24 所示。

图 3-24(a)为圆柱式芯棒，形状简单，制造方便，在生产上得到广泛的应用。但是，由于芯棒与管壁弯管时的接触面积小，因而其防止椭圆变形的效果较差。这种芯棒适用于相对弯曲壁厚 $\delta/D \geqslant 0.5$，相对弯曲半径 $R/D \geqslant 2$ 或 $\delta/D \geqslant 0.35$，$R/D \geqslant 3$ 的情况。

图 3-24(b)为勺式芯棒，芯棒可向前伸进，与管子外侧内壁的支撑面积较大，防止椭圆变形的效果较好，且有一定的防皱作用，但制作稍复杂。这种芯棒的使用范围与圆柱式芯棒相同。

图 3-24(c)为链节式芯棒，是一种柔性芯棒，由支撑球和链节组成，能在管子的弯曲平面内挠曲，以适应管子的弯曲变形。因为它可以深入管子内部与管子一起弯曲，故防止椭圆变形的效果很好。但这种芯棒制造复杂。成本高，一般不宜采用。

图 3-24(d)为软轴式芯棒，也是一种柔性芯棒，是利用一根软轴将几个碗状小球串接而成。它也能深入管中与管子一起弯曲，防止椭圆变形效果好。

图 3-24(e)为万向球节式芯棒，是一种可以多方向挠曲的柔性芯棒。芯棒各支撑球之间采用球面铰接，因而可以很方便地适应各种变形。支撑球可以自由转动，其磨损均匀，使用寿命长。

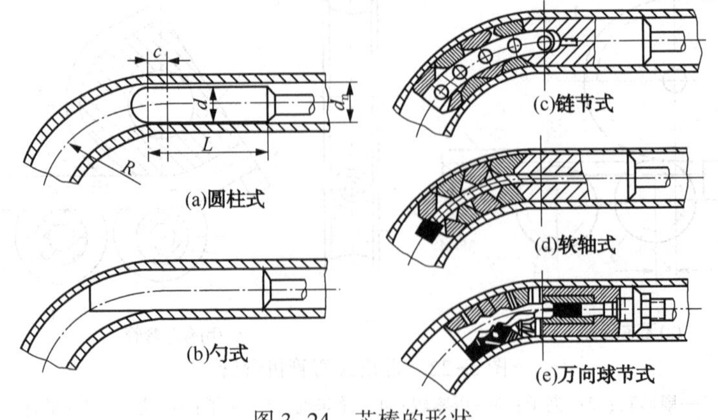

图 3-24　芯棒的形状

图 3-24(c)(d)(e)所示三种柔性芯棒如与防皱板、顶镦机构配合使用，可用于相对弯曲半径 $R/D \geqslant 1.2$ 的情况。

芯棒的尺寸及其伸入管内的位置，对弯管质量影响很大[图 3-24(a)]。芯棒的直径 d 一般取为管子内径 d_n 的 90%以上。通常比管内径小 0.5~1.5mm。芯棒长度 L 一般取为 $(3\sim5)d$；d 大时系数取小值，d 小时系数取大值。芯棒伸入弯管区的距离 e，可按式(3-24)选取：

$$e=\sqrt{2\left(R+\frac{d_n}{2}\right)Z-Z^2} \tag{3-24}$$

式中　Z——管子内径与芯棒间的间隙，$Z=d_n-d$。

有芯弯管虽可预防管子椭圆变形。但因芯棒与管内壁摩擦，会使内壁粗糙增大，弯管功率也增大，小直径的管子采用有芯弯管还存在很多困难。

弯管时是否需要用芯棒，用何种芯棒，可由图 3-25 的线图确定。

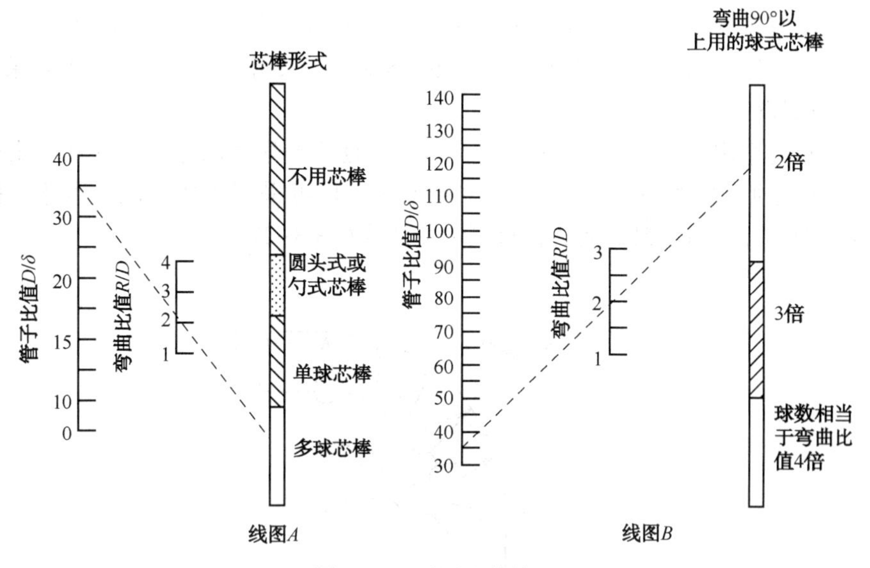

图 3-25　选用芯棒线图

在图 3-25 线图 A 的左侧及中间标尺上分别找到管材外径与壁厚的比值 D/δ 及弯曲半径与管材外径的比值 R/D 的点，两点连线延长线交于右侧“芯棒形式”标尺上，交点所在区域就是所选用的芯棒种类。对于 $D/\delta>40$ 的弯管，往往需要多球芯棒。多球芯棒的选择见图 3-25 线图 B，其操作方法与线图 A 相同。

(3) 反变形法

无芯弯管法管内无支撑易产生椭圆变形，为预防变形，可采用反变形弯管法，反变形弯管如图 3-26 所示。即将压紧辊的辊槽设计成反变形槽。反变形槽的宽度 B 应略小于管子外径 D，压紧辊与扇形辊的间隙 $\Delta=1\sim2$mm。压紧辊中心线与扇形轮中心线之间的距离 e[图 3-22(a)]可在 0~12mm 范围内调整，为便于装卸管子，压紧辊和导向辊的中心线应与扇形轮中心线倾斜 3°~4°。

反变形槽的作用是使被弯管子在弯曲前先产生一个预变形，其变形方向与弯曲变形方向相反，因而管子被弯曲后，两个方向的变形可以互相抵消或减小最后的变形，尽量保证弯管截面呈圆形。

反变形弯管在终弯点后边一小段[图 3-26(b)中阴影 A 处]因未受弯曲，其反变形无法恢复，反而呈椭圆形，因此要恰当调整后变形槽尺寸，反变形不可过大，使最后的剩余反变形在允许范围之内。

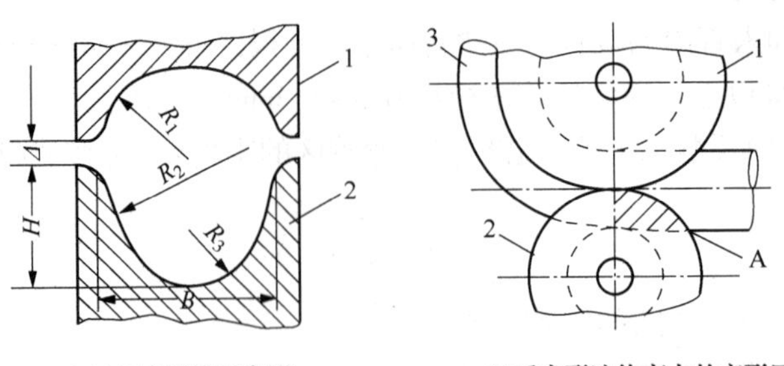

图 3-26　反变形法弯管

1—形轮；2—反变形槽压紧辊；3—被弯管子；4—终弯点的变形区

反变形槽压紧辊制造较复杂，使用中也易磨损，所以在有一定批量、大直径弯管时才考虑采用反变形弯管法。而且只有在弯曲半径 $R>1.5D$ 时，采用反变形弯管法才能保证质量。

2）管子的褶弯

在工业中有时会用到直径很大(超过 0.5m)，而且管壁很薄的弯头。这种弯头以前都是用数节斜管段焊制而成(即虾米弯头)。为制造方便，也可采用褶弯方法，褶弯法把弯头内侧的管壁分段加热并弯褶，最后制成带有褶皱的弯头(图 3-27)。

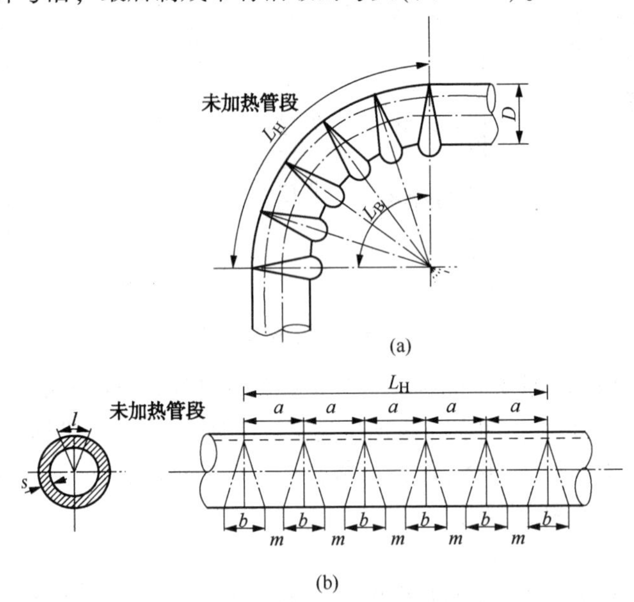

图 3-27　褶皱管子弯头

褶弯弯头外侧管壁未加热，故弯曲以后管壁不减薄，而内侧管壁稍有加厚，所以弯头强度较高。此外，能得到较小的弯曲半径(管子直径 2~2.5 倍)。

管子在褶弯以前，先要在管壁上正确标示褶皱的大小和位置[图 3-27(b)]。弯头的长度不能按中心线来计算，而必须根据弯头外侧在褶弯过程中不伸长也不缩短的长度来计算。管子上褶皱的尺寸根据管子弯曲半径 R 和褶数 n 来决定。前一个数字 R 是预先规定的；后一个褶数 n 需要参考弯曲半径和管子外径，根据经验来确定。

在管子上标记管壁褶皱的尺寸时，先量出褶弯管段的直管长度，然后按 $\pi D/6$ 的宽度

(图 3-27 中 l)顺着管子中心线画两根平行线，表示后背管壁上不用加热的宽度。在要进行弯曲的段上，取一定的距离，沿着管子的圆周划出若干平行线(要求与管子中心线垂直)，依次写上 1、2、3、……的顺序号，这样就确定了每个褶皱的中心线和褶皱的数量了。最后再划出褶皱的大小，表明管壁加热的地方。管子加热褶弯时，一般都不装砂子，但两端需用木塞堵严，以免冷空气流入。

对管壁上标出的每个褶皱的地方，按先后的顺序用氧-乙炔火焰进行加热。加热时，直径在 150mm 以下的管子用一个喷嘴；直径在 150~250mm 的管子用两个，直径在 250mm 以上的大管子，就需要 3 个或 4 个喷嘴同时加热。当用喷嘴把第一个褶皱地方加热到管壁金属呈现桃红色(约 900℃)时，就立刻开动卷扬机把管子褶弯一个角度。这个褶的弯曲角应等于管子的弯曲角度被全部褶数所除的商。待其冷却以后，再加热并褶弯下一个，直至褶完为止。

3）管子热弯方法及特点

(1) 弯头的扩管弯曲成形(热推法制造弯头)

为了加速设备安装工作，提高质量，降低制造成本，预先制造各种规格的弯头，可以免去或减少安装现场的弯管工作。弯头可以制成具有最小的弯曲半径 $R=(1\sim1.5)DN$。

制造弯头的方法较多，扩管弯曲成形法是应用比较成熟、制造弯头质量较高的一种，该方法主要用来制造急弯头(急弯头一般指 $R\leq1.5DN$)。它的优点是：可制造弯曲半径很小($0.8DN$)的弯头；弯头内、外壁厚均匀一致，这是与其他方法相比最独特的优点；断面因有支撑(芯棒)不易出现椭圆；生产效率高。使用扩管弯曲成形法可制造的弯头规格为 $DN25\sim600$ 或更大些。

用扩管弯曲成形法制造急弯头工艺过程如图 3-28 所示。切割成一定长度的管坯经过卡头 12、4 先后进入卡头 6 的前端，在液压缸 7 的推动下，管坯先经过火嘴 9 被加热后，受推力通过芯棒 3，边扩径边弯曲，经过芯棒 3 后便形成所需要的弯头。

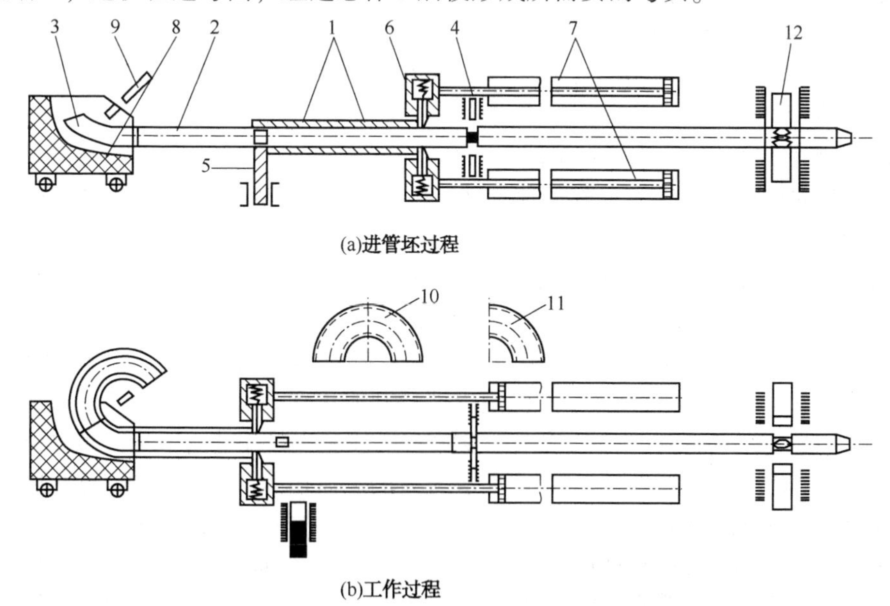

图 3-28　扩管弯曲方法制造急弯头工艺过程图

1—管坯；2—拉杆；3—芯棒(胎具)；4—前端动力卡头；5—非动卡头(支点)；6—分离式卡头；7—液压缸；8—加热炉；9—火嘴；10—180°成品急弯头；11—90°成品急弯头；12—后端动力卡头

管坯的壁厚要求与弯头的壁厚相同，其中性层与管子外壁中心线相重合时，则管坯直径扩张的同时进行弯曲有可能获得壁厚均匀一致的弯头。

对于芯棒式热推弯管工艺，还应说明以下几点：

① 弯头弯制后，必须检验弯管质量是否符合要求。椭圆率可用钢球通过整个弯头内孔的方法来检验，钢球的直径可视弯头的要求而定，一般为弯头内径的85%~90%。弯头弯曲角度可用量角器或样板进行检验。整个弯头形状的正确性，可按放出的实样进行检查。

② 为了节约管材，使用的管坯宜按180°弯管下料，热推弯后在中间切开，即可制成90°弯头。弯管切割可使用圆锯快速切割机。

③ 用热推弯管工艺制造弯头，由于热推弯过程中管坯圆周温度不均，会产生螺旋角，因此需经整形。通常在磨擦压力机上使用模具进行热整形，常用模具材料为35CrMo钢。

④ 除芯棒形状结构外，影响弯头成形质量的其他因素还有加热温度、管坯金属机械性质以及管坯尺寸与计算尺寸间的差别(直径和壁厚)等。其加工条件也相当苛刻，所以，不仅要求管坯质量好、无缺陷，而且对于加热温度、推进速度的具体控制上必须注意，同时芯棒的形状尺寸也需不断试验修正。

管坯在扩管弯曲时的变形规律可用试验方法得出，即在管坯变形前，在其表面上刻出精确度为0.1mm的方格，根据变形后方格所发生的变化可得出以下几点变形规律。可以解释扩管弯曲方法制造的弯头内外侧壁厚相等。

① 变形后，弯头外侧的方格仍是方形，几乎没有变化；而其内侧则是长方形，圆周方向被拉长，轴向上被压缩；在由外侧向内侧过渡部分接近于梯形，仍是圆周方向拉长，轴向被压缩，方格的角度和线性尺寸从外侧向内侧逐渐变大。

② 轴向的纵线在变形前是平行的，变形后变成弧形，但仍互相平行。

③ 外侧方格在长度方向上没有变化，可认为是未变化的中性层位于此处，即从整体上看扩管弯曲是一种非对称的变形过程；其中性层位于弯头的外侧。

④ 圆周线在变形前相互平行，在变形后其形状未发生畸变，只是转动一定角度，但线的方向与弯头的曲率半径方向不重合，因此，在扩管弯曲时发生截面旋转。转角β随弯头的弯曲半径R的变小而加大，当$R=1.5DN$时，$\beta=6.5°$；$R=DN$时，$\beta=10°$。

(2) 中频加热弯管法

中频加热弯管法是将特制的中频感应圈套在管子适当位置上，依靠中频电流(通常为2500Hz)产生的热效应，将管子局部迅速加热到需要的高温(900℃左右)，采用机械或液压传动，使管子边加热边拉弯或推弯成形。

图3-29为拉弯式中频弯管机示意图。套在感应圈内的待弯曲管子6靠导向辊8保持它与感应圈7的相对位置。感应圈将管子的局部(10~20mm)快速加热到900~950℃，然后电动卷扬机10带动扇形圆盘5带动管子转动，并将它拉弯。紧接着在感应圈的后面喷水冷却。可以看出，管子在弯曲平面附近极小的范围内被急剧加热到高温，已超过769℃。此时钢的导磁系数达到1，因而使感应电流的透入深度大为增加。在频率为2500Hz(或8000Hz)的电流下，基本上能将管壁烧透，使在最大弯曲应力处的屈服限大大降低，极易达到全塑状态，金属流动性好，为在此区内管子的弯曲变形创造了有利的条件，也降低了所需的功率。同时，感应圈内的冷却水，在加热段之后喷出急冷管壁，使弯曲平面后面(弯曲半径R已成形)的管壁温度降低，强度升高，能保持管子断面形状而不产生椭圆。并因温度区窄，内壁受压缩处不易失稳，从而避免了折皱的产生。

管子所需的弯曲角度，只需通过限位开关来控制加热和传动即可调节。弯曲半径通过改变转臂上夹头与轴的相对位置调节。操作中主要控制电流、弯曲速度和喷水量。电流主要根据管子直径选择，电流过大管子会烧熔，过小加热不足。一般应使管子加热到红热状态。弯曲半径大，则相对变形量小，弯曲速度可快些；反之弯曲半径小，弯曲速度应慢些，否则外侧壁减薄严重。喷水量直接影响管壁温度和高温区长度，因此它影响到管子断面能否保持为圆形。中频弯管对淬火倾向较大的钢材应特别注意。

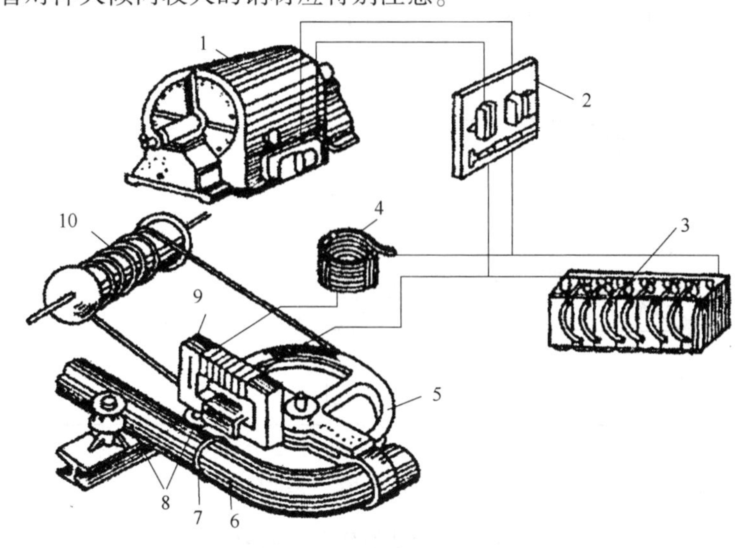

图 3-29　拉弯式中频感应电加热弯管结构原理图

1—中频发电机；2—开关盘；3—蓄电池组；4—电抗器；5—扇形圆盘；6—管坯；7—感应圈；8—导轮；9—变压器；10—电动卷扬机

3.5　封头的成形

在石油化工厂设备中，封头是一个主要零件，按其形状有球形、椭圆形、碟形、锥形及平封头等。半球形、椭圆形、碟形和球冠形封头的断面形状、类型及形状参数见表 3-10，平底封头及锥形封头见《压力容器封头》(GB/T 25198—2010)[50]。封头公称直径见表 3-11。封头的成形方法主要有冲压成形、旋压成形和爆炸成形。除平封头和锥形封头外，小型封头的生产多采用水压机或油压机整体冲压，大型封头由于水压机能力和胎具制造等问题，可以采用分瓣冲压和拼焊的结构，国外封头生产方法，除原子能容器的大直径特厚的球形封头外，已基本不用分瓣封头，全部采用整体冲压或旋压两种方法生产。无论是冲压方法还是旋压方法都分冷成形和热成形两种。

表 3-10　半球形、椭圆形、碟形和球冠形封头的断面形状、类型及形状参数

名　　称	断 面 形 状	类 型 代 号	常用形状参数示例
半球形封头	δ_n　H　R_i　D_i	HHA	$D_i=2R_i$ $DN=D_i$

续表

名　称	断面形状	类型代号	常用形状参数示例
椭圆形封头	δ_c，H，h，D_i	EHA	$\frac{D_i}{2(H_a-h)}=2$ $DN=D_i$
蝶形封头	δ_n，R_i，r_i，H，h，D_i	THA	$R_i=1.0D_i$ $r_i=0.10D_i$ $DN=D_i$
球冠形封头	δ_n，R_i，H，D_i，D_o	SDH	$R_i=1.0D_i$ $DN=D_o$

注：半球形封头三种型式：不带直边的半球($H=R_i$)、带直边的半球($H=R_i+h$)和准半球(接近半球 $H<R_i$)；椭圆形、碟形封头有内径为基准和外径为基准两种形式，本表只给出了内径为基准的形式。

表 3-11　封头的公称直径 *DN*　　mm

300	(350)	400	(450)	500	(550)	600	(650)	700	(750)	800	(850)	900	(950)	1000	(1100)
1200	(1300)	1400	(1500)	1600	(1700)	1800	(1900)	(2000)	(2100)	2200	2300	2400	2500	2600	2700
2800	2900	3000	3100	3200	3300	(3400)	3500	3600	3700	3800	3900	4000	4100	4200	4300
4400	4500	4600	4700	4800	4900	5000	5100	5200	5300	5400	5500	5600	5700	5800	6000

注：1. 封头公称直径 DN 为内径；

2. 带括号的公称直径尽量不用。

3.5.1　封头的整体冲压成形

成形是在不发生破坏的条件下使毛坯产生塑性变形，成为所需要形状和尺寸的工件[51]。冲压成形一般是在常温或高温下利用模具在压力机的作用下，使材料发生分离或变形，以获得一定形状和尺寸的工件的一种加工方法。

1) 封头的冷冲压和热冲压工艺选择

按冲压前毛坯是否预先加热分为冷冲压和热冲压，其选择的主要依据是材料的性能和毛坯的厚度 δ 与毛坏料直径 D_o 之比(δ/D_o)。对于常温下塑性较好的材料，可采用冷冲压；对于热塑性较好的材料，可以采用热冲压；δ/D_o 较大时应选用热冲压。

在封头的冲压过程中，坯料的塑性变形很大，绝大多数封头都采用热冲压。只有薄板材(如 $\delta\leqslant5$mm)为避免加热时坯料变形和氧化损失过大，从而导致冲压时边缘易丧失稳定性等原因采用冷冲压。但在冷冲压之前，有些板材也要进行软化处理。热冲压时，从降低冲压力和有利于板材变形考虑，加热温度可高些。但温度过高会使材料的晶粒显著长大，甚至形成过热组织、使材料的塑性和韧性降低。严重时会产生过烧组织，毛坯冲压可能发生碎裂。

GB/T 25198—2010 对封头热加工温度控制做了相应规定：

（1）铝封头热成形时，加热温度一般不宜超过420℃。当工件温度降至300℃以下时，不宜继续热成形。

（2）钛封头应尽量采用热成形。也可采用冷成形，冷成形后应尽量采用热校形。低温热成形温度300~400℃，高温热成形的加热温度可提高到650℃（不应超过800℃）。冷成形后的热校形温度100~350℃。热成形温度在600℃以上时，工件表面应采用耐高温涂料或其他防护措施以防止表面氧化污染；热成形温度为500~600℃时，由制造单位依具体情况确定是否需表面高温防护。必要时应留有清除表面氧化层的裕量。

（3）不锈钢、铜封头、镍及镍合金封头热成形时，宜采用电热炉加热，也可采用燃气炉、燃油炉加热，但不应采用焦炭或煤加热炉加热。

（4）对于热成形的镍及镍合金封头，当采用燃气炉加热时，燃气中的硫含量应低于0.57g/m^3；当采用燃油炉加热时，燃油中的硫含量应低于0.5%。加热前应去除工件上所有含硫的油、油污、油漆、铅笔标记、润滑剂等。

2）封头冲压加工常用的润滑剂

为了有利于板材的塑性变形，提高冲压模具寿命和封头表面质量，封头冲压时常采用润滑剂（表3-12）。

表3-12　封头冲压常用润滑剂

封头材料	润　滑　剂	封头材料	润　滑　剂
碳素钢	40%石墨粉+60%水（或机油）	铝	机油、工业凡士林
不锈钢	石墨粉+水、滑石粉+机油+肥皂水	钛	二硫化钼、石墨粉+云母粉+水

3）封头冲压成形过程

封头的冲压成形通常是在50~8000t的水压机或油压机上进行。水压机是由T形横梁1、圆形立柱2（图3-30）构成。在立柱的上端装有上横梁3，上模4固定在上横梁3上。机身上有水压缸8，中间缸的活塞顶端装有一个台面。在此台面上装有下模7。在另外四个辅助缸的活塞上，装有活动横梁11，在它上面用支座10来安装冲压环9。封头结构形状复杂，加工过程中的变形量也相应增大。为提高材料的塑性，减小变形抗力，在制造壁厚大于6mm的封头时，一般都采用热加工方法。坯料加热以后，就立即送至水压机上进行冲压。图3-30所示为水压机冲压封头的过程。

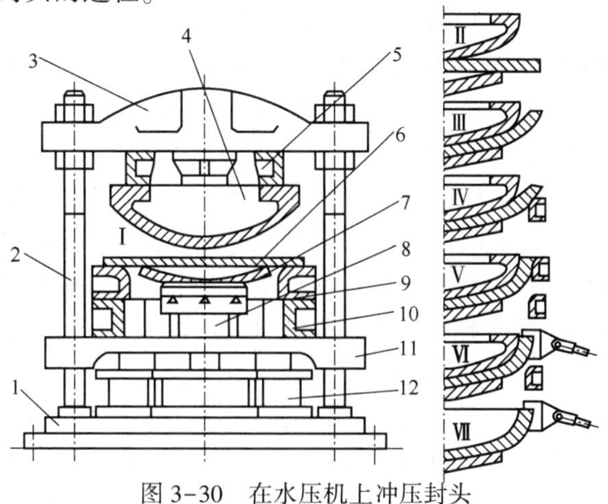

图3-30　在水压机上冲压封头

1—下横梁；2—立柱；3—上横梁；4—上模；5—固定螺栓；6—工件；7—下模；8—水压机；9—冲环；10—支座；11—活动横梁；12—缸体

冲压过程：坯料加热到1000～1100℃；上模、冲环和下模加热到100℃。将坯料放在冲压环上，并找正它的中心(位置Ⅰ)。开动中间缸活塞，使下模上升至板材和上模相接触(位置Ⅱ)，继续上顶，直到它与上模完全贴紧(位置Ⅲ、Ⅳ)。冲压环开始工作。当冲压环上升时，便形成封头的直边(位置Ⅴ)。为了从冲模上取下封头，设计专用卡子。冲压环在回程中，利用卡子就可以把封头从上模上带下来(位置Ⅵ、Ⅶ)。有些模具的结构是分离式的，在冲压完毕后，上模向中心收缩，因而很容易将封头取下。封头压制成形后，往往还要进行一次退火。

上述冲压过程称为一次成形冲压法，对于低碳钢或普通低合金钢制成一定尺寸($6\delta \leqslant D_o - D_m \leqslant 45\delta$，$D_o$为毛坯外径，$D_m$为封头中性层直径，$\delta$为厚度)的封头，均可一次冲压成形。

封头热冲压成形后，边缘和坡口可以在封头切割机上气割加工，见边缘加工部分。

4）不同类型封头的冲压成形

(1) 薄壁封头的冲压成形

对于薄壁封头，当$D_o - D_m \geqslant 45\delta$时，即使采用带有压边圈的一次冲压成形法，也会产生鼓包和折皱缺陷(图3-31)。起皱原因从冲压过程变形中得到。板材变形时有多余金属出现(图3-32)，随着坯料不断内移，必然会产生金属的流动。在拉深过程中坯料在上模压迫下进入下模，产生了径向拉应力σ_r，如图3-33所示。由于直径减小，多余出来的金属相互挤压，因而又产生了切向压应力σ_t。切向压应力使坯料边缘增厚。这个应力由坯料外缘向内随着金属挤压倾向的减少而降低；径向拉应力则由坯料外缘向内由零而逐渐增大，因此在拉深过程中，坯料自外缘越向内增厚趋势越小。

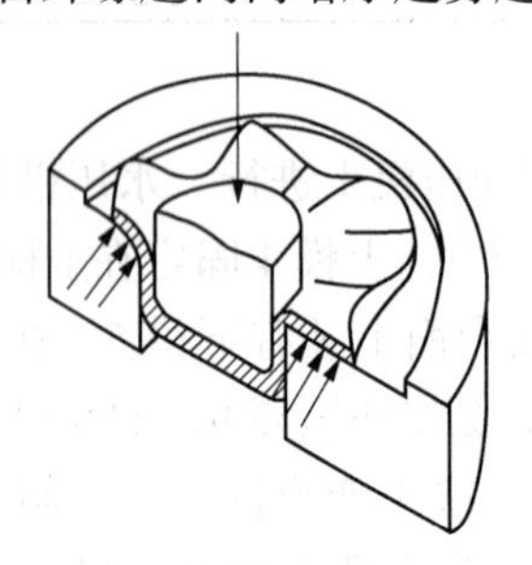
图3-31　封头边缘折皱现象

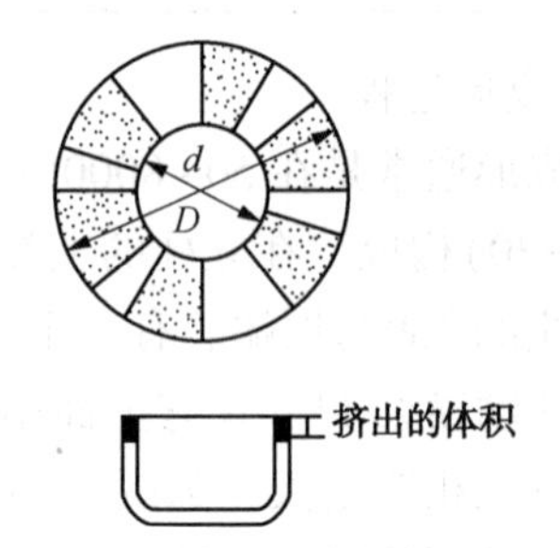

图3-32　封头成形中的多余金属

封头冲压中，坯料各部分的应力和变形状态不同，成形后的封头壁厚不同。图3-34为*DN*2000×18mm的热压椭圆封头壁厚变化情况。可见靠近封头底部的壁厚变化不大。由底部往上直到曲率较大处(图3-33中r_0处)，由于径向拉伸应力占优势，所以壁厚减薄。从r_0部分向上到直边部分，由于切向压缩应力占优势，压缩作用大，壁厚增加，而且愈接近边缘；增厚愈大，最大减薄量为3.3%，最大增厚量为6.6%。*DN*500×26mm封头的最大减薄量达6.3%，增厚量达7.5%。实践经验表明，随着封头壁厚和直径的增大，壁厚变化也相应地增大。

切向压应力有时会使坯料外缘失去稳定而产生折皱。坯料直径越大，即外缘越宽，材料受挤压越严重；板材越薄，刚度越小。当坯料外缘宽度增大到一定值后，或厚度减到一定程度时，就失去稳定性，故产生折皱的倾向和坯料尺寸有关。

在封头冲压过程中，上模与封头毛坯接触的直径为D_c(图3-35)，D_c随着上模向下冲压而逐渐增加。在毛坯上有宽度为l的环形段，既不与上模接触，也不与下模接触，因而容易丧失稳定，又称为不稳定段，不稳定段是起皱的根源，为防止封头冲压过程中的起皱现象，可以采用多次冲压法、有间隙压边法、带坎拉伸或反拉伸法冲压成形。

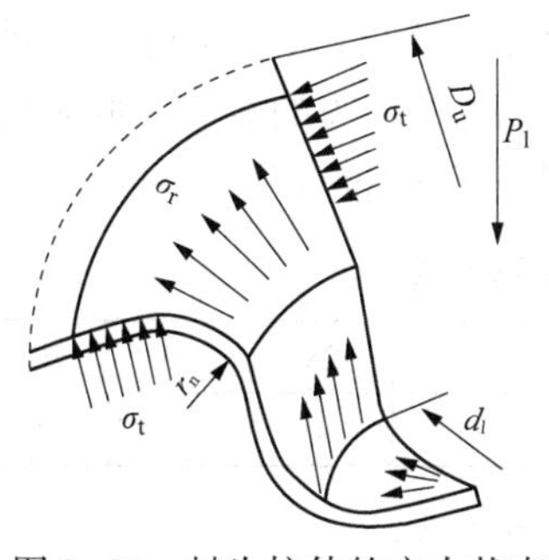

图 3-33　封头拉伸的应力状态

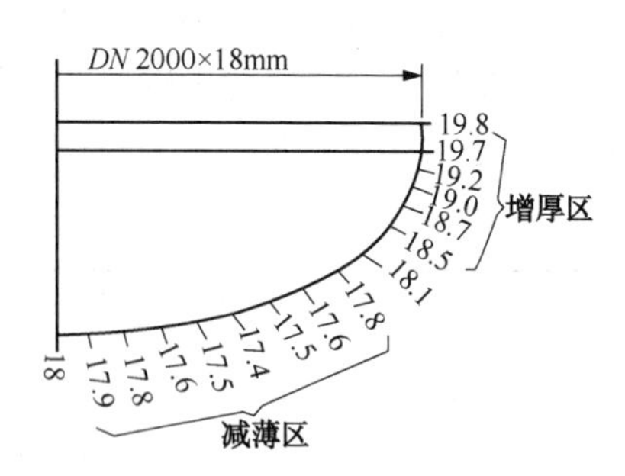

图 3-34　封头壁厚变化情况

采用多次冲压成形法就是用一个上模，多个下模进行多次冲压成形，这样可以减少不稳定段的宽度。如采用两次冲压成形法图 3-36，第一次冲压采用比上模直径 D_{sm} 小 200mm 左右的下模，将毛坯冲压成碟形；第二次采用与封头规格相配合的下模，最后冲压成形。多次冲压成形的下模直径的推荐值见表 3-13。

表 3-13　多次冲压成形的下模直径推荐值

封头形式		椭圆封头	球形封头	封头形式		椭圆封头	球形封头
D_o/δ		270~560	200~400	D_o/δ		560~800	400~600
冲压次数		2	2	冲压次数		3	3
下模直径	第一次	$0.91D_{sm}$	$0.89D_{sm}$	下模直径	第一次	$0.89D_{sm}$	$0.88D_{sm}$
	第二次	—	—		第二次	$0.97D_{sm}$	$0.96D_{sm}$

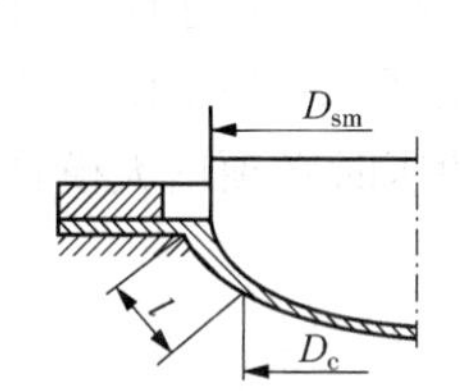

图 3-35　封头冲压不稳定段

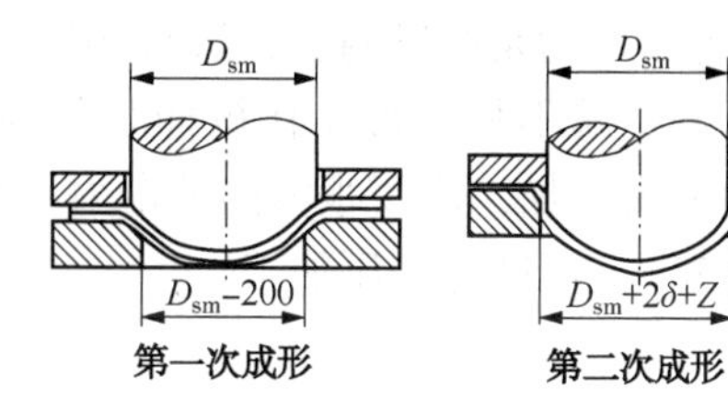

图 3-36　两次冲压成形法

合理选用模具后，仍有起皱，可用加压边圈的办法。压边圈把坯料变形限制在很小的空间。开始冲压前，在压边圈与毛坯之间留有一定的间隙 Δ，见图 3-37(a)。冲压开始时，若作用在压边圈上的力为 G，则作用在毛坯上的压边力 $Q=0$，当上模向下拉伸毛坯时，其边缘部分向中心流动使其增厚，进而受到压边圈的阻碍而形成压边力。随着上模向下行程的增加，压边力将逐渐增大。这样，压边力的变化就接近于最佳压边力的变化规律，即与不产生折皱所必须的最小压边力的变化相适应，这种方法冲 $D_o/\delta=120\sim220$ 的薄壁封头时，不产生折皱，而且壁厚减薄比一般压边法小。

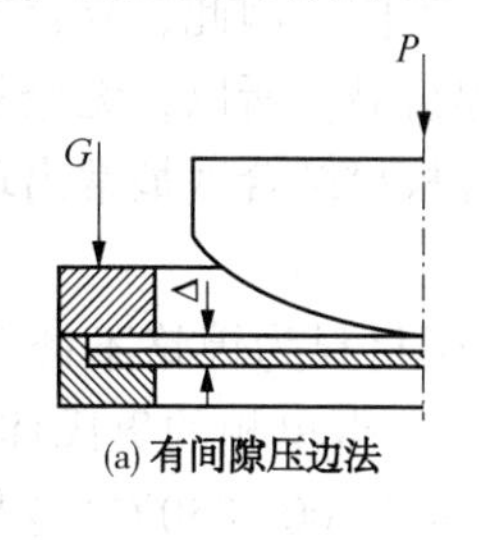

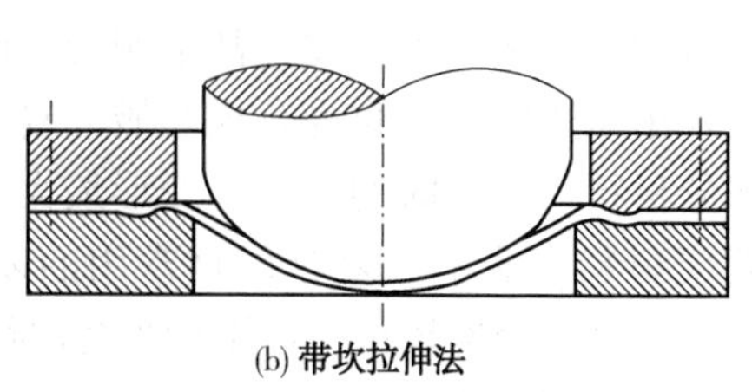

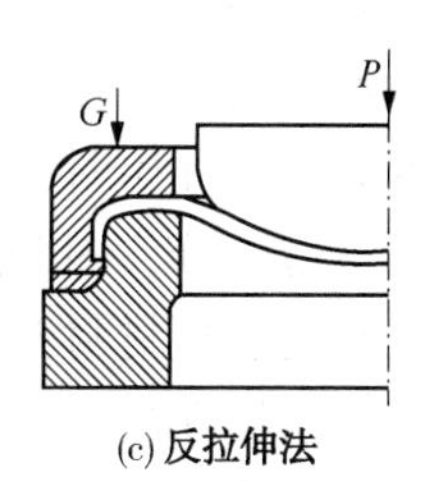

图 3-37　薄壁封头的冲压成形

压边力 Q 的大小及变化与毛坯厚度及间隙大小有关，间隙过大，压边力不足，会产生折皱和鼓包；间隙过小，则使封头壁厚减薄较大，失去有间隙压边的意义。间隙的大小须通过试验确定，压边力一般根据经验公式计算。表 3-14 为某厂的推荐值。

表 3-14　有间隙压边法的间隙推荐值

毛坯冲压前厚度/mm	8	10	12	16	20	24	28	30	32	36
间隙 Δ/mm	0.5	1	1	2	2	3	4	4	5	6

根据实验结果，对于一般热压椭圆形封头必须压边的条件：

$$D_o - D_m \geqslant 20\delta \tag{3-25}$$

式中　D_o——毛坯外径；

D_m——封头中性层直径；

δ——厚度。

带坎拉伸法和反拉伸法适用于冲压较薄壁封头($60\delta \leqslant D_o - D_m \leqslant 120\delta$，$D_o$为毛坯外径，$D_m$为封头中性层直径，$\delta$ 为厚度)，如图 3-37(b)、(c)所示。这两种方法的共同特点是，在不增大压边力的情况下增大了径向拉应力，增加了毛坯抗纵向弯曲的能力，降低了拉伸比，使毛坯不易产生折皱。反拉伸法较明显地把拉伸比分成两部分，它一般用两次拉伸，第一次将外环拉伸翻边，第二次作与第一次相反的拉伸直至成形。反拉伸时可以采用有间隙拉伸或无间隙拉伸，这两种方法都需要特殊的模具，反拉伸的模具和冲压工艺都比较复杂，但可冲压特别薄的封头。

(2) 厚壁封头的冲压成形

$D_o - D_m < 6\delta$ 的封头认为是厚壁封头，进行冲压加工时，尤其是带有直边的球形封头，因毛坯较厚，边缘部分金属不易变形，在拉伸时急剧增厚，增厚率常达 10%以上，使其通过下模圆角时的阻力大为增加，需要很大的冲击力，为此，冲压时必须增大模具间隙，或将坯料边缘削薄(图 3-38)，再进行冲压加工。

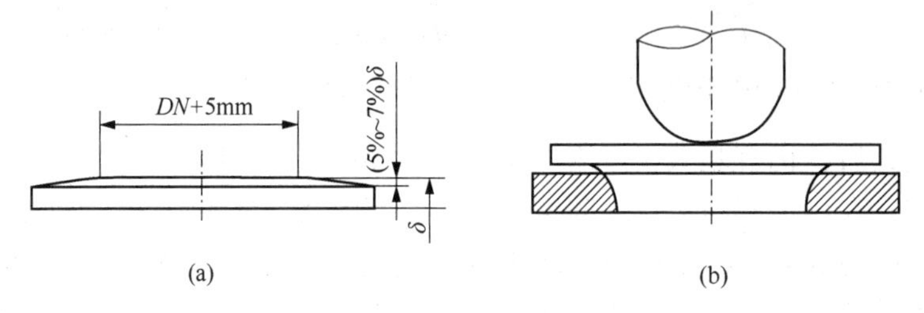

图 3-38　厚壁封头的冲压

(3) 复合板材封头的冲压成形

复合板材在加热时，基层和复层金属不同则膨胀系数不同，在高温下两种金属具有不同的变形抗力，所以流动特点不同，即在相同的应力下，产生的变形不同。因此，复合板材封头在冲压加工时，易在两层材料的结合区产生裂纹，甚至撕裂、起折皱。所以，无论复合板材的厚度如何，冲压时都必须采用压边圈，防止复合板起皱。复合板材结合区最常出现裂纹的部位是直边部分，因为这部分材料在冲压时的应力和变形最大。

热冲压复合板材封头对复层材料有影响。复合板材常用的复层材料为镍铬不锈钢或钛材。镍铬不锈钢在高温(1000~1100℃)冷速较快(相当于淬火)时，能得单相的奥氏体组织，若缓慢冷却会出现 α 相。在不锈钢的敏化温度区(450~850℃，尤其是 600~850℃)冷却速度较慢时，则可能引起晶间腐蚀问题。钛材为复合板时，当温度在 300℃以上，钛即可快速吸氢；600℃以上可快速吸氧；700℃以上可快速吸氮；当温度高于 1000℃时，钛可以直接与碳化合成碳化钛。这些因素都可使钛材塑性、韧性下降，所以钛材为复层的复合板的冲压温度不宜过高，一般在 550～650℃之间为宜。

3.5.2 封头的旋压成形

随着过程设备的大型化发展，对大型封头的需要量亦相应增多，这给冲压成形带来了困难。此外，大型封头又多属单件生产，模具成本高，故目前对于大型封头采用旋压成形较为方便。

旋压是用于成形薄壁空心回转体工件的一种金属压力加工方法，是一种综合了弯曲、挤压、拉伸、横轧及滚压等多种工艺特征的板材少或无切削加工工艺[45]。它借助旋轮等工具作进给运动，加压于旋转的金属板坯或空心回转体毛坯，使其产生连续的局部塑性变形而成为所需空心回转体工件。旋压主要包含普通旋压和变薄旋压两大类。封头的旋压属于普通旋压，常用材料对普通旋压的适应性见表 3-15。

表 3-15 常用材料对普通旋压的适应性

对普通旋压的适应性	适应性优良	适应性较好	适应性较差	适于加热旋压
材料种类	纯铝、金、银、铝-锰系铝合金、紫铜	铝-镁-锰系铝合金、黄铜、低碳钢	高镁含量的铝-镁系铝合金	难熔金属钛合金

1）旋压成形的优缺点

与冲压相比，旋压具有以下优点：

① 从工装角度看，在制造相同尺寸的封头时，旋压加工仅需要一组比封头小得多的滚轮，而同一组滚轮又可加工直径相近且壁厚不等的各种封头。而冲压加工每一种直径的封头，就要有一个模具。使用旋压方法生产，不但可节省大量的模具费用和占地面积，而且还大大地减少了更换工艺装备所需的时间。

② 从设备角度看，旋压加工是分段加工的连续成形过程，所需要的变形力小，制造相同尺寸的封头，旋压机重量比水压机的重量轻得多。

③ 从工艺角度看，旋压加工不存在冲压封头时有局部减薄现象及边缘折皱现象。

旋压成形缺点：

① 冷旋压成形后对于某些材料还需要进行消除冷加工硬化的热处理。

② 对于厚壁小直径（小于等于 *DN*1400）封头采用旋压成形时，需在旋压机上增加附件，比较麻烦，不如冲压成形简单。

③ 旋压过程较慢，生产率低于冲压成形。

2）旋压成形过程

用旋压法制造封头的过程如图 3-39 所示。大体可分三个步骤：

（1）坯料对中在旋压机上设有专用对中机构了，它是由四个从中心向外呈放射状往复运动的辊柱构成。对中机构使坯料中心与下模中心重合，见图 3-39(a)。

（2）冲压顶圆由液压缸带动上模 1 向下运动，并给坯料以冲压力，使坯料中央部分按模具形状成形，见图 3-39(b)。这一过程结束时，坯料牢牢地夹紧在上下模具之间。

（3）抹边旋压机使上下模具连同坯料一起作旋转运动，然后使侧辊轮压向坯料并使其产生局部塑性弯曲变形，见图 3-39(c)。这时依靠坯料的旋转运动将局部塑性弯曲扩展到封头

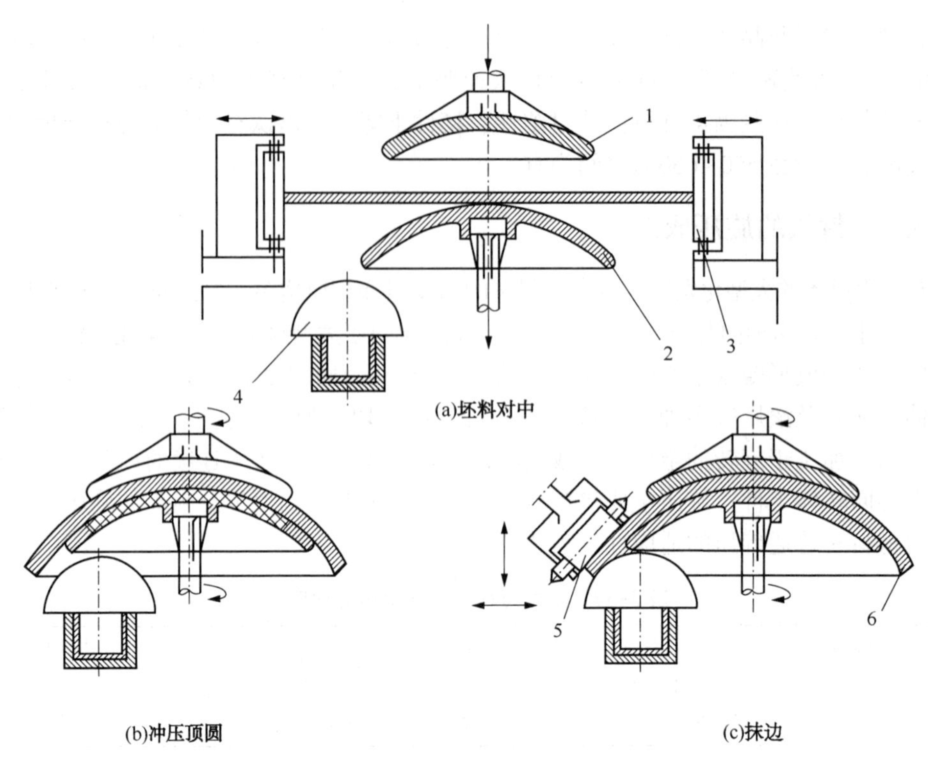

图 3-39　封头的旋压成形过程

1—上模；2—下模；3—对中机构；4—蘑菇头(支承辊轮)；5—侧辊轮；6—毛坯

的整个圆周上，并配合以侧辊轮沿封头形状母线的运动就可以完成抹边过程。抹边过程是逐渐成形。直到全部成形为止。

3）旋压过程的变形特点

旋压成形与冲压成形不同，它是一种分段成形过程。旋压过程是一种冲压和旋压相结合的过程。顶圆是冲压成形，上下模在坯料中间施加载荷，不同于封头的拉深过程，它只是圆板的弯曲过程，所以需要的冲压力小，同时板材没有拉薄的现象。抹边则是一种局部弯曲逐步扩展到整体上的变形过程。由于它是局部变形，所需的力比拉深要小。由于抹边过程是连续的，速度快，因而在一般情况下，抹边时只需要一次加热，一次旋压周边。由于加热次数的减少，不仅提高了生产率，而且减少了氧化烧损，保证了封头的制造质量。

尽管如此，很多设计单位、企业设计的重要设备封头仍然不允许使用旋压方法成形。其原因可能是受限于目前的旋压技术，封头过渡处会出现压痕，造成局部应力集中。而且旋压成形后封头形状更接近碟形封头而非椭圆封头，改变了封头的受力状态。

3.5.3　封头的爆炸成形

爆炸成形是以炸药为能源，将化学能转变为机械能，以极高能率使坯料产生塑性变形的一种加工方法[47]。用爆炸成形方法可以对板材或管材进行拉深、胀形、翻边、冲孔、校形、弯曲、扩口等加工。此外，还可以进行爆炸焊接、表面强化、管件结构装配、板材复合、粉末压制等。因此，在航空航天、兵器、机械、化工、汽车等工业中得到广泛应用。

爆炸成形与常规的板材冲压方法相比，具有如下一些特点：

① 通常爆炸成形时冲击波对坯料的作用时间为 10~100μs，而坯料变形时间仅为 1ms 左

右。在这种高速变形条件下，可大幅度提高材料的塑性。因此，爆炸成形可以加工用常规方法不易加工的低塑性材料。

② 爆炸成形可不用冲压设备，可能加工的零件尺寸不受冲压设备能力限制。因此，尤其适合大型冲压件的小批量或试生产。

③ 爆炸成形属单模或无模加工方法，模具结构简单甚至无需模具。因此，生产周期短，生产成本低。

④ 由于爆炸成形易产生强大噪声、介质飞溅、污染环境，而且生产率低。因此，一般不适合室内批量生产。

封头爆炸成形包括有模具爆炸成形和无模爆炸成形，以有模爆炸成形为例说明封头的爆炸成形过程。

封头有模具爆炸成形如图 3-40 所示，利用炸药爆炸能量，使瞬间(约 10^{-6}s)产生的爆炸压力通过介质(水或砂子)传到板材上，使板材高速通过模具，板材因调整变形产生的内摩擦热而升至高温，处于一种超塑流体状态，在模具或环境限制下发生弯曲变形和塑性流动而成形。

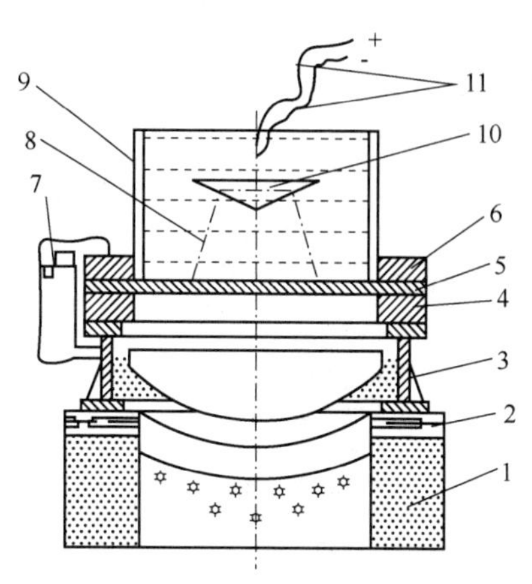

图 3-40 封头有模具爆炸成形装置

1—基础；2—枕木；3—支座；4—下模；5—坯料；6—压边圈；7—卡子；8—支架；9—油毡纸水封圈；10—炸药包；11—导线

其操作过程是放好枕木、支座，为防止边缘折皱，沿坯料圆周装若干卡子固定压边圈，施加足够的压边力。要求水封严密不漏，炸药包放置在水封中央，并使锥角对准坯料中心，通电起爆，封头即可成形。爆炸成形装置的工艺参数包括：模具尺寸设计；炸药种类及及用量选择；炸药包的形状及放置位置；水封高度；基础的吸震性能和支座的透气性。

爆炸成形的特点：

① 封头成形质量好，可以达到要求的形状、尺寸及表面粗糙度，壁厚减薄较小；封头经退火处理后，其力学性能可进一步得到改善；

② 设备简单，不需要其他大型配套装备；

③ 操作方便、效率高、成本低，对于成批生产更为有利。

4 设备的焊接

焊接，是指通过加热或加压(或两者并用)，用或不用填充材料，使分离的材料产生原子、分子结合(或冶金结合)，形成具有一定性能要求的整体，不包含铆接等机械连接[52]。发展至今，各种焊接工艺技术近百种，采用了力、热、电、光、声及化学等一切可以利用的能源。焊接方法可分为三大类，即熔化焊、固相焊和钎焊。每一大类按能源种类又可细分为很多焊接方法。图 4-1 是按族系法对焊接方法进行的分类。

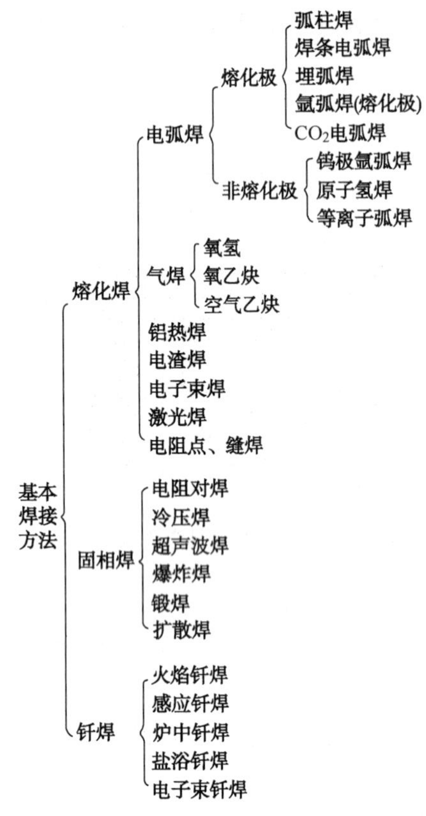

图 4-1　族系法对焊接方法分类

焊接结构不受外形尺寸限制，可以方便地拼成尺寸很大的工程结构。与铆接或螺栓连接相比，焊接结构的重量较轻，没有铆钉或螺钉的附加重量。与铸造相比，可方便地制成空心结构或封闭结构。焊接结构的整体性、完整性好。焊接结构的密封性好，这对过程设备的制造是不可缺少的。可根据结构服役及设计的需要，在不同的部位采用不同材质或不同级别的材料，也可采用不同厚度的材料，从而节省材料(特别是节省贵重的材料)，发挥材料的最大效能，而且结构也更为轻巧，降低成本。

焊接结构虽然整体性好，但有时也带来问题，如止裂性能差、扩展的裂纹很容易穿过焊缝，可能导致灾难性的后果。另外，焊接结构及焊接接头的应力集中较大，焊接接头区域有可能存在缺陷，又是焊接残余应力较大的部位，必须采取科学的焊接工艺设计进行控制，提高焊接接头的强度、塑韧性和结构寿命。获得优质的焊接接头和提高焊接生产率是焊接技术研究的主要目的。

4.1 焊接接头

焊接接头由焊接区和部分母材组成，其中对结构可靠性起决定作用的是焊接区。焊接区包括焊缝金属、熔合面和热影响区等部分，如图 4-2 所示。一个优质的焊接接头不仅具有与母材相同的机械性能和化学性能，而且所有的缺陷都应控制在标准之内。

4.1.1 焊接接头的基本形式

通常工程中所关注和研究的焊接接头，实际是针对焊接区进行的。过程设备是典型的铆焊设备，工作中往往要承受一定的压力，焊接接头是设备性能的薄弱部位，其性能将直接影响设备的质量和安全。

根据《钢制化工容器结构设计规定》(HG/T 20583—2011)[53]，焊接接头的基本形式有对接接头、接管与壳体连接接头、角接接头、搭接接头、T形(十字形)接头、管板与壳体连接接头等形式，尽管该标准针对钢制化工容器，但其他材料过程设备焊接接头也可分为以上形式。

其中对接接头的形式如图4-3所示。在焊缝与母材的交界焊趾处将会产生应力集中，应力集中系数 $k_r=\sigma_{max}/\bar{\sigma}$，应力集中系数的大小取决于焊缝宽度 B、余高 h、焊趾处焊缝曲线与工件表面夹角 θ 和转角半径 r，θ 增加，转角半径 r 减小，余高 h 增加，都将增大应力集中系数，即工作应力分布更加不均匀，造成焊接接头的强度下降。可以看出，焊缝余高越高越不利，所以将其称为"加强高"是错误的，称为焊缝多余的高度(简称余高)是比较合适的。如果焊接后将余高磨平(对重要焊接结构，有时要求磨平)，则可以消除或减小应力集中[54]。

焊缝覆盖宽度 $C(C_1)$ 见图4-3(与焊接方法及工艺有关，应控制在1~3mm)，焊缝余高 $h(h_1)$ 与焊接方法和焊接结构要求有关，应按表4-1控制，必要时应采用机械方法铲除。

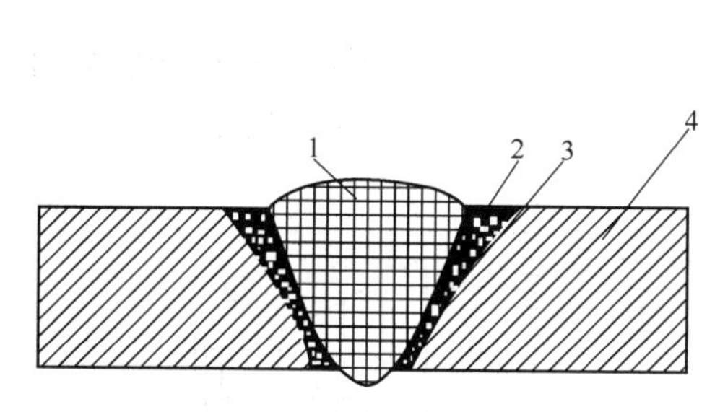

图4-2 融化焊焊接接头的组成

1—焊缝金属；2—熔合面；3—热影响区；4—母材

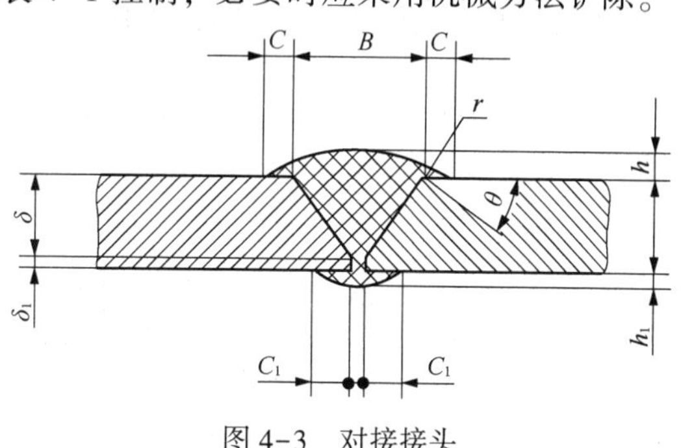

图4-3 对接接头

表4-1 焊缝余高控制尺寸

mm

焊缝深度	$h(h_1)$	
$\delta(\delta_1)$	焊条电弧焊	埋弧焊
$\delta\leqslant12$	0~1.5	0~4
$12<\delta\leqslant25$	0~2.5	0~4
$25<\delta\leqslant50$	0~3	0~4
$\delta>50$	0~4	0~4

当对接接头的母材厚度大于8mm时，为保证焊接接头的强度，常要求焊接接头熔透，为此需要在焊接之前在板材端面开设焊接坡口。在几种焊接接头的连接形式中，从接头的受力状态、接头的焊接工艺性能等多方面比较，对接接头是比较理想的焊接接头形式，应尽量选用。在过程设备制造中，容器是主要受压零部件，承压壳体的主焊缝(如壳体的纵、环焊缝等)应采用全焊透的对接接头。

4.1.2 焊接接头的特点

依据前述弧焊接头的基本类型、接头的组成、焊缝的形式以及焊接工艺的特点等进行综合，焊接接头具有下列共同特点。

1) 几何不连续

当接头位于结构几何形状和尺寸发生变化的部位时，该接头就是一个几何不连续体，工作时传递着复杂的应力。即使是对接接头，只要有余高存在，在焊趾处也会出现不同程度的应力集中。制造过程中发生的错边、焊接缺陷、角变形等，都将加剧应力集中，使焊接接头工作应力分布更加复杂。

2）性能不均匀

焊缝金属与母材在化学成分上常存在差异，再经受不同的焊接热循环和热应变循环，必然造成焊接接头各区域的金属组织存在着不同程度的差异，就导致了焊接接头在力学性能、物理化学性能上的不均匀性。

3）有残余应力和变形

焊接过程热源集中作用于焊接的部位，不均匀的温度场便产生了较高的焊接残余应力和变形，使接头的区域过早地达到屈服点和强度极限。同时也会影响结构的刚度，尺寸稳定性及结构的其他使用性能。

4.1.3 压力容器焊缝级别分类

GB 150—2011[16]对压力容器的焊缝接头进行了分类，受压部分的焊接接头分为 A、B、C、D 四类；非受压元件与受压元件的连接接头为 E 类焊接接头，如图 4-4 所示。

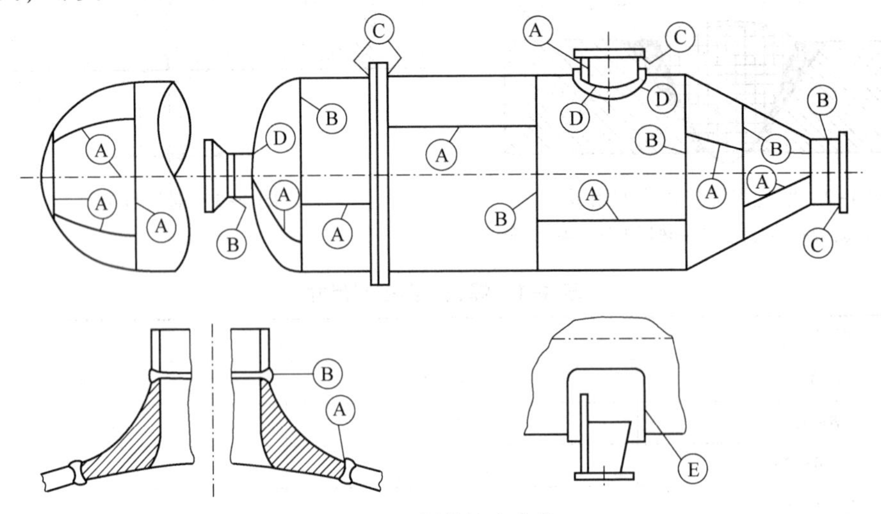

图 4-4　焊接接头分类

圆筒部分的纵向接头(多层包扎容器层板层纵向接头除外)、球形封头与圆筒连接的环向接头、各类凸形封头中的所有拼焊接头以及嵌入式接管与壳体对接连接的接头，均属 A 类焊接接头。

壳体部分的环向焊缝接头、锥形封头小端与管子连接的接头、长颈法兰与接管连接的接头，均属 B 类焊接接头，但已规定为 A 类、C 类、D 类的焊接接头除外。

平盖、管板与圆筒非对接连接的接头，法兰与壳体、接管连接的接头，内封头与圆筒的搭接接头以及多层包扎容器层板层纵向接头，均属 C 类焊接接头。

接管、人孔、凸缘、补强圈等与壳体连接的接头，均属 D 类焊接接头。但已规定为 A、B 类的焊接接头除外。

A 类焊缝是压力容器中受力最大的接头，因此一般要求采用双面焊或保证全焊透的单面焊缝。B 类焊缝的工作应力一般为 A 类的一半，除了可采用双面焊的对接焊缝以外，也可采用带衬垫的单面焊。在中低压焊缝中，C 类接头的受力较小，通常采用角焊缝联接。对于高压容器，盛装剧毒介质的容器和低温容器应采用全焊透的接头。D 类焊缝是接管与容器的交叉焊缝，受力条件较差，且存在较高的应力集中。在厚壁容器中这种焊缝的拘束度相当大，残余应力亦较大，易产生裂纹等缺陷。在这种容器中 D 类焊缝应采取全焊透的焊接接头。对于低压容器可采用局部焊透的单面或双面角焊。

上述关于焊接接头的分类及级别顺序，对于压力容器的设计、制造、维修、管理等工作都有着很重要的指导作用，例如：

① 壳体在组对时的对口错边量、棱角度等组对参数的技术要求，A 类和 B 类接头是不同的，总的来看 A 类焊接接头的对口错边量、棱角度等参数的技术要求要比 B 类的严格；

② 焊接接头的余高要求，对于 A、B、C、D 类的接头分别提出了不同的技术要求；

③ 无损检测对 A、B、C、D 类焊接接头的检测范围、检测工艺内容以及最后的评定标准等都作了较具体的不同要求。

需要强调的是，上述对焊接接头的分类及分类顺序的划分，基本上只是以主要零部件之间或与壳体连接的焊接接头在壳体的相对位置来进行的。实际上对焊接接头类别及分类顺序的划分和顺序安排，除了应该考虑焊接接头所在相对位置之外，还应考虑焊接接头实际受力状态的复杂性；焊接工艺的实施难易程度；焊接结构、焊接材料等因素对最后焊接质量的影响；焊接检测对真实状态的反映程度等情况。总之，为了使所有焊接接头质量都得到不同程度的保证，使得压力容器更安全更可靠，对焊接接头的类别和分类顺序的划分应该有更全面地综合考虑，A、B、C、D 类焊接接头分类不是绝对的。

4.1.4 焊接坡口

为满足实际焊接工艺的要求，对不同的焊接接头，经常在焊接之前，把接头加工成一定尺寸和形状的坡口。

焊接坡口的现行标准是《气焊、焊条电弧焊及气体保护焊和高能束焊的推荐坡口》(GB 985.1—2008)[38]、《埋弧焊的推荐坡口》(GB 985.2—2008)[39]、《铝及铝合金气体保护焊的推荐坡口》(GBT 985.3—2008)[40]以及《复合钢的推荐坡口》(GB 985.4—2008)[46]。坡口的基本形式有卷边坡口、I 形坡口、V 形坡口、陡边坡口、V 形坡口(带钝边)、U-V 组合坡口、V-V 组合坡口、U 形坡口等，关于坡口的尺寸符号见表 4-2。

表 4-2 坡口的尺寸符号

单面对接焊坡口			双面对接焊坡口		
坡口类型	基本符号	示意图	坡口类型	基本符号	示意图
I 形坡口	‖	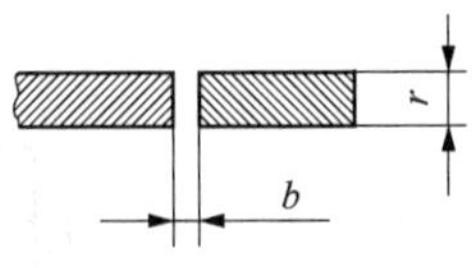	I 形坡口	‖	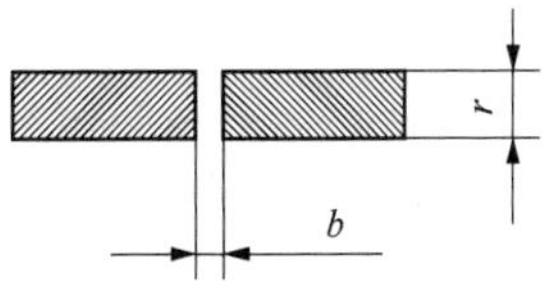
V 形坡口	V	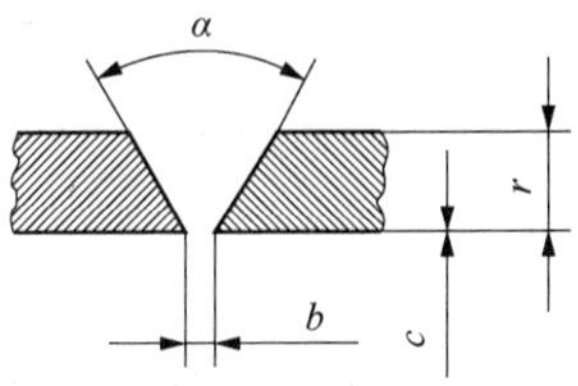	V 形坡口	 V	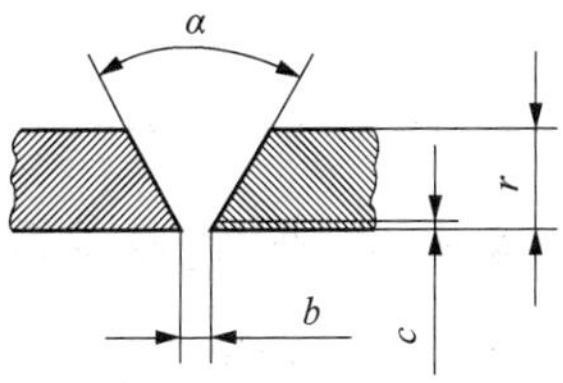

续表

单面对接焊坡口			双面对接焊坡口		
坡口类型	基本符号	示意图	坡口类型	基本符号	示意图
陡边坡口		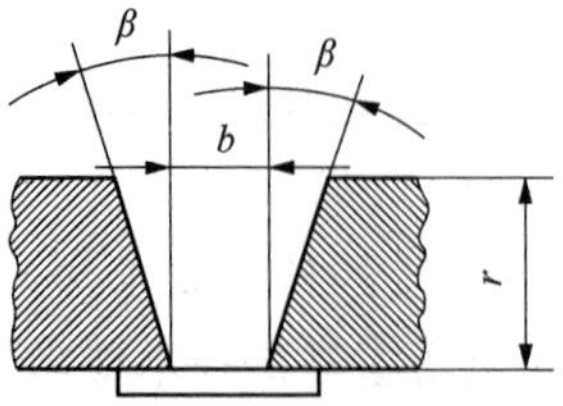			
V 形坡口（带钝边）		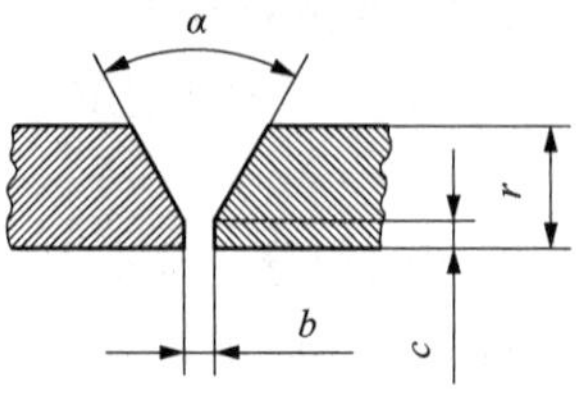	V 形坡口（带钝边）		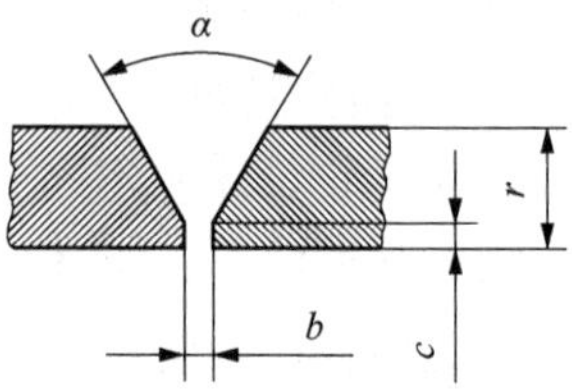
U-V 形组合坡口		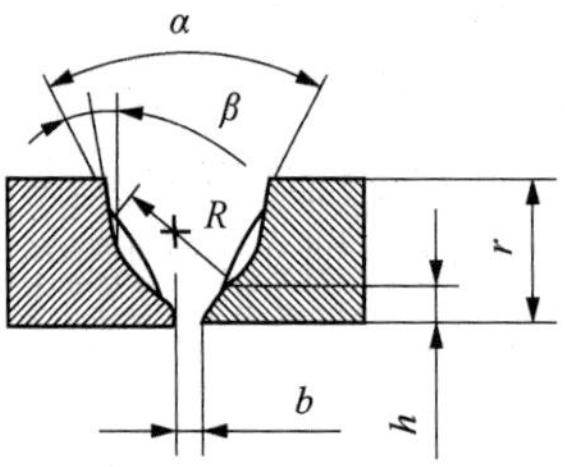	双 V 形坡口（带钝边）		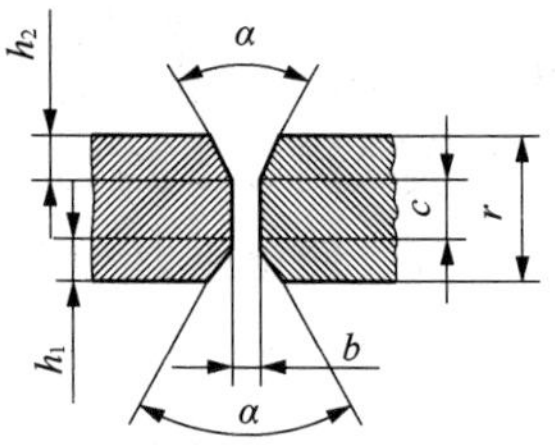
V-V 形组合坡口		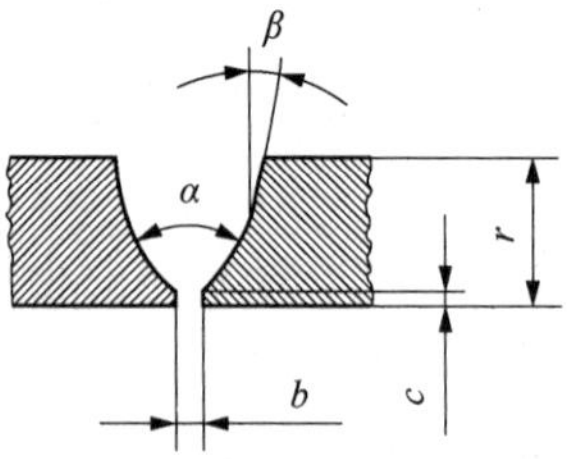	双 V 形坡口		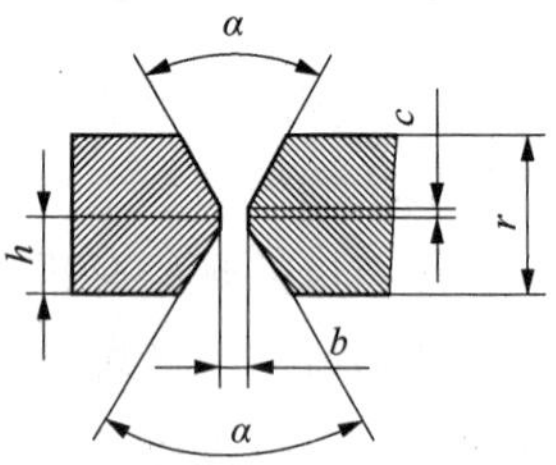
U 形坡口		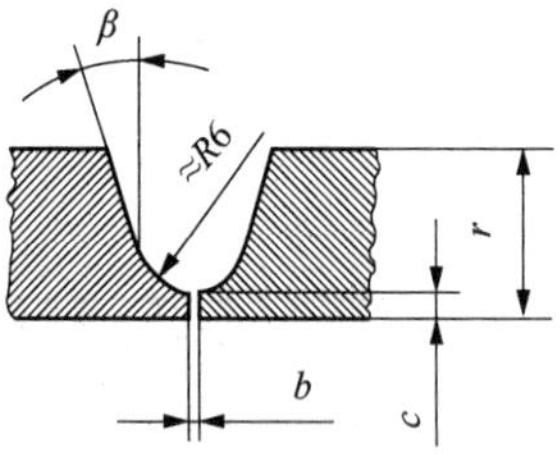	U 形坡口		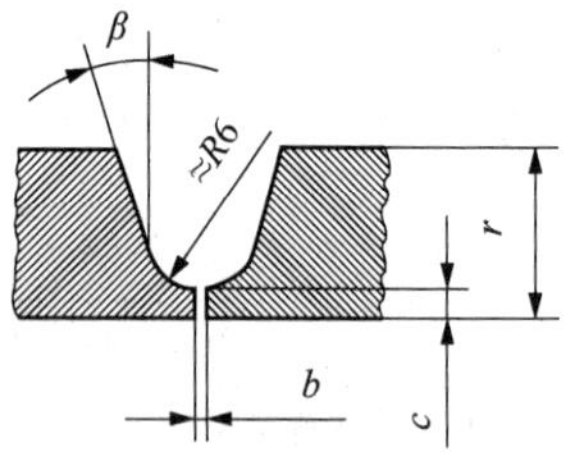
			双 U 形坡口	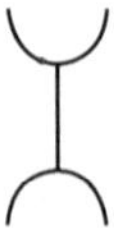	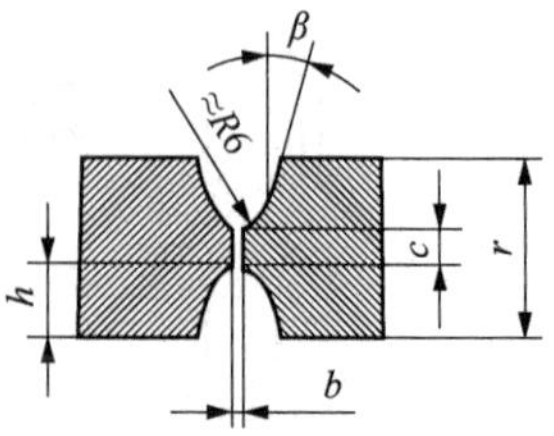

4.1.5 焊缝表示符号

为了简化制图，焊接接头一般应采用标准规定的焊缝符号表示，也可采用技术制图方法表示。符号表示一般由基本符号与指引线组成，必要时可以加上补充符号和焊缝尺寸符号，有时需要对基本符号进行组合。焊缝表示符号规定见 GB/T 324—2008[55]。

4.2 焊接的热过程

4.2.1 焊接热源

在过程设备制造中，应用最多的是熔化焊，本节主要讲述熔化焊的焊接过程。

熔化焊工艺的发展过程反映了焊接热源的发展过程。从 19 世纪末的碳弧焊到 20 世纪末的微波焊的发展来看，新热源的出现，促进了焊接技术的发展。在科学技术不断进步、生产规模日益扩大的过程中，新材料和新结构的出现，往往需要相应的焊接热源和焊接工艺来满足工程建设的要求。从目前的发展趋势来看，焊接逐步向高质量、高效率、低劳动强度和低能量消耗的方向发展。若从这种趋势出发，对焊接热源的要求应是：能量密度高度集中，快速实现焊接过程，并保证得到高质量的焊缝和最小的焊接热影响区。

满足焊接条件的热源有以下几种：

① 电弧热：利用气体介质在放电过程中所产生的热能作为焊接热源。这是目前应用最为广泛的焊接热源。例如，焊条电弧焊、埋弧自动焊、惰性气体保护焊、CO_2气体保护焊等。

② 化学热：利用氧、乙炔等可燃性气体或铝、镁热剂燃烧所产生的热量为焊接热源。例如，氧-乙炔气焊、热剂焊等。

③ 电阻热：利用电流通过导体时产生的电阻热作为焊接热源。例如，电阻焊和电渣焊。

④ 高频热：利用高频感应产生的二次电流作为热源，对具有磁性的金属材料进行局部集中加热。其实质属于电阻加热的另一种形式。例如，有缝钢管制造过程中的高频焊。

⑤ 摩擦热：利用由机械摩擦而产生的热能作为焊接电源。例如，钻杆摩擦焊。

⑥ 等离子弧热：利用等离子焊炬，将阴极和阳极之间的自由电弧压缩成高温、高电离度及高能量密度的电弧。例如，等离子电弧焊。

⑦ 电子束：利用加速和聚焦的电子束轰击置于真空或非真空中的焊件所产生的热能作为热源。例如，电子束焊。

⑧ 激光束：通过受激幅射而使幅射增强的光称为激光，利用经过聚焦产生能量高度集中的激光来作为焊接热源。例如，激光束焊。

各种焊接热源的主要特性见表 4-3[52]。

表 4-3 各种焊接热源的主要特性

热　源	最小加热面积/m^2	最大功率密度/(kW/cm^2)	正常焊接条件下温度/K
氧乙炔火焰	10^{-6}	2×10^4	3473
金属极电弧	10^{-7}	10^5	6000
钨极氩弧	10^{-7}	1.5×10^5	8000
埋弧焊	10^{-7}	2×10^5	6400
电渣焊	10^{-6}	10^5	2300

续表

热　　源	最小加热面积/m^2	最大功率密度/(kW/cm^2)	正常焊接条件下温度/K
熔化极氩弧和 CO_2 气体保护焊	10^{-8}	$10^5 \sim 10^6$	
等离子弧	10^{-9}	1.5×10^6	18000~24000
电子束	10^{-11}	$10^8 \sim 10^{10}$	
激光束	10^{-12}	$10^8 \sim 10^{10}$	

4.2.2　焊条熔化与焊接熔池的形成

1）焊条的加热与熔化

电弧焊时焊条加热熔化热能来源于电阻热、电弧热和冶金反应的化学反应热，其中最主要的是焊接电弧。

焊条熔化速度是影响焊接生产率的重要因素。焊条金属的熔化是以周期性的滴状形式进行。提高焊条熔化速度的主要途径：增加电弧在焊条端输出的热功率；提高熔滴过渡频率，以细熔滴过渡；在药皮中加入铁粉或其他金属填加剂；适当增加电阻热等。

2）焊条金属的过渡特性

熔滴过渡直接影响焊接过程的稳定性、飞溅的大小、焊缝成形的优劣和产生焊接缺陷的可能性。焊条过渡形式和特征可分 4 种：

（1）短路过渡。在短弧焊时，熔滴长大受到了电弧空间的限制，当熔滴还没有长大到它的最大尺寸就与熔池发生接触，形成短路，并按图 4-5 的过程，周而复始进行。

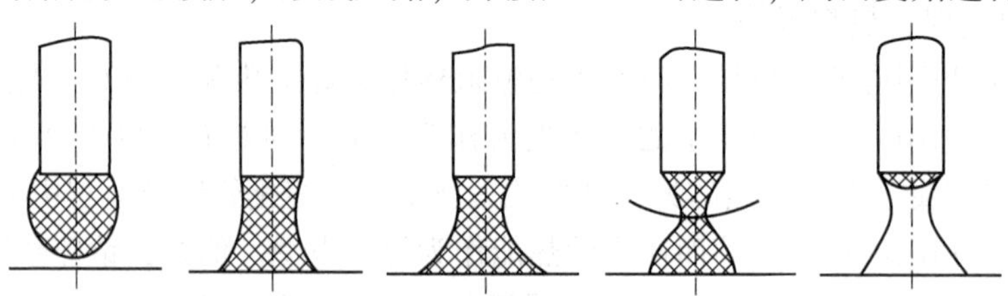

图 4-5　短路过渡示意图

（2）颗粒状过渡。当电弧长度超过某一长度时，熔滴依靠表面张力的作用可以保持在焊丝顶端自由长大，直至熔滴下落的力(重力、电磁力等)大于表面张力时，熔滴脱离焊丝而落入溶池。此时不发生短路(30 滴/s)，如图 4-6 所示。

此种过渡形式可分为粗颗粒过渡和细颗粒过渡，焊接质量要求最好细颗粒过渡。减少焊丝直径，增大焊接电流可以使熔滴细化、单个熔滴的质量(M_{tr})减小、过渡频率(f)提高，如图 4-7 所示。熔滴过渡还与电流极性、保护气体、焊剂和药皮成分等有关。

（3）射流过渡。射流过渡时焊丝端部变尖，电弧活性斑点遍及焊丝端部锥面，由颗粒过渡向射流过渡转变的示意图如图 4-8 所示。射流过渡的特点是熔滴细，过渡频率高。熔滴沿焊丝轴向以高速向熔池过渡，飞溅小、过程稳定、熔深大，焊缝成形美观。

（4）旋转射流过渡。在惰性气体保护焊和熔化极等离子焊时，如果获得射流过渡以后继续增加电流到某个临界值，则产生另一种新的过渡形式即旋转射流过渡。它的特点是熔滴作高速螺旋运动，过渡的频率很高，每秒可达 3000 多滴，所以熔滴极细，熔敷速度很高。此种新的过渡形式还处在研究之中。

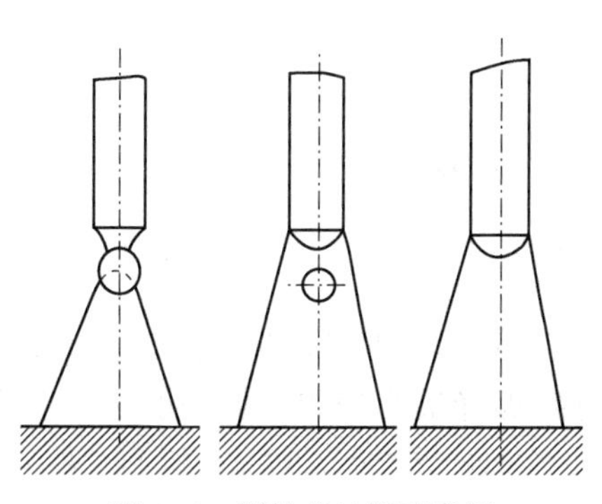

图 4-6　颗粒状过渡示意图

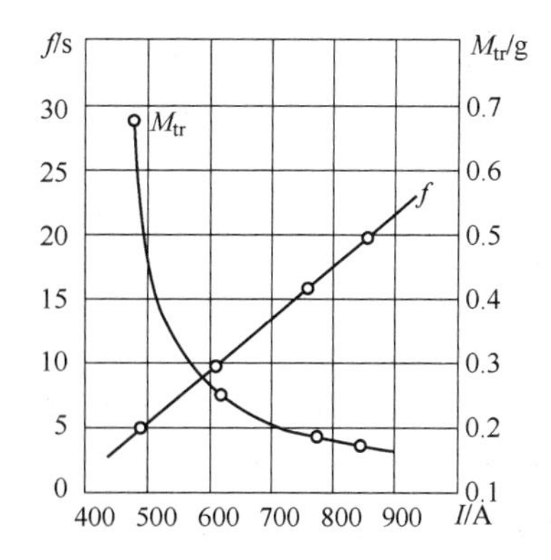

图 4-7　埋弧焊时电流对过渡形式的影响

3）焊接熔池的形成

熔化焊在热源作用下，焊条金属熔化的同时，母材也发生局部熔化。母材上由熔化的焊条金属与局部熔化的母材金属所组成的具有一定几何形状的液体金属叫焊接熔池。

熔池的形状、尺寸、体积、温度和存在时间以及液体流动状态对熔池中的冶金反应、结晶方向、晶体结构、熔缝夹杂物及焊接缺陷产生等有重大影响。在实际生产中把熔池的理论研究成果简化为三个系数来描述焊缝形状，反过来指导焊接生产。

平焊情况下当焊接热源固定时，如电弧焊，其熔池一般呈半球形；当热源做直线移动时，其熔池多呈半椭球形。图 4-9 是半椭球形熔池的示意图，熔池的宽度 B 和深度 H 沿 X 轴是变化的。熔池底部的曲面正好就是母材上温度等于其熔点的等温面，它可以通过温度场计算或实测等手段进行确定。

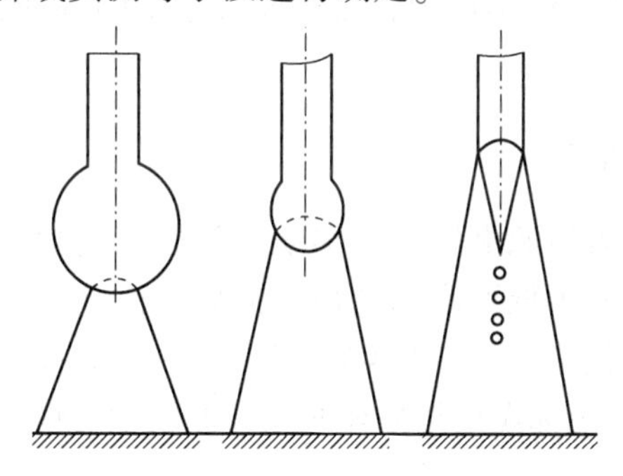

图 4-8　由颗粒状向射流过渡示意图

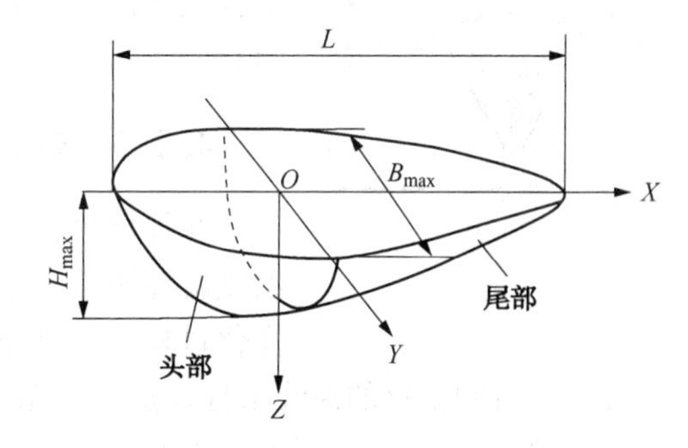

图 4-9　焊接熔池形状示意图

(1) 焊缝成形系数(φ)

焊缝成形系数可用熔池的宽度与深度的比值来描述，如图 4-9 所示，熔池的宽度和深度是沿 X 轴连续变化的。一条连续焊接的焊缝其横断面经过抛光、腐蚀可看出它的轮廓，并用最大值描述其焊缝形状的各个系数(图 4-10)：

$$\varphi = B_{max}/H_{max} \tag{4-1}$$

式中　B_{max}——熔池最大宽度，mm；

H_{max}——熔池最大深度，mm。

φ 愈小，表示熔池窄而深，热影响区域小。这种熔池形状有利于熔透、提高焊接热效率。但要获得窄而深的焊缝，需提高热源功率密度，这并不是所有焊接方法都能做到。对于普通电弧焊，φ 一般都大于 1，等离子弧焊 φ 接近于 1，电子束焊和激光焊因功率密度高，φ

远小于1。另一方面，窄而深的焊缝易出现裂纹和气孔等缺陷。因此，从冶金角度，φ 不宜过小。对于埋弧焊，一般要求 φ 大于1.3。

(2) 增高系数(ψ)

如图4-9和图4-10所示，其增高系数可用 B_{max}/h 表示。即：

$$\psi = h/B_{max} \tag{4-2}$$

式中 h——焊缝余高。

余高是由液体金属在熔池中的质量和流动情况决定，一般是通过改进工艺参数、操作工艺、施焊位置等来控制。无余高而又不内凹的对接焊缝最为理想，但一般在工艺上难以做到，故余高实际上是一种工艺允差而得以保留。

余高在静载下有一定加强作用，但过大的余高会使焊趾处的应力集中系数增加，对承受动载荷的结构不利，所以，焊缝增高系数一般控制在1/4以内。对于特别重要的结构，焊后需把焊缝表面磨平。角焊缝也不希望有余高，在动载结构上的角焊缝呈凹形最理想，这样在焊趾处焊缝向母材能平滑过渡。

(3) 熔合比(γ)

在保证焊缝金属与母材金属等强度配合的焊接冶金过程中，熔合比是不可少的因素，其大小可用式(4-3)表示：

$$\gamma = F_m/(F_m+F_t) \tag{4-3}$$

式中 F_m——焊缝横截面中母材金属的面积；

F_t——焊缝横截面中填充金属的面积(图4-10)。

熔合比就是母材金属在整个焊缝金属中所占的比例。改变熔合比可改变焊缝金属的化学成分，是焊接工艺的主要质量因素。

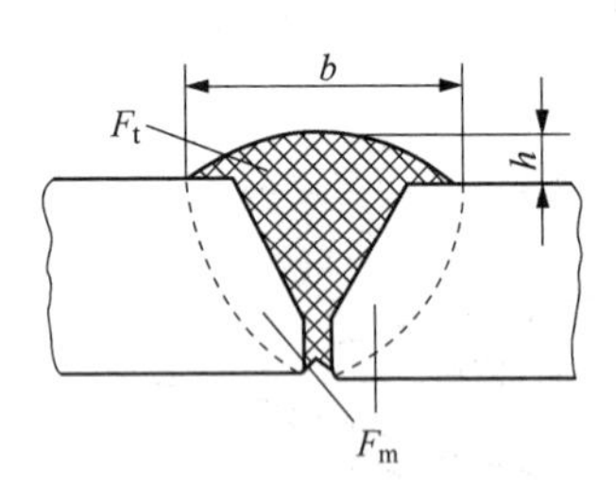

图4-10 熔合比

4.2.3 焊接热循环

在焊接过程中，随着热源沿焊件的移动，邻近焊缝某点的温度就经历着一个随时间由低而高达到最大值后又由高而低的变化过程。这种温度变化称为“焊接热循环”。可以用焊接接头上某点温度随时间变化的曲线来描述这种关系，此曲线称焊接热循环曲线，低碳钢的焊接热循环曲线如图4-11所示，其基本参数如下：

1) 加热速度

在焊接条件下加热速度比热处理条件下要快得多。随着加热速度的提高，Ac_1(碳钢加热时，开始形成奥氏体的温度)和 Ac_3(亚共析钢加热时，所有铁素体都转变为奥氏体的温度)的温度也越高，奥氏体的均匀化和碳化物溶解过程很不充分，必然影响热影响区的组织与性能。

2) 加热的最高温度

金属的组织与性能变化，除化学成分外主要与温度有关。焊接接头上某点在焊接时加热的最高温度不同，就会具有不同的组织与性能。例如在熔合线附近的母材晶粒会产生严重的长大，因为该处的最高温度对低碳钢而言可达1300~1350℃。

3) 高温(或相变以上温度)停留时间

碳钢在相变温度以上停留的时间长有利于奥氏体的均匀化过程。但在高温下停留时间过长，某些金属(低碳钢、某些低合金钢)将产生严重的晶粒长大。尤其对焊接线能量大的焊接方法，如电渣焊、多头埋弧焊等更是如此。

从图4-11中看出，高温停留时间 T_H 由热循环曲线的形状来决定。热循环曲线的形状与材料、焊接方法和焊接工艺因素有关。在最高温度相同的情况下，热源越集中、热源移动速度越快、材料导热系数越大、板越厚、材料的初始温度越低、导热方向越多的接头，热循环曲线越窄，也即停留时间越短。由此可知，高温停留时间决定了热循环曲线高温区间的宽度。

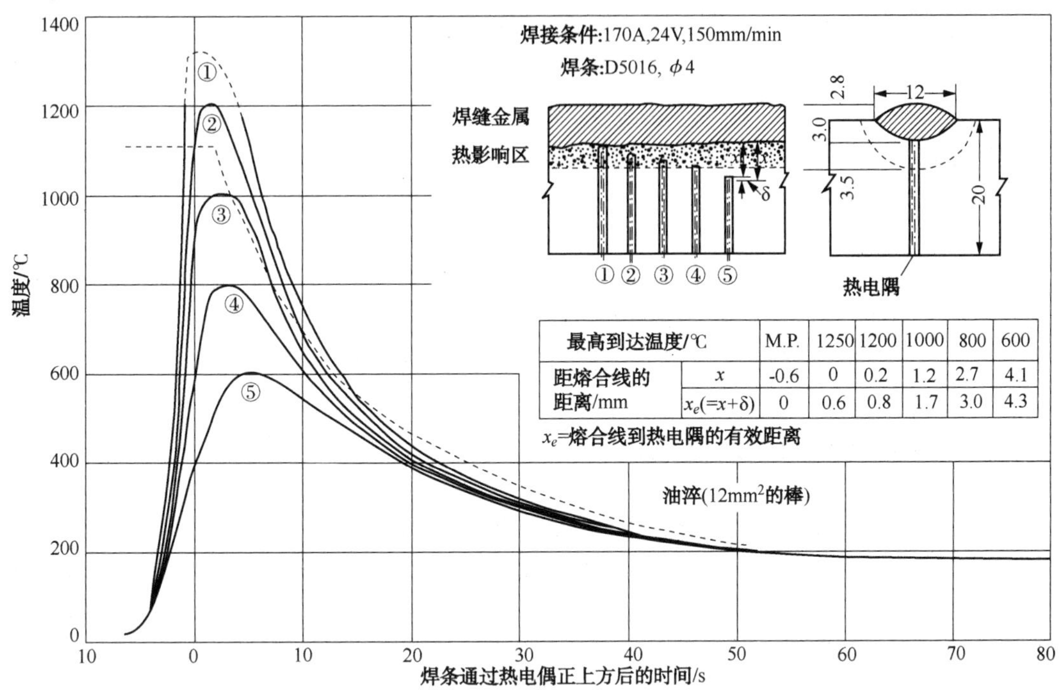

最高到达温度/℃		M.P.	1250	1200	1000	800	600
距熔合线的距离/mm	x	-0.6	0	0.2	1.2	2.7	4.1
	$x_e(=x+\delta)$	0	0.6	0.8	1.7	3.0	4.3

图4-11 焊接接头上各点的热循环

4) 冷却速度

在焊接热循环曲线中，冷却速度是重要的参数值。它直接影响到焊缝及近缝区的组织与性能。几个与钢的相变有关的典型温度，如700℃、540℃、300℃时的冷却速度，常被人们所注意。特别是540℃的冷却速度值与焊接硬化有关，300℃的冷却速度值与热影响区的低温裂纹有关。

冷却速度与焊接方法、板厚与预热温度、焊接线能量、母材热扩散系数、接头形式、焊道长度与引弧等因素有关。

几种典型钢的焊接方法中，热影响区冷却到临界温度区域(800～700℃)附近的速度为：气焊是30～110℃/min(0.5～2℃/s)；电弧焊是110～5600℃/min(2～100℃/s)；点焊是2800～44800℃/min(50～800℃/s)。

当线能量相同时，板越厚冷却速度提高越快。但在焊条电弧焊时，板厚超过25mm，冷却速度趋于一定。另外预热温度越高，冷却速度越低。

焊接线线能量又称单位能，由电弧的热功率 q 和焊接速度 v 所决定：

$$F=q/v=\eta\cdot I\cdot U/v \qquad (\mathrm{J/cm}) \tag{4-4}$$

式中 v——焊接速度，cm/s；

I——焊接电流，A；

U——电弧电压，V；

η——系数，与焊接方法有关，手工焊 $\eta=0.7$，埋弧焊 $\eta=0.85$。

低碳钢焊条电弧焊熔合区的冷却速度与线能量大体上是反比关系。线能量中电流和焊速的影响更直接，而电源电压影响不太大。

母材的导温系数 K 越大，焊接热就越容易向母材大范围地扩散。母材温度上升量可由热扩散系数 k 决定($k=K/c\rho$，c：比热容，ρ：密度)。

不同的坡口型式其冷却速度不同。例如，低碳钢的双 V 形坡口第一层熔合线的冷却速度与平板堆焊大体相等；V 形坡口比堆焊焊道冷却速度稍慢一些；角焊焊道的冷却速度为堆焊焊道的 1.4 倍。

在焊道长度大约在 35mm 以下时，堆焊焊道中央的冷却速度将急剧增大。弧坑中央熔合线的冷却速度与焊道长度无关，约等于焊道中部冷却速度的 2 倍。

5）冷却时间

因为由冷却曲线测定冷却速度比较麻烦，所以用两个有代表性的温度间的冷却时间来代替更为容易。例如，用 800~500℃或 800~300℃等所经历时间 $t_{5/8}$ 或 $t_{3/8}$ 代替。此外，某些高强钢的根部裂纹，更注重从熔合区的熔点到 100℃的冷却时间。

4.3 焊接的冶金过程

熔焊过程中，焊接区的填充材料及母材，在焊接热源的作用下，从固态熔化为液态的熔滴及熔池。在该高温液态熔池中，液态金属内部以及与周围介质发生的一系列激烈物理过程和化学反应，当焊接热源继续向前方运动而离开这个加热部位时，熔池又从液态经过冷却，凝固转变成为固态的焊缝。这一系列的物理化学变化过程称为焊接冶金过程，这个过程大致可划分为：液相冶金(化学冶金)、凝固冶金(金属结晶)及固相冶金(物理冶金)等三个阶段[52]。每一个阶段所发生的物理化学反应，对于焊接质量都有重要的影响。焊接冶金过程与冶炼过程的区别在于：温度高(电弧可达 6000~8000℃)；反应的时间短(熔池存在的时间一般仅几十秒钟)；熔池体积很小；液态金属在熔池中发生强烈的搅拌等。

4.3.1 焊接的液相冶金(化学冶金)

在焊接冶金过程中，由于氧化反应，许多有益的金属元素可能被烧掉；同时也用这些反应除去某些有害元素，甚至通过冶金过程添加一些合金元素取得理想的合金。该过程中，有害气体的熔解和析出是焊缝出现裂纹、气孔的重要原因之一。如果采用厚药皮焊条或其他保护熔池的焊接方法，机械地把熔池与空气隔绝，则可防止冷裂纹和气孔的产生。焊缝的化学成分是决定焊接接头性能的基础，焊缝的化学成分又是由焊接材料和母材的化学成分及焊接冶金反应过程决定的。现以厚药皮焊条焊接低碳钢为例，就几个对焊缝化学成分有重要影响的问题进行分析。

1）焊接区的气体

在焊接过程中，焊接区充满大量气体。它的来源一是热源周围的空气，二是焊条药皮中造气剂和药皮高价氧化物在高温下的分解，三是焊条和母材金属表面的杂质，如油污、铁锈、纤维素和水等在高温下的分解，四是金属和溶渣的蒸汽等。主要的气体有：O_2、H_2、

N_2、CO、CO_2，其中以 N_2、O_2和 H_2对焊缝质量影响最大。

(1) 有害气体对焊缝金属的影响

氮进入焊缝后常以 NO 和氮化物(MnN、SiN、Fe_4N)形式存在。其中铁的氮化物是以针状夹杂物形态分布在焊缝金属中，严重地降低了焊缝的塑性和韧性，尤其是低温韧性，而其强度和硬度则显著增加，对低温或动载荷下的焊接结构十分不利。氮一旦进入焊缝就很难排除，其唯一有效的办法是对熔池严加保护，防止空气进入。

氢属于还原性气体，如果电弧中有大量氢存在时，它能防止金属氧化和氮化，将铁从氧化物中还原出来。但焊接时析出的氢气数量很少，同时由于有相当数量的氧存在，所以实际上起不到还原作用。作为焊缝中的有害气体，氢还会引起一系列的焊缝缺陷。首先，由于过饱和氢原子在晶格缺陷处聚集成氢分子造成局部巨大压力(甚至可高达一万个大气压)而造成焊缝或熔合区形成微裂纹。在焊接强度等级较高的普通低碳钢和中碳钢时，在近缝区形成冷裂纹。其次，由于氢气在液态金属中不能及时浮出，而残留在金属中形成氢气孔。同时，在焊接铝或碳钢和低合金钢时，由于氢在焊缝中的扩散与聚集，可能形成氢白点，亦称“鱼眼”。氢的大量存在，表现在焊缝性能上，其屈服强度略有升高，而其塑性和韧性严重下降。

氧对焊缝金属的直接作用是使焊缝金属中大量有益元素被氧化。一方面，氧气在高温下分解成活泼的氧原子，直接氧化熔池中的金属元素，如形成 FeO、SiO_2、MnO、Cr_2O_3等。另一方面，熔池中的 FeO 能与比铁活泼的元素发生置换反应，而使这些元素间接被氧化，由于这些氧化反应，造成合金元素烧损，阻碍焊接过程顺利进行，并在焊缝中产生气孔和夹杂物。其结果使焊缝性能降低，即塑性、韧性、持久强度和耐腐蚀性能等下降。

(2) 熔池的有效保护

目前，许多发展和完善起来的焊接工艺方法都基于对金属熔池保护方法的完善。

焊条药皮和药芯焊丝内填充的药粉一般是由造渣剂、造气剂及铁合金等组成，这些物质在焊接过程中能形成熔渣与气体的联合保护。埋弧焊是利用焊剂熔化后形成的熔渣隔离空气而保护金属的，它的保护效果取决于焊剂的结构和颗粒度。气体保护焊是利用化学稳定性好的气体(如惰性气体)，将电弧与空气隔离对焊缝金属实行有效的保护，其保护效果取决于保护气体的性质和纯度。一般而言，氩、氦等惰性气体保护效果比较好。电子束保护焊在真空高于 0.0133Pa 的真空室内进行，这是比较理想的保护方法，随着真空度的提高，可有效地阻止氧、氮的进入，把其有害作用减到最小。自保护焊是利用特别的焊丝在空气中焊接的一种工艺方法。它不是将空气与焊缝金属隔离起来，而是在焊丝中加入脱氧剂和脱氮剂，把从空气进入熔化金属的氧和氮脱出来。

2) 焊缝的合金化

在焊缝中加入合金元素使焊缝合金化的目的：一是为了补偿焊接过程中合金元素由于氧化和蒸发而造成的损失，以维持焊缝金属的合金成分和机械性能；二是为了使焊缝金属得到某些特殊性能，如抗裂性、耐磨性、抗低温脆性、耐蚀性等；三是掺入大量或多种合金元素(如堆焊)，以达到使金属耐蚀、耐磨、耐热的目的。

(1) 焊缝金属合金化的方法

在焊条金属芯内添加合金的方法，优点是方法可靠、焊缝成分稳定、均匀、药芯中合金成分的配比可任意调整，合金损失小；缺点是焊丝制造工艺复杂，有些合金(如硬质合金中的某些元素)无法轧制、拔丝，因而无法添加。在采用该方法时最好配合使用氧化性小的碱性焊条，从而保证其合金过渡系数。说明合金元素利用率高低的合金过渡系数可用式(4-5)表示：

$$\eta = C_d / C_e \tag{4-5}$$

式中 η——过渡系数；

C_d——某元素在敷熔金属中的实际含量；

C_e——某元素的原始浓度。

在药皮中添加合金的方法是把要掺入的合金元素以铁合金的形式加入焊条药皮之中，焊接时药皮中的铁合金熔化进入液态金属。其优点是简便灵活，缺点是氧化损失大，并有一部分残留在渣中，故合金利用率较低，合金成分欠稳定、不均匀。

(2) 焊缝合金化的效果

在冶金过程中，由于合金元素常常被氧化、蒸发或残留于渣中造成合金元素的损失，影响合金化效果。反映效果好坏的指标是过渡系数。提高过渡系数的措施有：

采用与氧亲合力小且沸点较高的元素做合金剂。在一般焊接温度(约1600℃)时各元素对氧的亲合力按以下顺序增强：铜、镍、钴、铁、钨、钼、铬、锰、钒、硅、钛、锆、铝。在焊接碳钢时，位于铁左边的元素过渡系数高；位于铁右边的元素越靠近铁氧化损失越小，过渡系数较大；越远离铁则越难过渡到焊缝中去。此外，合金元素的沸点越高，因蒸发造成的损失越小，过渡系数越大。在焊接温度下，最易蒸发的元素是锰、铬、硅、铝等。

采用氧化性最小的焊接方法。在使用同样焊接材料的情况下，不同的焊接方法过渡系数不同。氩弧焊的过渡系数大，埋弧焊次之，CO_2保护焊再次之。

采用合适的酸碱性焊条药皮。要防止由于酸碱中和作用使合金元素氧化，降低合金过渡系数，应使合金元素的氧化物与渣系相同。一般情况下，为防止合金元素氧化常选用碱性渣系来过渡合金元素。如果合金元素氧化物酸性很强(如硅)，则宜选用酸性渣系的药皮。

4.3.2 焊接的凝固冶金(金属结晶)

焊缝金属的凝固过程对其组织、合金元素的偏析、气孔和凝固裂纹的发生及焊缝韧性影响很大。

熔池内的熔融金属在冷却时从焊道侧面开始凝固，结晶向中央上部生长。单层焊焊道内结晶如图4-12所示，形成柱状晶，呈所谓的铸造组织。最初凝固的是高熔点的纯度较高的金属，最后凝固的焊缝金属是中央上部或者在柱状晶的间隙内，容易积聚较多的杂质，这一部分的塑性和韧性往往变得很低。

在钢的多层焊焊接中，由于前层焊道被次层的焊接热再次加热，一部分铸造组织容易变成微细的热处理组织。焊条电弧焊时，如各层的厚度在3mm左右，前层可以全部被细化，焊缝金属的塑性和韧性显著提高。

焊接既是冶金过程，也是热过程，在焊接热源(如电弧)作用下，焊接接头其各部位相当于经历了一次不同规范的特殊热处理，即加热、保温(暂短)、冷却的过程。热过程的结果是产生一个组织与性能不相同的焊接接头，它由焊缝金属、热影响区及未受热影响的母材三部分组成，如图4-13所示。焊接接头的组织形式及其性能是由焊缝区和热影响区所决定的，焊缝区金属由熔池的液态金属凝固而成，热影响区的金属受焊接热源影响造成与母材有较大的差异。

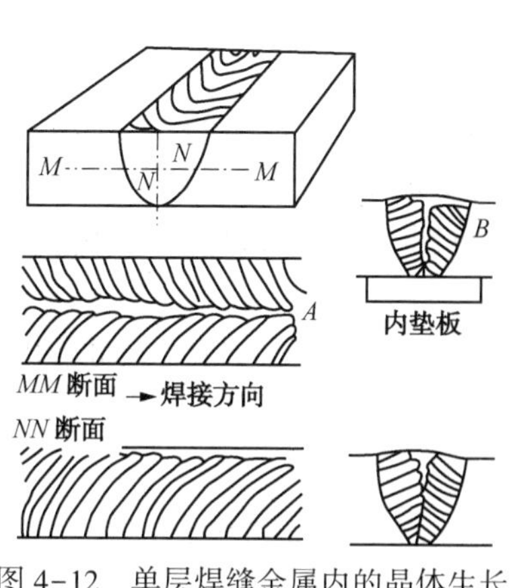

图 4-12　单层焊缝金属内的晶体生长

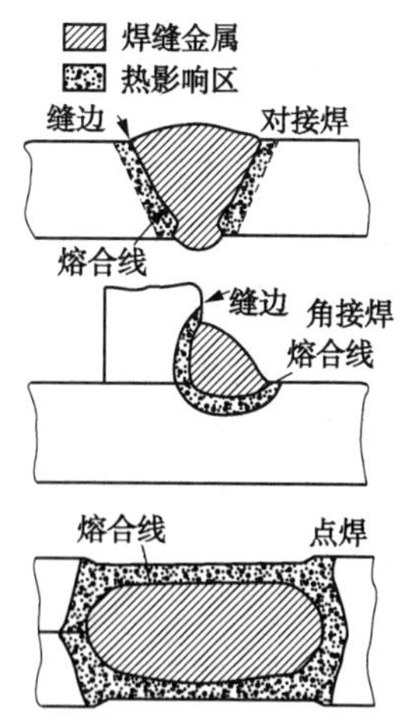

图 4-13　焊缝金属和热影响区

焊缝金属是一度熔化而又凝固的金属部分，显示为铸造组织，与母材有明显区别。焊缝金属和母材的共同边界叫熔合线，熔合线是恰好被加热到熔点或凝固温度范围的部分。对于钢，邻近熔合线数毫米的部分，经过粗视腐蚀可以区别于母材而识别，故称之热影响区。这个部分因为大体上是被加热到 Ac_1 线，是显微组织和机械性能显著发生变化的区域，又俗称“焊接第二区”。

邻近热影响区的母材中被加热到大约 200~700℃的部分，虽然没有发现显微组织的变化，但是机械性能有变化，是一个亚临界热影响区。对于低碳钢，这个区域会出现缺口韧性降低的情况，也被称做脆化区。这个区域以外母材的组织和机械性能都基本不会发生变化。

对于奥氏体钢、铁素体钢、铜合金和铝合金等，因为不发生相变，所以不能像珠光体钢那样在焊缝断面的宏观组织上看到明显的热影响区。但存在着晶粒长大或再结晶及机械性能、物理性能发生变化的情况。

随着热过程的发生，焊缝区域乃至整个焊接构件由于加热温度的不均匀性，可产生大小不同的残余应力。

以低碳钢为例，焊缝区金属由高温液态冷却到室温要经过两次组织变化：“一次结晶”是从液态到固态(奥氏体)；“二次结晶”是从固相线冷却到常温组织。

一次结晶是液态金属沿着垂直熔合面的方向向熔池中心结晶，不断形成层状组织的柱状晶粒并长大，晶粒内部存在成分不均匀的现象，也称作微观偏析或枝晶偏析。整个焊缝区也存在成分不均匀现象，称作宏观偏析或区域偏析。区域偏析除与成分、部位等因素有关外，还与焊缝形状系数($\varphi=B_{max}/H_{max}$)的大小有关。

$\varphi\leq1$ 时，杂质易集中在焊缝中间[图 4-14(a)]，易形成热裂纹；$\varphi\geq1.3\sim2.0$ 时，杂质易集聚在焊缝上部[图 4-14(b)]，不会造成薄弱截面。

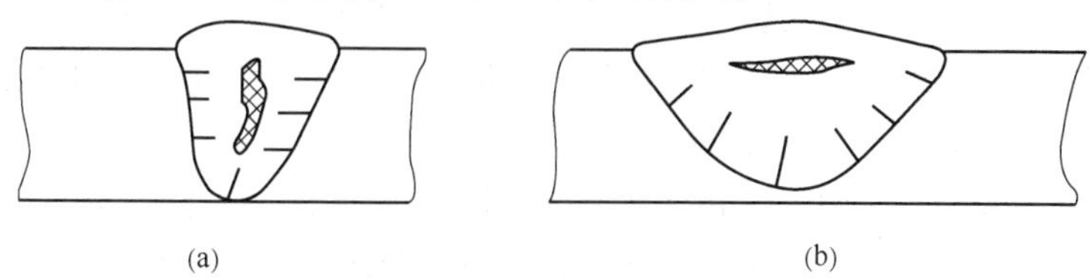

图 4-14　不同焊缝形状的区域偏析

二次结晶指由奥氏体冷却至室温组织的转变过程，与热影响区的金属组织转变很相似。

4.3.3 焊接的固相冶金(物理冶金)

1）热影响区的组织和性能

焊接时母材热影响区上各点距焊缝的远近不同，各点所经历的焊接热循环也不同，所得到的组织及其性能也就不同，整个焊接影响区的组织和性能也不均匀。

图 4-15 是钢的焊接热影响区组织分布的示意图。即表示焊缝从熔化状态冷却到 500℃左右时，焊接接头各区域的大概组织状态。

对于一般常用低碳钢和某些不易淬火的低合金钢，如 Q345R、15MnVR、15MnTiR 等，其组织特征可分为 6 个区：

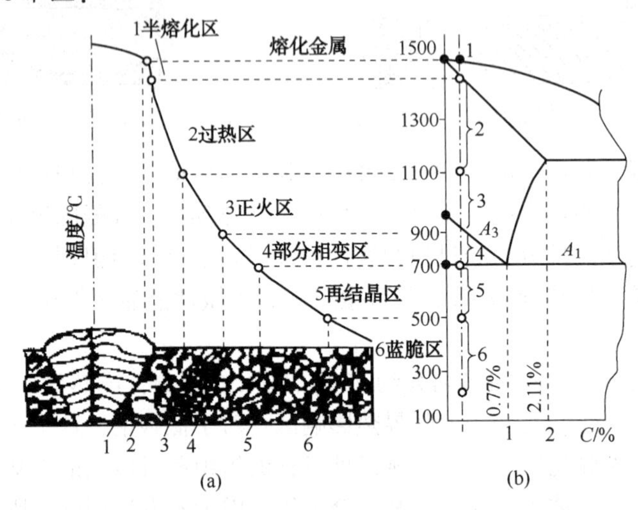

图 4-15 低碳钢热影响区的温度分布

(1) 熔合区(又称半熔化区) 此区在焊缝与母材的交界处，处于半熔化状态，是过热组织，冷却后晶粒粗大，化学成分和组织都不均匀，异种金属焊接时，这种情况更为严重，因此塑性较低。此区虽较窄，但是与母材相连，对焊接接头的影响很大。在许多情况下熔合区是产生裂纹、脆性破坏的发源地。

(2) 过热区 此区的温度范围是处在固相线以下到 1100℃左右，金属处于过热状态，奥氏晶粒严重长大，冷却后得到粗大的组织。在气焊和电渣焊时，常出现魏氏组织。此区的韧性很低，通常比母材低 20%~30%。在焊接刚度较大的结构时，容易在过热粗晶区产生脆化或裂纹。过热程度与高温停留时间有关，气焊比电弧焊过热严重。对同一种焊接方法，线能量越大，过热现象越严重。

过热区与熔合区一样都是焊接接头最薄弱环节。过热区的大小与焊接方法、线能量大小和母材的板厚等因素有关。

(3) 相变重结晶区(又称正火区) 在 Ac_3~1100℃之间，母材金属发生重结晶，即铁素体和珠光体全部转变为奥氏体。然后在空气中冷却，从而得到更为均匀而细小的铁素体和珠光体，相当于热处理时的正火组织，此区域的塑性和韧性都比较好。

(4) 不完全重结晶区(又称部分相变区) 处于 Ac_1~Ac_3之间的热影响区属于不完全重结晶区。焊接时加热温度稍高于 Ac_1线时，便开始有珠光体转变为奥氏体，随着温度升高，有部分铁素体逐步溶解到奥氏体中，冷却时又由奥氏体中析出细微的铁素体，直到 Ac_1线，残余的奥氏体转变为珠光体。晶粒也很细。但是，在上述转变过程中，始终未溶入奥氏体的部分铁素体不断长大，变成粗大的铁素体组织。此区金属组织是不均匀的，晶粒大小不同，力学性能不好，此区越窄，焊接接头性能越好。

（5）再结晶区　此区温度范围为450～500℃到Ac_1线之间，没有奥氏体的转变。若焊前经过冷变形，则有加工硬化组织，加热到此区后产生再结晶，加工硬化现象得到消除，性能有所改善。若焊前没有冷变形，则无上述过程。

（6）蓝脆区　此区温度范围在200～500℃。由于加热、冷却速度较快，强度稍有增加，塑性下降，可能会出现裂纹。此区的显微组织与母材相同。

上述六个区总称为热影响区，在显微镜下一般只能见到过热区、正火区和部分相变区。总的来说，热影响区的性能比母材焊前性能差，是焊接接头较薄弱的部位。一般情况下，热影响区越窄越好。

2）易淬火钢的热影响区

对于淬硬倾向较大的钢种，包括低碳调质钢（如18MnMoNb）、中碳钢（如45号钢）和中碳调质钢（如30CrMnSi），焊接热影响区的组织分布与母材焊前的热处理状态有关。如果母材焊前是正火或退火状态，则焊后热影响区可分为完全淬火区和不完全淬火区。

如果母材在焊前是调质状态，那么焊接热影响区的组织，除在上述完全淬火区和不完全淬火区之外，还可能发生不同程度回火，称为回火区（低于Ac_1以下区域）。回火区组织性能发生变化的程度，取决于调质处理的回火温度，低于此温度部位，其组织性能不发生变化，高于此温度的部位，其组织性能将发生变化，出现软化现象。

3）热影响区的性能

在热影响区存在硬度差别时，机械性能也会有局部变化。为研究该问题，可以研究焊接热影响不同部位的各种性能，也可着重研究熔合区附近或过热区的各种性能。研究方法普遍采用焊接热模拟制作机械性能试样，进而测定其各种性能。

为测定热影响区的缺口韧性分布，可以从焊接区横截面上的过热区位置上直接开缺口，做夏比冲击试验。但要保证整个缺口断面都是过热组织是困难的，还得用焊接热模拟的方法，模拟出与过热区组织相近似的冲击试样，并作夏比冲击试验。图4-16是一个焊接接头夏比冲击值的分布举例。

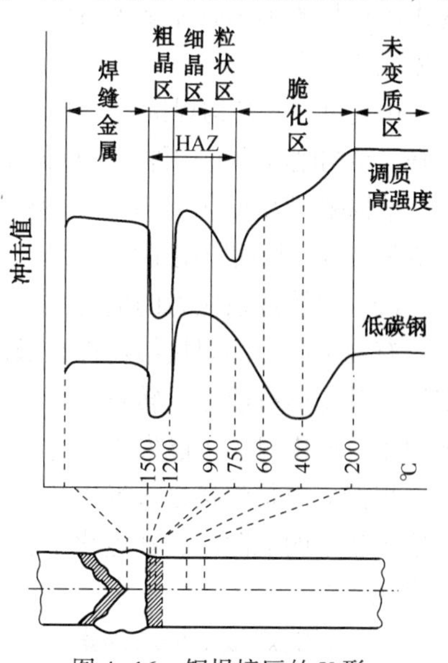

图4-16　钢焊接区的V形夏比冲击值的分布举例

综上所述，金属在焊接热循环的作用下，热影响区的组织是不均匀的。熔合区和过热区出现了严重的晶粒粗化，是整个焊接接头的薄弱地带。对于含碳量高、合金元素较多、淬硬倾向较大的钢种，还出现淬火马氏体组织，降低其塑性和韧性，易产生裂纹。

4）焊接残余应力

（1）产生的原因

焊接热输入引起材料不均匀局部加热，使焊缝区熔化，而与熔池毗邻的高温区材料的热膨胀则受到周围材料的限制，产生不均匀的压缩塑性变形。在冷却过程中，已经发生压缩塑性变形的这部分材料（如长焊缝的两侧）又受到周围条件的制约，而不能自由收缩，在不同程度上又被拉伸而卸载；与此同时，熔池凝固，金属冷却收缩时也产生相应的收缩拉应力与变形，产生不协调应变，焊接应力和变形便因此产生。焊接残余应力是在焊接构件中形成的自身平衡的内应力场，此外，金属相变伴随的体积变化也会产生相变应力。焊接热应力产生的根本原因是焊接过程的局部加热和冷却，从而产生的温度分布的不均匀性。现以一块板材中间对接焊(或者堆焊)为例分析其残余应力产生的过程，如图 4-17 所示。

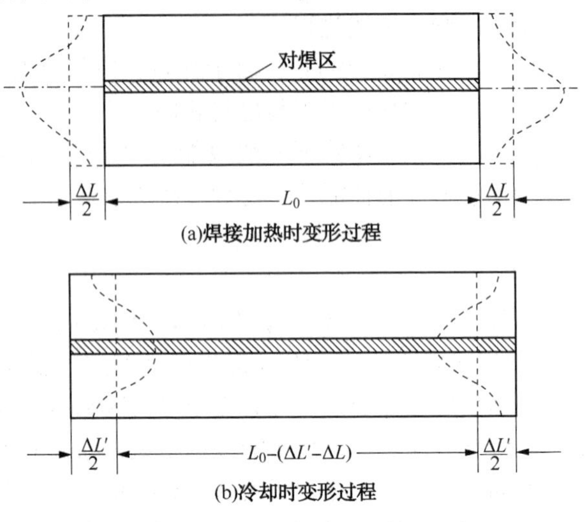

图 4-17　焊接过程残余应力产生示意图

焊接加热时，图中虚线表示的是沿横向的温度分布。假设板材沿焊缝是一条条独立的纤维，那么虚线也是自由膨胀时的伸长量的分布线。实际上纤维间是相互制约的，板材的实际伸长量为 ΔL。此时板材中间受压两边受拉。当中间部位的压应力超过高温下板材的强度极限时，便造成一定量的塑性变形，见图 4-17(a)。

焊后冷却时，由于加热时产生了一定量的塑性变形，在冷却时，如果假设板材纤维可自由伸缩，冷却到室温的变形量如图 4-17(b)中的虚线所示。实际上，由于板材纤维间的制约作用板材的实际收缩量为 $\Delta L'$。因此在焊缝中心产生最大的拉应力，向两边侧逐渐减小，并形成压应力。

由此可知，结构焊接后，由于焊接的热过程作用，必然产生焊接应力和变形。对于材料塑性好、结构刚度小的构件(如低碳钢或薄壁容器)，焊接易产生大变形、小应力；对材料塑性差、结构刚度大的构件(如厚壁容器)，则产生小变形、大应力。在设备拼接中往往使用点焊和拼装夹具，从而限制了构件变形，但同时增大了残余应力，此时应防止裂纹的产生。

(2) 焊接残余应力的危害性

有残余应力的焊接结构件在长时间的放置过程中，残余应力慢慢减小，产生一定的焊接变形，其变形有收缩、转角、弯曲、波浪、扭曲等几种类形。变形后的焊接件给设备组装带来困难。使用时，可能发生失稳破坏，如图 4-18 所示。

焊接应力是焊接接头发生热裂纹或冷裂纹必不可少的因素。残余应力区域是应力腐蚀时氢原子析集的危险区，在电化学腐蚀时容易形成微电池，加快焊接结构件的应力腐蚀、电化学腐蚀等。

(3) 影响焊接变形的因素

影响焊接变形的因素包括结构因素和工艺因素等方面。

焊接时的不均匀热输入是产生焊接应力与变形的决定因素。热输入是通过材料因素、制

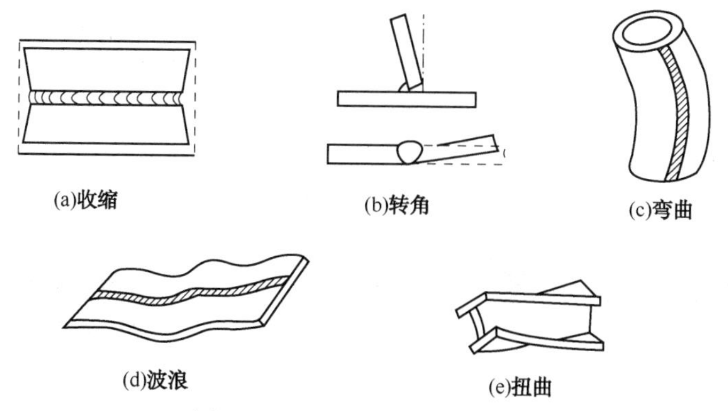

图 4-18 焊接变形的基本形式

造因素和结构因素所构成的内拘束度和外拘束度而影响热源周围的金属运动，最终形成焊接应力和变形。材料因素主要包含有材料特性、热物理常数及力学性能(热膨胀系数、弹性模量、屈服强度)，在焊接温度场中，这些特性呈现出决定热源周围金属运动的内拘束度。制造因素(工艺措施、夹持状态)和结构因素(构件形状、厚度及刚度)则更多地影响着热源周围金属运动的外拘束度。

图 4-19 所示为焊接过程中温度场、应力和变形场以及显微组织场的相互作用，实箭头表示强烈的影响；虚箭头表示较弱的影响。

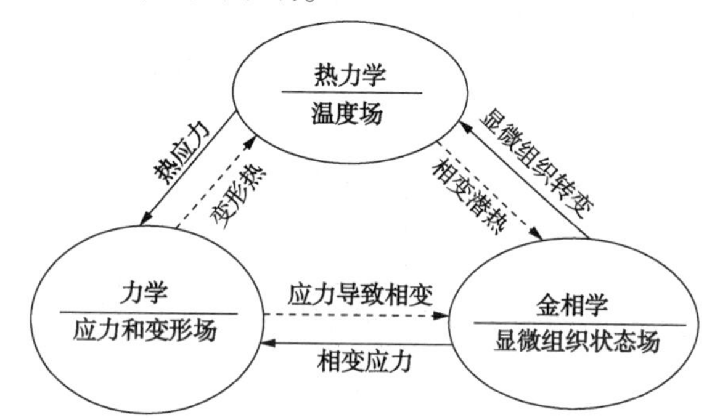

图 4-19 温度、应力、变形和显微组织的关系和相互作用

5）减小焊接变形和应力的措施

（1）焊接结构的合理设计

焊接结构中的焊缝应对称布置。设备开孔并补强时，其孔的位置应尽量布置在设备的对称位置。在结构设计中应尽量减少焊缝的数量和焊缝的长度，尽量采用型钢、冲压件以减少焊接结构，图 4-20 就是其中几例。在结构设计中应尽量避免焊缝的交叉。有时可以合并焊接接头，如图 4-21 和图 4-22 所示。

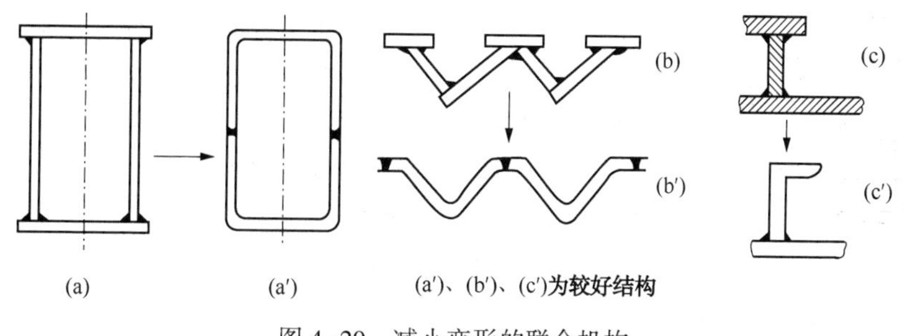

图 4-20 减小变形的联合机构

焊缝应尽量分布在应力最简单、应力最小处。因焊缝区不仅存有焊接缺陷，而且机械性能中的塑性、韧性较差，是结构中的薄弱环节，应尽量避开材料本身应力集中区，见图 4-23 和图 4-24。

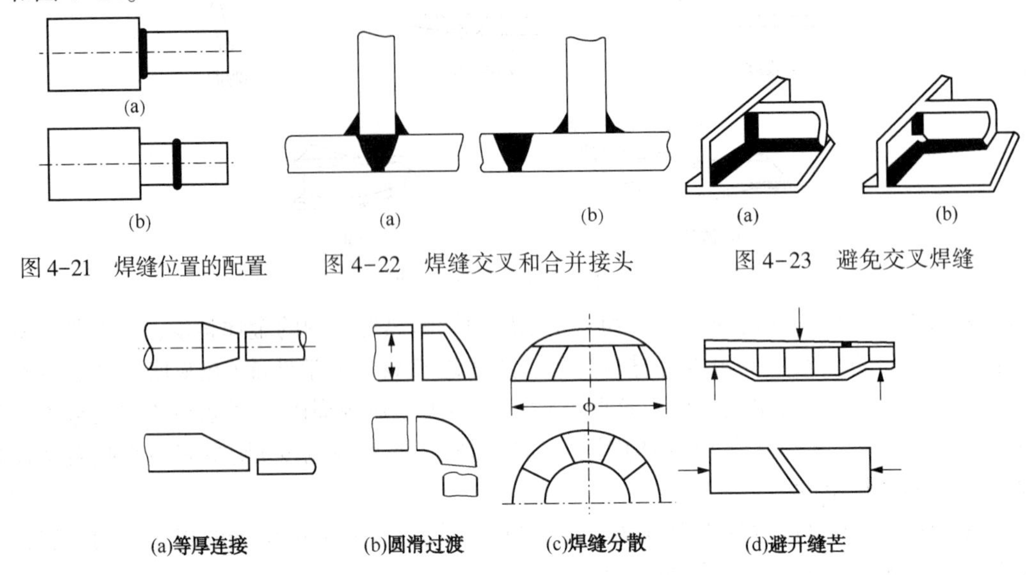

图 4-21　焊缝位置的配置　　图 4-22　焊缝交叉和合并接头　　图 4-23　避免交叉焊缝

图 4-24　减小应力和应力危害性的结构举例

厚度大的工件刚性大，焊接时产生大的应力和变形。为防止裂纹产生可局部降低焊件刚性，如图 4-25 所示。

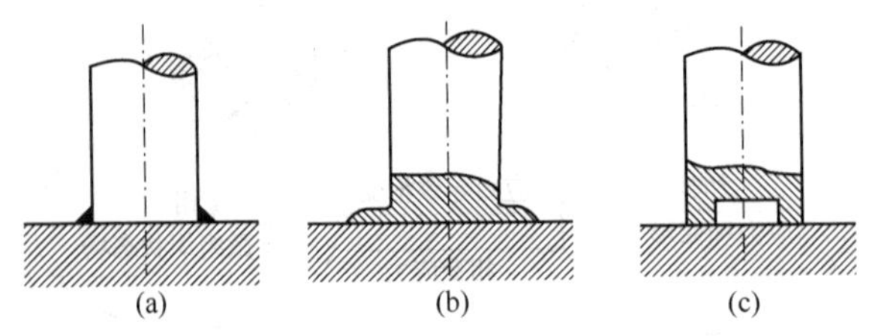

图 4-25　减小圆棒端部刚性

（2）焊接工艺的合理选择

① 拼焊顺序法。先焊纵焊缝后焊横焊缝，使焊接在较小的刚度下先焊接，既可以降低焊接的残余应力，又便于控制其焊接变形。

例如，塔器筒体的拼装，应先焊好筒节的纵焊缝，后将每个筒节对焊起来(即对环焊缝施焊)。否则两个横焊缝将限制筒节两端的自由变形而产生较大的残余应力。再如，球罐的球体焊接，也不能先把极带的横焊缝焊好，否则在施焊球瓣间的纵焊缝时，也会产生同样的情况。图 4-26 是大型容器底部拼焊的顺序示意图。遇到交叉焊缝时可参考图 4-27 的焊接顺序和处理方法，以解决设备拼焊的残余应力过大的问题。

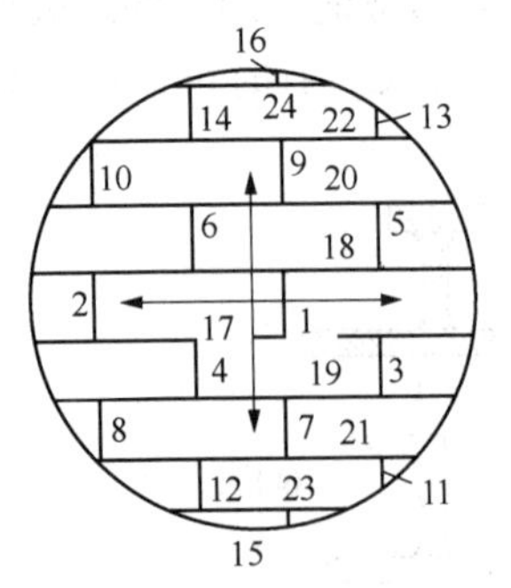

图 4-26　大型容器底部拼板焊接顺序

② 对称法施焊。在设计焊缝对称的构件中，如果施焊不当，仍可能造成焊件变形。因此对于具有对称焊缝的工件可由成双的焊工对称地进行施焊，这样可以使由焊缝所引起的变形相互抵消。图 4-28 是两名焊工对圆筒体对接时的施工顺序示意图。

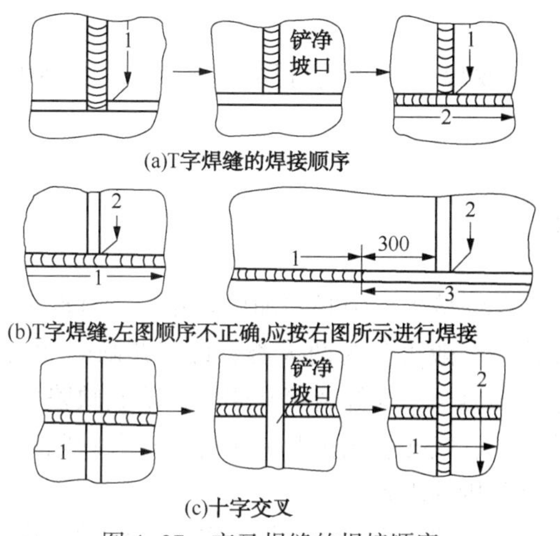

(a)T字焊缝的焊接顺序

(b)T字焊缝,左图顺序不正确,应按右图所示进行焊接

(c)十字交叉

图 4-27　交叉焊缝的焊接顺序

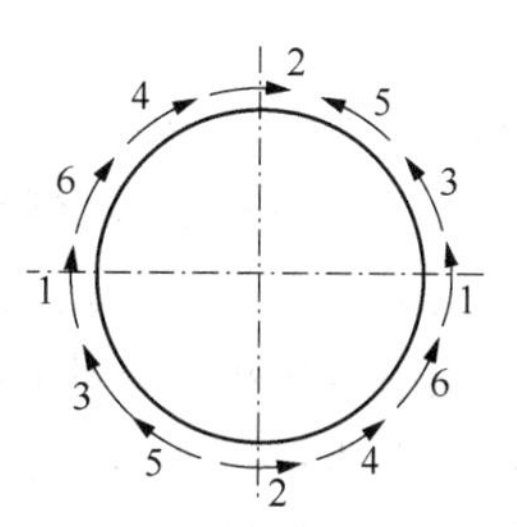

图 4-28　圆筒体对接焊焊接顺序

③ 分段退焊法施焊。对工件长焊缝如采用连续的直通焊法，将会产生较大的变形，这是由于长焊缝连续加热的结果。如果将连续焊变成断续焊，就减少了工件因加热而产生的塑性变形。甚至由于采用不同的焊接方向和顺序而使焊接变形相互抵消，以减少总体变形。

图 4-29 所表示的是当焊缝在 1m 以上时，施焊所采用的逐步退焊法、分中逐步退焊法、跳焊法、交替焊法、分中对称焊法等方法的示意图。退焊法和跳焊每段焊缝长度一般为 100~350mm 为宜。

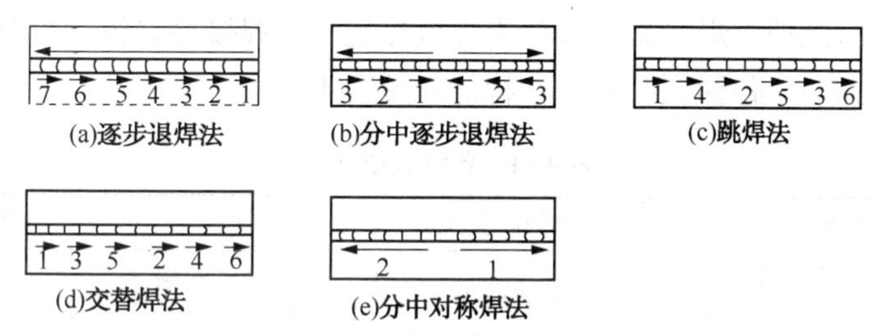

(a)逐步退焊法　(b)分中逐步退焊法　(c)跳焊法

(d)交替焊法　(e)分中对称焊法

图 4-29　采用不同焊接顺序的对接焊缝

④ 反变形法施焊。为了抵消焊接变形，在焊前装配时，先将工件向与焊接变形相反的方向进行人为的变形，这种方法称之为反变形法。图 4-30 是这种施焊方法的示意图。

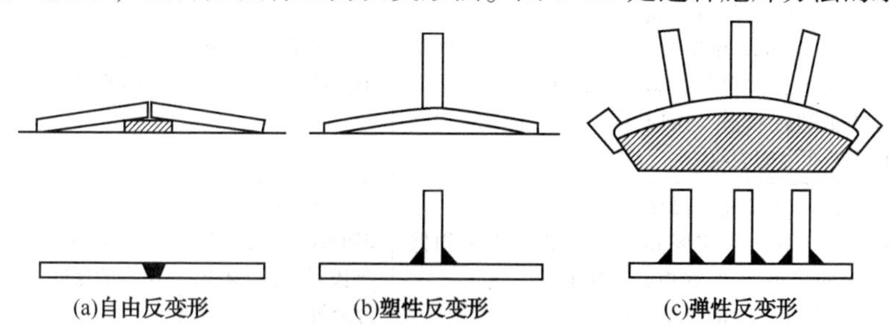

(a)自由反变形　(b)塑性反变形　(c)弹性反变形

图 4-30　8~12mm 厚板材对接焊的反变形法

⑤ 预热法。预热法是在焊前对焊件整体进行加热，一般加热到 150~350℃，其目的是减小焊缝区与焊接结构整体的温度差。温差越小，构件能够较均匀的冷却，从而减少其内应力。为了提高预热效果，还可采用焊中伴热。

⑥ 热处理法。为了减小焊后残余应力，对焊件或设备可进行整体的或局部的退火处理。整体退火可较好的消除焊接残余应力，但也有可能产生较大的变形；局部退火消除残余应力

效果有限，但退火后变形较小。

⑦ 冷却法。在焊接过程中，对焊缝以外或焊过部分进行局部冷却，以减小焊件变形。这对于奥氏体不锈钢的焊接是有效的。

4.4　焊接缺陷与焊接性

焊接缺陷是影响焊接质量的重要因素，在焊接生产中必须加以防止。一旦产生，需分析原因，并按有关标准要求进行修复。焊接缺陷一般可分为两大类，即工艺缺陷和冶金缺陷。工艺缺陷是指由于操作工艺造成的如咬边、未熔合、未焊透等缺陷。而冶金缺陷主要是在液相冶金和固相冶金过程中产生的，如各种裂纹、气孔、偏析及夹杂等，这种缺陷影响因素极为复杂，对接头质量影响极大，是本节重点分析的内容。

焊接裂纹是在焊接、退火、试验和使用过程中，焊接区产生的各种裂纹的总称。裂纹是焊接中最危险的缺陷之一，它不仅严重地削弱了容器的承载能力和耐腐蚀能力，即使不太严重的裂纹，由于使用过程中造成应力集中，也会成为各种断裂(脆性断裂、塑性断裂、疲劳断裂和腐蚀断裂等)的断裂源，造成设备的低应力破坏。现在许多标准、规范规定：凡用肉眼或无损检测能够检查出来的裂纹，在重要的焊接接头中一般不允许存在。

4.4.1　焊接裂纹的分类

根据裂纹产生的机理，焊接裂纹可分为焊接热裂纹、焊接冷裂纹、再热裂纹、层状撕裂及应力腐蚀裂纹等五类。各种裂纹的基本特征详见表 4-4。

表 4-4　各种裂纹分类

裂纹分类		基本特征	敏感的温度区间	母材	位置	裂纹走向
热裂纹	结晶裂纹	在结晶后期，由于低熔点共晶物形成的液态薄膜削弱了晶粒间的联结，在拉伸应力作用下发生开裂	在固相线温度以上稍高的温度(固液状态)	杂质较多的碳钢、低中合金钢、奥氏体钢、镍基合金及铝	焊缝上，少量在热影响区	沿奥氏体晶界
	多边化裂纹	已凝固的结晶前沿，在高温和应力的作用下，晶格缺陷发生移动和聚集，形成二次边界，它在高温时处于低塑性状态，在应力作用下产生的裂纹	固相线以下再结晶温度	纯金属及单相奥氏体合金	焊缝上，少量在热影响区	沿奥氏体晶界
	液化裂纹	在焊接热循环最高温度的作用下，在热影响区和多层焊的层间发生重熔，在应力作用下产生的裂纹	固相线以下稍低温度	含 S、P、C 较多的镍铬高强钢、奥氏体钢、镍基合金等	热影响区及多层焊的层间	沿晶界开裂
再热裂纹		厚板焊接结构消除应力热处理过程中，在热影响区的粗晶区存在不同程度的应力集中时，由于应力松弛所产生附加变形大于该部位的蠕变塑性，则发生再热裂纹	600 ~ 700℃ 回火处理	含有沉淀强化元素的高强钢、珠光体钢、奥氏体钢、镍基合金等	热影响区的粗晶区	沿晶界开裂

续表

裂纹分类		基本特征	敏感的温度区间	母材	位置	裂纹走向
冷裂纹	延迟裂纹	在淬硬组织、氢和拘束应力的共同作用下而产生的具有延迟特征的裂纹	在马氏体转变温度(M_s)以下	中、高碳钢、低、中合金钢、钛合金等	热影响区，少量在焊缝	沿晶或穿晶
	淬硬脆化裂纹	主要是由淬硬组织，在焊接应力作用下产生的裂纹	在马氏体转变温度(M_s)以下	含碳的 NiCrMo 钢，马氏体不锈钢、工具钢	热影响区，少量在焊缝	沿晶或穿晶
	低塑性脆化裂纹	在较低温度下，由于母材的收缩应变，超过了材料本身的塑性储备而产生的裂纹	在400℃以下	铸铁、堆焊硬质合金	热影响区及焊缝	沿晶及穿晶
层状撕裂		主要是由于板材的内部存在有分层的夹杂物(沿轧制方向)，在焊接时产生的垂直于轧制方向的应力，致使在热影响区或稍远的地方，产生“台阶”式层状开裂	约400℃以下	含有杂质的低合金高强钢厚板结构	热影响区附近	穿晶或沿晶
应力腐蚀裂纹		某些焊接结构(如容器和管道等)，在腐蚀介质和应力的共同作用下产生的延迟开裂	任何工作温度	碳钢、低合金钢、不锈钢、铝合金等	焊缝和热影响区	沿晶或穿晶开裂

4.4.2 焊接热裂纹

热裂纹大部分是在稍低于凝固温度时产生的凝固裂纹，也有少量是在凝固温度区间产生的。多数热裂纹产生在焊缝中，有时也产生于热影响区。热裂纹是焊接生产中比较常见的一种缺陷，从一般常用的低碳钢、低合金钢到奥氏体不锈钢、铝合金和镍合金等都有产生热裂纹的可能。热裂纹可分为结晶裂纹、液化裂纹和多边化裂纹三种。现在也有人把高温空穴开裂和再热裂纹也划归热裂纹的范畴。焊接生产过程中所遇到的热裂纹，主要是结晶裂纹，它是指焊缝结晶过程中，在固相线附近，由于凝固金属的收缩，残余液体金属不能及时填充，在应力作用下发生沿晶开裂，故称结晶裂纹。

1）焊接热裂纹形成机理

在焊缝金属凝固过程中，当熔化金属中存在一定量的低熔点共晶体时，首先结晶的是金属晶粒，而在晶粒间存在低熔点液体薄膜。如果此时产生一定的拉伸应力，则不会表现为晶粒的拉长，而是表现为液体薄膜的开裂，于是沿晶粒产生裂纹。

2）热裂纹特征

热裂纹产生在高温过程，即金属凝固的过程中；热裂纹起裂于晶界并沿晶界扩展；裂纹表面有明显的氧化颜色；热裂纹多产生于焊缝区，个别情况也出现在热影响区；出现在热影响区的原因是母材晶界上存在低熔点共晶体和有害杂质，在焊接过程中，这些低熔点共晶体被熔化，形成液态间层，在拉应力作用下形成裂纹，因此，也叫液化裂纹。

3）防止措施

可从冶金和工艺两方面采取措施，控制焊接热裂纹的产生。

(1) 冶金措施

冶金措施是用控制母材和焊接材料化学成分的办法，改变熔池中的金属成分，以防止热裂纹的产生，其主要方法如下：

① 控制材料中的S、P含量　S和P是钢中最有害的元素。它们在钢中能形成多种低熔点共晶，在结晶过程中极易形成共晶薄膜。而且S和P都是非常容易偏析的杂质，这就大大加重了它们的有害影响。把S、P控制到最低限度是必要的。

试验研究表明，防止产生热裂纹的含碳量与Mn、S的含量比有关，当含量增加时，Mn/S必须提高。C≥0.12%时，Mn/S>10不会出现热裂纹；当C>0.16%时，Mn/S>40才不会出现热裂纹。

② 增加母材和焊丝中的Mn含量　Mn元素在焊接中作用有两个：一是脱硫，二是提高金属塑性。二者都对防止热裂纹产生影响。在焊接冶金反应中，

$$[Mn]+[FeS]=(MnS)+[Fe]$$

式中，[ ]表示液态金属中的成分；( )表示熔渣中的成分。

MnS的熔点是1620℃。在熔池金属结晶过程中，MnS溶于液态的熔渣之中，并与熔渣一起脱出。即使MnS未来得及脱出，残留在焊缝金属中，也是以颗粒状分布，对形成裂纹不会产生影响。此外，由于Mn元素提高了金属塑性，从而减小了金属凝固中的焊接应力，起到了防止热裂纹的作用。

③ 增加焊剂或焊药中的MnO和CaO含量　这是焊接冶金反应进行脱硫的一种方法。因为，在冶金反应中：

$$[FeS]+(MnO)\rightleftharpoons(MnS)+(FeO) \qquad [FeS]+(CaO)\rightleftharpoons(CaS)+(FeO)$$

为了使上述反应由左向右进行，需增加MnO和CaO在焊剂或焊药中的含量。熔池中的FeS被MnO和CaO置换后，形成MnS、CaS和FeO等熔渣，从焊缝中被脱出。MnO和CaO都是碱性物质，在焊剂或焊药中的含量越高，其碱度越高。增加MnO和CaO含量，不仅能有效防止热裂纹，而且对防止冷裂纹也有利。因此，焊接重要的结构，最好使用碱性焊剂或碱性焊条。

④ 细化焊缝金属的晶粒　从金属结晶的晶粒度出发，如果结晶的晶粒粗大，结晶的方向性就明显，产生热裂纹的倾向就严重。为此，常在焊缝及母材中加入一些细化晶粒的合金元素，如钛、钼、钒、铌、铝和稀土等，一方面可以细化晶粒，打乱树枝状晶粒的方向；另一方面可以破坏液态薄膜的连续性。

(2) 焊接工艺措施

① 焊前预热、焊中伴热　对于产生热裂纹倾向严重的金属焊接，预热和伴热可减小焊接冷却速度，也就减小了冷却中可能产生的拉应力。同时改善了金属结晶条件，使焊缝金属的化学成分均匀化。但是，不是所有的金属材料焊接都要进行预热、伴热，而是与金属材料的淬硬性、板厚、结构刚度、焊接方法及施焊环境温度等因素有关。

预热温度一般为100～500℃，超过500℃施焊条件太差。对于含碳量超过5%的碳钢，即使预热到500℃也不起作用。

② 调整焊接规范　为了降低焊接冷却速度，可加大焊接的线能量。增大线能量主要靠增大焊接电流和电压实现，即加大焊接规范。此种方法对防止热裂纹有一定作用，但容易造成晶粒长大，因此，比预热效果差些。

③ 限制母材的杂质进入焊缝　一般的母材碳、硫、磷含量比焊丝的要高。例如，碳钢

焊条用焊芯的含碳量在0.1%以下，S、P含量控制在0.02%~0.04%。为了保证焊缝不出现热裂纹，应限制焊缝金属中母材熔入的比例，即减小熔合比。因此，焊接热裂纹敏感性强的材料，需开较大坡口。

4.4.3 焊接冷裂纹

冷裂纹是焊接接头冷却到较低温度时(对于钢，在马氏体转变温度 M_s 以下)产生的裂纹。它又可以分为延迟裂纹、淬硬脆化裂纹和低塑性脆化裂纹三种。由于绝大部分裂纹属于延迟裂纹，所以常常又将延迟裂纹称之为冷裂纹。

冷裂纹是石油化工设备失效中数量最大、造成后果最严重的一种焊接缺陷。由于过程设备的大型化、高参数化的发展趋势，所使用的钢材强度等级不断提高，冷裂纹倾向加大也给设备焊接提出了更高挑战。

1）冷裂纹的一般特征

要判定裂纹的类别，如判断是热裂纹还是冷裂纹，首先要了解冷裂纹的一般特征。

（1）材料特征　冷裂纹常发生在中、高碳钢、低合金高强度钢和钛合金等材料的焊接之后。这些材料的共同特点是焊接接头都发生马氏体相变。在不产生马氏体相变的奥氏体不锈钢、镍基合金和铝合金中，不会产生冷裂纹。

（2）温度特征　冷裂纹产生于焊缝凝固之后，一般为马氏体转变温度(M_s)以下或室温。

（3）分布特征　冷裂纹主要分布在热影响区，个别情况(如强度特别高的钢)有时也产生于焊缝区。从焊缝的表面看，热影响的冷裂纹主要沿熔合线呈纵向发展，在焊缝上的冷裂纹呈横向分布。从焊接接头的断面看，冷裂纹一般起源于焊根、焊趾等应力集中的部位，然后沿有利于裂纹扩展的途径向热影响区和焊缝区发展。

（4）延迟性特征　冷裂纹的产生往往在焊后延迟一段时间，即经过一段潜伏期后才会出现。潜伏期可能很短，甚至几乎在焊后立刻出现，也可能要经过几分钟、几小时，甚至几天或更长时间才会出现裂纹。由于设备裂纹在出厂前不一定被检查出来，所以更加大了设备使用的危险性。

（5）穿晶破坏特征　因为冷裂纹产生的温度较低，裂纹断口没有氧化的色彩，呈闪亮的金属光泽，这与热裂纹有明显的区别。同时，由于裂纹扩展时的应力很大，裂纹扩展速率很高，因此，除裂纹启裂时有沿晶断裂形式外，大多表现为穿晶破坏特征。

2）冷裂纹产生的机理

大量生产实践和理论研究表明：材料的淬硬倾向、焊接接头中的氢含量和焊接接头的拘束应力是形成冷裂纹的三大因素。这三大因素互相影响，当三者的作用达到一定程度时，在焊接接头便形成了冷裂纹。

（1）材料的淬硬倾向

材料的淬硬倾向越大，焊接越容易产生冷裂纹，其原因有两个：一是淬硬倾向严重的材料，容易形成脆硬的马氏体组织。马氏体组织表现在性能上是有很高的硬度和很低的塑性。发生断裂时将消耗较低的能量。这样的组织容易形成裂纹和造成裂纹的扩展。应当指出，同属马氏体组织，由于材料的化学成分和马氏体形态不同，对冷裂纹的敏感性是不一样的。对钢材而言，当钢材的含碳量较高、冷却速度很大时，容易形成片状的孪晶马氏体，它的硬度很高、韧性很差，所以对裂纹特别敏感；当钢中的含碳量较低、冷却速度很快时，则形成板条马氏体，它的韧性较好，其抗裂性大大优于孪晶马氏体。研究表明，各种组织对冷裂纹的敏感性由小到大可排列成如下顺序：

铁素体(F)—珠光体(P)—下贝氏体(BL)—低碳马氏体(板条马氏体)(ML)—上贝氏体(BU)—粒状贝氏体(Bg)—高碳孪晶马氏体(MU)

原因之二是淬硬会形成更多的晶格缺陷。淬硬组织是快速冷却条件下的相变结果。由于冷却速度快，产生热力学的不平衡，形成大量的晶格缺陷，即空位和位错。在应力作用下，空位和位错会发生移动和聚集，当位错密度达到一定的临界值后，就会形成裂纹源，并进一步扩展。

(2) 氢的作用

氢的作用不仅是形成冷裂纹的重要因素之一，而且由于氢的扩散和聚集需要一定的时间，故造成其独特的“延迟”现象。因此又把有氢的作用而产生的冷裂纹称做“氢致裂纹”或“氢致延迟裂纹”。氢的作用过程列于表4-5。

表 4-5 冷裂纹产生中氢的作用过程

过程序号	过程名称	氢的行为分析	备注
1	产生氢原子	焊条或焊丝、焊剂及母材表面有水、油和纤维质存在。在焊接电弧的作用下，上述物质发生电离、产生原子状态的氢	
2	氢的溶解	焊丝金属在电弧高温区过渡和在熔池中沸腾时，溶解大量氢原子	
3	氢原子的残留与扩散	焊缝金属的快速冷却，使一部分氢来不及逸出金属表面，氢原子残留在焊缝中，并在焊缝中扩散	扩散到热影响区(HAZ)的氢的浓度高于焊缝区
4	氢的析集	残留氢逐渐扩散到晶界、夹杂物、气孔、晶格缺陷及应力集中的地方，使氢原子集中，称之为氢的析集	
5	氢分子的膨胀	析集起来的氢原子合成为氢分子，使气态的氢分子体积迅速膨胀。其膨胀压力很大，从几十兆帕到几千兆帕	根据一些试验和假说
6	萌生裂纹	氢的膨胀作用把析集处的空隙撑裂，金属萌生裂纹	
7	裂纹扩展	裂纹产生后，使局部压力降低，但新的氢的扩散—析集—膨胀又开始，使裂纹尖端处的裂纹不断扩展	3~7过程是反复进行的

应该指出，表4-5的过程表述是建立在金属强度理论和焊接裂纹理论上的某些试验和假说的基础上。虽然有一定试验基础，但不尽完善，目前人们尚无完全一致的看法，正在探索之中。

(3) 焊接接头的应力状态

冷裂纹的产生不仅取决于钢的淬硬倾向和氢的作用，还取决于焊接接头的应力状态，在某些情况下它还起决定性的作用。

在焊接条件下焊缝接头应力主要由焊接热过程、金属相变过程以及结构自拘束条件所引起。

由于焊接属于不均匀加热及冷却过程，会引起不均匀的膨胀和收缩，焊后将会产生不同程度的残余应力。这种应力的大小与母材和填充金属的强度、热物理性质和结构的刚度有关。强度越高、线胀系数越大及结构刚度越大时残余应力越大。对于屈服点较低的低碳钢，残余应力可达σ_s的1.2倍。

金属相变引起的组织应力指高强钢奥氏体分解时(析出铁素体、珠光体、马氏体等)所引起的体积膨胀，而且转变后的组织都具有较小的膨胀系数，该过程将降低焊后收缩时产生的拉伸应力，相变应力降低了焊接冷裂纹倾向。

结构自拘束条件包括结构的刚度、焊缝位置、焊接顺序、构件的自重、负载情况，以及其他受热部位冷却过程中的收缩等，以上均会使焊接接头承受不同的应力。

3）防止冷裂纹的措施

在母材和焊接接头型式已定的前提下，防止冷裂纹应从减少焊接接头淬硬组织、减少氢原子的来源、使氢原子从焊缝表面逸出和控制焊接残余应力等方面采取有效措施。

（1）控制母材化学成分

母材化学成分影响钢材的淬硬倾向，对裂纹的产生具有决定性的作用。为了根据钢种的化学成分评定冷裂倾向，各国建立了一系列的碳当量公式。在传统的合金结构钢中，随着强度级别的提高，含碳及合金元素增多，碳当量增大，裂纹倾向增大，焊接性变差。在各种合金元素中，碳的影响最大。为了改善钢的焊接性，从冶金方面出发，采用多种微量元素合金化，使硫、磷、氧、氮等元素控制在极低的水平，并配合控轧控冷等措施，在大幅度提高强度的同时，仍保持有足够高的塑性、韧性，显著提高了钢材的品质，使这种钢具有良好的抗裂性，改善了焊接性。

（2）合理选择焊接材料

在焊接重要的结构和强度高的钢材时，多采用低氢焊条或焊剂，即碱性材料。因为低氢焊条(或焊剂)的焊药中主要成分是大理石和萤石，大理石作为造气剂形成 CO_2 保护气体，可防止氢的侵入；萤石的主要成分是 CaF，CaF 与氢发生反应形成 H_2F，以气态排入大气，减少了残留氢。同时碱性材料含有较多的脱氧剂和合金剂，可提高焊缝质量。

氢原子主要来源于焊丝、焊剂、焊条和金属表面的水、油和纤维质在电弧电离作用下的分解。若对焊剂、焊条烘干，对焊丝和金属表面进行认真的清理，便从根本上限制了氢的侵入，对焊条、焊剂的烘干尤其重要。焊条烘干温度与扩散氢含量的关系如图 4-31 所示。为了防止烘干后的焊条重新吸湿，在施工现场推广使用焊条保温筒是一个有效的办法。

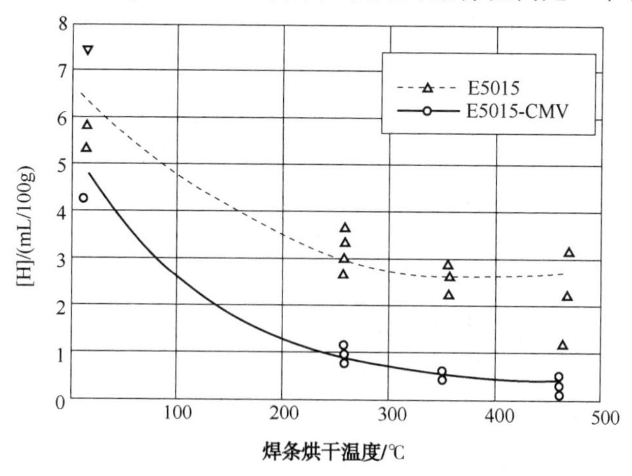

图 4-31　焊条烘干温度与扩散氢含量的关系

（3）合理控制焊接热循环

热影响的淬硬倾向，不仅与母材的化学成分有关，而且与焊接热循环(尤其是 800℃左右冷却至 500℃左右所需时间，即 $t_{5/8}$)有直接关系。因为在这段时间热影响区金属发生了相变，决定了热影响区组织的不同组分比。要控制热影响区的淬硬倾向，除选择合适的焊接方法外，还应合理地控制焊接规范(线能量)。此外，应合理地确定预热温度和焊后热处理工艺，并注意以下几点。

① 适当加大线能量。线能量大，热循环曲线平缓，避免了热影响区冷却速度过大。但此时会延长高温停留时间，加重组织过热。在选择线能量时要二者兼顾，如图 4-32(c)所示。改变母材的初始温度 t_0。预热可提高母材的初始温度，减小焊接时温差，降低冷却速度，从而延长了 $t_{5/8}$的时间。结构钢的预热温度 t_0一般不超过 200℃，以免过大影响曲线的高温部分，尽量减小热影响区高温停留时间，防止组织过热，如图 4-32(a)所示。

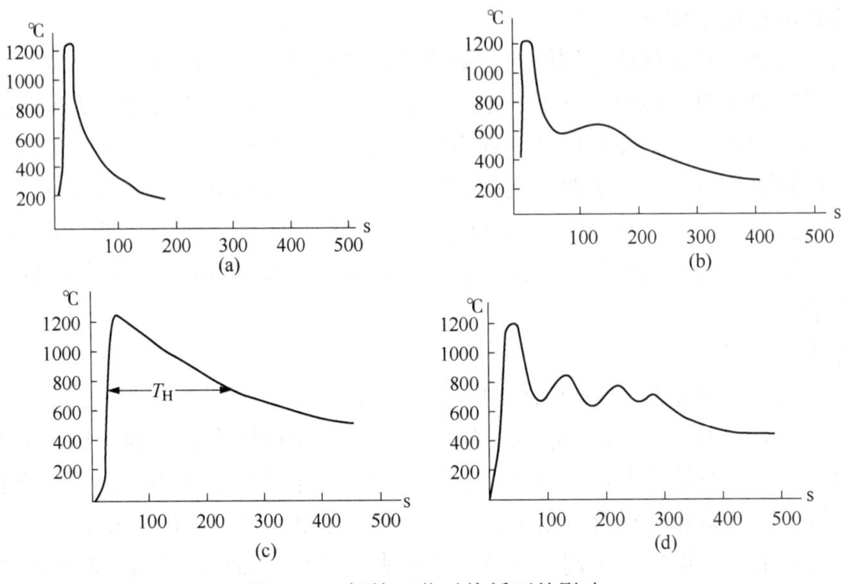

图 4-32　焊接工艺对热循环的影响

② 伴热或增加焊接层数。在热影响温度降至马氏体转变温度 M_s 之前，用气体火焰或其他加热方法，使工件温度提高，以减小冷却速度。增加 $t_{5/8}$时间，防止或减小淬硬倾向，此方法称之为伴热，如图 4-32(b)所示。

③ 在焊接厚板时尽量采用多道焊，采用多层焊可使次一层焊道对前一层焊道进行一次回火处理，改善前一层焊道的淬硬组织，并对前一层焊道起消氢作用；而前一层焊道的余热又相当于对后一层焊道预热，在热影响区马氏体转变温度以下时便焊接下一层，延长 $t_{5/8}$时间，防止淬硬组织过多地出现，如图 4-32(d)所示。

(4) 加强施工质量管理

大量的生产实践证明，许多焊接裂纹事故往往不是母材、焊接材料不合格或结构设计、工艺设计不合理，而是由于施工质量差所造成的。为了防止产生焊接冷裂纹，在施工中应特别注意保持焊接坡口清洁、提高装配质量(不产生装配应力)、提高焊接质量、不能在焊缝以外的地方随意引弧或焊接临时卡具，避免产生残余应力。

4.4.4　金属材料的焊接性

1) 金属焊接性的含义

金属材料是设备制造中最常用的工程材料，它除了具备良好的强度、韧性之外，往往还具有在高温、低温以及腐蚀介质中工作的能力。但是，在焊接条件下，金属的性能，主要是焊接接头的性能会发生某些变化。

由于焊接是在很短时间内，焊缝金属与热影响区经历了加热、熔化、冷却、结晶、化学反应、相变和应力作用等一系列物理变化、化学反应的复杂过程。而此过程又是在焊接接头这一很小区域范围内，在温度分布和化学成分都处于极不平衡的特定条件下进行的。这就可能带来两种后果：宏观上，材料焊接后在焊缝和热影响区可能产生裂纹、气孔、夹渣等一系列缺陷，破坏了金属材料的连续性和完整性，直接影响到焊接接头的强度和气密性；微观上，金属材料焊接后，由于焊接金属组织的变化及结晶晶粒的变化，可能使它们的某些使用性能，如低温韧性、高温强度、耐腐蚀性能等下降。为了使金属材料在一定的工艺条件下，形成具有一定使用性能的焊接接头，不仅要了解材料本身的性能，还要了解金属材料焊接后性能的变化，也就要研究金属的焊接性问题。

《焊接名词》(GB/T 3375—1994)将焊接性解释为："材料在限定的施工条件下焊接或按规定设计要求的构件，并满足预定服役要求的能力。焊接性受材料、焊接方法、构件类型及使用要求四个因素的影响"。通俗地讲，焊接性是指金属材料"好焊不好焊"以及焊成的焊接接头"好用不好用"。

2）影响金属焊接性的因素

焊接性是金属材料的一种工艺性能，它既与材料本身的性质有关，又与焊接方法、构件类型、使用要求等有关。

（1）材料因素

母材本身的性能对其焊接起着决定性的作用。例如，铝的化学性质很活泼，容易氧化和烧损，所以铝的焊接比钢困难得多。

母材的性质除影响到焊缝外，还影响到热影响区。例如，低碳钢的焊接性很好，它的热影响区组织对焊接线能量不敏感，可采用各种焊接方法；而中碳钢的焊接性较差，其热影响区组织对线能量敏感，过小的线能量可能造成热影响区的裂纹和淬硬脆化，过大的线能量又可能造成热影响区的过热脆化和软化，所以不仅要控制焊接线能量，还要采用预热、缓冷等其他工艺措施。

焊接材料对母材的焊接性也有很大影响，通过调整焊接材料的化学成分和改变熔合比，可以在一定程度上改善母材的焊接性。

（2）焊接方法

大量实践证明，同一种母材，在采用不同的焊接方法和工艺措施的条件下，其焊接性会表现出极大的差别。焊接方法的影响来自两个方面，一是焊接热源的功率密度、加热最高温度、功率大小等，它们直接影响焊接热循环的各项参数，从而影响焊接接头的组织和性能；二是对熔池的保护方式，如熔渣保护、气体保护、气-渣联合保护或是真空中焊接等不同的保护条件必然影响焊接冶金过程并对焊接的质量和性能产生不同的效果。

除焊接方法外，其他工艺措施，例如预热、缓冷、后热、坡口处理、焊接顺序等也对焊接性产生很大影响。尤其焊前预热和焊后热处理，对降低焊接残余应力、减缓冷却速度以防止热影响区淬硬脆化，避免焊接接头热裂纹或冷裂纹等都起到一定的作用。

（3）构件类型

构件类型直接影响到它的刚度、拘束力的大小和方向，而这些又影响到焊接接头的各种裂纹倾向。尽量减小焊接接头的刚度，减小交叉焊缝，减小造成应力集中的各种因素是改善焊接性的重要措施之一。

（4）使用要求

焊接接头所承受的载荷性质及工作温度的高低、工作介质的腐蚀性等均属于使用条件。使用条件苛刻程度也必然影响对金属材料的焊接性要求。例如，高温下承载的焊接接头要考虑发生蠕变的可能性；承受冲击载荷或在低温下工作的焊接接头，要考虑脆性断裂的可能性；在腐蚀介质中工作或经受交变载荷的焊接接头，要考虑应力腐蚀或疲劳破坏的可能性等等。这就是说，使用条件越是苛刻，对焊接接头质量要求就越高，金属的工艺焊接性就越不容易保证。

综上所述，金属的焊接性与材料、工艺、结构、使用条件等因素有关。不能仅仅从材料本身的性能来评价，也很难有某项技术指标可以概括材料的焊接性，只有通过多方面的综合分析，才能评价金属材料的焊接性。

3）焊接工艺评定

根据《承压设备焊接工艺评定》(NB/T 47014—2011)[56]，焊接工艺评定一般过程是：根据金属材料的焊接性能，按照设计文件规定和制造工艺拟定预焊接工艺规程，施焊试件和制取试样，检测焊接接头是否符合规定的要求，并形成焊接工艺评定报告对预焊接工艺规程进行评价。试件检验项目包括：外观检查、无损检测、力学性能试验和弯曲试验。外观检查和无损检测(NB/T 47013 系列)结果不得有裂纹，力学试验和弯曲试验方法依据《承压设备产品焊接试件的力学性能检验》(NB/T 47016—2011)[57]。

（1）取样要求

取样时，一般采用冷加工方法，当采用热加工方法取样时，则应去除热影响区；允许避开焊接缺陷、缺欠制取试样；试样去除焊缝余高前允许对试样进行冷校平；板状对接焊缝试件上试样取样位置见图 4-33，具体的试样形状见 NB/T 47014—2011[56]。

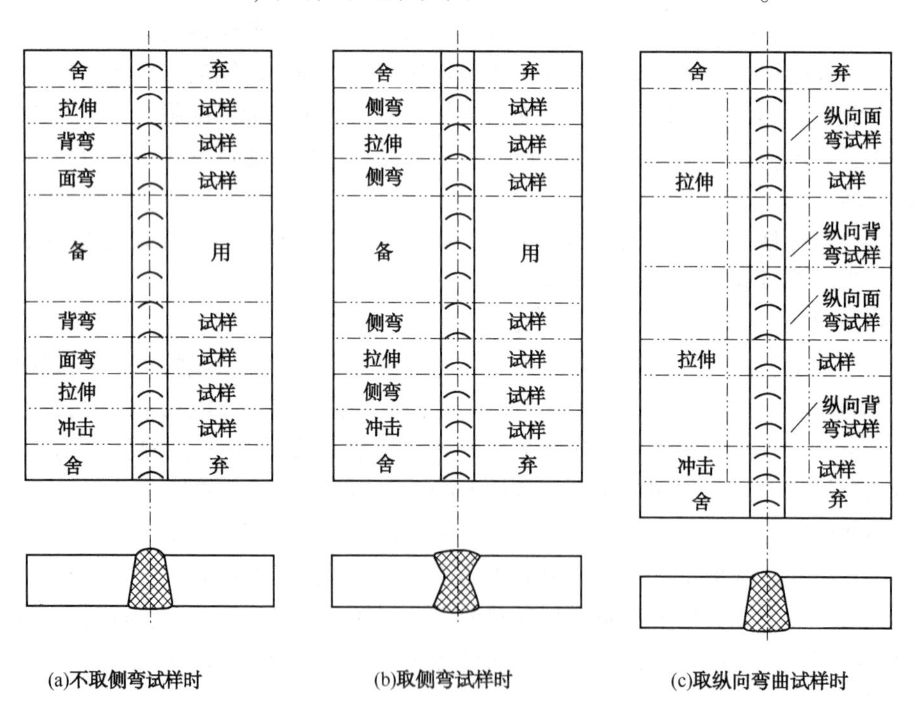

图 4-33　板状对接焊缝试件上试样位置图

（2）拉伸试验合格指标

试样母材为同一金属材料代号时，每个(片)试样的抗拉强度应不低于本标准规定的母材抗拉强度最低值。

① 钢质母材规定的抗拉强度最低值，等于其标准规定的抗拉强度下限值；

② 铝质母材类别为 Al-1、Al-2、Al-5 的母材规定的抗拉强度最低值，等于其退火状态标准规定的抗拉强度下限值；

③ 钛质母材规定的抗拉强度最低值，等于其退火状态标准规定的抗拉强度下限值；

④ 铜质母材规定的抗拉强度最低值，等于其退火状态与其他状态标准规定的抗拉强度下限值中的较小值。当挤制铜材在标准中没有给出退火状态下规定的抗拉强度下限值时，可以按原状态下标准规定的抗拉强度下限值的 90%确定，或按试验研究结果确定；

⑤ 镍质母材规定的抗拉强度最低值，等于其退火状态(限 Ni-1 类、Ni-2 类)或固溶状态(限 Ni-3 类、Ni-4 类、Ni-5 类)的母材标准规定的抗拉强度下限值。

试样母材为两种金属材料代号时，每个(片)试样的抗拉强度应不低于本标准规定的两种母材抗拉强度最低值中的较小值。

若规定使用室温抗拉强度低于母材的焊缝金属，则每个(片)试样的抗拉强度应不低于焊缝金属规定的抗拉强度最低值。

上述试样如果断在焊缝或熔合线以外的母材上，其抗拉强度值不得低于本标准规定的母材抗拉强度最低值的 95%，可认为试验符合要求。

(3) 弯曲试验合格指标

对接焊缝试件的弯曲试样弯曲到规定的角度后，其拉伸面上的焊缝和热影响区内，沿任何方向不得有单条长度大于 3mm 的开口缺陷，试样的棱角开口缺陷一般不计，但由未熔合、夹渣或其他内部缺欠引起的棱角开口缺陷长度应计入。

若采用两片或多片试样时，每片试样都应符合上述要求。

(4) 冲击试验合格指标

试验温度应不高于钢材标准规定冲击试验温度。

钢质焊接接头每个区 3 个标准试样为一组的冲击吸收功平均值应符合设计文件或相关技术文件规定，且不应低于表 4-6 中规定值，至多允许有 1 个试样的冲击吸收功低于规定值，但不得低于规定值的 70%。

含镁量超过3%的铝镁合金母材，试验温度应不高于承压设备的最低设计金属温度，焊缝区 3 个标准试样为一组的冲击吸收功平均值，应符合设计文件或相关技术文件规定，且不应小于 20J，至多允许有 1 个试样的冲击吸收功低于规定值，但不低于规定值的 70%。宽度为 7.5mm 或 5mm 的小尺寸冲击试样的冲击功指标，分别为标准试样冲击功指标的 75%或 50%。

表 4-6　钢材及奥氏体不锈钢焊缝的冲击功最低值

材料类别	钢材标准抗拉强度下限值 R_m/MPa	3 个标准试样冲击功平均值 KV_2/J
碳钢和低合金钢	≤450	≥20
	>450~510	≥24
	>510~570	≥31
	>570~630	≥34
	>630~690	≥38
奥氏体不锈钢焊缝	—	≥31

4）间接方法（碳当量法）

间接方法是根据合金元素含量来评定钢的焊接性。世界各国在研究这个问题时的试验条件不同，所适用的材料范围也不一样，焊接性的表达方式也有所不同。其中常用的计算方法如下。

评价金属材料焊接性的最基本出发点是材料焊接时不产生冷裂纹，即冷裂敏感性。冷裂敏感性与焊接接头含氢量、拘束力和材料淬硬倾向有关。其中淬硬倾向与材料化学成分有直接关系。化学成分中又以碳的含量影响最大，其他合金元素对淬硬倾向的作用都可以折合成碳并加以叠加，这就是所谓碳当量（C_{eq}）的概念，其表达式如下。

国际焊接学会（IIW）推荐：

$$C_{eq}=C+\frac{Mn}{6}+\frac{Cr+Mo+V}{5}+\frac{Ni+Cu}{15}\quad \% \tag{4-6}$$

此公式用于500~600MPa级的非调质高强钢。当 $C_{eq}\leqslant 0.45\%$ 时，焊接厚度为25mm的板可不预热；当 $C_{eq}<0.41\%$ 且含碳量<0.207%时，焊接厚度小于37mm的板可不预热。

美国焊接学会（AWS）推荐：

$$C_{eq}=C+\frac{Mn}{6}+\frac{Si}{24}+\frac{Ni}{15}+\frac{Cr}{5}+\frac{Mo}{4}+\frac{Cu}{13}+\frac{P}{2}\quad \% \tag{4-7}$$

此公式的适用成分范围为：C<0.6%；Mn<1.6%；Ni<3.3%；Cr<1.0%；Mo<0.6%；Cu=0.5%~1.0%；P=0.05%~0.15%。当Cu<0.5%或P<0.05%时则可以不计入。

试样结果经整理得图4-34及表4-7，可以作为确定最佳焊接条件的依据。

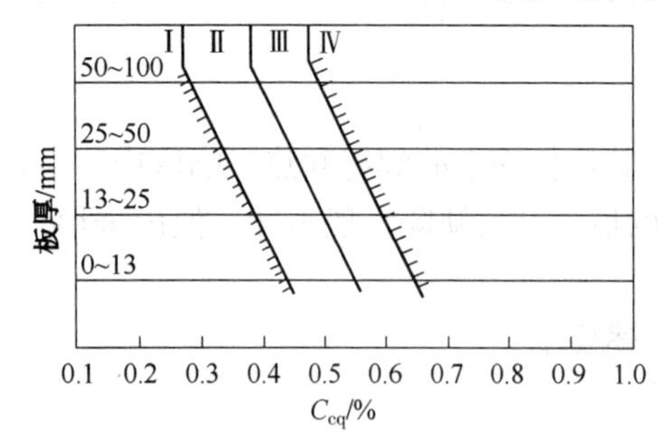

图4-34　焊接条件与碳当量的关系

日本焊接学会（WES）推荐：

$$C_{eq}=C+\frac{Mn}{6}+\frac{Si}{24}+\frac{Ni}{40}+\frac{Cr}{5}+\frac{Mo}{4}+\frac{V}{14}\quad \% \tag{4-8}$$

此公式的适用范围为：C<0.2%；Si<0.55%；Mn<1.5%；Cu<0.5；Ni<2.5%；Cr<1.25%；Mo<0.7%；V<0.1%；B<0.006%。

表4-7　不同焊接性等级的钢材应采用的焊接条件

焊接性	普通酸性焊条	低氢焊条	消除应力	敲击处理
Ⅰ优良	不需预热	不需预热	不需	不需
Ⅱ较好	预热40~100℃	-10℃以上不需预热	任意	任意
Ⅲ尚好	预热150℃	预热40~100℃	希望	希望
Ⅳ尚可	预热150~200℃	预热100℃	必要	希望

4.5　焊接方法、设备及工艺

焊接方法、设备工艺涉及焊接过程的各个方面，其内容和范围极为广泛。由于篇幅的限制，本书把研究对象局限在设备制造；把目标定在能正确地认识和选择设备制造的常用焊接方法、焊接材料及合理选择工艺参数上。焊接是各种产品制造中最重要的加工方法，目前使用的焊接方法已达数十种。本节只对设备制造中常用的焊条电弧焊、埋弧焊、气体保护焊等焊接方法予以介绍。

4.5.1 焊条电弧焊

1）概述

焊条电弧焊是以外部涂有涂料的焊条作电极和填充金属，电弧是在焊条的端部和被焊工件表面之间燃烧(图 4-35)。涂料在电弧热作用下一方面可以产生气体以保护电弧，另一方面可以产生熔渣覆盖在熔池表面，防止熔化金属与周围气体的相互作用。熔渣的更重要作用是与熔化金属产生物理化学反应或添加合金元素，改善焊缝金属性能。焊条电弧焊设备简单、轻便，操作灵活。可以应用于维修及装配中的短缝的焊接，特别是可以用于难以达到的部位的焊接，目前仍是应用最广泛的方法。但焊条电弧焊也存在劳动强度大，焊接质量受工人技术水平影响不稳定等缺点。

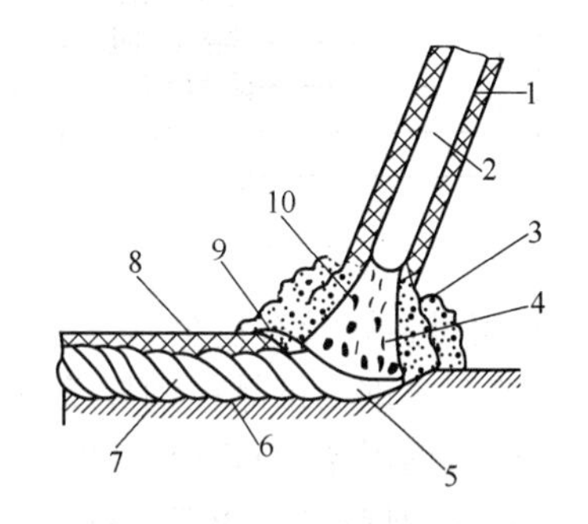

图 4-35 焊条电弧焊示意图

1—药皮；2—焊芯；3—保护气；4—电弧；5—熔池；6—母材；7—焊缝；8—渣壳；9—熔渣；10—熔滴

2）焊条电弧焊应用范围

从所焊接的材料看，焊条电弧焊适用于碳钢、低合金钢、不锈钢、铜及铜合金、铝及铝合金、镍及镍合金等金属材料的焊接，同时适用于铸铁的补焊和各种金属的堆焊。活泼金属(如钛、铌、锆等)和难熔金属(如钽、钼等)由于熔池机械保护效果不够好，焊接质量达不到要求，不能采用焊条电弧焊，低熔点金属如铅、锡、锌及其合金由于电弧温度太高，也不用焊条电弧焊。

3）焊条电弧焊设备及工具

焊条电弧焊的设备及工具包括焊接电源、焊钳、焊接电缆、面罩和焊条等。

焊接电源的主要功能是对焊接电弧提供电能，目前国内焊条电弧焊设备有三大类：弧焊变压器(交流电焊机)、弧焊发电机(直流电焊机)和弧焊整流器，重要的焊接接头选用直流电源，一般要求的焊接接头可选用交流电源。

焊钳是用来夹持焊条进行焊接的工具，同时也起着从焊接电缆向焊条传导焊接电流的作用。

面罩是为防止焊接时的飞溅、弧光及其辐射对焊工的保护工具，面罩上的护目遮光镜片可按焊接电流规格选择，镜片号越大，镜片越暗。

焊条是涂有药皮的供焊条电弧焊用的熔化电极。焊条由焊芯和药皮(涂层)两个部分组成，焊条电弧焊时焊芯既是焊接的电极，又是填充金属。焊芯采用专用的金属丝——焊丝。焊条的涂层是以矿石粉末、铁合金粉、有机物和化工制剂等为原料，按一定比例配制后涂压在焊芯表面上的一层涂料，既稳定电弧、减少飞溅、保护熔池，又可以参与冶金反应，添加有益元素。

焊条型号根据熔敷金属的力学性能、药皮类型、焊接位置和焊接电流种类划分。

焊条型号编制方法一般采用字母“E”表示焊条，后面跟一系列数字及字母。不同焊条的数字及字母意义也不同。如非合金钢及热强钢的焊接主要保证焊接接头强度，所以“E”之后前两位数字表示熔敷金属抗拉强度最小值；而不锈钢的焊接要保证焊缝接头化学成分，因此

"E"之后三位数表示熔敷金属化学成分；铝等有色金属字母"E"之后常表示合金牌号。后续数字或字母表示焊接位置、药皮类型等，热强钢焊条型号表示见图 4-36，不锈钢焊条型号表示见图 4-37。

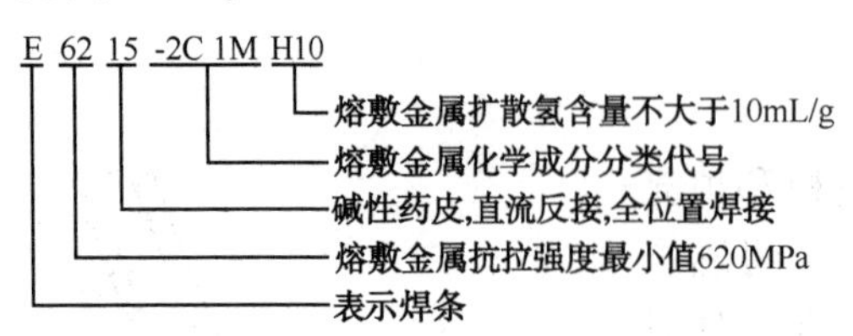

图 4-36　热强钢焊条表示

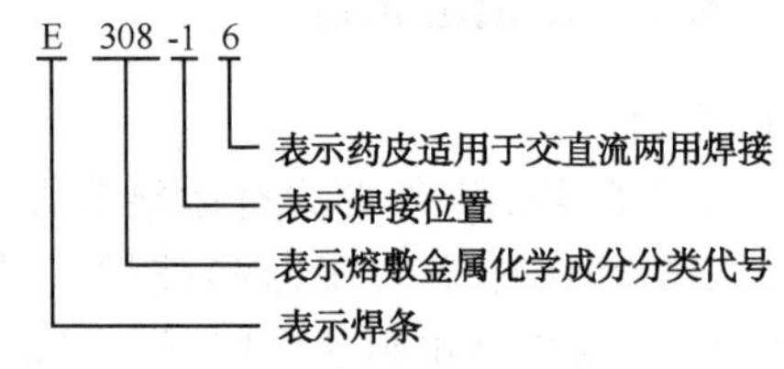

图 4-37　不锈钢焊条表示

常用黑金属及有色金属焊条的相关标准如下：

《非合金钢及细晶粒钢焊条》(GB/T 5117—2012)[58]；

《热强钢焊条》(GB/T 5118—2012)[59]；

《不锈钢焊条》(GB/T 983—2012)[60]；

《堆焊焊条》(GB/T 984—2001)[61]；

《铸铁焊条及焊丝》(GB/T 10044—2006)[62]；

《铝及铝合金焊条》(GB/T 3669—2011)[63]；

《镍及镍合金焊条》(GB/T 13814—2008)[64]。

由于钛及钛合金、锆及锆合金不能采用焊条电弧焊，一般采用埋弧焊或气体保护焊。

焊条选择一般根据国家标准的焊条大类和"样本"分类选择。对热强钢按"等强度"原则选用焊条；不锈钢、耐热钢等，通常选择与母材化学成分类型相同的焊条。此外，焊条的选择还应考虑焊接工艺及结构的重要性。

4.5.2　埋弧焊

埋弧焊是以电弧作为热源加热、熔化焊丝和母材的焊接方法。焊接中焊丝端部、电弧和工件被一层可熔化颗粒状焊剂覆盖，无可见电弧和飞溅，故称埋弧焊。埋弧焊所用设备及焊接过程如图 4-38 所示，焊缝的形成过程如图 4-39 所示。

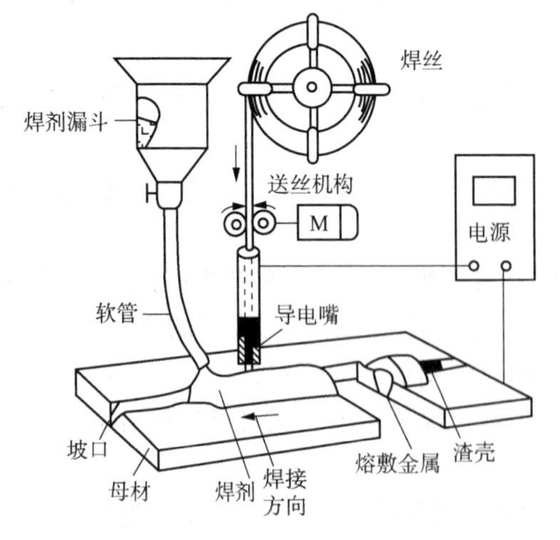

图 4-38　埋弧焊接过程示意图

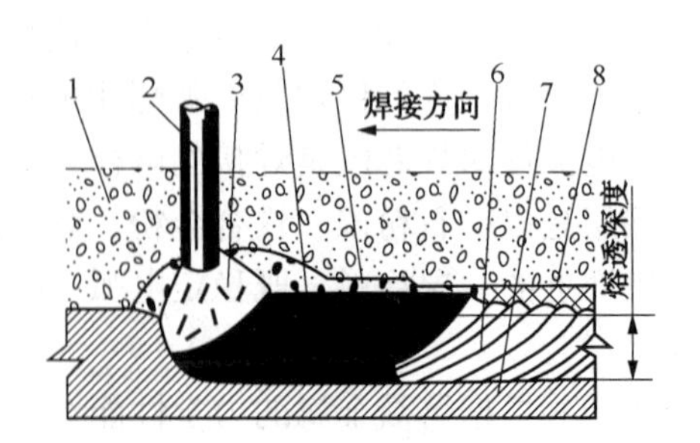

图 4-39　埋弧焊焊缝形成过程

1—焊剂；2—焊丝；3—电弧；4—熔池；5—熔渣；6—焊缝；7—焊件；8—渣壳

1）埋弧焊工作过程

焊接电弧以焊丝和工件作为正负两极，并在两极间燃烧。电弧热将焊丝端部及电弧附近的母材和焊剂熔化，熔化的金属形成熔池，熔化的焊剂成为熔渣覆盖熔池之上。熔池受熔渣和焊剂蒸汽保护，不与空气接触。电弧向前移动时，电弧力将熔池中的液体金属推向熔池后方，在随后的冷却过程中，这部分液态金属凝固成焊缝。熔渣则凝固成渣壳覆盖于金属焊缝表面。熔渣除了对熔池和焊缝金属起机械保护作用外，焊接过程中还与熔化金属发生冶金反应，从而影响焊缝金属的化学成分。

2）埋弧焊的优缺点

埋弧焊有焊接电流大、焊接速度高、熔池金属凝固较慢、熔池保护效果好、焊接质量稳定、劳动条件较好等优点。在相同焊丝直径下，埋弧焊的电流密度要比焊条电弧焊大，见表4-8。加之焊剂和熔渣的隔热作用，热效率较高，熔深大。此外，埋弧焊的经济性较好，因为工件的坡口可开的较小，减少了充填金属量，主要依靠母材金属熔化实现焊接。单丝埋弧焊工件不开坡口的一次可焊透量可达 20mm。在厚度 8~10mm 钢板对接焊时，埋弧自动焊的焊速为 50~80cm/min，焊条电弧焊则不超过 10~13cm/min。

表 4-8　焊条电弧焊与埋弧自动焊的焊接电流、电流密度比较

焊条(焊丝)直径/mm	焊条电弧焊		埋弧自动焊	
	焊接电流/A	电流密度/(A/mm^2)	焊接电流/A	电流密度/(A/mm^2)
2	50~65	16~25	200~400	63~125
3	80~130	11~18	350~600	50~85
4	125~200	10~16	500~800	40~63
5	190~250	10~18	700~1000	30~50

由于焊剂的作用，埋弧焊熔池金属凝固较慢，使液态金属与熔化的焊剂有较多的时间进行冶金反应，减少了焊缝中产生气孔、裂纹等缺陷的可能性。由于冶金反应的存在，使焊剂更好地向焊缝金属过渡一些合金元素，提高焊缝金属的力学性能。颗粒焊剂对熔池的保护效果比较好，没有电弧光辐射，劳动条件较好。焊接参数可通过自动调节而保持稳定，焊丝输送、电弧运行，焊剂供给与回收都可实现机械化，焊接质量比较容易保持稳定，与焊条电弧焊相比，焊接质量对焊工技术水平的依赖程度相对较少。

埋弧焊的主要缺点：一般只适于平焊位置、容易焊偏、不适合薄板的焊接。由于采用颗粒焊剂实现对熔池的保护，平焊位置才能使焊剂更好地覆盖熔池，其他位置焊接需采用特殊措施以保证焊剂的覆盖。因为不能直接观察电弧与坡口的相对位置，最好采用轨道定位或自动跟踪装置。埋弧焊的电流强度较大，电流小于 100A 时，电弧不稳定，因而不适于焊接 1mm 以下的薄板。

3）埋弧焊的适用范围

由于埋弧焊熔深大、生产率高、机械化操作的程度高，适于焊接中厚板结构的长焊缝，是当今焊接生产中最普遍使用的焊接方法之一。埋弧焊除了用于金属结构中构件连接外，还可在基体表面堆焊耐磨或耐腐蚀的合金层。随着焊接冶金技术与焊接材料生产技术的发展，埋弧焊能焊的材料已从碳素结构钢发展到低合金结构钢、不锈钢、耐热钢等以及某些有色金属，如镍基合金、钛合金、铜合金等。

4）埋弧焊设备

（1）埋弧焊电源

可采用直流（弧焊发电机或弧焊整流器）、交流（弧焊变压器）或交直流并用。

直流电源电弧稳定，采用直流正接（焊丝接负极）时，焊丝的熔敷率高；采用直流反接（焊丝接正极）时，焊缝熔深大。

交流电源焊丝的熔敷率和焊缝熔深介于直流正接和直流反接之间，交流的空载电压一般要求在65V以上。

（2）埋弧焊焊机

分为半自动焊机和自动焊机两类。

（3）辅助设备

埋弧自动焊机工作时，为了调整焊接机头与工件的相对位置，使接头处在最佳施焊位置，或为了达到预期的工艺目的，一般都需要有相应的辅助设备与焊机相配合。埋弧自动焊的辅助设备包括焊接夹具、工件变位设备、焊机变位设备、焊缝成形设备、焊剂回收输送设备等。

焊接夹具用来定位并夹紧被焊工件，以便焊接并减少焊接变形。

工件变位设备包括滚轮架、翻转机、万能变位装置等。其主要功能是使工件旋转、倾斜，使其在二维空间中处于最佳施焊位置、装配位置等，以保证焊接质量、提高生产效率、减轻劳动强度。

焊机变位设备的主要功能是将焊接机头准确地送到待焊位置，也称做焊接操作机。它们大多与工件变位机、焊接滚轮架等配合工作，完成各种形状复杂工件的焊接。其基本形式有平台式、悬臂式、伸缩式、龙门式等。

焊缝成形设备是为防止熔化金属流失、烧穿，并使焊缝背面成形，而在焊缝背面加的衬垫。常用的焊缝成形设备除铜垫板外，还有焊剂垫。

焊剂回收输送设备用来自动回收并输送焊接过程中的焊剂。

5）焊丝与焊剂

焊丝和焊剂是埋弧焊的消耗材料，从普通碳素钢到高级镍合金多种金属材料的焊接都可以选用焊丝和焊剂配合进行埋弧焊接。二者直接参与焊接过程中的冶金反应，因而它们的化学成分和物理性能不仅影响埋弧焊过程中的稳定性、焊接接头性能和质量，同时还影响着焊接生产率，根据焊缝金属要求，正确选配焊丝和焊剂是埋弧焊技术的一项重要内容。

（1）焊丝的种类、特点及应用

焊丝按形状结构分类有实芯焊丝、药芯焊丝和活性焊丝；按焊接方法分类有埋弧焊焊丝、电渣焊焊丝、CO_2焊焊丝、氩弧焊焊丝等；按化学成分分类有低碳钢焊丝、高合金钢焊丝、各种有色金属焊丝、堆焊用的特殊合金焊丝。用于埋弧焊的实芯焊丝应用最广泛。

焊丝相关的标准如下：

《铸铁焊条及焊丝》（GB/T 10044—2006）[62]；

《埋弧焊用碳钢焊丝和焊剂》（GB/T 5293—1999）[65]；

《气体保护电弧焊用碳钢、低合金钢焊丝》（GB/T 8110—2008）[66]；

《不锈钢焊丝和焊带》(GB/T 29713—2013)[67]；

《钛及钛合金焊丝》(GB/T 30562—2014)[68]；

《铝及铝合金焊丝》(GB/T 10858—2008)[69]；

《镍及镍合金焊丝》(GB/T 15620—2008)[70]；

《锆及锆合金焊丝》(YS/T 887—2013)[71]。

(2) 焊丝的选择

埋弧焊所用焊丝和焊剂都直接参与焊接过程的冶金反应，它们的化学成分和物理特性都会影响焊接的工艺过程。正确地选择焊丝并与焊剂配合是保证埋弧焊质量的十分重要的措施。

焊丝直径的选择依用途而定。半自动埋弧焊用的焊丝较细，一般直径为 1.6mm、2mm、2.2mm，以便能顺利地通过软管。自动埋弧焊一般使用直径 3~6mm 的焊丝，以充分发挥埋弧焊的大电流和高熔敷率的优点。埋弧焊各种直径的钢丝使用的电流范围如表 4-9 所示。

对于一定的电流值可能使用不同直径的焊丝。同一电流使用较小直径的焊丝时，可获得增加焊缝熔深、减小熔宽的效果。

表 4-9　各种直径普通钢焊丝埋弧焊使用的电流范围

焊丝直径/mm	1.6	2.0	2.5	3.0	4.0	5.0	6.0
电流范围/A	115~500	125~600	150~700	200~1000	340~1100	400~1300	600~1600

(3) 焊剂的选择

埋弧焊使用的焊剂是颗粒状可熔化的物质。焊剂的分类方法有按制造方法分类、按化学成分分类、按化学性质分类、按颗粒结构分类等。按制造方法分类有熔炼焊剂、烧结焊剂、陶质焊剂。国内目前用量较大的是熔炼焊剂和烧结焊剂。

具有良好的冶金性能，焊剂应与选用的焊丝相配合，通过适当的工艺保证，使焊缝金属获得所需要的化学成分和力学性能，并具有一定抗热裂和冷裂能力。为具有良好的工艺性能，焊剂应有良好的稳弧、造渣、成形、脱渣等性能，并且在焊接过程中生成的有毒气体要少。

4.5.3　熔化极气体保护焊(GMAW)

1) 熔化极气体保护焊的特点及基本类型

熔化极气体保护焊(GMAW)是一种电弧焊方法，该方法采用连续等速送进可熔化的焊丝与被焊工件之间的电弧作为热源来熔化焊丝和母材金属，并形成金属间的结合。电弧、熔滴和熔池均由外加气体或气体混合物进行保护，如图 4-40 所示。这种方法根据保护气体的不同，还可分为熔化极惰性气体保护焊(MIG 焊)、熔化极活性气体保护焊(MAG 焊)或 CO_2 气体保护焊(CO_2焊)。

气体保护焊有熔池保护好、热能集中、不用造渣剂等优点。其保护气体可有效地隔离空气，并不与金属发生氧化反应，金属不发生熔化、结晶过程，因此焊缝质量高，尤其焊缝韧性好。焊接过程中保护气体对弧柱有压缩作用，使电弧热量很集中，因而熔池体积小，焊接热影响区小，焊接变形小。气体保护焊既不需要带药皮的焊条，也不需要焊剂，故而消除了熔渣带来的一定程度的氧化作用，这为焊接化学活性强的金属如 Al、Ti、Mg、Zr 及其合金，提供了条件。由于不使用焊剂，容易实现焊接自动化或半自动化，实现全位置焊接，提高了焊接质量和生产效率，如管道的对接焊。气体保护焊的明弧操作，便于观察，保证质量。但气体保护对风敏感、容易被风破坏，给露天操作带来困难，现场施工往往需要搭建临时操作间。由于是明弧操作应注意保护眼睛；焊接中会产生少量臭氧、一氧化碳或氮化物，应注意操作间的通风。气体保护焊由于具有这些特点，因此应用日益广泛，在许多场合有代替焊条电弧焊的趋势。

由于不同种类的保护气体及焊丝对电弧形态、电气特性、热效应、冶金反应及焊缝成形等有不同的影响，因此根据保护气体与焊丝的类型而分成不同的焊接方法，如图 4-41 所示。

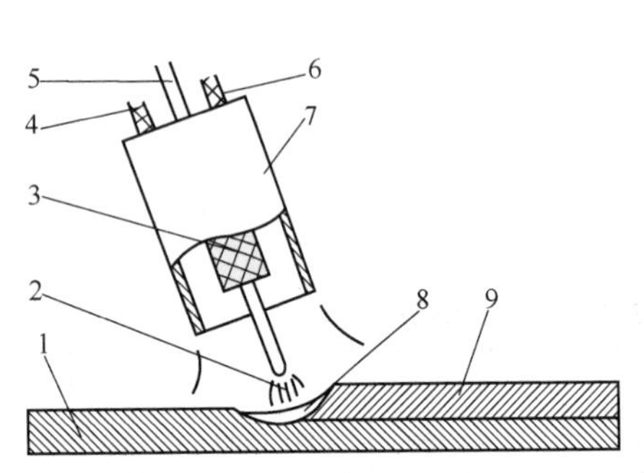

图 4-40　熔化极气体保护焊方法

1—母材；2—电弧；3—导电嘴；4—保护气管；5—焊丝；6—电缆；7—喷嘴；8—熔池；9—焊缝金属

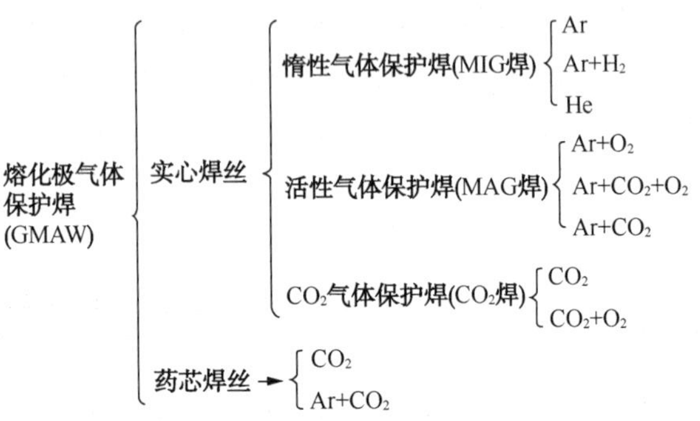

图 4-41　熔化极气体保护焊的分类

2）气体保护焊应用范围

以氩、氦或其混合气体等隋性气体作为保护气体的焊接方法称为熔化极惰性气体保护电弧焊（MIG 焊）。通常应用于不锈钢、铝、铜和钛等有色金属的焊接。

在氢中加入少量氧化性气体（O_2、CO_2或其混合气体）混合而成的气体作为保护气体的焊接方法称为熔化极活性气体保护电弧焊（MAG 焊）。通常该法应用于黑色金属的焊接。

采用纯 CO_2气体作为保护气体的焊接方法称为 CO_2气体保护焊（CO_2焊）。也有采用 CO_2+O_2混合气体作为保护气体。由于 CO_2焊成本低和效率高，现已成为黑色金属的主要焊接方法。

3）熔化极气体保护焊的设备

熔化极气体保护电弧焊设备包括焊接电源、焊枪、送丝机、气路系统和控制系统等五个部分。

焊接电源的主要功能是向焊丝与母材间的电弧供给能量；焊枪是焊工进行焊接操作的主要工具，焊接电流、保护气、焊丝和控制线都要通过焊枪送出；送丝系统由送丝机（包括电动机、减速器、校直轮和送丝轮）、送丝软管及焊丝盘等组成；熔化极气体保护焊的保护气体主要有 Ar、CO_2和 O_2等；气路系统包括气源、预热器、减压阀、干燥器、流量计、电磁气阀和配比器等；控制系统是在焊前或焊接过程中调节焊接电流、电压、送丝速度和气体流量的大小。

4.5.4 钨极惰性气体保护焊(TIG 焊)

1）概述

钨极惰性气体保护焊是以钨或钨的合金作为电极材料，在惰性气体的保护下，利用电极与母材金属(工件)之间产生的电弧热熔化母材和填充焊丝的焊接过程。英文称为 GTAW (Gas Tungsten Arc Welding)或 TIG(Tungsten Inert Gas Welding)。由于在焊接时电极不熔化，亦称为非熔化极惰性气体保护焊。

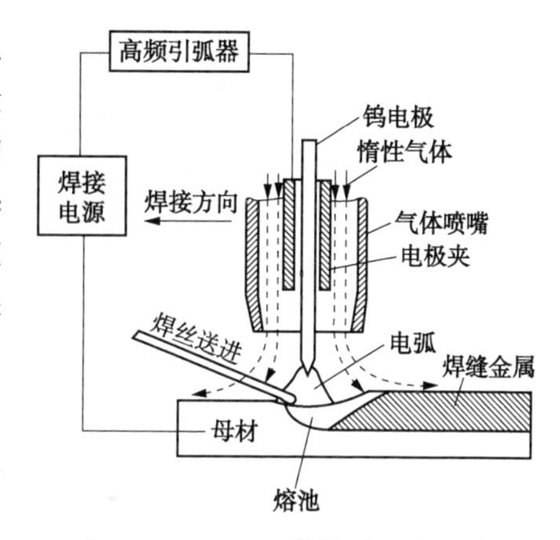

图 4-42 TIG 焊焊接过程示意图

TIG 焊焊接过程示意图如图 4-42 所示。焊接时，惰性气体以一定的流量从焊枪的喷嘴中喷出，在电弧周围形成气体保护层将空气隔离，以防止大气中的氧、氮等对钨极、熔池及焊接热影响区金属的有害作用，获得优质的焊缝。当需要填充金属时，一般在焊接方向的一侧把焊丝送入焊接区、熔入熔池而成为焊缝金属的组成部分。

在焊接时所用的惰性气体有氩气(Ar)、氦气(He)或氩氦混合气体。在某些使用场合可加入少量的氢气(H_2)。用氩气保护的称钨极氩弧焊；用氦气保护的称钨极氦弧焊。两者在电、热特性方面有所不同。在我国由于氦气的价格比氩气高很多，故在工业上主要用钨极氩弧焊。

TIG 焊与气体保护焊类似，也有熔池保护好、热能集中、不用焊剂等优点，可以焊接所有金属。TIG 焊也是明弧操作，能观察电弧及熔池。即使在小焊接电流下电弧仍能稳定燃烧。由于填充焊丝是通过电弧间接加热，焊接过程无飞溅，焊缝成形美观。

与气体保护焊不同之处在于 TIG 焊的电弧具有阴极清理作用。电弧中的阳离子受阴极电场加速，以很高的速度冲击阴极表面，使阴极表面的氧化膜破碎并清除掉，在惰性气体的保护下，形成清洁的金属表面，又称阴极破碎作用。当母材是易氧化的轻金属如铝、镁及其合金作为阴极时，这一清理作用尤为显著。因为这些金属表面生成的氧化膜熔点远高于母材，不清除则无法进行焊接。

TIG 焊也存在熔深浅，焊接速度慢，生产率低等缺点，此外，惰性气体较贵，生产成本较高，并且钨极载流能力有限，过大焊接电流会引起钨极熔化和蒸发，其微粒可能进入熔池造成对焊缝金属的污染，使接头的力学性能降低，特别是塑性和冲击韧度的降低。

2）TIG 焊的适用范围

钨极氩弧焊几乎可焊接所有的金属和合金，但因其成本较高，生产中主要用于焊接铝、镁、钛、铜等有色金属及其合金、不锈钢和耐热钢。对于低熔点的易蒸发的金属如铅、锡、锌等因焊接操作困难，一般不用 TIG 焊。对已镀有锡、锌、铝等低熔点金属层的碳钢，焊前须去掉镀层，否则熔入焊缝金属中生成中间合金会降低接头性能。

4.5.5 电渣焊

1）工作原理

电渣焊是利用电流通过液态熔渣所产生的电阻热来熔化金属的一种熔化焊接方法，它能使大厚度焊件不开坡口一次焊成。电渣焊的设备与工作原理简图见图 4-43。

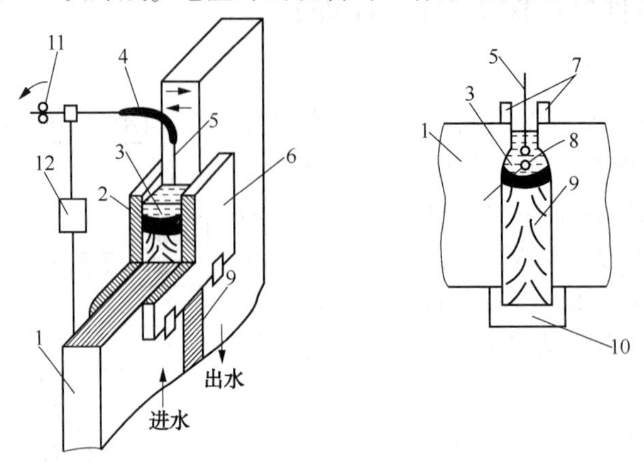

图 4-43　丝极电渣焊过程示意图

1—工件；2—金属熔池；3—渣池；4—导电嘴；5—焊丝；6—强迫成形装置；7—引出板；8—金属熔滴；9—焊缝；10—引弧板；11—送丝轮；12—焊接电源

焊接电源的一个极，接到焊丝的导电嘴上，另一个极，接在工件上。采用引弧方法造渣时，电渣焊过程在引弧阶段是不稳定的，电渣焊引弧应在引弧板上进行，以便在焊接操作进入工件前使工艺过程稳定。焊后应将引出部分割除。开始焊接时，使焊丝与引弧板底部接触，加入少量焊剂，通电后焊丝回抽，产生电弧。利用电弧的热量使焊剂熔化，形成液态熔渣。焊丝由机头上的送丝滚轮驱动，通过导电嘴送入渣池。待渣池达到一定深度时，增加焊丝送进速度并降低焊接电压，使焊丝插入熔池，电弧熄灭，转入电渣焊接过程。由于高温熔渣具有一定的导电性，当焊接电流从焊丝端部经过渣池流向工件时，在渣池内产生的大量电阻热将焊丝和工件边缘熔化，熔化的焊丝形成熔滴后，穿过渣池进入渣池下面的金属熔池。渣池内的渣产生剧烈的涡流，使整个渣池内渣的温度趋于均匀。由于渣的涡流，迅速地把渣池中心处的热量不断带到渣池四周，从而使工件边缘熔化。这部分熔化金属也进入金属熔池。随着金属熔池底部的液态金属的不断凝固，形成了电渣焊焊缝。

根据采用电极的形状和是否固定，电渣焊方法主要有丝极电渣焊、熔嘴电渣焊(包括管极电渣焊)、板极电渣焊等。过程设备制造中广泛采用的是丝极电渣焊。

2）电渣焊的特点

电渣焊是靠整个熔池加热，热能比较分散，工件预热效果好，热循环曲线比较平缓，同时焊接速度较低，高温停留时间长。一方面近缝区不易出现淬硬组织和冷裂倾向，即使焊接中碳钢、低合金高强钢时也可不进行预热。另一方面，由于焊缝和热影响区在高温停留时间长，易产生粗大晶粒和过热组织，焊接接头冲击韧性较低。一般焊后应进行正火和回火热处理。另外电渣焊熔池保护的很好，有效地防止了氢气、氧气、氮气的侵入。同时冶金反应较平缓充分，气体容易逸出，产生气孔和夹渣的可能性小。当焊缝中心线处于垂直位置时，电渣焊形成熔池及焊缝成形条件最好，适合于垂直焊缝的焊接。

3）电渣焊的适用范围

电渣焊适用于焊接厚度较大焊缝，如厚度 30～500mm 板材拼接、厚壁容器的筒节纵焊缝等；也适用于难于采用自动埋弧焊的某些曲线或曲面焊缝以及某些焊接性差的中高碳钢、铸钢件、铸铁件的焊接。

4.5.6 激光焊接(LBW)

1）概述

在激光焊接过程中，当激光束照射金属材料时，其能量通过热传导和热辐射的方式传输到工件表面及表面以下的更深处。在激光热源的作用下，材料熔化、蒸发，并穿透工件的厚度方向形成狭长空洞，随着激光焊接的进行，小孔沿被焊工件间的接缝移动，进而形成焊缝。激光焊接的显著特征是大熔深、窄焊道、小热影响区以及高能量密度。

激光焊接是在空间有限的局部区域连接两块或更多的固体材料，使工件加热熔化，形成熔池，并保持稳定直至凝固。同时，激光焊接也代表着一种在微小区间内材料加热与冷却之间的精细平衡。激光焊接的目的是通过激光的辐射和被焊材料对激光能量的吸收产生液态熔池，并使之长大到理想尺寸，然后沿固液界面移动熔池，消除被焊构件间的初始缝隙，形成高质量的焊缝。

2）激光焊接适用范围

所有可以用常规方法进行焊接的材料或具有冶金相容性的材料都可以采用激光焊接，一些用常规方法难焊的材料，如高碳钢、高合金工具钢以及钛合金等，也可以采用激光焊接。影响材料激光焊接性的因素除了材料本身的冶金特性以外，还包括材料的光学性能，亦即材料对激光的吸收能力。吸收能力强的材料易于焊接，而吸收能力差(反射率大)的材料(如Al、Cu等)焊接较困难。

4.6 常用金属材料的焊接工艺

在今后相当长的时间内，钢铁及铝等有色金属仍是人们使用的主要结构材料，也是焊接工作者面对的主要焊接加工对象，焊接工艺将仍以熔化焊为主，实现焊接高效、低成本自动化是其主要目标。本章前几节讲述了焊接的原理及设备，而具体材料的焊接，则是本节要介绍的主要内容。材料的焊接工艺制定通用原则是选择焊接方法；选择焊接材料；根据焊接方法确定坡口形状；确定具体焊接工艺参数；确定是否需要热处理；制定焊接工艺规程。

4.6.1 焊接工艺分析

工程用金属材料种类繁多，新的工程金属材料不断涌现，如何用焊接冶金学理论来分析金属材料的焊接性从而确定金属材料的焊接工艺十分重要。除了掌握实际生产中的大量经验外，进行焊接性和工艺性试验是必要的。一般情况下，分析金属材料的焊接工艺应考虑以下几个方面。

（1）基本依据　从材料的类别、强度等级、力学性能、特殊性能等出发，判断焊接接头应达到的性能指标；对母材化学成分进行分析，包括各个元素在材料中的作用、特殊性能的保证、添加到焊缝中的各种元素对性能的影响和应控制的范围等；根据母材的化学成分，拟定焊缝的成分方案；根据材料的供货状态以及工件的热加工经历判断工件焊前的金相组织，以及在这种组织状态下焊接，热影响区组织和性能可能出现什么问题。此外，对于特殊用材必须考虑使用环境，以及在该环境下焊接接头能否满足特殊性能的要求。

（2）焊接性分析　根据基本依据的分析及生产条件，可初步确定焊接方法和焊接材料，在此基础上进行金属材料焊接性分析。根据焊接方法、焊接材料、焊前表面状态判断产生气孔和夹渣的可能性；根据碳当量及焊接性试验分析各种焊接裂纹倾向；根据焊前热处理状态和热循环过程判断热影响区的性能变化。

（3）制定焊接工艺和工艺评定　在金属焊接性分析的基础上制定焊接工艺，并进行焊接工艺评定，两者是交叉进行的，焊接工艺将在工艺评定的基础上进行修定。制定的焊接工艺应包括焊接方法、焊接材料、工艺参数的选择等。工艺参数应包括焊接规范、预热温度、层间温度、后热及焊后热处理工艺参数等。此外还应提出防止焊接缺陷的工艺措施。

4.6.2　焊接工艺设计

焊接工艺设计的内容包括：焊接方法、坡口形状、焊接材料的选择、焊接工艺参数、焊后热处理等。

1）焊接方法

选择焊接方法主要考虑的因素包括工件形状、材质、焊接接头形式等。

过程设备中、筒体的环缝和纵缝的焊接工作量约占整个焊接工作量的85%以上。由于其几何形状为同一形状的旋转壳体，要保证各条焊缝有稳定的焊缝质量，选择埋弧自动焊是最为恰当的。

由于各种焊接方法的焊接电流差异较大，需要根据材料对线能量的要求进行选择。例如奥氏体不锈钢导热系数小，在同样电流下有较大的熔深，选择高线能量的焊接方法时，焊缝及热影响区将产生晶界贫铬和 σ 相，前者易引起晶间腐蚀，后者则引起热裂纹。因此，奥氏体不锈钢的焊接一般多采用线能量较小的焊条电弧焊和气体保护焊；铝的化学活性很强，在空气中易于氧化；钛升温后氧化情况更严重，所以铝和钛都必须采用纯度很高的氩弧焊。

一般而言接头形式取决于焊接方法，但是在某些条件下（例如现场安装和设备维修等），又必须根据接头形式来选定合适的焊接方法。

总而言之，钢结构宜采取焊条电弧焊与埋弧焊结合使用，应扩大后者的比重以发挥其优点；CO_2气体保护焊接头具有韧性好、生产率高、成本低、较为灵活、可全方位操作，在材料、焊机和工艺成熟时，可推广应用；氩弧焊在焊有色金属时几乎是目前唯一能保证设备质量的焊接方法。

2）坡口形状

正确地选择焊接坡口形状、尺寸，是一项重要的焊接工艺内容，是保证焊接接头质量的重要工艺措施。设计、选择焊接坡口时主要应考虑以下几个问题：（1）保证焊接接头全焊透；（2）与材料的厚度匹配；（3）尽量减少焊接变形量及焊接残余应力；（4）操作方便；（5）焊缝金属填充量尽可能少；（6）复合钢板的坡口应有利于减少过渡层焊缝金属的稀释率。

3）焊接材料的选择

《压力容器焊接规程》（NB/T 47015—2011）[72]中对钢、铝、铜、钛、镍及复合材料压力容器焊接的基本要求作了相关的规定。

焊接材料选用应根据母材的化学成分、力学性能、焊接性能结合压力容器的结构特点和使用条件综合考虑，必要时须通过试验加以确定。焊缝金属的性能应高于或等于相应母材标准规定值的下限或满足图样规定的技术要求。不同材料的焊接要保证的参数也不相同，结构钢的焊接保证强度；珠光体耐热钢要保证耐热、抗氢性能；不锈钢要保证耐腐蚀性；铝、钛等有色金属活泼、易氧化，要保证抗氧化性等，因此不同材料的焊接过程相组织的控制也不同。

焊接材料必须有产品质量说明书，并符合相应标准的规定，且满足图样的技术要求，进厂时按有关质量保证体系规定验收或复验，合格后方准使用。

4）焊接工艺参数

焊接工艺参数是焊接过程中为保证焊接质量而选定的物理量（如焊接电流、电弧电压、焊接速度、热输入等）的总称。在焊接工艺过程中所选择的各个焊接参数的综合，一般称为焊接规范。具体焊接工艺参数因焊接方法而异，焊条电弧焊的焊接工艺参数主要包括焊条直径、焊接电流、电弧电压、焊接速度和预热温度等。

（1）焊条直径

焊条直径根据被焊工件的厚度来选择，水平焊对接时焊条直径的选择见表4-10。另外还要考虑接头形式、焊接位置、焊接层数等的影响。例如，开坡口多层焊的第一层（打底焊）及非水平位置焊接应选用较小直径的焊条。

表4-10　平焊对接时焊条直径的选择

焊件厚度/mm	2	3	4~5	6~12	>12
焊条直径/mm	2	3.2	3.2~4	4~5	5~6

（2）焊接电流

增大电流密度是增大熔深和熔合比的最重要措施，在保证焊缝形状正确合理的前提下，应尽量增大电流，使熔合比（γ）足够大。但电流太大时焊丝（焊芯）容易发热、发红，对于焊条来说容易造成涂料的失效或崩落，熔池的机械保护变差，会造成气孔，还会导致咬边、烧穿等缺陷。使用过大的焊接电流时，还会使焊接接头热影响区的晶粒粗大，使其韧性下降。电流过大还会造成各种熔化焊的金属飞溅。反之，电流也不能过小，电流太小时，会造成未焊透、未熔合、气孔和夹渣等缺陷，且生产率低。

对于手工焊而言，因为焊条有一定长度，其电流密度受电阻加热焊条的限制，一般不超过10~18A/mm^2。一般焊条允许的电流：$I=(40\sim60)d_{条}$（A），$d_{条}$为焊条直径，mm。

埋弧自动焊时，电流通过导电嘴将电流加到焊丝。导电嘴接电极，因此对导电嘴到焊丝末端（伸长量）应有限制，否则产生的电阻热会使焊丝伸长部分加热、发红、造成焊接时的金属飞溅。一般伸长量为25~40mm，电流密度可达40~50A/mm^2。

焊接电流对焊缝形状和尺寸有一定影响，从图4-44中看出，正常焊接条件下，焊缝熔深几乎与焊接电流成正比，焊缝宽度及焊缝余高也随电流密度增加而增加。

在同样大小的电流下，改变焊丝直径（即变更电流密度），焊缝的形状和尺寸将随之改变。

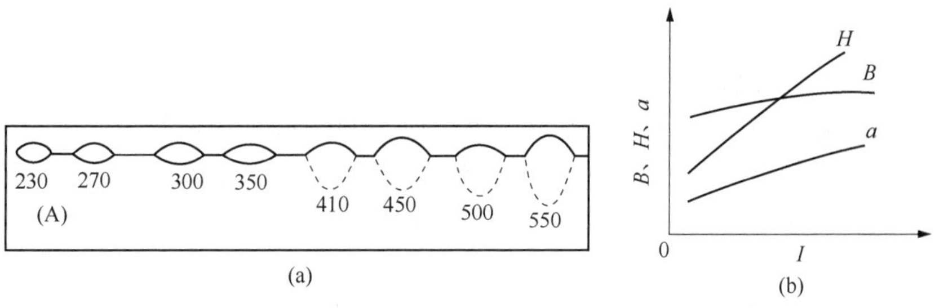

图4-44　焊接电流对焊缝成形的影响

B—熔宽；*H*—熔深；*a*—余高

(3) 电弧电压

电弧电压与电弧长度成正比。在相同的电弧电压和电流时，如果所用的焊剂不同，电弧空间的电场强度也不同，则电弧长度可能不同。在其他条件不变的情况下，改变电弧电压对焊缝的形状影响如图 4-45 所示。从图 4-45 中看出，随电弧电压增高，焊缝的熔宽显著增加，而熔深和余高略有减小。

埋弧焊时，电弧电压是根据焊接电流确定的。即一定的焊接电流时要保持一定范围的弧长，才能保证电弧的稳定燃烧，因此电弧电压的变动范围有限。

(4) 焊接速度

焊接速度对熔深和熔宽都有明显的影响，当焊接速度达到一定时，如果单丝埋弧焊的焊速大于 67cm/min，随着焊速的增加，因线能量的减小，熔深和熔宽都明显减小。图 4-46 为焊接速度 67~167cm/min 时对熔深和熔宽的影响。

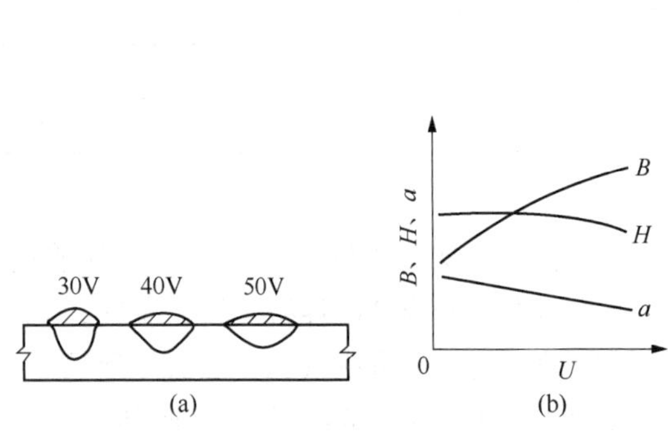

图 4-45　电弧电压对焊缝成形的影响

B—熔宽；H—熔深；a—余高

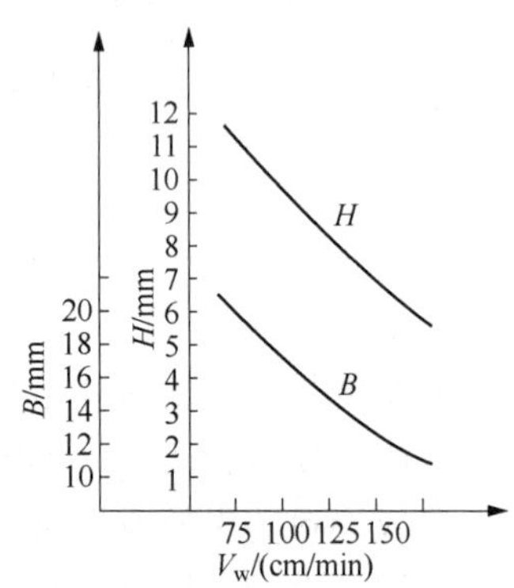

图 4-46　焊接速度对焊缝成形的影响

B—熔宽；H—熔深

在实际生产中为了提高生产率，必须保持一定的线能量，在提高焊接速度的同时，必须加大输入功率，从而保证焊缝的一定熔深和熔宽。

(5) 焊道层数

厚板的焊接，一般要开坡口并采用多层焊或多层多道焊。多层焊和多层多道焊接头的显微组织较细，热影响区较窄。前一条焊道对后一条焊道起预热作用，而后一条焊道对前一条焊道起热处理作用，因此，接头的延性和韧性都比较好。特别是对于易淬火钢，后焊道对前焊道的回火作用，可改善接头组织和性能。

对于低合金高强钢等钢种，焊缝层数对接头性能有明显影响。焊缝层数少，每层焊缝厚度太大时，由于晶粒粗化，将导致焊接接头的延性和韧性下降。

(6) 预热温度

预热是焊接开始前对被焊工件的全部或局部进行适当加热的工艺措施。预热可以减小接头焊后冷却速度，避免产生淬硬组织，减小焊接应力及变形。它是防止产生裂纹的有效措施。对于刚性不大的低碳钢和强度级别较低的低合金高强钢的一般结构，一般不必预热。但对刚性大或焊接性差容易产生裂纹的结构，焊前需要预热。

(7) 焊接冷却时间

在焊接热循环中对焊接接头组织、性能的影响，主要取决于加热速度、加热最高温度、高温(相变以上温度)停留时间和冷却速度四个参数，其中冷却速度是最重要的参数，因为对于一般的低合金钢其大部分相变过程是在 800~500℃范围内进行的，因此在 800~500℃范围内的冷却速度快慢将直接影响着组织和性能的变化。在实践中为了分析、研究、测定方便，常用在800~500℃的冷却时间$t_{5/8}$来代替在这段温度范围内的冷却速度。$t_{5/8}$(或$t_{3/8}$，由800℃冷却到300℃的时间)基本上可以反映焊接连续冷却过程，是控制相变的特征参数。

5）焊后热处理

焊后热处理是装备制造尤其是压力容器制造中非常重要的工序，它是保证装备的质量、提高装备的安全可靠性、延长装备寿命的重要工艺措施。通过焊后热处理可以松弛焊接残余应力、稳定结构形状和尺寸、改善母材、焊接接头和结构件的性能。

焊后热处理是将焊接装备的整体或局部均匀加热至金属材料相变点以下的温度范围内，保持一定的时间，然后均匀冷却的过程。焊后热处理规范的主要工艺参数包括：加热温度、保温时间、升温速度、冷却速度、进出炉温度。常用钢材的焊后热处理要求及规范见《压力容器》(GB 150—2011)[16]；铝材见《铝制焊接容器》(JB/T 4734—2002)[73]，钛材见《钛制焊接容器》(JB/T 4745—2002)[74]，镍及镍合金设备焊后热处理要求及规范见《镍及镍合金制压力容器》(JB/T 4756—2006)[26]，锆制过程设备焊后热处理要求及规范见《锆制压力容器》(NB/T 47011—2010)[27]。

6）焊接工艺规程的确定

编制焊接工艺规程时，应依据产品图纸、技术条件、国家标准及已评定合格的焊接工艺说明书，经单位质量控制部门同意后，参照有关资料编写焊接工艺规程。焊接工艺规程由焊接工艺人员按统一格式进行编制，并经主管部门审定后，发至生产车间及检验部门。焊接工艺规程是产品施焊时必备的工艺文件，生产车间和施焊人员必须严格遵守、不得随意变动。

焊接工艺细则卡简称焊接工艺卡，是直接发到焊工手中指导焊接生产的工艺文件。对于重要产品，一个焊接接头对应一张工艺卡。焊工必须按工艺卡的要求和步骤进行焊接。焊接工艺卡的主要内容包括：产品名称与材料；焊接方法与设备；焊接材料；焊接接点图；焊接工艺参数；焊接操作技术要点；焊前预热、后热和焊后热处理及焊接检验等。

4.6.3 常用材料焊接问题分析

1）低碳钢

主要考虑焊接接头韧性和焊接裂纹，根据碳当量来确定低碳钢焊接的施工条件，如图4-47所示，当板厚不超过35mm，即使不使用低氢焊条，也不会产生裂纹。

2）合金结构钢

焊缝热影响区具有不同程度的淬硬倾向。对冷裂纹都比较敏感。在电焊时，各种冷却速度下都可能在热影响区内形成马氏体。钢中碳和合金元素的含量愈高，热影响区的淬硬倾向愈大，马氏体组分所占的比例就愈多。马氏体组织不仅对冷裂纹敏感，而且降低了焊接接头的韧性。在确定高强钢的焊接工艺时，防止焊接接头出现马氏体组织和形成冷裂纹是基本出发点。应采取预热、降低焊缝冷却速度、采用低氢焊接材料，对焊条和焊剂烘干、去除焊接区和焊丝表面水与油垢、控制层间温度、进行后热及焊后去氢处理等工艺措施。

焊接接头热影响区尤其是粗晶区由于淬硬而变脆，塑性和韧性明显下降。除了采取上述一些工艺措施外，还应正确选择焊接输入热。高强钢的等强匹配原则是高强钢选择焊接材料和工艺条件的基本原则，即力求使焊缝的力学性能与母材性能相等，应选用与母材强度级别相等的焊接材料，而不是选用化学成分完全一样的焊接材料。

3）珠光体耐热钢

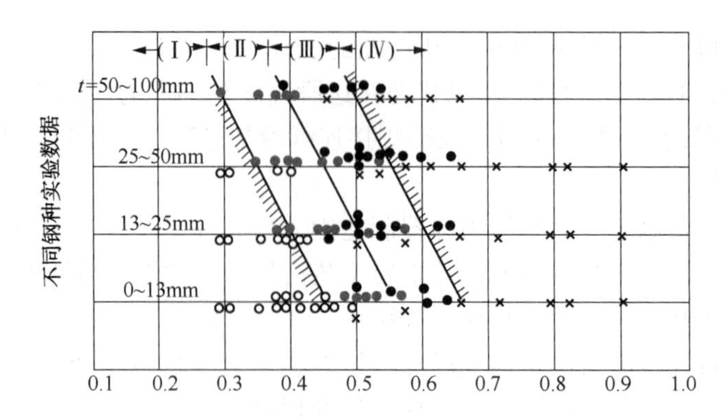

C_{eq}=C+1/6Mn+1/24Si+1/40N+1/5Cr+1/4Mo+(1/13Cu+1/2P) (%)

符号	焊接性分类	(普通焊条)预热温度/℃	(低氢焊条)预热温度/℃	消除应力退火	锤击
○	(Ⅰ)优	不要	不要	不要	不要
●	(Ⅱ)良	>40~100	>-10	任意	任意
●	(Ⅲ)中	>150	>40~100	希望	希望
×	(Ⅳ)可	>150~200	>100	必要	希望

注意：只有当Cu>0.5%、P>0.05%时,才计入Cu和P。

图 4-47　根据碳当量确定的低碳钢和高强度钢的焊接施工条件

珠光体耐热钢是一种合金量较高，淬硬倾向较大，不易焊接的合金钢，这类钢焊接时可能出现、冷裂倾向、过热区脆化、热影响区软化等问题。

珠光体耐热钢有的钢含锰量不高，而含碳量偏高，因此有产生热裂纹的可能性；珠光体耐热钢含碳量与合金含量相差较大，其焊接性有所不同，但因 Cr、Mo、V 与合金元素的存在，淬硬倾向普遍较大，如 Cr_5Mo 等；珠光体耐热钢中的淬透性元素含量较多，如 Cr、Mo、Mn 等，因此用小线能量焊接时，过热区极易获得 100%的低碳马氏体，其韧性很差，容易产生过热区的脆化现象；在采用预热及焊后热处理的条件下，珠光体耐热钢焊接接头的薄弱环节往往不是熔合区，而可能是硬度明显下降的软化区，长期高温工作时，许多情况下都是在这个软化区断裂。

对耐热钢焊接接头性能的基本要求包括：具有与母材基本相同的物理性能；与母材具有基本相等的室温和高温短时强度及高温持久强度；具有与母材基本相同的抗氢性和抗高温氧化性；接头各区的组织不应产生明显的变化及由此引起的脆变或软化；焊接接头应具有一定的抗脆断性。

常用的珠光体耐热钢的焊接方法以焊条电弧焊为主，埋弧焊和电渣焊也常有使用。为了保证焊缝的热强性，焊缝成分应力求与母材相近。但为了防止焊缝有较大的热裂倾向，焊缝中含碳量往往要比母材低一些，但一般不超过 0. 07%。

4）不锈钢

不锈钢是不锈钢、耐酸钢和耐热钢的通称。它相对碳钢具有更好的物理、化学、高温力学性能，适于制造抗氧化、耐腐蚀及高温下工作的零件及设备。按空冷后钢的室温组织的不同，不锈钢可分为奥氏体钢（铬镍钢及铬锰氮钢，如以 Cr18Ni8 为代表的 18-8 钢和以 Cr25Ni20 为代表的 25-20 钢）、铁素体钢（0Cr13、Cr14、Cr17、Cr28 等，主要用作热稳定钢）、马氏体钢（2Cr13、3Cr13、4Cr12 等）。

不锈钢焊接的目的是获得没有工艺缺陷的焊接接头，并保证焊接接头在工作条件下具有良好的使用性能。奥氏体焊接出现突出问题是晶间腐蚀、热裂和 σ 相析出脆化。

(1) 晶间腐蚀

晶间腐蚀是指奥氏体不锈钢在腐蚀介质的作用下，晶界被迅速溶解，并且不断向金属内部深入，以致完全丧失了晶粒间的联系，造成结构的早期破坏。由于奥氏体钢在室温下碳的溶解度只有0.02%~0.03%，过饱和的碳处于不稳定状态，此时，若再次中温加热(一般在450~850℃之间)，并停留一段时间，多余的碳将从边界中析出并形成碳化物(一般是$Cr_{23}C_6$)。碳在奥氏体中的扩散速度较快，晶粒内的碳可以不断地向晶界移动，而铬在奥氏体中扩散速度慢，晶粒内的铬来不及补充，因此在晶粒表面出现贫铬层。当贫铬层的含铬量低于奥氏体钢钝化所需要的12.5%的时候，其电极电位急剧降低，与周围金属构成腐蚀微电池，在腐蚀介质作用下晶界迅速被腐蚀，即发生了晶间腐蚀。该过程与温度有关，如图4-48所示，当加热温度较低(400℃以下)时，因碳原子无力扩散，碳化物不会形成，也不会生成贫铬层。而温度加热很高(1000℃以上)时，碳化物可能生成，但又很快地溶入奥氏体中，形成碳的固溶体，因此也不会形成稳定的碳化物。只有在一定温度范围内(450~850℃)，停留时间适当时，才有可能在晶界析出碳化铬并造成贫铬层，例如加热到650℃时，如果停留时间较短，如图中的t_1以下，晶界的碳和铬尚未形成碳化物并造成贫铬层，则金属不会丧失抗晶间腐蚀能力，这种状态称为一次稳定状态。而如果加热时间较长(如图4-48中的t_2以上)，晶粒中的Cr有足够时间向晶界扩散，贫铬层因铬的扩散而得到补充，从而恢复了金属抗晶间腐蚀能力，此时称为二次稳定状态。

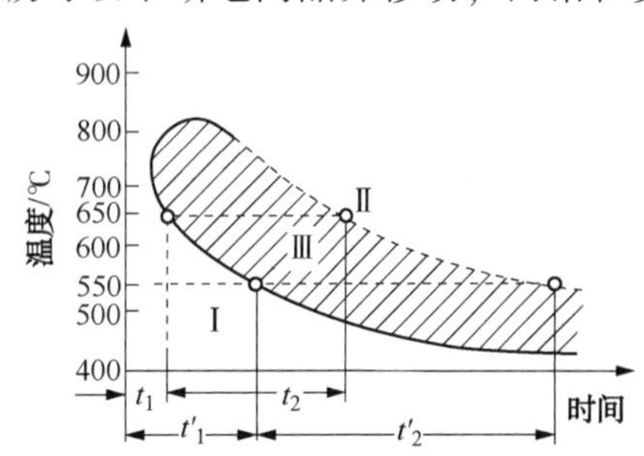

Ⅰ—一次稳定区；Ⅱ—二次稳定区；Ⅲ—丧失抗晶间腐蚀能力区；t_1—650℃时一次稳定的保温时间；t_2—650℃时二次稳定的最短保温时间；t'_1—550℃时一次稳定的保温时间；t'_2—550℃时二次稳定的最短保温时间

图4-48 抗晶间腐蚀能力与加热温度、保温时间的关系

(2) 防止奥氏体钢的晶间腐蚀方法

第一种方法为“低碳法”。使钢和焊接接头的含碳量降低到0.03%以下，此时的碳几乎全部固溶在奥氏体中，在室温下也不会有碳的过饱和现象。

第二种方法称为“替铬法”。即在母材和焊缝中加入某些与碳亲合力更强的合金元素，如Ti、Nb、V、Mo等阻止Cr与C发生反应。

第三种方法称为“双相法”。在单相奥氏体焊缝中加入少量生成铁素体的合金元素，如Ti、Al、Si、Mo等，使金属在常温下形成双相组织($\gamma+\delta$)体[75]，单相奥氏体钢的连续晶界被δ(δ相不超过5%)相隔断，腐蚀不能沿奥氏体晶界深入进去。

第四种方法称为“固溶处理”。即将焊件的焊接区加热到1050~1100℃，使焊接中析出的碳化铬重新溶入奥氏体中，然后进行急冷淬火，形成固溶状态。

(3) 热裂纹

奥氏体钢焊接时在焊缝及近缝区都可能产生热裂纹。可通过提高母材和焊缝金属的纯度、尽量避免形成单相奥氏体组织、在焊缝中加入Ti、Al等变质剂、尽量减少金属受热等措施防止奥氏体钢产生热裂纹。

(4) σ相析出

σ相是富铬的金属间化合物，其成分可变，质硬而脆，没有磁性，σ相析出不但降低材料的塑性和韧性，而且增大晶间腐蚀倾向。实践表明，存在铁素体时，特别有利于σ相的形成，而且凡是有利铁素体形成的元素都加速 σ 相析出。

根据 σ 相析出规律，为防止焊缝区的 σ 相析出，首先要适当减少铁素体形成元素含量，使铁素体(δ 相)控制在5%以下。此外，在焊接过程中应控制500~900℃的停留时间，如采用小焊接电流、快速焊接、快速冷却、不预热等措施。焊后的焊件有条件的可进行固溶处理或将设备每工作一段时间后，瞬时加热到900~1100℃，待 σ 相固溶后，再降到正常工作温度使用。

(5) 焊接工艺

选择能量集中的焊接方法，以机械化快速焊接为好，如自动的MIG焊和TIG焊。必须严格控制焊缝金属的化学成分。采用碱性焊条或低硅焊剂。焊条及焊丝的选择应参照GB/T 983—2012[60]和GB/T 29713—2013[67]。宜快速焊接。

(6) 不锈钢焊接的组织成分计算

通常情况下，钢的组织取决于化学成分和热处理状态，但是，实际工程中情况要复杂得多。为了能根据金属材料的成分初步估算出其组织，特别是在焊接条件下，能根据焊缝的成分估算焊缝的组织，经过许多人的努力，建立了成分组织图。比较有代表性的是1949年建立的舍夫勒(Schaeffler)组织图，1973年建立的德龙(Delong)组织图以及美国WRC(焊接科学研究委员会)组织图，后两者是对舍夫勒组织图的补充。舍夫勒组织图见图4-49。

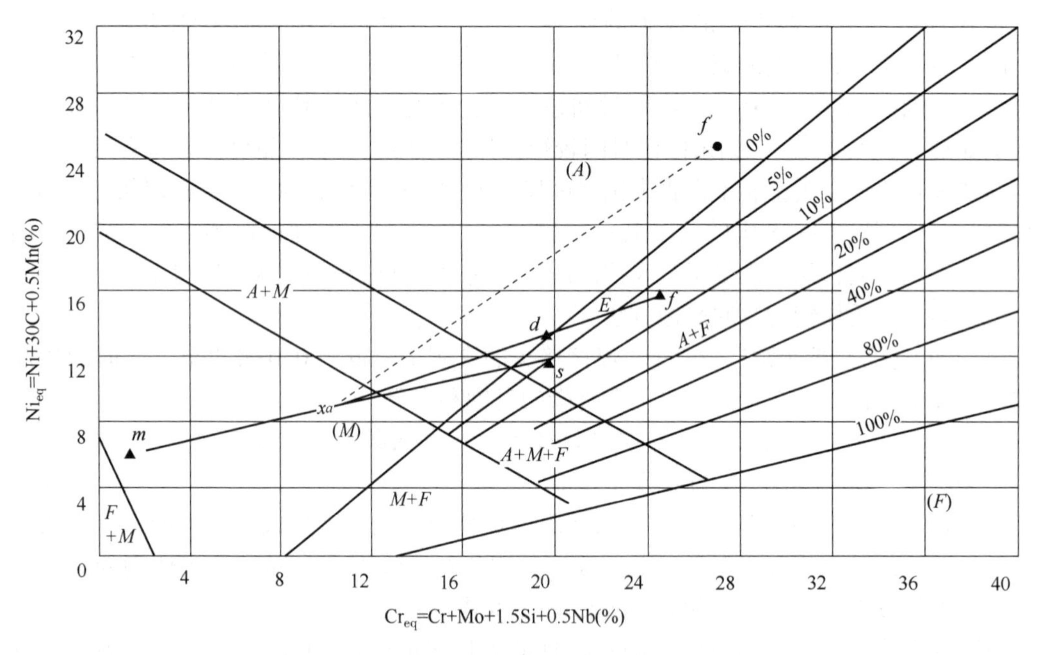

图4-49 利用舍夫勒图确定异种钢焊缝的组成

s—18-8不锈钢，*m*—低碳钢，*α*—*s* 与 *m* 等量混合的组成

合金元素对钢组织的影响及其程度，基本上可以分为两类：一类是扩大奥氏体区，增加奥氏体稳定性的元素，又称奥氏体形成元素，有C、Ni、Mn、N、Cu等，常用镍当量 Ni_{eq} 来表示；另一类是缩小奥氏体区、甚至封闭奥氏体区的元素，又称铁素体形成元素，有Cr、Al、Ti、V、Si、Zr、Nb、W、Mo等，常用铬当量 Cr_{eq} 来表示。镍当量和铬当量的计算方法见舍夫勒组织图的纵坐标和横坐标。舍夫勒组织图不仅可以根据焊缝的化学成分估算出焊缝焊后的组织，而且可以估算焊缝所需的组织，设计、选择焊接材料的成分，尤其在不锈钢与

其他金属焊接时其作用更为明显。

例如，在实际生产中，常用不锈钢与腐蚀介质接触，用低碳钢或低合金钢来承受载荷，即采用复合钢板。有些结构为达到使用性和经济性的统一，也采用不锈钢与普通钢的组合，如图 4-50 所示。

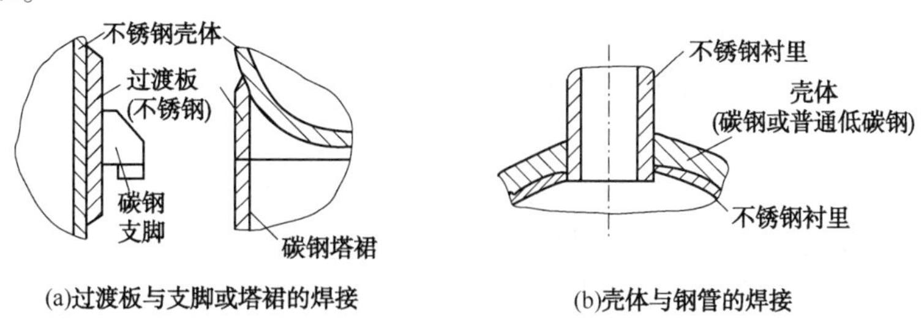

图 4-50　异种钢焊接结构示例

异种钢焊接时，合金成分低的钢会对焊接金属的合金成分有冲淡作用，即所谓的稀释作用。焊缝被稀释的结果，使其奥氏体形成元素的含量不足，焊缝中可能形成马氏体组织，使焊接接头的质量低劣，甚至引起裂纹。所以焊接异种钢时应设法补充焊缝的合金元素，适当选用高合金的焊接材料，另外要恰当地控制熔合比。利用舍夫勒组织图可以估算焊缝所需的组织，并据此选择焊接材料。具体步骤如下：

① 确定母材的 Cr、Ni 当量。按照图 4-49 中的公式计算母材化学成分的铬、镍当量，并在图中找出相对应的成分点，如图中的 m 和 s 点，将两点连成一条直线。

② 确定被焊金属的分量比。即焊接时，两种母材熔入焊缝的金属比例。对于 I 形坡口对接且不加填金属时，可为两种金属熔入量相等，即 ms 连线的中点 a 为熔合后焊缝金属的组织状态。图中为 100%的马氏体，显然不符合要求。

③ 选用合适的焊条或焊丝。此时把 a 点看作待焊母材，并把选用的焊接材料熔敷金属折合成 Cr、Ni 当量，在图中找出相应的成分点，并与 a 点连成直线。对于焊条 1 和焊条 2，假设其相应的成分点在舍夫勒图上分别为 f 和 f' 点，连成直线 af 和 af'。焊后形成的焊缝金属的组织状况应落在 af 或 af' 直线上，其组织成分百分数决定于母材的熔合比。选择焊条需要参考焊缝的组织成分，af' 线处于马氏体区、马氏体+奥氏体区和单相奥氏体区，无论选择多大的熔合比，焊缝金属组织状况都不理想，故焊条 2 不宜采用。在 af 线上 d 点是分界点，ad 段处于马氏体区、奥氏体+马氏体区和单相奥氏体区；而 df 段处于奥氏体+铁素体双相组织区、是较为理想的焊缝组织，故可选用焊条 1。

④ 控制熔合比。在选定焊条的基础上，控制好母材的熔合比，使焊缝金属的组织成为奥氏体和 5%以下的铁素体组成的双相组织，上例中的熔合比应在图中 dE 线段之间，具体数值为：$\gamma=(df/af \sim Ef/af)$（式中，$af$、$df$、$Ef$ 均为线段长度）。

5）铝及铝合金

由于铝的导热系数大，有更快的冷却速度；并且铝的密度小，气泡在熔池中的浮力很小，因此容易产生气孔。铝及铝合金焊接还容易产生焊接热裂纹（结晶裂纹）、焊接接头的软化、耐腐蚀性降低等问题。

焊接方法以氩弧焊为主。氩弧焊的保护效果好，电弧稳定，热量集中，成形美观，热影响区窄，焊件变形小。

选择焊材时，主要应从焊缝的耐蚀性、抗裂性和力学性能等方面考虑。焊接纯铝时，从保证耐蚀性能和焊缝强度出发，焊丝的纯度应比母材高一级或与母材同级为主。为了防止焊缝中产生热裂纹，应限制焊材中铁、硅等杂质的含量，Fe/Si>1，以免在晶界上形成网状低熔点共晶体。

采用钨极氩弧焊时，一般采用直流反接，以便通过“阴极雾化”作用清除坡口表面的氧化膜。熔化极氩弧焊的熔滴过渡为喷射过渡，一般需采用大电流焊接。由于大电流焊接电弧热量集中，熔深大，焊接中厚铝板可不进行预热。

6）钛及钛合金

钛的化学亲合力强，在高温下与O、H、N反应激烈，容易出现气孔、焊接区脆化、裂纹，接头强度降低等缺陷。钛在焊接时必须使焊口的正反两面都与空气完全隔开，并且尽量扩大保护区，使受热区不致氧化，如果能做到完全隔离，钛的焊接质量不成问题。保护效果的好坏可以从焊后的颜色判别，焊缝表面颜色以银白色为最好；淡黄色次之；蓝色一般，焊缝区的塑性将有下降，但不影响焊缝整体质量；青紫色表明焊缝氧化较为严重，显著地降低焊缝的塑性。由于钛导热系数低，为避免过热，在保证焊缝良好成形的前提下，尽量选用低线能量。多道焊时，应待前道焊缝冷却后再焊下一道，以防过热，也可采用急冷法来防止焊接区晶粒长大，当板厚大于8mm时，应开坡口进行多道焊，但焊接线能量不易增大，否则易过热氧化。焊接钛及其合金常用惰性气体保护下的电弧焊、惰性气体保护下的等离子弧焊以及近年发展起来的电子束焊。

4.6.4 异种金属焊接

异种金属所涉及的范围很广。它包括了不同纯金属之间的焊接，不同基体金属之间的焊接（如铝合金与钢）以及具有同一基体但成分、组织和性能有显著差别的合金之间的焊接，如异种钢焊接。此外，还包括采用异种填充材料的同种金属焊接，如用奥氏体钢焊条焊接易淬火钢，以及带有复合层金属材料的焊接，如不锈钢与碳钢复合板的焊接，和特殊性能表面层的堆焊。

1）异种金属焊接性特点

两种不同金属形成冶金结合时，除了要考虑同种金属焊接时的一些常见的焊接性问题外，还有一个需要考虑的特殊问题，即冶金相容性。为使两被焊金属结合成整体，并使连接处没有缺陷以及具有足够的强度和所需的物理、化学性能，必须采取一定的工艺措施（如加热、加压和熔化）使被焊金属连接处的原子接近到足以发生物理化学变化的程度，如形成共同的晶粒，生成固溶体和化合物等。异种金属焊接时由于被焊金属具有不同的物理化学性能和组织结构，因此焊接时需根据其冶金相容性的特点，采取相应的工艺手段（如采用钎焊和加中间层的扩散焊）创造条件，促使焊接区内进行有利于结合的物理化学过程，以便获得性能满意的接头。

异种金属焊接时在连接部位（焊缝）将形成成分、组织和性能完全不同于被焊金属的合金。此时，焊缝的成分、组织和性能主要取决于参与组成焊缝的各部分金属（被焊材料和填充材料）之间的比例。这种比例与所用的焊接方法和焊接工艺参数有关。因此，异种金属的焊接性除与被焊金属所固有的物理化学特性有关外，在很大程度上还取决于焊接方法和工艺。两种金属均为纯金属时，焊缝中形成的合金较为简单，为二元合金。当被焊金属为两种不同系统的合金时，则焊缝中形成的合金将变得极为复杂，成为多元系合金。

2）异种金属焊接的冶金问题

当两种金属在不加填充材料或中间层材料的直接焊接时，焊接区将完全由两种被焊金属形成。其成分、组织特点与两被焊金属形成合金时的相图有关和工艺有关。

以最简单的能无限固溶的两种金属 A 与 B 和形成较为复杂的有限固溶体及其共晶体的两种金属 C 与 D 的焊接为例。图 4-51(a)为两种无限固溶的金属 A 与 B 的相图，为单一的 α 固溶体区。其成分不均匀，从 100%到 0 连续变化。当两种能形成有限固溶体和共晶体的金属 C 与 D 在低于共晶温度的固态下扩散焊时，焊接区的组成较为复杂。根据金属 C、D 的相图[图 4-51(b)]，在被焊金属 C 与 D 的接触界面上，通过相互扩散，在 C 金属侧形成 D 元素在 C 中的固溶体 α，而在 D 金属侧形成 C 元素在 D 中的固溶体 β。此时，扩散区(即焊接区)由靠近 C 侧的 α 固溶体层和靠近 D 侧的 β 固溶体层组成。而且在每一个固溶体层中溶质元素的分布是不均匀的。在两固溶体层的交界面处溶质元素的浓度最高可以达到它在该温度下的溶解度，向内逐步减少直至与母材交界处为零。而且在由一种固溶体进入另一种固溶体的界面处，发生成分的突变[图 4-51(b)]。

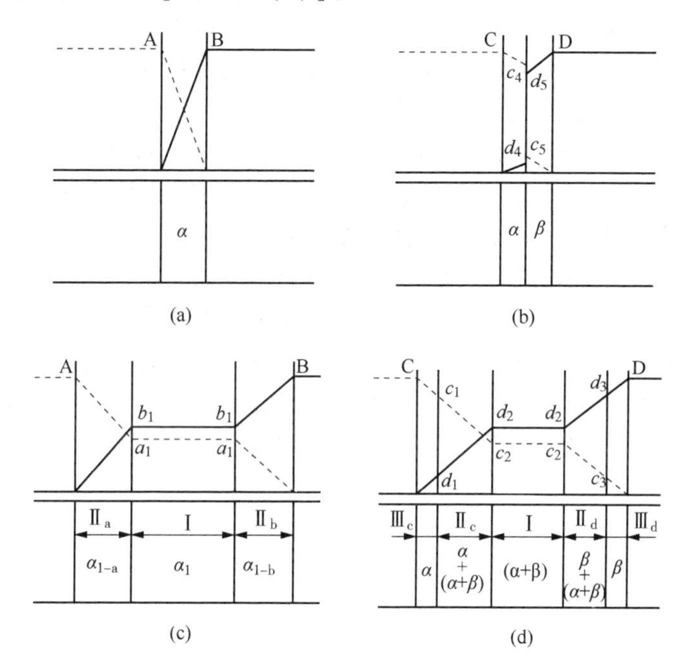

图 4-51　焊接接头的组成和成分分布示意图

与固态扩散焊不同，熔化焊时的温度超过了两种被焊金属 A、B 的熔点，故其焊接区的形成机制和成分、组织也与扩散焊时不同。此时，焊接区是由两种熔化金属相互溶解后形成的液态合金凝固而成。故在不加填充金属的直接焊接或异种金属堆焊时，其成分取决于 A、B 两种金属的熔化量。此外，当两种金属的密度不同时还必须考虑到密度的影响。每种金属的熔化量可由其熔化面积 F_A 与 F_B 表示(图 4-52)。此时，A、B 两种金属在焊缝中所占体积比分别为 $F_A/(F_A+F_B)$ 和 $1-[F_A/(F_A+F_B)]$。当 A、B 两金属的密度分别为 ρ_a 和 ρ_b 时，可以得出焊缝中 A、B 两种金属元素的平均含量。w(A)和 w(B)见式(4-9)和式(4-10)。

$$w(\mathrm{A})=\rho_a F_A/(\rho_a F_A+\rho_b F_B)\times 100\% \tag{4-9}$$

$$w(\mathrm{B})=1-[\rho_a F_A/(\rho_a F_A+\rho_b F_B)]\times 100\% \tag{4-10}$$

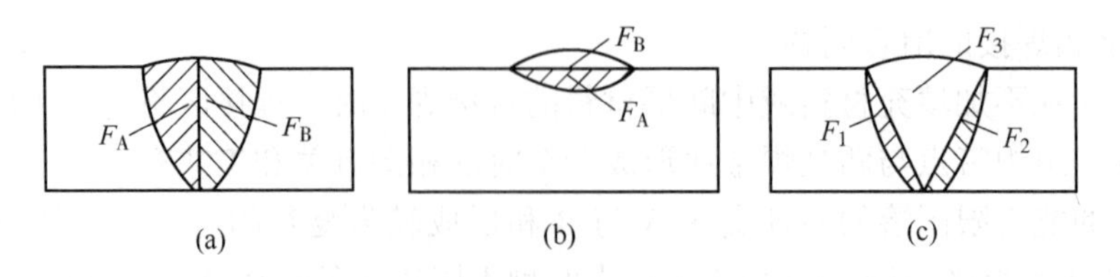

图 4-52　焊缝金属各部分的面积

由此可见，当被焊金属确定后，凡是影响 F_A 与 F_B 之比的因素都会改变焊缝金属的成分，改变两种金属的熔合比（改变焊接电流、电压、改变坡口形状等）可以改变焊缝金属的成分。

根据两被焊金属的相图，计算得出的焊缝平均成分并利用两被焊金属熔化面积和密度，就能确定其焊缝的组成。当 A、B 两种金属能形成连续固溶体时，其焊缝的组织很简单，与两种金属的熔化量无关，即与两种金属在焊缝中的含量无关，其组织始终是单一的 α 固溶体，但其成分与两种金属的熔化面积之比有关。实际焊缝中各处 α 固溶体的成分并没有都达到平均成分。一般情况下，焊缝中部的成分较为均匀，接近平均成分，焊缝边缘为不均匀混合区，越靠近母材，成分就越接近母材。图 4-51（c）为形成连续固溶体的 A、B 两种金属的熔化焊焊缝组成及其成分分布曲线。可见，两种能无限固溶的金属 A、B 在不加填充材料的情况下进行熔化焊时，焊缝为单一的 α 固溶体，但其成分不均匀。焊缝中部均匀混合区Ⅰ内，α 的成分为平均成分 1，以 α_1 表示，靠近母材 A 的不均匀混合区Ⅱa 内，离母材 A 越近 α 中 B 元素的含量越低，A 元素的含量越高，其成分变化范围为由 1~A，以 α_{1-a} 表示；同样，在靠近母材 B 的不均匀混合区Ⅱb 内，离母材 B 越近，α 中 A 元素的含量越低，B 元素的含量越高，其成分变化范围为由 1~B，以 α_{1-b} 表示。当两种被焊金属形成的相图较复杂时，其熔化焊焊缝的组织和成分分布也较复杂。焊缝不均匀混合区内的成分和组织的变化较复杂，焊缝两侧存在两个不均匀混合区，其成分和组织不同。而且每个不均匀混合区内又包括两层不同的组织。一层紧靠母材，另一层紧靠焊缝中部的均匀混合区，如图 4-51（d）所示。

5　设备的组装工艺

设备的组装工艺是设备生产过程的重要工序之一。它是在继划线工序、切割工序和成形工序之后，按照图纸的要求将组成结构各个零件、部件以正确的相互位置加以固定成组件或整体设备的工艺过程。经过组装工序的组对过程，零部件的相互位置及焊缝位置都被固定下来，再经焊接就形成产品。

过程设备的组装包括组对和焊接。组对的任务是将零件或坯料按图纸和工艺的要求确定其相互位置，为其后的焊接作准备。组对完成后进行焊接以达到密封和强度方面的要求。而用螺栓等可拆连接进行拼装的工序称为装配。对设备制造有重要意义的是组对工艺。

组装不仅影响到设备制造质量的优劣，而且也是提高劳动生产率、降低生产成本的重要环节。一般要占制造总工时的30%以上，特别是组装数量较多的同一零部件或短焊缝很多的复杂框架零件，其组装时间甚至多达制造时间的60%。即使是同一种工件，例如，筒体，组装方式(如立式组装或卧式组装)选择的合理与否，也直接影响到生产率的高低。组装后的加工是焊接。一般习惯上把组装当作焊接的辅助工序，人们重视不够。事实上，这一辅助工序对提高劳动生产率却是十分重要的。例如，某工厂对壁厚16mm圆筒节上长1.5m的纵焊缝作自动焊接时，开机焊接的基本时间仅为8min，而组装却要40min。显然，提高组装效率，减少组装时间可以大大提高劳动生产率。

影响组装的因素很多，一方面石油化工设备结构、形状和大型化程度不同，另一方面加工方法的多样性(手工切割、自动切割、剪切和刨边等)使加工精度相差很大。组对工装设备是影响生产率的主要因素，组对误差和焊接变形与应力是影响该工序产品质量的主要因素。适宜的组对工艺和组对工装设备是达到质量控制技术要求和控制制造周期的基础。

5.1　设备组对工艺的要求

5.1.1　设备组对

1) 对设备安装精度的影响

组对直接决定着设备的整体尺寸和形状精度，此外，对焊接质量有重要意义的焊接精度也是由组对决定的。组对时可能存在的误差包括对口错边量、棱角以及焊口间隙。

对口错边量过大造成的危害：降低接头强度、产生附加应力、影响外观、装配和增加流体阻力。有的设备如列管式换热器、合成塔的筒体对焊口错边量限制更严，否则内件安装困难。

棱角的不良作用与对口错边类似，对设备的整体精度影响更大，并造成更大的应力集中。

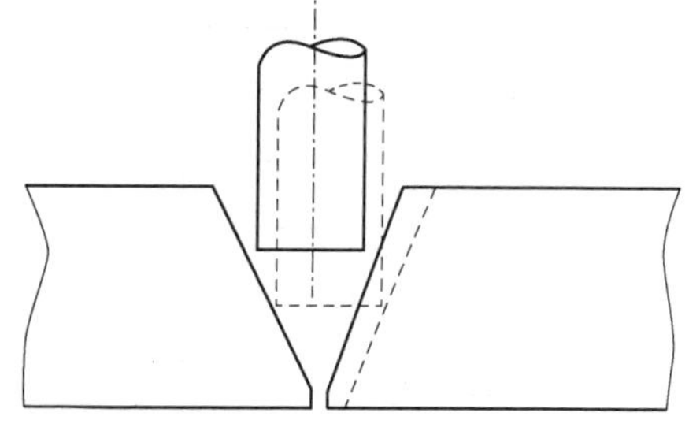
图5-1　间隙对熔深的影响

焊口处的间隙可以保证焊接熔深(图5-1)、补偿焊缝收缩、调整焊缝化学成分，但应严格控制焊接间隙，否则不但影响尺寸精度，还可能由于间隙不合适而影响焊缝成分。

2）对生产周期的影响

组对本身的技术和工装有特定的难度，首先，设备组对时，零件或坯料不像机器零件组装时那样有基准面和安装面可以互相依靠，零件彼此较好定位，而组对需要制作必要的组对用工装，否则部件之间因缺乏基准而无法组装。其次，设备的零件和坯料常常精度不高，组对时既要使设备的整体形位尺寸要求得到满足，还要使焊口局部精度合格，不得不常在组对时修配。因此组对工艺占整个设备生产时间的30%~60%，提高组对效率对缩短生产周期意义重大。

3）组对为焊接提供良好条件

焊口处的组对质量(特别是均匀性)直接影响焊接质量。妥善的组对安排还可给焊接操作以较大的作业空间及较好的焊接位置，并易于克服变形，这对提高焊接质量是有利的。这个问题的关键是组对与焊接良好配合。

5.1.2 设备组对的技术要求与公差

过程设备的零件，经过划线、切割、边缘加工及成形后，总会在不同程度上产生尺寸及形状偏差。当偏差超过一定值时不仅会影响组对的进行，还将影响到焊接以及设备的质量。对组对的零件必须先按有关技术规范或图样的要求进行检验。组对过程必须遵循有关技术条件，这些技术条件是经过大量的实践检验的，按照其控制就可将附加应力限制在某个范围不会影响设备强度。

1）圆筒和壳体对口错边量要求

A、B 焊缝对口错边量 b 的表示见图 5-2(a)、(b)。不同材料对口错变量的要求也有区别。

根据《压力容器》(GB 150—2011)[16]要求：钢材对口错边量 b 的值应符合表 5-1 的要求。

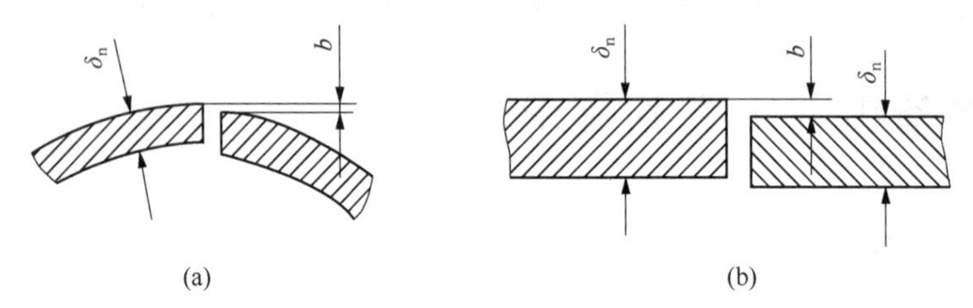

图 5-2 焊缝对口错变量

表 5-1 钢制焊接容器 A 类、B 类焊缝对口错边量

对口处钢材的名义厚度 δ_n/mm	按焊缝类别划分的对口错边量 b/mm	
	A 类	B 类
$\delta_n \leq 12$	$b \leq \delta_n/4$	$b \leq \delta_n/4$
$12 < \delta_n \leq 20$	$b \leq 3$	$b \leq \delta_n/4$
$20 < \delta_n \leq 40$	$b \leq 3$	$b \leq 5$
$40 < \delta_n \leq 50$	$b \leq 3$	$b \leq \delta_n/8$
$\delta_n > 50$	$b \leq \delta_n/16$ 且 $b \leq 10$	$b \leq \delta_n/8$ 且 $b \leq 20$

注：复合钢板的对口错边量 b 不大于钢板复层厚度的 50%，且不大于 2mm。

根据《铝制焊接容器》(JB/T 4734—2002)[73]及《钛制焊接容器》(JB/T 4745—2002)[74]，铝制、钛制压力容器对口错边量 b 的值应符合表 5-2 要求。

表 5-2　铝制、钛制焊接容器 A、B 类焊缝对口错边量

圆筒与壳体类型	对口处材料厚度 δ_n/mm	按焊接接头类别划分对口错边量 b/mm	
		A 类焊接接头	B 类焊接接头
单层铝板（单层钛板）	≤12	$b \leq 1/5\delta_n$	$b \leq 1/5\delta_n$
	$12<\delta_n \leq 20$	$b \leq 2.4$	$b \leq 1/5\delta_n$
	$20<\delta_n \leq 40$	$b \leq 2.4$	$b \leq 1/5\delta_n$ 且 $b \leq 5$
	$40<\delta_n \leq 50$	$b \leq 2.4$	$b \leq 1/8\delta_n$ 且 $b \leq 6$
	$\delta_n>50$	$b \leq 2.4$	$b \leq 6$
衬铝（钛钢复合板或衬钛）	$\delta_n \leq 2$	$b \leq 0.6$	$b \leq 0.8$
	$2<\delta_n \leq 4$	$b \leq 0.8$	$b \leq 1.0$
	$4<\delta_n \leq 10$	$b \leq 1/5\delta_n$ 且 $b \leq 1.5$	$b \leq 1/5\delta_n$
	$10<\delta_n \leq 20$	$b \leq 1/7\delta_n$ 且 $b \leq 2.4$	$b \leq 1/5\delta_n$

注：球形封头与圆筒连接的环向接头以及嵌入式接管与圆筒或封头对接连接的 A 类接头，按 B 类焊接接头的对口错边量要求。

由《镍及镍合金制压力容器》(JB/T 4756—2006)[26]，镍及镍合金制压力容器单层容器的 A、B 类焊接接头对口错边量 b 应符合表 5-3 的规定。复合钢板容器的对口错边量 b 应不大于复层厚度的 50%，且不大于 2mm。

表 5-3　镍及镍基合金单层 A、B 类焊缝对口错边量

对口处材料厚度 δ_n/mm	按焊接接头类别划分对口错边量 b/mm	
	A 类焊接接头	B 类焊接接头
$\delta_n \leq 12$	$b \leq 1/4\delta_n$	$b \leq 1/4\delta_n$
$12<\delta_n \leq 20$	$b \leq 3$	$b \leq 1/4\delta_n$
$20<\delta_n \leq 40$	$b \leq 3$	$b \leq 5$
$40<\delta_n \leq 50$	$b \leq 3$	$b \leq 1/8\delta_n$
$\delta_n>50$	$b \leq 1/16\delta_n$ 且 $b \leq 10$	$b \leq 1/8\delta_s$ 且 $b \leq 20$

注：球形封头与圆筒连接的环向接头以及嵌入式接管与圆筒或封头对接连接的 A 类接头，按 B 类焊接接头的对口错边量要求。

根据《锆制压力容器》(NB/T 47011—2010)[27]，锆及锆合金压力容器的对口错边量 b 的值应符合表 5-4 的规定。

表 5-4　锆及锆合金压力容器 A、B 类焊缝对口错边量

圆筒与壳体类型	对口处单层容器锆板厚，或复合板、衬里容器基材厚度 δ_n/mm	按焊接接头类别划分对口错边量 b/mm	
		A 类焊接接头	B 类焊接接头
单层锆板或复合板、衬里容器	≤12	$b \leq 1/5\delta_n$	$b \leq 1/5\delta_n$
	$12<\delta_n \leq 20$	$b \leq 2.4$	$b \leq 1/5\delta_n$
	$20<\delta_n \leq 40$	$b \leq 2.4$	$b \leq 1/5\delta_n$ 且 $b \leq 5$
	$40<\delta_n \leq 50$	$b \leq 2.4$	$b \leq 1/8\delta_n$ 且 $b \leq 6$
	$\delta_n>50$	$b \leq 2.4$	$b \leq 6$

注：球形封头与圆筒连接的环向接头以及嵌入式接管与圆筒或封头对接连接的 A 类接头，按 B 类焊接接头的对口错边量要求。

2）棱角

由压力容器制造国家标准及行业标准[16,26,73,74]规定，焊接所导致的棱角必须满足如下要求。

（1）钢制压力容器、铝制压力容器

在焊接接头环向、轴向形成的棱角 E，宜分别用弦长等于 $D_i/6$，且不小于 300mm 的内样板（或外样板）和直尺检查（图 5-3、图 5-4），其 E 值不得大于（$2+\delta_n/10$）mm，且不大于 5mm。

（2）钛制压力容器、镍及镍合金压力容器、锆及锆合金压力容器

在焊接接头环向、轴向形成的棱角 E，宜分别用弦长等于 $D_i/6$，且不小于 300mm 的内样板（或外样板）和直尺检查（图 5-3、图 5-4），其 E 值不得大于（$2+\delta_n/10$）mm，且不大于 4mm。

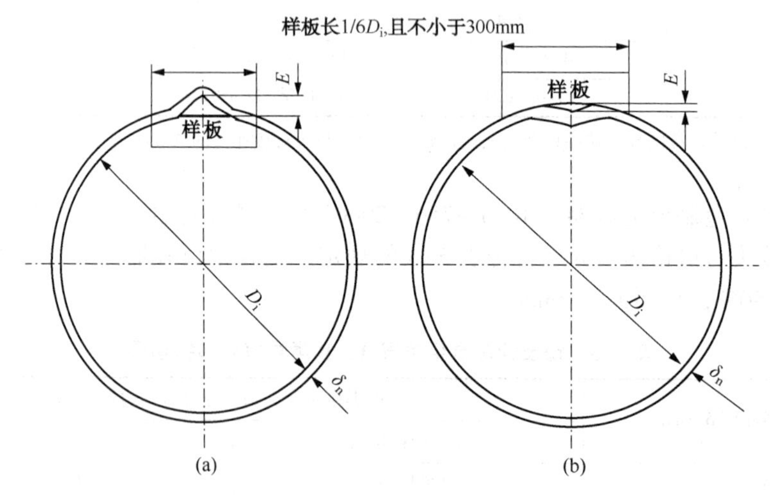

图 5-3　壳体棱角度测量和要求

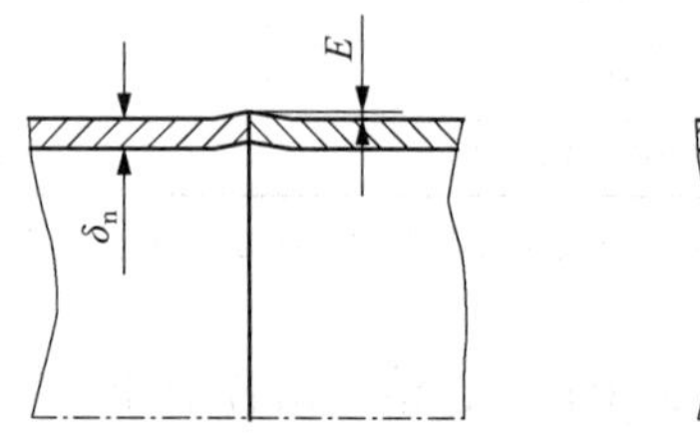

图 5-4　焊接接头轴向棱角

3）不等厚连接的处理

容器壳体各段或封头与壳体常常出现不等厚连接，此处便会出现承载截面突变。会产生附加应力，因此，必须对厚度差超过一定限度的厚板边缘进行削薄处理，使截面连续缓慢过渡，如图 5-5 所示。根据相应标准[16,26,73,74]规定，钢制压力容器、镍及镍合金压力容器的不等厚连接按如下两条处理。

（1）B 类焊接接头以及圆筒与球形封头相连的 A 类焊接接头，当两侧钢材厚度不等时，若薄板厚度不大于 10mm，两板厚度差超过 3mm；若薄板厚度大于 10mm，两板厚度差大于薄板厚度的 30%，或超过 5mm 时，均应按标准要求单面或双面削薄厚板边缘，或按同样要求采用堆焊方法将薄板边缘焊成斜面。

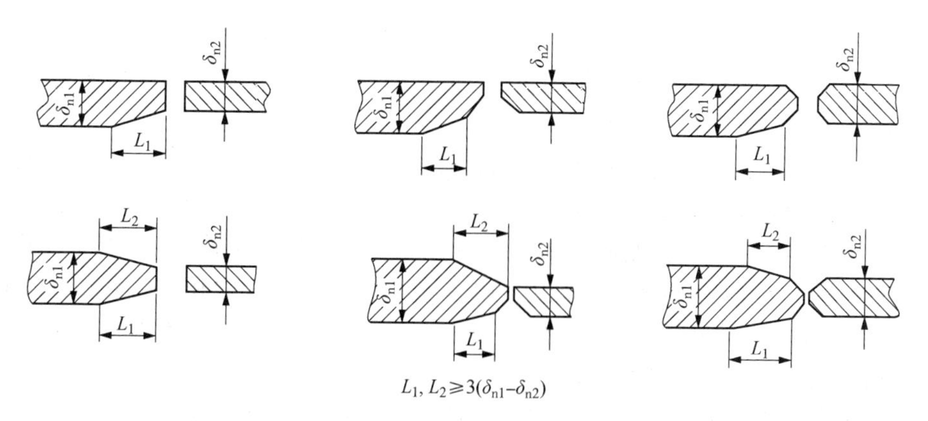

图 5-5　不等厚度的 B 类焊接接头以及圆筒与球形封头相连的 A 类焊接接头连接型式

（2）当两板厚度差小于上列数值时，则对口错边量 b 按表 5-1 要求，且对口错边量 b 以较薄板厚度为基准确定。在测量对口错边量 b 时，不应计入两板厚度的差值。

铝制压力容器及钛制压力容器除遵循以上两条外，还应包括铝材和钛材有耐蚀要求时，其与腐蚀介质接触的一侧测得的错边量(不减去两板的厚度差)应符合表 5-2 的要求。

4）壳体直线度

过程设备的直线度要求主要是为了保证和外管道的连接尺寸、防止直立设备产生偏心弯矩。对于本书重点讨论的五种材料的过程设备，其直线度要求相同，即：除图样另有规定外，壳体直线度允差应不大于壳体长度的 0.1%。当直立容器的壳体长度超过 30m 时，其壳体直线度允差应符合《塔式容器》(NB/T 47041—2014)[17]的规定。

壳体直线度检查是通过中心线的水平和垂直面，即沿圆周方向的 0°、90°、180°、270°四个部位拉直径 0.5mm 的细钢丝测量。测量位置离 A 类接头焊缝中心线(不含球形封头与圆筒连接以及嵌入式接管与壳体对接连接的接头)的距离不小于 100mm。当壳体厚度不同时，计算直线度时应减去厚度差。

5）壳体圆度要求

受内压壳体同一断面上最大内径 $D_{i_{max}}$ 与最小内径 $D_{i_{min}}$ 之差 $e=D_{i_{max}}-D_{i_{min}}$ 表明了一壳体几何圆度的情况，由于受内压壳体的设计计算是按理想圆进行的，如果不是理想圆则会产生附加的应力，附加应力将会降低非理想材料(实际材料)的承载能力。必须对其根据制造工艺水平和附加应力的量，提出壳体几何圆度限制要求。

（1）钢制压力容器、镍及镍合金压力容器、锆及锆合金压力容器壳体圆度要求

① 壳体同一断面上最大内径与最小内径之差，应不大于该断面内径 D_i 的 1%(对锻焊容器为 1‰)，且不大于 25mm(图 5-6)。

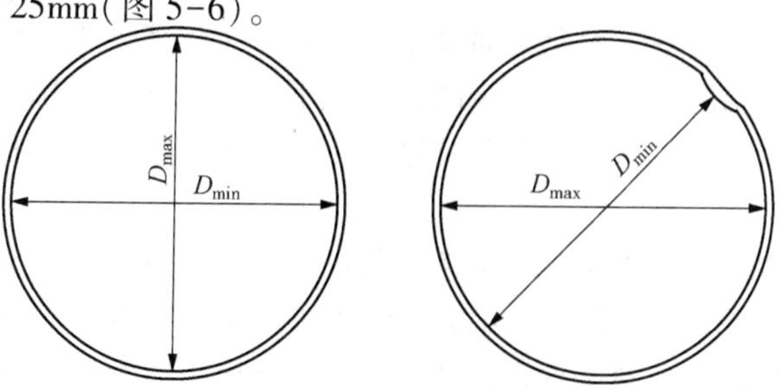

图 5-6　壳体同一断面上最大内径与最小内径之差

② 当被检断面与开孔中心的距离小于开孔直径时，则该断面最大内径与最小内径之差，应不大于该断面内径 D_i的 1%（对锻焊容器为 1‰）与开孔直径的 2%之和，且不大于 25mm。

（2）铝制压力容器壳体圆度要求

① 对于压力容器，壳体同一断面上最大内径与最小内径之差，应不大于该断面内径 D_i的 1%，且不大于 25mm；对于常压容器，应不大于该断面内径 D_i的 1%，且不大于 35mm。

② 对于压力容器，当被检断面位于开孔中心 1 倍开孔内径范围内时，则该断面最大内径与最小内径之差应不大于该断面内径 D_i的 1%与开孔直径的 2%之和，且不大于 25mm。对于常压容器，应不大于该断面内径 D_i的 1%与开孔内径的 3%之和，且不大于 35mm。

（3）钛制压力容器壳体圆度要求

① 对于压力容器，壳体同一断面上最大内径与最小内径之差，应不大于该断面内径 D_i的 1%，且不大于 25mm；对于常压容器，应不大于该断面内径 D_i的 1%，且不大于 30。

② 对于压力容器，当被检断面位于开孔中心 1 倍开孔内径范围内时，则该断面最大内径与最小内径之差应不大于该断面内径 D_i的 1%与开孔直径的 2%之和，且不大于 25mm。对于常压容器，应不大于该断面内径 D_i的 1%与开孔内径的 3%之和，且不大于 35mm。

（4）外压及真空设备圆度要求

受外压及真空壳体容器组装后，实际工作时为失稳破坏，它受圆度的影响非常大。设计时按照一定的圆度要求进行，若壳体存在不圆的情况，应采用更严格的控制，按照设计时的圆度限制和制造工艺水平经验，GB 150—2011 规定，壳体组装后，应采用以下步骤控制其圆度：

① 采用内弓形或外弓形样板（依测量部位而定）测量。样板圆弧半径等于壳体内半径或外半径，其弦长等于 GB 150. 3—2011 图 4-14 中查得的弧长的两倍。测量点应避开焊接接头或其他凸起部位。

② 用样板沿壳体径向测量的最大正负偏差。不得大于由图 5-7 中查得的最大允许偏差值。当 D_o/δ_e与 L/D_o的交点位于图 5-7 中任意两条曲线之间时，其最大正负偏差。由内插法确定；当 D_o/δ_e与 L/D_o的交点位于图中 $e=1.0\delta_e$曲线的上方或 $e=0.2\delta_e$曲线的下方时，其最大正负偏差 e 分别不得大于 δ_e及 $0.2\delta_e$值。

③ 圆筒、锥壳 L 与 D_o分别按 GB 150. 3 的规定选取，对于球壳 L 取为 $0.5D_o$；对于锥壳 D_o取测量点所在锥壳外直径 D_{ox}，L 取 $L_e(D_o/D_{ox})$，其中当量长度 L_e按式（5-1）计算，其中 D_s为小端直径，D_L为大端直径。

$$L_e=\frac{L_x}{2}\left(1+\frac{D_s}{D_L}\right) \tag{5-1}$$

6）焊缝余高

焊缝余高是一种焊接公差，无余高而又不内凹的对接焊缝最为理想，但一般在工艺上难以做到，所以焊缝经常保留一定余高。余高在静载下有一定加强作用，但过大的余高会使焊趾处的应力集中系数增加，对承受动载荷的结构不利，不同材料的过程设备，焊缝余高规定如下：

钢制过程设备 A、B 类焊接接头的焊缝余高 e_1、e_2按图 5-8 和表 5-5 的规定；铝制过程设备 A、B 类焊接接头的焊缝余高 e_1、e_2按图 5-8 和表 5-6 要求；钛制过程设备、镍及镍合金值制过程设备、锆及锆合金制过程设备 A、B 类焊接接头的焊缝余高 e_1、e_2按图 5-8 和表 5-7 要求。

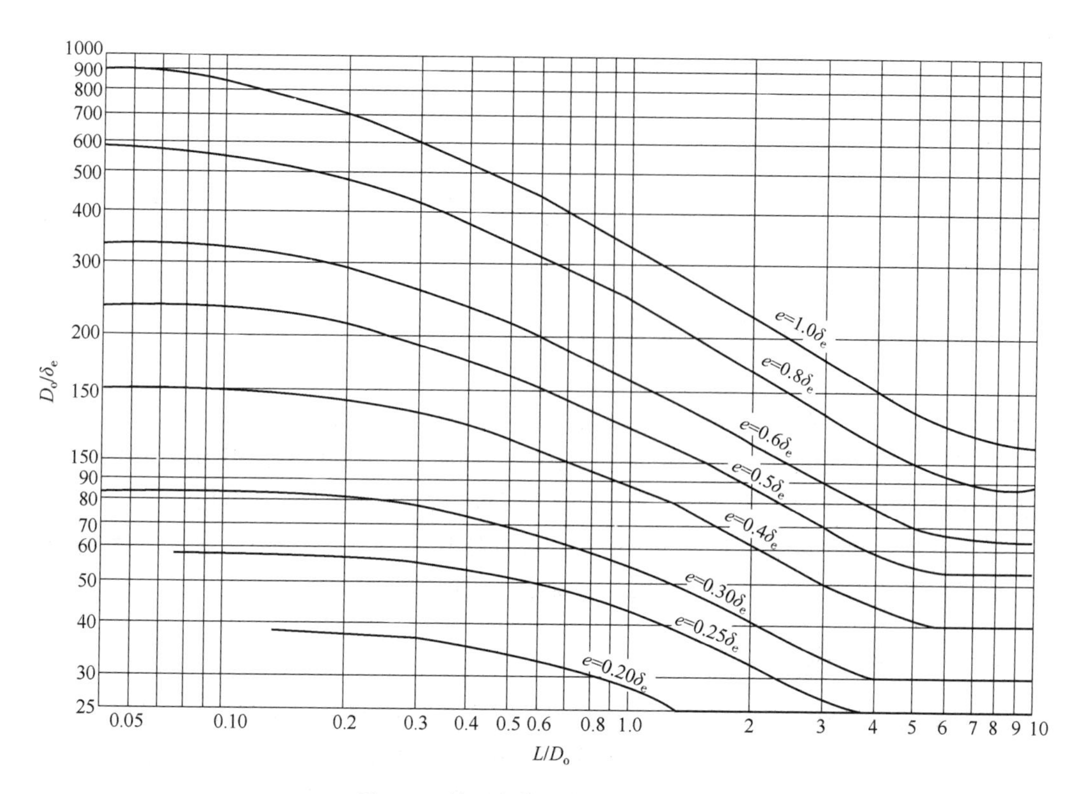

图 5-7　外压壳体圆度最大允许偏差

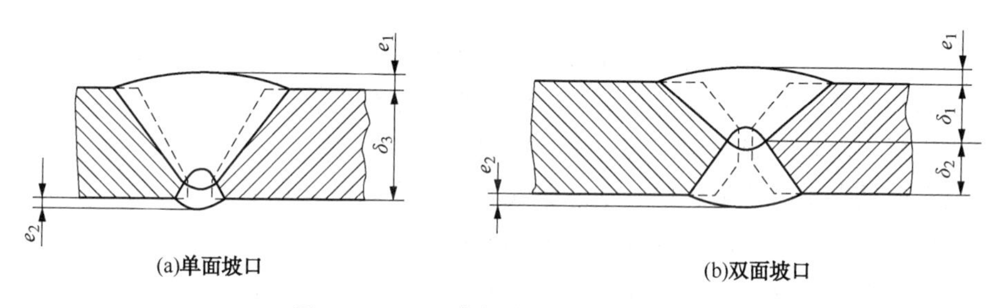

图 5-8　A、B 类焊接接头的焊缝余高

表 5-5　钢制过程设备 A、B 类焊接接头的焊缝余高合格指标　mm

R_m≥540MPa 的低合金钢材、Cr-Mo 低合金钢材				其他钢材			
单面坡口		双面坡口		单面坡口		双面坡口	
e_1	e_2	e_1	e_2	e_1	e_2	e_1	e_2
0~10%δ_3 且≤3	0~1.5	0~10%δ_1 且≤3	0~10%δ_2 且≤3	0~15%δ_3 且≤4	0~1.5	0~15%δ_1 且≤4	0~15%δ_2 且≤4

表 5-6　铝制过程设备 A、B 类焊接接头的焊缝余高合格指标　mm

焊缝位置	焊缝余高		焊缝余高差	焊缝宽度差	
	钨极氩弧焊	溶化极氩弧焊		手工焊、半自动焊	自动焊、机械化焊
平焊	0~3	0~5	0~2	0~3	0~2
除平焊外的其他焊缝位置	0~4	0~5	0~3	0~3	0~2

表 5-7 钛、镍及镍合金、锆及锆合金过程设备 A、B 类焊接接头的焊缝余高合格指标 mm

单面坡口		双面坡口	
e_1	e_2	e_1	e_2
0~15%δ_n 且≤4	≤1.5	0~15%δ_1 且≤3	0~15%δ_2 且≤3

注：表中的百分数计算值小于 1.5 时按 1.5 计。

5.2 组对工艺及技术要求

设备的组对包括：筒节纵缝的组对，筒节之间、筒节与封头环焊缝的组对，法兰、接管等附件、支座与筒体之间的组对。组对是设备制造中的一个重要环节，因为设备的各个零部件位置是在组装过程中确定的，它们的方位、尺寸错误会造成返工、甚至报废。对焊接质量有重要影响的焊接间隙是在组对时被固定的，若组对不当，焊接间隙不合适就很难保证焊接质量。焊接位置、焊接顺序也均由组对工序确定，它们均影响焊接质量。

5.2.1 组对装配单元及划分

过程设备的种类和结构虽然各不相同，但组成设备的单元零件存在着一定的共同特征，即都是由筒体、封头、接管、法兰、支座等构件组成。如果将上述构件中的基本零件称为一个组装单元，那么组装就是把各个组装单元，通过平行或交叉作业方式组装成部件或整体的加工工序。

在过程设备中，组装单元的大小没有一定的规定，在满足相关标准的前提下，可以由材料规格的大小和制造厂的加工能力来决定。组装单元划分的合理与否不仅影响到设备的受力状态和制造质量，而且还影响到生产成本和原材料的利用率。

组装单元应适宜于拼装和焊接，划分单元时应注意以下几点要求：

(1) 焊接顺序要合理，以减少焊接应力和变形；

(2) 焊缝连接位置要恰当，避免将焊缝布置在不利的空间位置上；

(3) 要考虑制造厂能力和所具备的单元制造可能性；

(4) 符合标准、技术规范的要求；

(5) 减少工艺程序、提高劳动生产率。

化工、石化设备的制造因产品具有单件、小批量，多品种的性质，所以装配单元的划分亦应随设备种类和大小不同而异。体积庞大、重量大的重型设备在划分装配单元时，需考虑到场地、起重能力、工装设备及运输等其他因素的影响，而这些因素在某些情况下还存在着很大的可变性。

装配单元的划分受制造工艺方法影响很大，当实际生产中工艺方法有变更时(例如焊接工艺的改变)，也会直接影响装配单元的划分。因此即使预先已划分好装配单元，在施工过程中还可能作出修订。还得指出是，制造厂生产任务和管理也影响装配单元的划分。

5.2.2 设备组装的工艺要求

1) 组装工艺程序

在设备的组装前要制订一个组装工序程序，这就是过程设备组装工艺卡。考虑生产条件、时空环境和操作人员的技术熟练程度等因素，确定组装顺序、工装要求、组装质量控制目标等因素，最后决定具体的工艺程序。

2）后加工要求

设备的组装效果是通过点焊而固定的，组装后必须再进行焊接加工才能满足设备设计要求。为此，组装中要保证焊接坡口处间隙的尺寸精度，若间隙过大，会引起焊接填敷量的增加及焊接热应力增大，间隙过小则无法保证焊透。其次，点焊固时所用焊条牌号、点焊尺寸等对焊接后加工亦有很大的影响，通常要求点焊固时焊条及焊接工艺参数应与焊接的要求完全一致。点固焊应在焊接的背面进行，若必须在先行焊接的加工面上点固焊时，则点固焊在保证组装连接可靠性前提下，应具有最小的截面尺寸，否则可能对焊接产生不利的影响。

对于有后加工要求时，组装时还应该同时组装好后加工所需要的夹具或其他工装附件，即组装工艺必须考虑后加工的各项要求。

3）表面质量要求

设备组装中有时需对部件形状进行矫正，通常以夹具或锤击施加组装力达到组装质量，为保护设备表面质量，特别是耐蚀不锈钢和低碳钢等设备对此有着严格要求，要尽量避免击伤工件表面。因此，在组装以前应尽可能通过修理、矫形等方法来满足相关部件间形状尺寸的一致性，确实需要锤击时必需用软锤，夹具加软衬。此外，点焊及焊接的引弧不允许直接在组装件表面上进行，必须在焊口内或使用引弧板。

4）避免强力组装

不能用强力强制零件达到组装位置，否则会在该处留下很高的残余应力，点焊处也可能产生焊接裂纹，特别对于低温用钢和高强度钢更应注意。为此，应事先对零件的形状尺寸进行检查和修理。但是对组装后进行矫形(校圆)或热处理的设备，由于后续工艺削除了部分残余应力，这一点可放宽要求。

5）技术经济要求

组装工艺应满足经济利益最大化，因此，编制工艺时，应综合加以考虑。例如采用网络化管理技术减少组装周期、降低各种消耗、充分发挥工装设备和技术工人的能力等。

5.2.3 拼装组对过程焊接变形和应力

1）变形和应力产生的原因

焊接的局部加热和冷却，产生了三个不均匀性：温度分布的不均匀性；固液转变的不均匀性；组织转变的不均匀性。导致焊接残余应力及残余变形的产生。

2）焊接变形与应力的危害性

焊接产生的变形包括：收缩、转角、弯曲、波浪、扭曲。焊接变形导致残余应力产生，焊接应力是产生裂纹必不可少的因素，尤其是高强钢和低温用钢。应力集中处又往往是氢原子析集和形成微电池的危险区，从而加速设备的电化学腐蚀和应力腐蚀。总之，残余应力影响设备强度，残余变形降低设备的装配、制造质量，影响后续的制造加工。

3）减小变形和应力的途径

只要焊接工序存在，变形与应力的产生便不可避免。合理的组对工艺和焊接工艺可减少其产生。

当焊接构件的形状尺寸确定后，变形约束大，焊接变形小，焊接残余应力大，反之亦然。结构设计时首先坚持“优先”原则，强度要求不高者优先考虑减少变形；高承载或变载荷者优先考虑残余应力。

减少变形和应力的途径有：一是合理设计结构形式和选择组对工艺；二是合理选择焊接工艺和热处理工艺。

采用合理的装配焊接顺序是一种较简单的减少变形及应力方法。用点焊和拼装夹具固定零部件相对位置，可减少焊接变形。当焊件刚性较小时，采用外加刚性约束以减少焊后变形的方法，称为刚性约束法。按外加刚性约束的大小，有硬刚性约束法、软刚性约束法和半软刚性约束法。

硬刚性约束法是在与焊缝垂直方向的坡口两侧，沿焊缝长度方向装焊夹具和弧形加强板，并在根部进行点固焊，如图 5-9(a)所示。焊接主缝时，不拆除夹具和加强板，处于强制刚性固定状态，可使焊后角变形大为减少。这种方法适用各种容器，其缺点是焊后残余应力大，耗用辅助材料多。

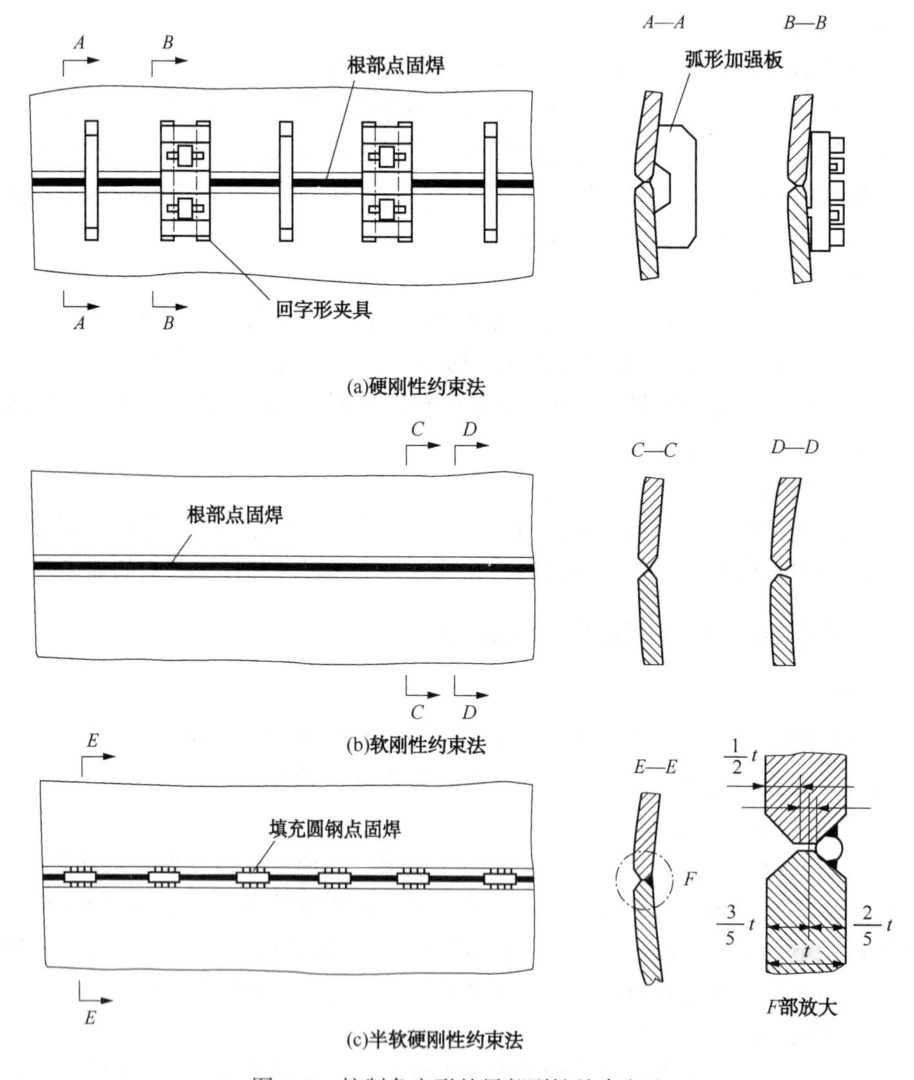

图 5-9　控制角变形的局部刚性约束方法

软刚性约束法是沿焊缝长度方向装焊夹具，然后在根部进行点固焊，如图 5-9(b)所示。焊接主缝时拆除夹具，处于拘束度较小的自由状态。但由于根部点固焊破坏了底层焊道，至少要焊两层才能清根，加上两侧交替焊难以控制，所以用该法来控制角变形不很理想。但焊后残余应力小，耗用辅助材料少，辅助焊道少，常用于小型容器。

半软刚性约束法是在沿焊缝长度装置夹具，然后填充一定直径的圆钢并进行点固焊，如图 5-9(c)所示。焊接主缝时，拆除间隙片和夹具，而圆钢点固焊具有半软硬的刚性约束。通常在焊接无圆钢一侧底焊缝后，或连焊两层后，再拆除圆钢并清根，然后分别焊两侧焊缝。用该法控制角变形较理想，焊后残余应力小，耗用辅助材料适中，辅助焊道也少，适用于各种容器的焊接。

大型结构组装时，可适当地分成几个部件，分别装配焊接，然后再组对拼焊成整体，使不对称的焊缝或收缩量较大的焊缝能自由收缩，这样既有利于控制和减少焊接变形及应力，又能扩大作业面积，缩短生产周期。

5.3 典型组对拼装设备

过程设备制造中，组装过程的机械化非常重要。据资料介绍，机械组装与手工器具组装相比不仅可极大地改善劳动条件，而且可提高劳动生产率达 50%以上，特别是组装厚板或规格相近的批量生产设备，劳动生产率的提高则更为显著。在设备组装机械中，由于液压传动具有调节方便、操作可靠的优点，因此组装机械中液压组装机更为优越。

常用的组装机械有两种：一类是装配工具，以夹持器为主；另一类是组装-焊接工具，以焊接滚轮架和焊接转胎为主。夹持器根据动力方式不同有手动式、机械式、液压式、气压式和磁铁式几种，其中以手动式、机械式和液压式最为常见。液压式常用于较通用的化工设备(如换热器、锅炉等)的专用生产上。

5.3.1 纵缝组装机械

1）手动式

当筒体直径不大，壁厚较薄时，纵缝的组对可以在筒节从卷板机上取下来之前、直接在卷板机上焊接，如两边对不齐，可用 F 形撬棍调整，如图 5-10 所示。该设备为手动式，只能进行简单调节。

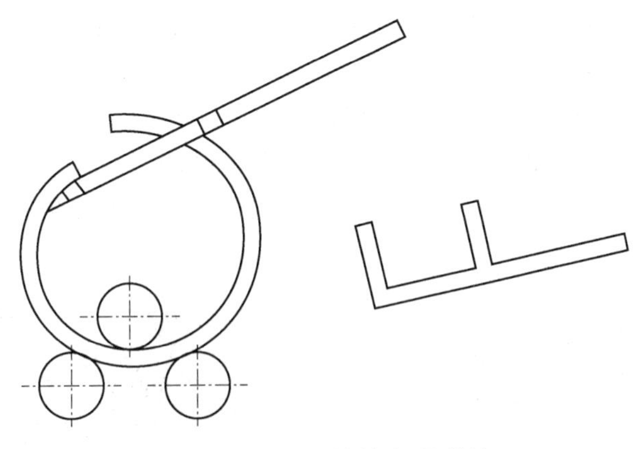

图 5-10 用 F 形撬棍调整纵缝

2）机械式

对于直径较大，壁厚较厚的筒节的纵缝组对，可以在滚轮架上应用一对如图 5-11 所示的杠杆螺旋拉紧器进行调整(又叫多用螺旋夹钳)。杠杆螺旋拉紧器是以两块固定在夹板6和7上的U形钳口2分别卡住纵缝的两板边，转动图5-11中三处调节螺丝1，调节焊缝的尺寸，并使焊缝坡口径向对齐，焊缝坡口对准后，可每隔20~50mm从中间向两端点焊，钢板边缘固定点焊好后，卸下夹具即可施焊。

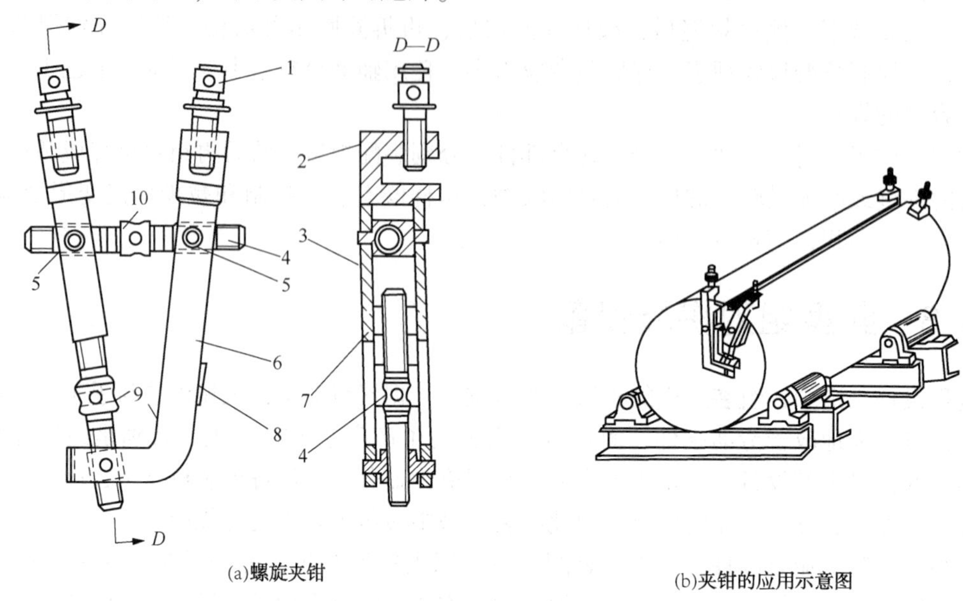

图5-11　多用螺旋拉(压)紧器

1—压力螺丝；2—U形钳口；3—销钉螺母；4—张紧螺丝；5—销钉螺丝；6—肘状板；7—肋板；8—搭板；9—张紧螺丝；10—张紧螺母

如果筒节较长，两端用杠杆螺旋拉紧器不能准确地对正边缘时，可在筒节每一定距离点焊上角钢(或螺母)，用螺栓拉紧来调整组对边缘，如图5-12所示，这种拉紧器称为普通螺旋拉紧器。

3）液压式

液压组装机多用于固定组装焊接作业线上，而且以中厚板制造的中等长度定型设备(锅炉和换热器)组装居多。图5-13为一筒节纵缝液压组装机。该装置利用液压进行筒节纵缝组装。筒节的纵缝朝下放置，利用液压驱动，可在三个方向上进行调节，以纠正卷板产生的偏差。筒节纵缝组对后，可以直接在此装置上进行焊接，也可以在装置上进行点焊固定后取下工件另行焊接。由于需要有三个方向上的相对运动，所以该机构外形庞大。但它可以大大减少组装纵缝时间，减轻劳动强度，节约劳动力，也可以取消拉紧板，提高了筒节的表面质量。

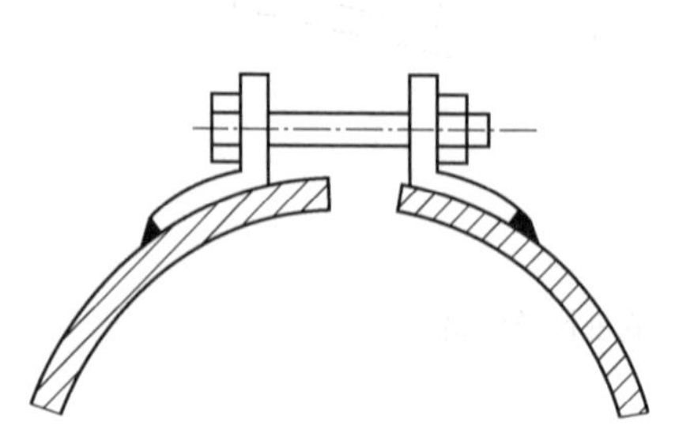

图5-12　普通螺旋拉紧器

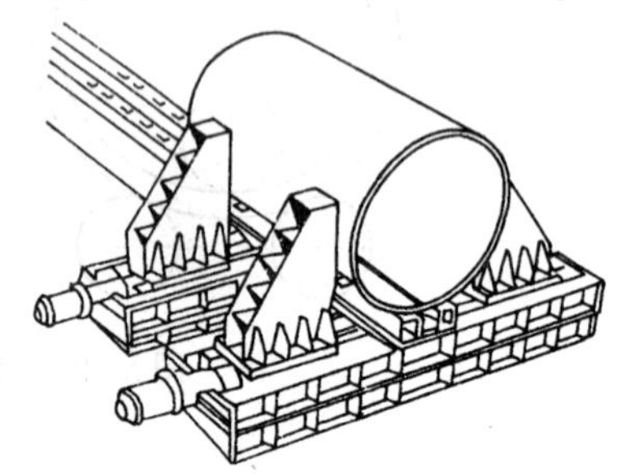

图5-13　筒节纵缝组对机

图5-14所示为筒节液压组焊机，该机构有三对或更多对夹紧对开环，每个半环上装有压紧滑块，它直接与液压活塞杆相连接。工作活塞通过回程液压活塞实现回程，回程液压活塞则是通过连杆连接到工作活塞上。当筒节液压机有三对夹紧对开环时就需要六个工作活塞的液压缸和六个回程液压缸；若有五对夹紧对开环，则需相应配置十个工作缸和十个回程缸。工作液压缸与回程液压缸均安装在同一底板的机架上。

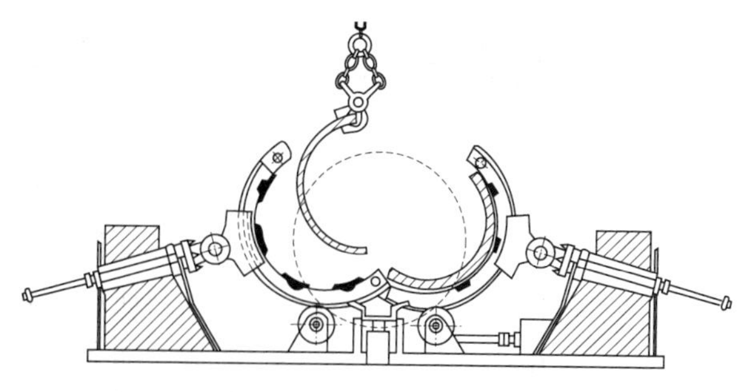

图5-14　筒节液压组焊机

组装时，先将瓣片或筒节吊入夹紧对开环中，随着油缸柱塞的推进，夹紧环夹紧筒节而使筒节纵缝合拢。当需要满足焊接坡口的间隙时，只要在纵缝合拢处插入相应的间隙楔条，焊接时当焊嘴接近楔条时，再用手锤将楔条敲出。经点焊固定，焊接后即完成了筒节的组装。对于不同直径的筒节的组装，只要更换曲率相近的对开环即可。

由于该装置依靠柱塞前端的柱形铰链与对开环连接，可以有较大的向心压紧力，适合于壁厚较大的中小直径的容器组装，如锅炉和换热器等。为校正端口错位的筒节，在筒节的轴线位置处，还可配置端面压紧机构，生产效率较高，适用于专业生产。

5.3.2　环缝组装机械

环缝的组对要比纵缝组对困难得多，因为筒节和封头的端面在加工后可能存在椭圆率或各处曲率不同等缺陷。这些缺陷将造成环缝组对对齐困难、无法保证同轴度等缺陷。因此在组对过程中必须严格地按技术要求进行，以免影响质量。

1）机械式

环缝组对时，边缘偏移量可用压夹器进行调整对齐。图5-15为两种压夹器调整环缝大小及对齐情况。楔形(条或锥棒)压夹器是最简单的装配工具，既可以单独使用，又可以与其他工具联合使用，它操作简单，调整方便。但扣紧圈和定距挡块必须焊接在工件上，拆除时有可能出现损坏工件表面的现象，对于有较高表面要求的材料不允许使用。根据筒节直径大小压夹器可安装4个、6个、8个，均布在圆周上，以便找正对中。

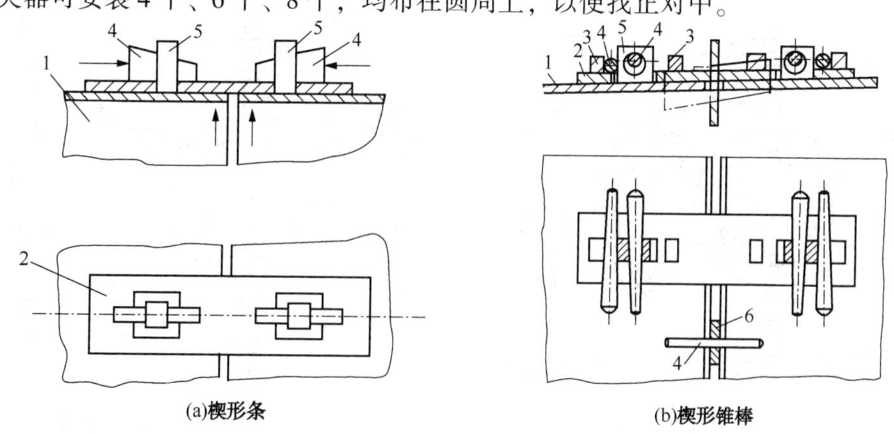

图5-15　用楔条压夹器对齐环缝

1—筒体；2—拉板；3—定距挡块；4—楔条(锥棒)；5—扣紧圈；6—定距板

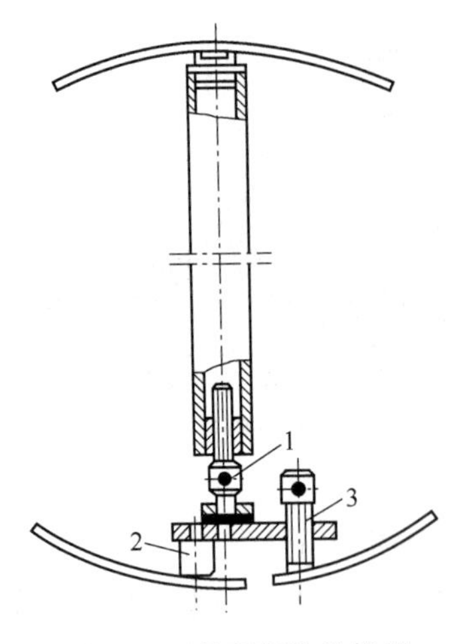

图 5-16　柱形螺旋推撑器

1—螺旋推杆；2—顶铁；3—调节螺钉

筒节刚度较差时，可用推撑器调整筒节端面。推撑器用于组对筒节时对齐边缘、矫正凹陷等缺陷。图 5-16 为圆柱形螺旋推撑器，它不仅可以用来撑开焊缝及凹陷，而且可用调整螺钉 3 来对齐焊缝。

螺旋拉(压)紧器是由本体、螺杆和螺帽 3 部分所组成。它通过旋转螺杆来实现拉(压)紧目的。螺旋拉(压)紧器如图 5-17 所示。为了保护工件的表面并增大其接触面，在螺杆的末端装有抵垫。而抵垫的构造可根据工件的形状和连接要求而定。螺旋拉(压)紧器也可作成固定点焊型的拉(压)结构。图 5-18 为螺旋压紧器装夹人孔的组装情况。

图 5-19 为一种环形螺旋推撑器，它是用 6 或 8 根带有顶丝的螺旋推杆拧在一个环形架上而构成的，使用时分别调整各根推杆便可对齐。图 5-20 为环形螺旋拉紧器。构造和环形螺旋推撑器相似，后两种适用于直径大的筒节的组对。

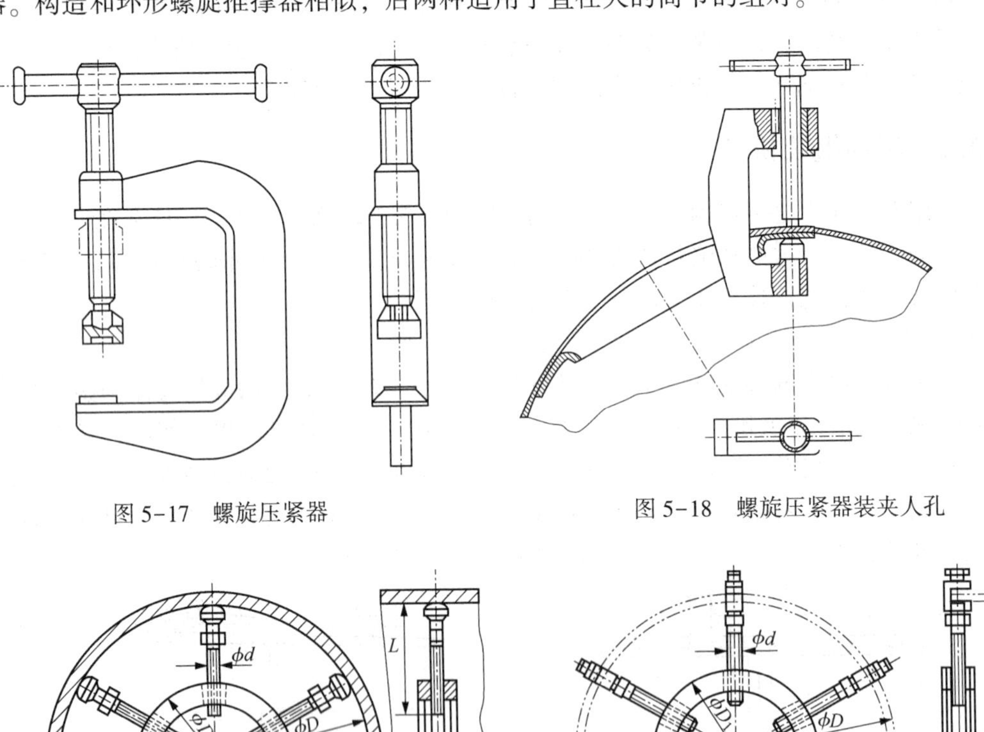

图 5-17　螺旋压紧器

图 5-18　螺旋压紧器装夹人孔

ϕd　ϕD_1　ϕD　L　B

图 5-19　环形螺旋推撑器

ϕd　ϕD_1　ϕD　B

图 5-20　环形螺旋拉紧器

2）液压式

图 5-21 为筒体组装装置。组装时，使两筒节的环缝连接处放置于 Π 形压头下。其外圈用均布的柱塞加压使环缝口对齐，环缝间隙靠油缸 7 进行调整。完成第一条环缝的组装并点焊固定后，油缸 7 推出框架，再吊入下一段筒节，如此可连续组装筒节成为设备筒体。

为适应不同直径筒节的组装，该装置还设有油缸 10 用以升降油缸框架。由于受油缸框架刚度的限制，一般多限于薄壁容器的组装。

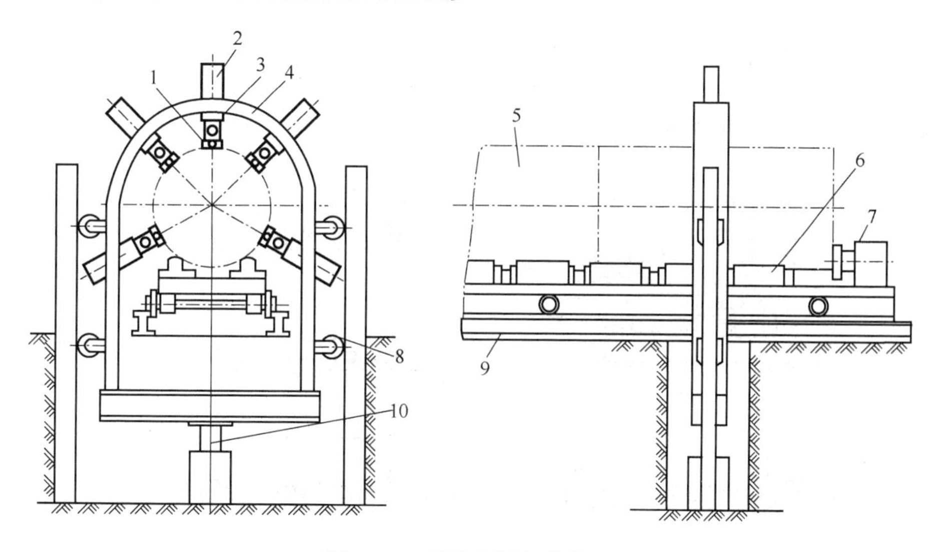

图 5-21　筒体环缝组装装置

图 5-22 所示为环缝组装机，由筒体组装车、封头组装架和滚轮架三部分组成。装配小车 3 上装有悬臂 13 和托座 6 组成钳形支架，支架高度可以用液压缸 4 来调节。小车可在导轨 5 上沿着辊轮架行走。在悬臂的端部装有焊机 16、挡块 15 和液压缸 14，托座的端部还装有焊剂垫 12、压紧缸 11 及工作缸 10。悬臂和托座之间有水平推送的液压缸 7，并由限位板 9 进行限位。

组装时，小车行走并使悬臂伸进筒节 2 内，到工作位置后停止。借助于压紧缸 11 和挡块 15 固定筒节，工作缸 10 和液压缸 14 将另一个筒节压紧并调整到与第一个筒节边缘平齐，开动液压缸 7 调整好适当的间隙，对正后由焊机 16 进行点焊固定。通过转动筒节，完成整圈的环缝组装点焊固定。此后可由焊机 16 立即进行自动焊接。

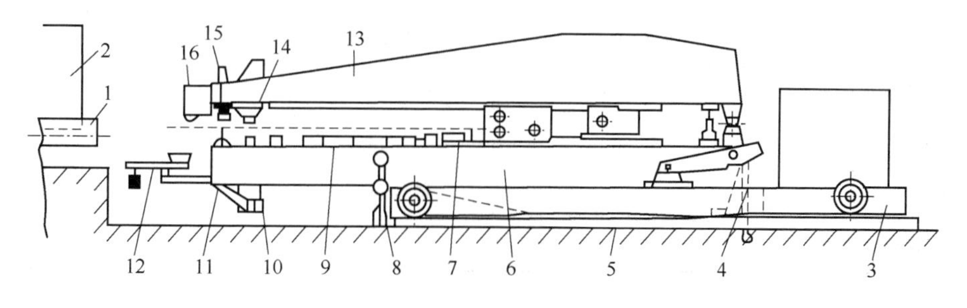

图 5-22　环缝组装机

1—轮架；2—筒节；3—小车架；4—液压缸；5—导轨；6—托座；7—液压缸；8—操作台；9—限位板；10—工作缸；11—压紧缸；12—焊剂垫；13—悬臂；14—液压缸；15—挡块；16—焊机

在滚轮架的另一端是个封头装配架，如图 5-23(a)所示。其框架 1 可进行 90°的回转，以便封头调放和就位。2 是一个转动环，真空吸持器 3 置于转动环 2 上，且可沿框架进行调节，以适应不同直径封头的需要。

当必须从封头开始组装时，整个筒体的组焊程序为：先将一个筒节吊在滚轮架上，再将封头吊到封头装配框架上，如图 5-23(b)。依靠支承架 4 和真空吸持器 3 将封头固定，封头装配架转动 90°使封头进入组装就位，如图 5-23(c)。液压缸推动筒节，使环缝对齐并留出适当的间隙，小车悬臂伸入环缝位置，进行组装点焊固定，焊接封头筒节的环缝。此后，小车退出并吊入第二节筒节至辊轮架上，如此，即可完成其他各道环缝的组装与焊接，各个操作步骤如图 5-23(c)~(e)所示。

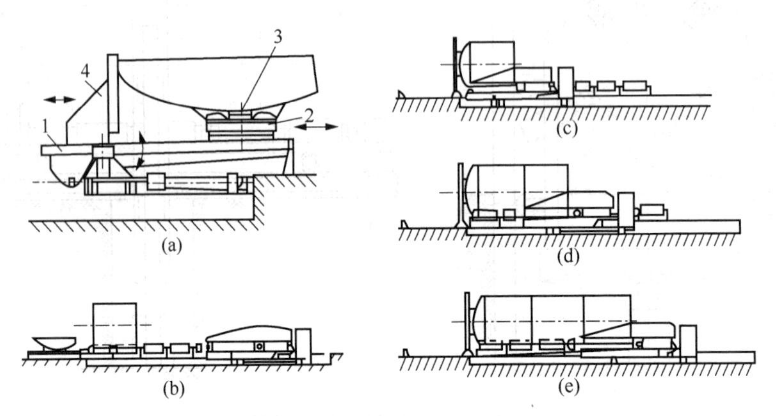

图 5-23 环缝组装机工作示意图

1—框架；2—转动环；3—真空吸持器；4—支承架

环缝组装机具有操作灵活、调节范围大的优点，适合于单件小批生产。由于组装时仅需 1 人操作，生产效率较高。例如组装直径 4000mm、壁厚 8~12mm 的筒节、封头，包括对齐、组装点焊固定，焊接及清渣在内仅需 80min 左右即可完成一道环缝，为手工组装时间的1/4。该机械除可用于环缝组装焊接外，还可用于纵缝的焊接，具有一机多能的特点。图 5-22 所示的环缝组装机是目前世界上较先进的一种组焊设备，其主要技术参数见表 5-8。

表 5-8 环缝组装机主要技术参数

项　　目	技术参数	项　　目	技术参数
筒节直径/m	1.2~4.2	夹钳移动速度/(m/min)	0.15~3.3
筒节长度/m	0.5~3.6	滚轮圆周速度/(m/min)	0.2~4.95
板厚/mm	5~60	对齐方式	断续
加压力/t	50	错位调整(任选)	手动或自动
夹钳上下调整范围/m	0.4		

5.3.3 组装-焊接变位机械

组装-焊接变位机械是设备制造中不可缺少的辅助工艺装备。主要提供一种连续的运动方式，以满足组装和焊接时改变工件位置的需要，例如焊接容器或其他的构件，水平焊接位置可以获得最大的焊缝熔深，以及较好的焊接质量，滚轮架就可以使容器上的焊缝始终处于一种水平焊接位置状态。

焊接滚轮架是最常见的组装-焊接变位机械之一，是过程设备筒节组对及焊接的一种重要辅助装备。它有支承定位(使两筒节自动对心)和翻转的作用，滚轮架的载质量，在某种程度上可以看成是设备制造厂生产能力的标志之一。

焊接滚轮架分为可调式和自调式两种。可调式滚轮架工作时可通过调整滚轮间中心距适应不同直径的回转。自调式则根据工件直径大小自动调整滚轮组的摆角，无需人工调校，如图 5-24 所示。

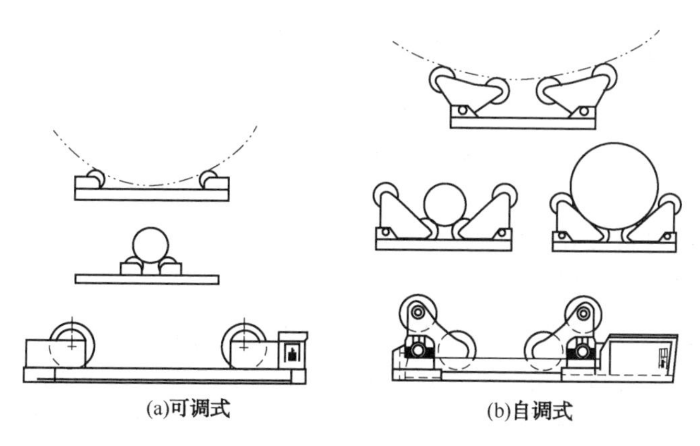

图 5-24　焊接滚轮架示意图

焊接滚轮架一般成组使用，一部分为主动滚轮架。主动架四只滚轮采用齿轮啮合传动，实现四轮驱动。另一部分为从动滚轮架，可以直接固定在工位上，也可安装于轨道上，如图 5-25 所示。

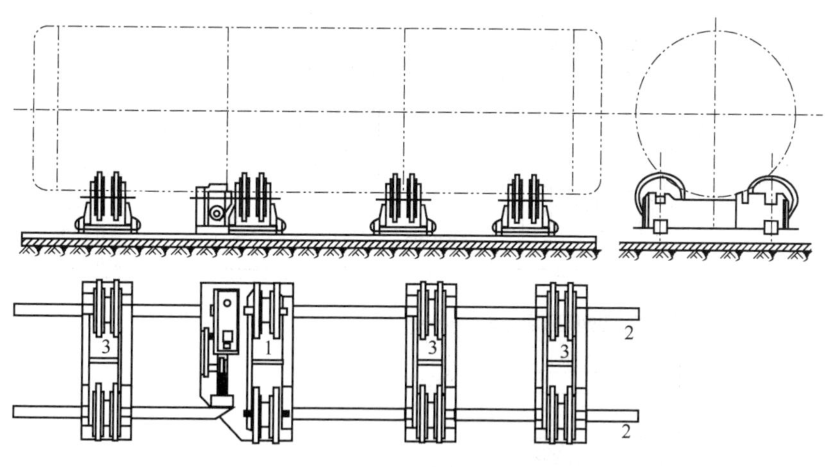

图 5-25　滚轮架示意图

1—主动滚；2—导轨；3—从动滚

焊接滚轮架可与埋弧自动焊配套使用，完成工件内、外纵缝或内、外环缝的焊接，也可用于手工焊接、装配、检测等场合的工件变位。

组装一焊接变位机械除滚轮架外，还有用于装焊人孔、接管法兰和各式支架的焊接变位机。常用的是 3t 焊接变位机。其工作台可以在 360°范围内沿纵轴回转，也可以在 135°范围内沿水平倾斜，以适应工件上各条焊缝都能在水平位置施焊的需要。为适应工件不同的高度，工作台还可以在一定范围内进行升降。

设备焊接按其空间位置分平焊、横焊、仰焊和立焊，如图 5-26 所示，以平焊位置焊缝的焊接条件最佳，这样既可保证焊接质量，又可提高焊接速度。

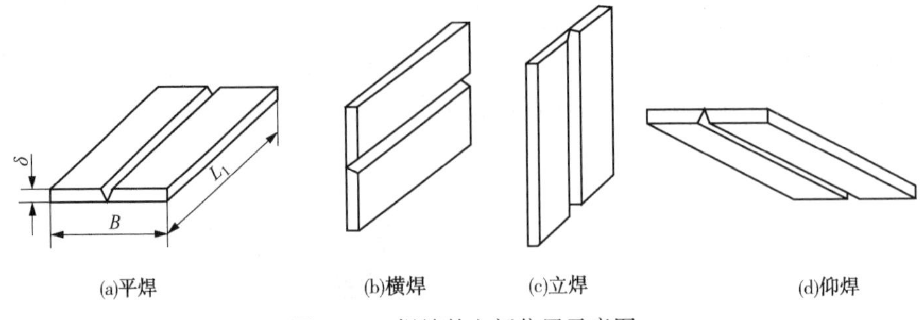

图 5-26　焊缝的空间位置示意图

在焊接时用专用设备使焊件能够进行翻转才能使所有焊缝处于平焊位置焊接，这种使工件连续变换位置的设备称为焊接转胎。

过程设备的焊接已有一系列成熟的组装焊接辅助工序的机械化设备，利用它们可以组合成焊接某种工件的装配焊接设备——焊接转胎或变位器。焊接转胎包括以下机构：转胎工作台面的旋转装置、工作台面倾斜装置、工作台面倾斜行程限位装置、控制盘、可动操作盘、梯子等。机动焊接转胎结构如图 5-27 所示。

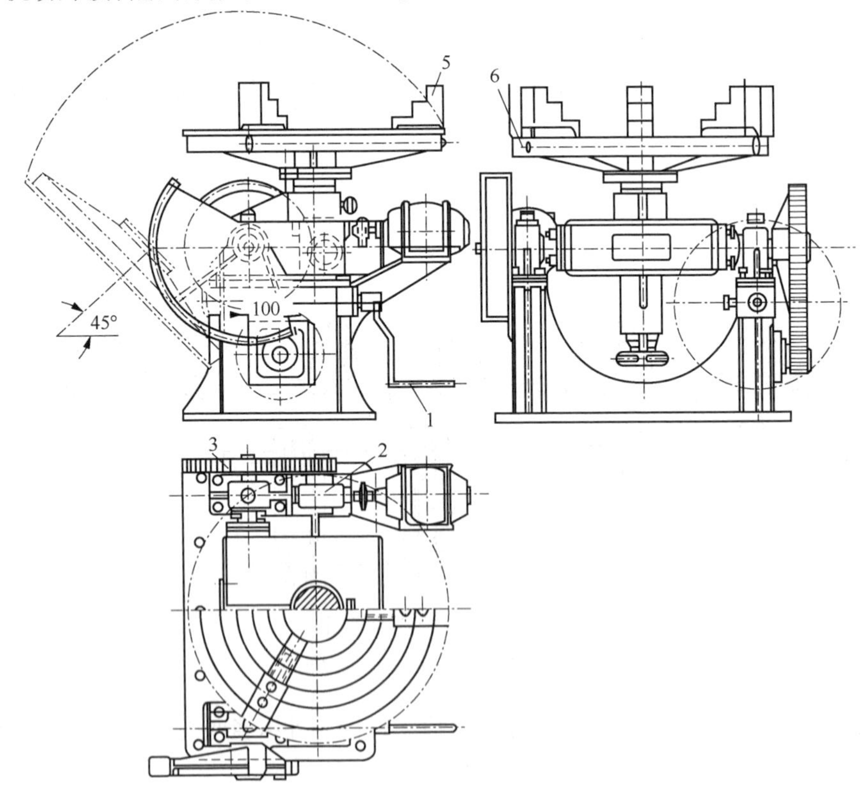

图 5-27　机动焊接转胎

1—电动机；2—减速箱；3—挂轮；4—手摇把；5—工作台卡；6—工作台

5.4 典型换热设备的组装制造过程

换热器是典型的过程设备，其结构包括了筒体和封头，但比普通容器更为复杂，换热器的装配过程体现了过程设备的装配过程，本节以管壳式换热器制造为例讲述过程设备的制造及组装过程。

固定管板式换热器结构简单、应用广泛，是其他管壳式换热器的设计制造的基本型式，其结构简图如图 5-28 所示。该换热器制造中主要以筒体、封头管箱、管板、管板和管子连接四个部件的四种制造体系构成，四个部件制造后，进行组装即可完成管壳式换热器的制造。其制造过程如图 5-29 所示。

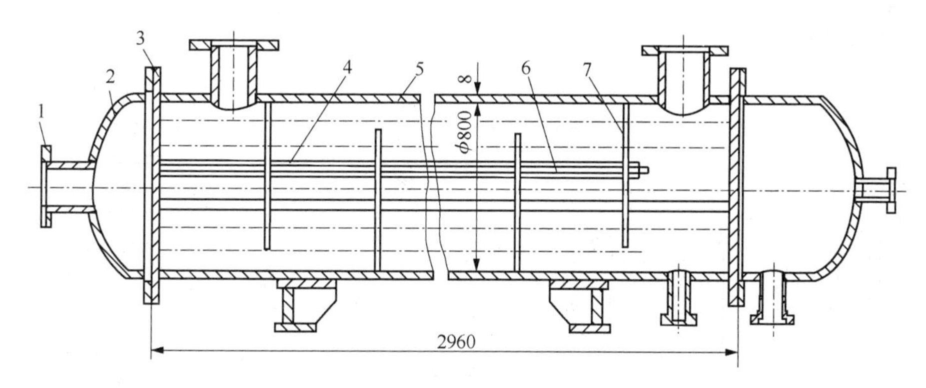

图 5-28 固定管板式换热器简图

1—接管；2—封头；3—管板；4—定距管；5—筒体；6—拉杆；7—折流板

筒体的制造过程：板材复验→下料→卷板→焊接→焊缝检验→校圆→各筒节环焊缝组对焊接→焊缝检验。由于筒体内要装入管束、折流板，筒体的制造精度要求高，对圆度、直线度均有要求。封头管箱与法兰、接管为一体，制造过程：板材复验→下料→冲压或旋压→切割坡口→与法兰焊接→与接管法兰补强圈组焊。

5.4.1 管板及折流板加工

1）管板加工

管板加工的基本流程是：厚板复验→下料或锻件→机加工平面及外圆面→钻孔及加工。管板多数是圆形，上面钻有多孔。管板工作时承受管程和壳程的压力差和与管箱法兰的连接力(固定管板)，受力情况比较复杂，还要保证与管子连接的密封性，所以对管板及其上的管孔有明确的技术要求。管板切割后一般用平板机矫平，它的不平度不应大于 2mm/m。

大直径管板或拼焊的管板表面，除环形的法兰密封面外，其大部分面积是不加工的，所以板材可按管板的公称厚度选取。法兰部分的技术要求与一般压力容器设备法兰一样。

大直径换热器及蒸发设备的管板，由于板材尺寸限制，只能由几块拼成(图 5-30)，块数取决于排料方法，要选择最经济的排料方案，也就是要设法减少边角料。下料之后，用自动焊、双 V 形坡口焊条电弧焊或电渣焊将各块拼焊成整块板坯，然后修平焊缝加强部分并钻孔。

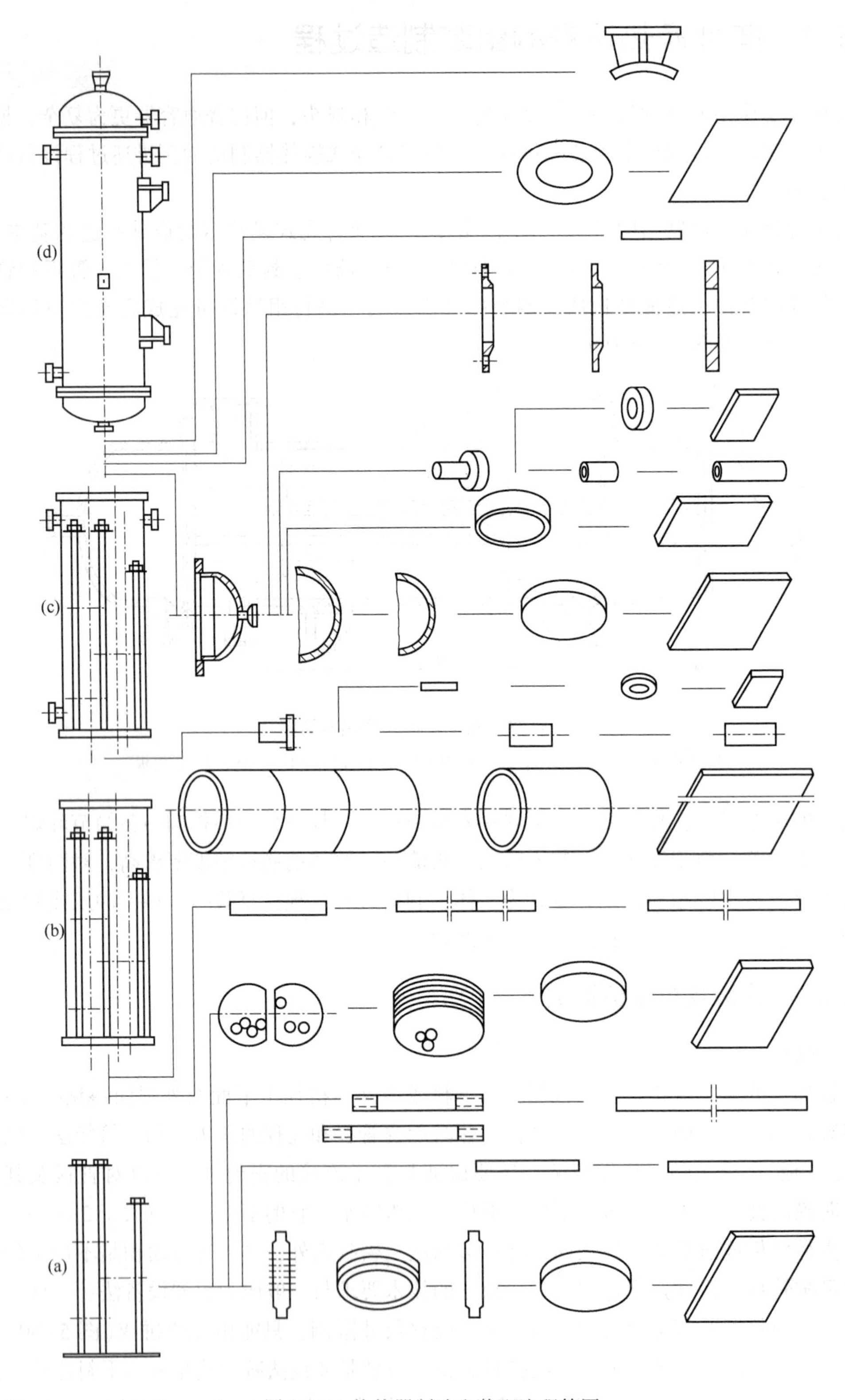

图 5-29　换热器制造和装配流程简图

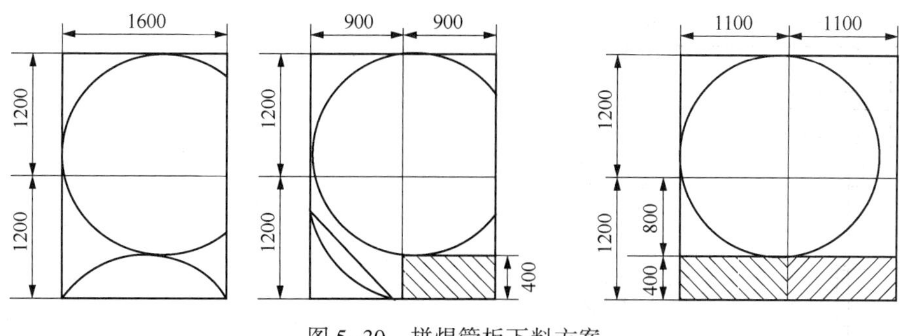

图 5-30　拼焊管板下料方案

为了评定焊缝质量，把影响胀管的内外缺陷找出来，拼接焊缝要进行相关检验，外观缺陷以目视检查，内部缺陷则采用 X 射线或超声波进行检测。焊缝上如有不允许的外观缺陷，无损检测就不必做。如果检测后发现焊缝存在超过上述等级的缺陷或存在裂缝、未焊透等不允许存在的缺陷，该条焊缝视为不合格。在某些情况下，管板焊缝除进行 X 射线检测或超声检测外，还需做晶间腐蚀和力学性能试验。

2）折流板加工

折流板由轧制板材制造。最常用的是弓形折流板，圆缺高度取圆筒内直径的 20%～45%。折流板数量较多，为便于穿管，保证管孔同心度至关重要。早期的做法是先加工管板，然后将所有弓形折流板按照整圆下料(周边留加工余量)，下料后将折流板的整圆坯料叠齐压紧，周边点焊固定。以管板为钻模，对折流板钻孔、加工拉杆孔、加工外圆等(先钻孔，再以已加工的管孔为基准加工外圆)。拆开后做好顺序、方向标记。最后切去弓形缺口、去除棱角、管孔倒角。该方法费时费料，但结果可靠，能够确保管孔同心度。

随着数控技术的发展，大型换热器的弓形折流板已不再按整圆下料，只需在弓形直边加上一个管孔余量。管孔采用数控加工(无需采用钻模形式)，把形状相同的折流板固定在一起钻孔，加工外圆时仍需非常仔细地按照已加工的管孔进行找正、加工。最后将全部折流板重叠在一起，用芯棒做通过试验。

3）管孔加工

管板和折流板是属于典型的群孔结构。单孔质量的好坏决定了管板的整体质量，有时甚至会影响整台热交换器的制造和使用，因此管板孔和折流板孔的加工是非常重要的一道工序。

管孔加工是管板加工的主要工序，管孔的数量多，孔中心距和孔中心线的垂直度要求比较严格，各个厂家的加工工艺略有差别，手动加工先划线，打样冲点，用中心钻钻小孔，再正式钻孔，若孔壁粗糙度要求高，还要绞孔，最后倒角。前已述及，当采用划线钻孔时，由于精度较差，必须将整台换热器的管板和折流板重叠起来配钻。目前，专业生产换热器的工厂都在大多采用数控多轴钻床加工管孔，工效可提高 4～6 倍，孔中心距偏差不大于 0. 1mm。

5.4.2　管箱组焊

先用夹具把法兰、筒节和封头组装在一起。图 5-31 是用于换热器法兰与筒节或端盖组焊的螺旋卡子，螺旋卡子利用法兰作为自己的定位基准。用顶丝 3 和钳口 1 从两侧夹紧；通过顶紧螺栓 5 使焊口对正。短杆 4 应有足够的刚度，加强筋 2 同时起手柄作用，可以手持该部位进行移动和安装。卡子可以安在法兰周边上任一点，亦即可以在任一点使焊口对正。顶力可从封头外面施加，也可从内加。按工件大小不同可以用 2 个或 3 个卡子使整个环缝对正。

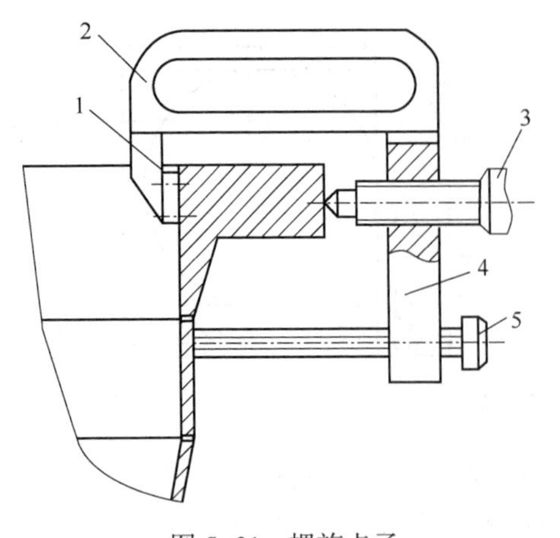

图 5-31　螺旋卡子

1—钳口；2—加强筋；3—顶丝；
4—短杆；5—顶紧螺栓

组对隔板时，先在管板表面上划出基准线，再把管箱扣上，把基准线转划到管箱法兰上。然后将管箱从管板上取下，按法兰端面的基准线放置隔板，点焊定位，然后用适当的焊接方法焊好。

5.4.3　管束组装

管束由管板、折流板、定距管、拉杆、换热管等零件组成，需要在专门的工作地点组装。

1）当折流板直径不超过1400mm时，管束在筒体外进行卧式组装

如图5-32所示，先将第一管板竖直放置，拧好拉杆，依次装上定距管、折流板，上紧螺母，同时在管板和折流板孔中穿入适当数量的换热管作为基准管，然后整体装入设备筒体内，再将第一块管板与筒体对好后作定位焊，将管板上的十字中心线引至筒体，划出4条组对线，同时在管板和折流板孔中穿入4~6根左右的基准管，这几根管实际上起到了定位销的作用，使各孔中心对准，装上第二块管板，并进行定位焊，同时使基准管子的端部穿过第二块管板的孔，校正管板与筒体的相对位置和焊接间隙后，作定位焊，随即焊完环缝，此后就可进行管端与管板的联接。

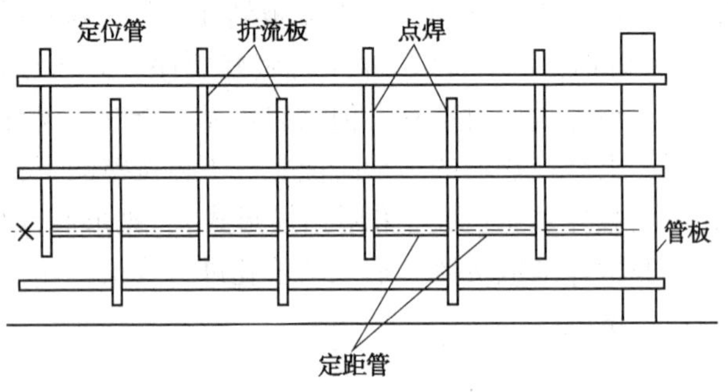

图 5-32　管束卧式组装

2）当折流板直径大于1600mm时，管束一般在筒体内组装

先将第一管板与设备筒体对好后作定位焊，在设备筒体上算出中间各折流板的位置，逐一地把折流板装入筒体中，同时在管板和折流板孔中穿入10根左右的基准管。折流板间的距离要符合图纸要求，折流板与筒体内表面用点焊定位，全部折流板及支持板都装好后，装上第二块管板，并进行定位焊，同时使基准管子的端部穿过第二块管板的孔。其余管子从管板孔中插入，并穿过焊在筒体内的各折流板。管子穿满后，从第一列开始先用压缩空气吹扫管板孔后，然后从插入方向把管子推到管板里。

由于孔的不同心和管子的挠曲，需在管端塞进一个导向锥才能顺利穿管，管子越长，穿管越困难，需采用立式穿管。但立式组装管束需要高大的厂房及升降式工作台。

3）U形管换热器管束的组装方法

管板1(图5-33)放在组装工作台上，把拉杆2拧紧在管板上，按图纸规定依次装上定距管和折流板3，拧紧拉杆端部的螺母就能使折流板位置固定，然后从弯曲半径最小的管子开始顺次穿入U形管4，穿管时使管端伸出管板端面40~50mm，第一排穿完后找平管端，

使它凸出管板不超过3mm，电焊(或胀接)固定，再顺序穿第二排、第三排、……，最后将管子与管板连接(焊接或胀接)。

管束组装完后，进行水压试验，以检查管子本身和管子与管板连接处的强度、严密性以及焊缝的严密性。

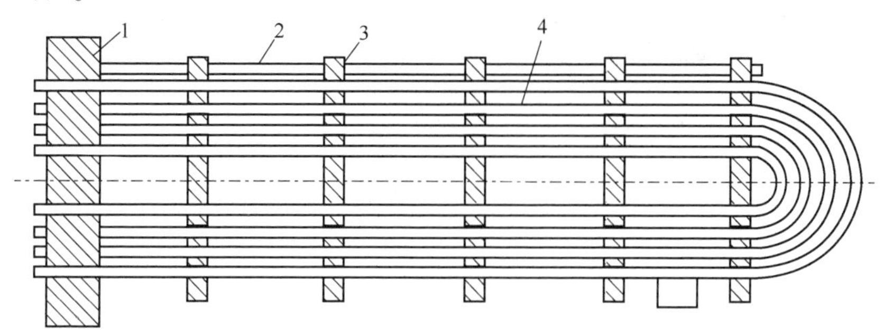

图 5-33 U 形管束组装

1—管板；2—拉杆和定距管；3—支持板；4—管子

5.4.4 管和管板的连接

换热器制造中，保证管子与管板的连接质量是保证产品质量的关键。根据操作情况及密封要求，管子在管板上的固定方式有胀接、焊接、爆炸连接、胀接加焊接或焊接加胀接。

管子和管板的连接要求是：密封性能好，管程介质与壳程介质不能混合，有足够的抗拉脱力，克服温差应力或管程、壳程压差。

1）胀接

胀接是将胀管器插入管口，并施加胀管力，使管子达到塑性变形，同时管板孔也被胀大，产生弹性变形，胀管器退出后，管板产生弹性恢复，使管子与管板的接触表面产生很大的挤压力。使得管子与管板牢固地结合在一起达到既密封又能抗拉脱力两个目的，如图5-34所示。

胀管器包括机械式和液压式两种。机械胀管器的原理及结构如图 5-35 所示。液压胀管器如图 5-36 所示，其原理见图 5-37。机械胀管受到管径和胀管器长度的限制，胀接深度和胀管总长度不宜过大，同时机械胀管的胀接处由于胀珠碾压会造成管壁有明显的减薄现象。液压胀管不受深度和长度的限制，可以实现整个管板厚度的全程胀接，使管子与管板形成一体，大大提高管子的抗震能力。

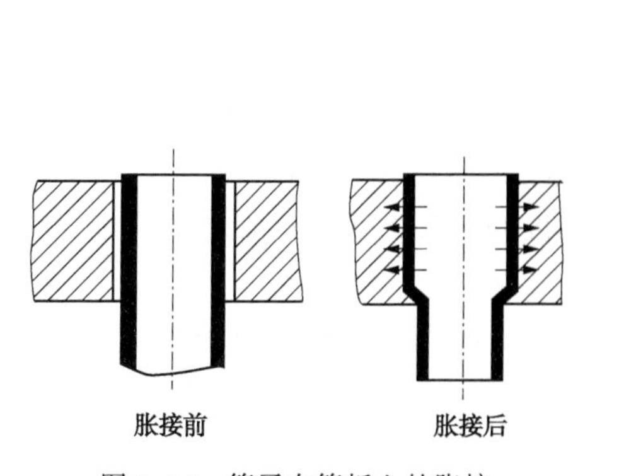

图 5-34 管子在管板上的胀接

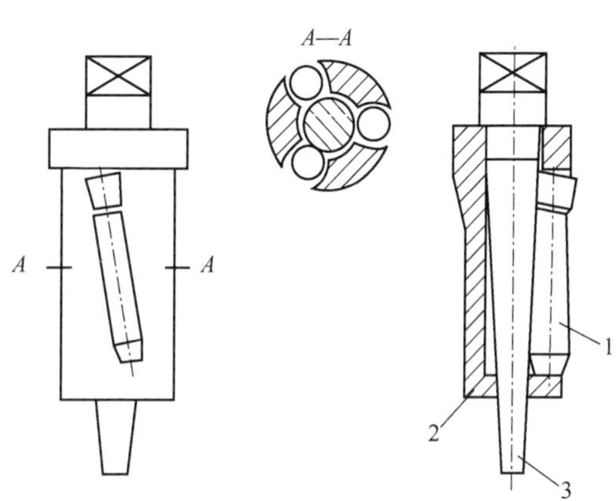

图 5-35 机械式三槽胀管器

1—滚柱；2—胀套；3—胀杆

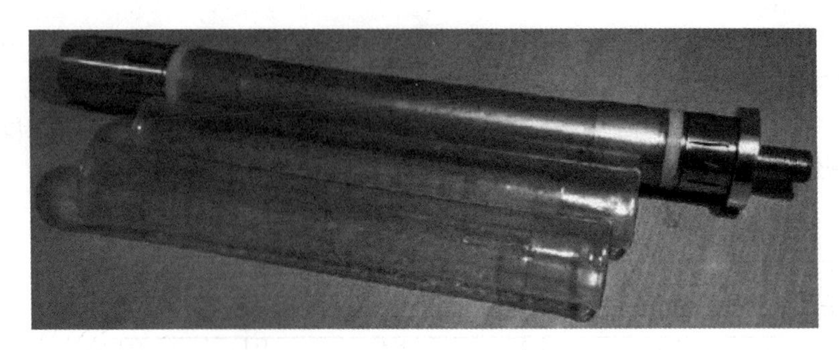

图 5-36　液压胀管器

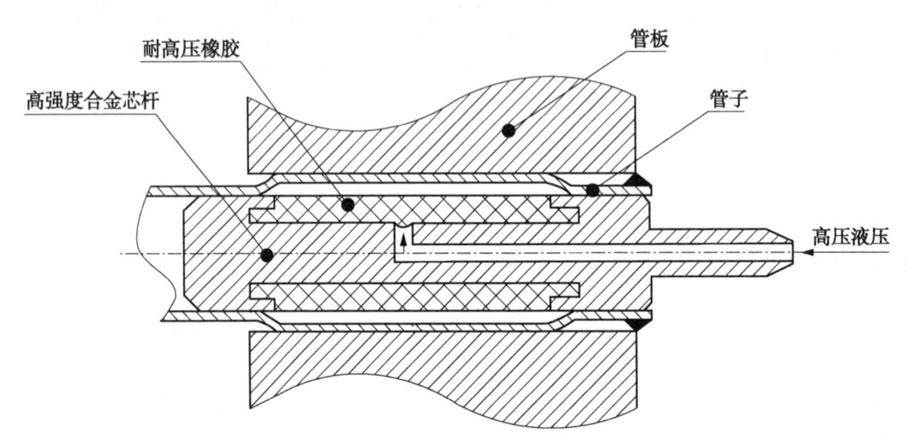

图 5-37　液压胀管原理图

与焊接相比，胀接连接时，管子和管板之间没有间隙，消除了死区，耐腐蚀性有所提高。但胀接的强度和密封性不如焊接，不适用于管程和壳程温差较大的场合。此外，用胀管法连接时，管板的硬度须高于管子端部的硬度，必要时管子的端部要退火。

为保证胀接质量，工艺上应注意以下几点。

(1) 胀管率(胀度)应适当。胀管率见式(5-2)，不同材料、不同壁厚的管子，要求的胀管率不同，一般胀管率=1%~1.9%。

$$\Delta=(d-d_0)/d_0 \tag{5-2}$$

式中　d_0——管板孔径，mm；

d——胀管后管子外径，mm。

欠胀：胀管率过小，不能保证必要的连接强度和密封性。

过胀：胀管率过大，管壁减薄严重，加工硬化明显，容易产生裂纹。过胀也会使管板产生塑性变形，降低胀接强度，而且不可修复。因此，欠胀和过胀都是不允许的。

(2) 硬度差必须存在。管板的硬度应比管子的硬度高 HB20~30，否则管子尚未发生塑变，管板已先行塑性变形，达不到连接目的。

(3) 管子与管板孔的结合面粗糙度不能过大。胀接施工前，应检查管板孔与管端的结合表面是否有油渍和杂物存在，只有当表面清洁后才能进行胀接。通常要求管板孔表面粗糙度为 *Ra*12.5~6.3。此外在零件或部件图上一定要标明不得有纵向贯通划痕。

(4) 胀接温度不得低于-10℃且不能高于 300℃。温度太低时材料的力学性能会发生变化而影响质量。国家标准规定，设计压力小于 4MPa，设计温度小于等于 300℃时可以用胀接，外径小于 14mm 的换热管与管板的连接不宜采用胀接。温度高于 300℃会产生应力松弛，使原有的胀接力消失。

2）焊接法

焊接法是将管子直接焊接在管板上，如图 5-38 所示，焊接是一种比胀接简单的工艺方法。管壳式换热器的质量控制按《压力容器》（GB 150—2011）[16] 和《热交换器》（GB 151—2014）[49] 及相关标准进行。

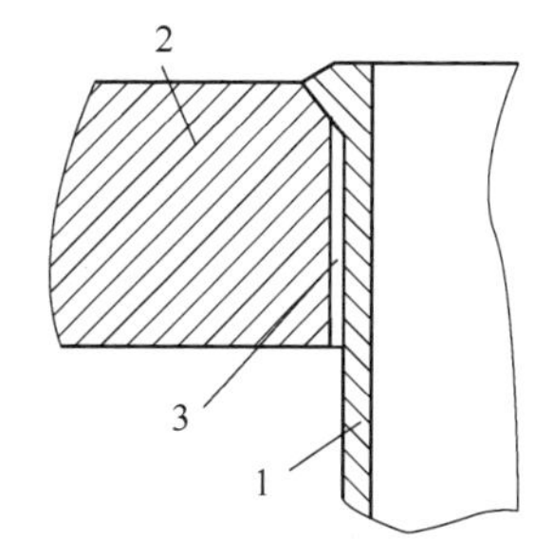

图 5-38 管子与管板焊接

1—管子；2—管板；3—间隙

焊接的优点是对管板孔要求不高，管板孔内可以不开槽，所以管板的制造较简单。焊接连接可靠，高温下仍能保持密封性。焊接对管板有一定的加强作用。其缺点是管子和管板不能紧密的贴合，存在一个环隙，即死区；在死区内容易产生电化学腐蚀。管子损坏以后，更换困难。

焊接法应用也比较广泛，特别是在工作温度高于 300℃时，采用焊接法较为可靠。另外，不锈钢等管子与管板连接时，采用焊接法为好。小直径厚壁管和大直径管子，难于用胀接法时，也采用焊接法。

3）胀焊并用

鉴于胀接和焊接法各有其优缺点，所以目前多用胀焊并用。至于先胀后焊还是先焊后胀，当前虽然还有所争议，但多数倾向于先焊后胀。若先胀后焊，则焊接时胀口的严密性将在高温作用下遭到破坏。而且高温高压下的管子，大都管壁较厚，胀接时需用润滑油，油进入接头缝隙，很难洗净，焊接时会使焊缝产生气孔，严重影响焊缝质量。

先焊后胀的主要问题是可能产生裂纹。实践证明，只要胀接过程控制得当，焊后胀接可以避免焊缝产生裂纹。

先胀后焊有优点，金相和疲劳试验都证明，其能提高焊缝的抗疲劳性能。尤其对小直径管子更是如此。而且由于胀接使管壁紧贴在管板孔壁上，可防止焊缝产生裂纹，这点对可焊性差的材料更为重要。关键问题是这种胀接是否使用润滑油。

爆炸胀接不用润滑油，因此用爆炸胀接加密封焊可避免先胀后焊的缺点，发挥其优点。

6　过程设备制造质量检验

质量检验是确保过程设备制造质量的重要措施，它对指导制造工艺，确保设备在生产中的安全运行起着十分重要的作用，每个设备制造厂，都建立了从原材料到制造过程及最终压力试验的一系列检验制度，并设有专门的检验机构和人员负责。按法规强制要求建立和健全一整套比较科学的质量检验及保证体系，对设备(特别是压力容器)制造进行严格的系统控制和全过程控制，保证持久的产品质量，是保证压力容器和设备安全的基础。质量缺陷产生的原因是多方面的，其表现形式也多种多样，在设备生产各环节中均可能产生质量缺陷。为了确定缺陷对设备安全的影响，减少和防止这些缺陷的产生，必须在整个生产过程中不同阶段采取不同方法及时查明缺陷的大小、位置和性质，判断其严重程度，分析其形成的原因，并提出处理的意见和方案。常用的检验方法：检查容器表面的宏观检查；检查原材料和焊缝表面及内部缺陷的无损检测；检查原材料、焊缝化学成分和机械性能的破坏性试验；检查容器宏观强度及密封性的耐压试验和气密性试验。

6.1　设备制造质量缺陷

质量缺陷是指在设备制造过程中产生的尺寸及形状误差、材料性能、组织、结构不连续或下降等超过允许水平的情况，其数量和大小在按设计要求的正常操作条件下，会使材料、容器等发生损坏，或者如果存在这些缺陷，就可能在正常操作条件下继续成为有害的事故发生源。

6.1.1　制造质量缺陷的种类

制造质量缺陷按照生成过程可分为：原材料缺陷、排版下料缺陷、成形过程缺陷及焊接工艺缺陷等。按照缺陷表现形式可分为：外观缺陷和内部缺陷两类。

原材料缺陷主要是板材、锻件或铸件中存在的原始缺陷，它们主要是内部缺陷；排版下料缺陷、成形过程缺陷主要是在这两个过程中产生的尺寸误差和形状误差，它们是外观缺陷，可以较简单地检验；焊接工艺过程缺陷是制造质量缺陷的主要部分，它既有外观缺陷、也有内部缺陷，对制造质量的影响很大。原材料和焊接缺陷是压力容器制造质量检验主要的内容。

1) 原材料板材中的缺陷

(1) 分层裂纹。分层裂纹是截面裂为两层的缺陷。它是由于坯料中存在气孔、夹渣等以致压合不紧密而引起的。

(2) 条状裂纹。截面断断续续的条状小裂纹。它是由于偏析、气孔、夹渣、氧化皮和耐火材料等以致压合不紧密而引起的。

(3) 夹杂物。是指截面上的杂质、熔渣和耐火材料，它是由于浇铸时带入熔渣、耐火材料和其他杂质等而引起的。

2）焊缝外部的缺陷

焊缝外部缺陷位于焊缝外表面，用肉眼或低倍(5~10倍)的放大镜或表面检测(渗透、磁粉)方法可以看到。

(1) 焊缝尺寸不合要求。焊缝形状高低不平，厚度不均，尺寸过大或过小均属焊缝尺寸不符合要求。图6-1所示为角焊缝，焊脚高度 k 彼此相等，但焊缝形状有所不同，图6-1(c)具有圆滑过渡形式，应力集中系数最小，是比较理想的形式。焊缝尺寸不合适大多是由运条速度不均匀造成。

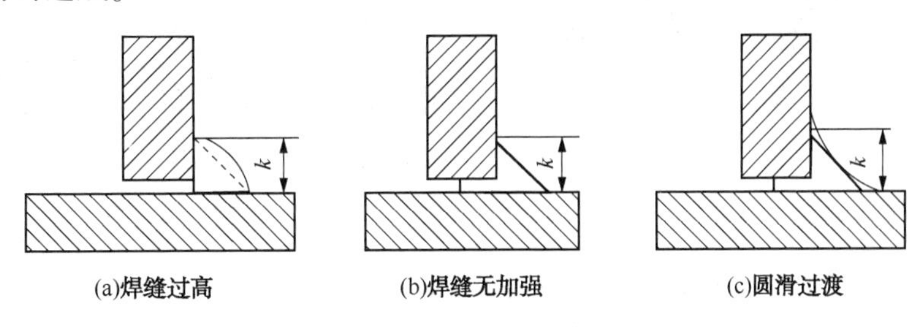

图6-1　角焊缝的三种过渡形式

(2) 咬边。咬边是在母材与熔敷金属的交界处产生的凹陷，如图6-2(a)所示。咬边是由运条过快、焊接电流过大、电弧过长和各种焊接规范不当所引起的缺陷。咬边在对接平焊时出现较少，在立焊、横焊或角焊的两侧较容易产生。焊条偏斜使一边金属熔化过多会造成单边的咬边。咬边的存在减弱了接头的工作截面，并在咬边处造成应力集中。

(3) 焊瘤。焊缝边缘上未与母材金属熔合而堆积的金属叫做焊瘤，如图6-2(b)所示。焊瘤下面常有未焊透现象存在。管子内部的焊瘤除降低强度外还减小管内的有效面积。造成焊瘤的主要原因是电流太大，焊条熔化过快或焊条偏斜，一边金属熔化过多，特别是角焊缝更易发生。

(4) 弧坑。未填满在焊缝尾部或焊缝接头处有低于母材金属表面的凹坑为弧坑，如图6-2(c)所示。它减小了焊缝的截面。使焊缝强度降低。在弧坑形成凹陷表面，其内常有气孔、夹渣或裂纹。因此必须填满弧坑。

(5) 表面裂纹及气孔。这是由于焊条不干燥、坡口未净化干净、焊条不合适等原因造成。

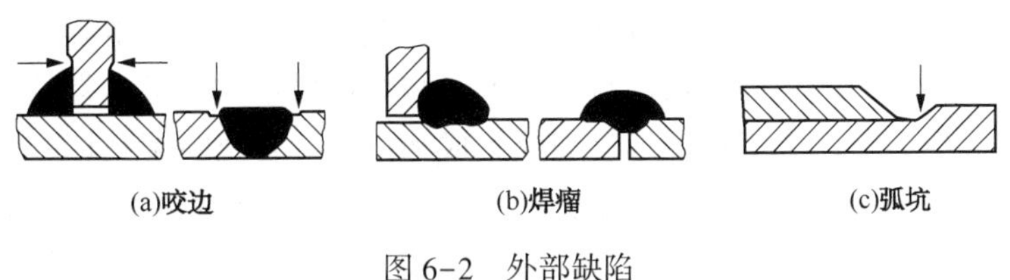

图6-2　外部缺陷

3）内部焊接缺陷

缺陷位于焊缝内部，可用无损检测方法或破坏性检验来发现。内部缺陷有：

(1) 未焊透。未焊透是指母材金属和焊缝之间，或焊缝金属中的局部未熔合现象(图6-3)，又分根部未焊透[图6-3(a)]、中部未焊透[图6-3(b)]、边缘未焊透[图6-3(c)]、层间未焊透等。其产生原因是运条不良、表层没有清理干净、焊接速度过大、焊接电流过小和电弧偏斜等。

（2）裂纹。焊缝的裂纹可分为焊缝区裂纹和热影响裂纹两种（图 6-4）。前者包括焊道裂纹、焊口裂纹、根部裂纹、硫脆裂纹和微裂纹等。后者包括根部裂纹、穿透裂纹、焊道下裂纹和夹层裂纹等。裂纹产生的原因是焊缝金属的韧性不良、母材或焊条硫、磷含量过多、焊接规范不当、焊口处理不良、焊缝金属的含氢量过多等。裂纹是诸缺陷中最为危险的缺陷。通常在焊接接头中不允许有裂纹存在。

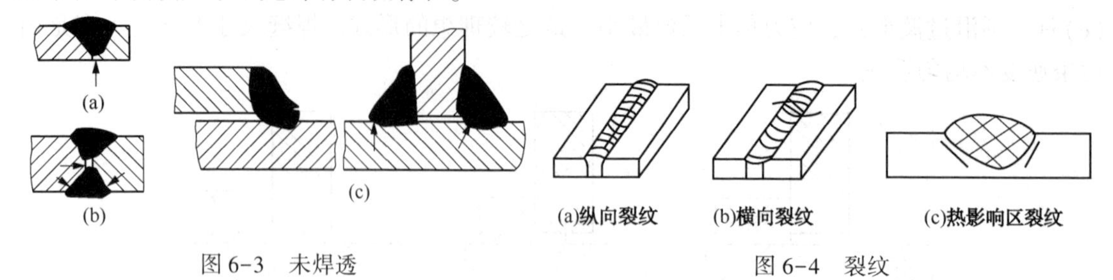

图 6-3　未焊透　　图 6-4　裂纹

（3）气孔。焊缝中存在着近似球形或筒形的圆滑空洞称为气孔（图 6-5）。造成气孔是由于焊条不干燥、坡口面生锈、油垢和涂料未清除干净、焊条不合适或熔融的熔敷金属同外面空气没有完全隔绝等引起的缺陷。

（4）夹渣。是夹杂在焊缝中的非金属熔渣（图 6-6）。它是由焊条直径以及电流选择不当、运条不熟练和前道焊缝的熔渣未清除干净等焊接方法不正确所造成的缺陷。夹渣与气孔同样会降低焊缝强度。某些焊接结构在保证焊缝强度和致密性的条件下，也允许有一定尺寸和数量的夹渣。

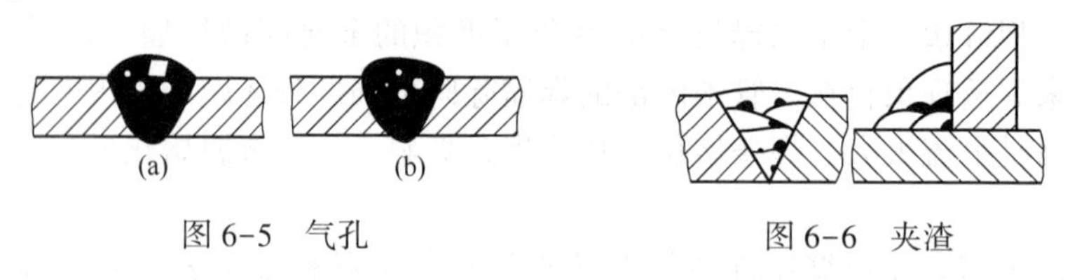

图 6-5　气孔　　图 6-6　夹渣

6.1.2　缺陷的危害

制造质量缺陷一方面会影响产品质量，降低过程设备的承载能力或寿命，另一方面会影响产品的制造过程，增加制造难度和周期，提高产品制造成本。

排版下料中划线尺寸偏差会造成设备部件尺寸偏差，导致部件在组装时组对困难，并且产生很大的组装残余应力或变形，从而直接影响组装焊接质量。设备正常承压时的应力也会增高，并在局部高应力下产生塑性变形、裂纹生成和扩展，直至断裂破坏。

成形过程产生的形状偏差和尺寸偏差，一方面同排版下料缺陷一样，影响组对过程，产生组装残余应力或变形；另一方面，形状偏差直接改变了容器设备的受力状况，降低了承载能力。例如，受外压的筒体和封头的形状偏差将大大降低其临界失稳压力，降低允许承受的外压力。

原材料和焊接工艺过程中产生的材料内部和表面结构、性能缺陷，会产生应力集中，降低该处的断裂韧性，导致缺陷发展并破坏。材料整体或局部在制造中组织改变或性能降低均会使结构承载能力下降等，导致过程设备发生严重破坏事故。

压力容器在制造、安装和运行过程中，必须正确地进行质量检验及无损检测。划线工序之后，应按工艺文件指定的加工余量，检查划线尺寸及公称尺寸的偏差。焊接后，对焊缝进行外观检查、无损检测，或对焊接试板进行机械性能试验、金相分析，以检验焊接质量。在确认其内部和表面不存在危险性或非允许缺陷后，才允许进入下一道工序或投入使用。

6.2 质量检验的基本要求

6.2.1 质量检验的意义

过程设备是工业生产、科学研究及人民生活中广泛使用的一种特殊设备，往往承受一定的压力，大部分属于特种设备。这些设备使用的工况介质也比较复杂，具有易燃、易爆、有毒等特点。在温度、压力及腐蚀介质的综合作用下，容易导致设备失效破坏，造成事故的发生。因此，为确保过程设备的制造质量，保障设备安全运行，在制造过程中，必须加强质量监督与检验。

现代石油化工生产装置是一个有机联系的系统，基于流程工业的特点，各种设备往往集中使用，一台设备的事故或泄漏所造成的灾害，往往会殃及一个工厂，甚至造成一个地区人民生命和财产的重大损失。如果一台设备达不到设计使用要求，则可能影响到部分或整个石油化工生产的产量或质量。由此可见，石油化工设备的制造质量是十分关键的，需要采取严格的质量检验措施。

概括起来，设备检验主要有以下目的：

(1) 及时发现材料及各加工工序中产生的缺陷，以便对有害缺陷做出判断，如决定修补、报废或改变后道加工工序等，以减少损失。

(2) 为制定工艺过程卡提供依据，并评定工艺过程的合理性。例如，在采用新钢种、新焊接材料、新焊接工艺时，先对工艺试验进行检验和评定，避免不正确的工艺用于产品。为制定合理的产品施工工艺和对产品质量鉴定提供依据，以判定其工艺方法能否满足产品的设计要求。

(3) 作为产品质量优劣及合格等级评定的依据。

6.2.2 质量检验的内容和方法

石油化工过程设备以焊接结构为主，焊接接头质量的好坏，将直接影响到结构的安全性，焊接接头的检验是进行质量检验的一个重要内容。另外，石油化工过程设备向着大型化的方向发展，为了降低壁厚，减轻设备重量，需要提高材料的强度级别，以及进行更为合理的设计，更有效地使用材料，一些国家还降低了压力容器规范中的安全系数。这些都对质量检验提出了更高的要求。

设备质量检验贯穿于制造工艺过程的始终，按产品制造工序分，有原材料(包括焊接材料)的检验、工序间的检验和产品综合性检验三部分。其具体检验内容如下。

1) 原材料的检验

石油化工过程设备原材料要求必须符合有关规定，制造压力容器的材料必须有原始材料质量证明书，并至少应列出钢材的炉批号、实测的化学成分和力学性能、供货状态及热处理状态。对于低温(≤-20℃)容器用材料还应提供夏比 V 形缺口试样的冲击值和脆性转变温度。除上述要求外，对于设备用钢，例如球形容器所需的材料，当厚度大于 20mm 时，每张板材都必须进行超声波检验，并将此项要求补充于材料订货合同之中。

若材料已备有质量证明书，但为保证设备制造和使用的安全，根据有关规定，还应对容器的主体材料进行部分或全部项目的复检。例如，对第一、二类容器，当质量证明书对主体材料所提供的项目不全时，应补检验其遗漏项目；对于第三类容器，则必须对质量证明书中所有项目，包括化学成分、力学性能及金相组织等进行全面复检。

材料尺寸和几何形状的检验，应符合相应标准的规定。

2）工序间的检验

工序间的检验是多方面的，它包括工艺评定的检验、零部件尺寸和几何形状的检验、焊缝的检验等。检验方法有宏观测量、化学成分分析、力学性能试验和焊缝的无损检测等。

3）压力试验与气密性试验

压力试验与气密性试验是容器制造的综合性检验项目。它包括水压试验、气压试验和气密性试验。在制造工序的进行中，除少数情况(例如，夹套容器的内筒等)是在制造的中间过程进行外，一般均为产品制造的最终程序。

在上述检验内容中，除原材料质量证明书的检验内容外，其他各项检验内容随容器、设备的不同，其检验项目的多少亦不相同。例如工艺评定中的检验，对于已经取得压力容器制造许可证的制造厂而言，通常多在采用新材料、新结构和新工艺时才选用。对于材料尺寸和几何形状的测定，一般仅在热套容器确定过盈量或对上道工序的制造缺陷进行补偿时才需采用。但无论是属何类压力容器，其焊缝的检验都是必不可少的。本章内容主要涉及过程设备制造中所必须进行的试验和检验方法，不包括形状位置及尺寸的检验。

6.2.3 质量检验标准与基本要求

在设备制造中，绝对无任何缺陷的要求是不可能实现的。例如焊接，因其是一个非常复杂的、快速和局部的冶金过程，且影响焊接质量的因素也很多，即使是经验丰富的焊工，在认真执行焊接规范的情况下施焊，也难免会产生焊接缺陷。特别是大型设备，在较为苛刻的条件下现场组焊，焊接缺陷更是难以避免。另一方面，对于某一缺陷，可能在某些设计使用条件下是无害的，在另一种设计使用条件下却是有害的。因此，从不同的角度和要求出发。可以制定出不同的允许缺陷的标准。

在传统的质量保证体系中、焊接质量的评定转化为对焊缝焊接缺陷的评定。首先，按照现行检测标准，将焊接缺陷定性、定量分类，再根据焊接缺陷评定标准，评定焊缝是否合格。

容器经检测合格，无疑可以投用，但不一定都无漏检裂纹；反之，检测不合格，但不等于不能用，即质量不合格，不等于使用不合格。问题是存在着两种不同性质的缺陷评定标准。前者依据的是质量控制标准，而后者是合于使用标准。两种标准的出发点、原理、方法、对检测的要求以及评定结果，存在很大差别。

设备制造厂采用的标准是质量控制标准，这种标准是从设备制造的质量保证出发，它把所有焊接缺陷都看成是对容器强度的削弱和安全的隐患，不考虑具体使用情况的差别，单从制造角度出发，要求把焊接缺陷尽可能降到底限。以生产质量控制为目的而制定的国家级、部级或厂级的缺陷验收标准，都属于质量控制标准，简称 A 级标准。这种标准一般安全性高，但有时因过于保守而使得经济性差。

另一种叫合于使用(Fitness for Purpose)标准，简称 C 级标准。C 级标准的掌握是相当困难的，在应力分析上，除常规设计应力外，还要求提供焊缝处的局部应力；在缺陷分析上，不仅要求缺陷定性、测长，而且还需要确定缺陷的埋藏深度，以及缺陷高度；对材料，要确定其屈服强度和断裂韧性。此外，还要求缺陷评定人员全面地了解断裂力学的原理和工程方法，具有丰富的实践经验，并取得相关部门的资格认可。

目前，合于使用的缺陷评定尚缺统一评定标准，采用 C 级标准，其安全评定的可靠性都需论证。

B 级标准是质用兼顾标准。它兼顾了传统的质量控制标准和合于使用标准，既考虑了安全上的可靠性，又兼顾了使用上的经济性。

在规范设计中，为了对允许缺陷有一个统一的规定，把所有的焊接缺陷都看成是削弱设备强度的安全隐患，且并不考虑具体使用的差别，而单从制造和规范化的情况出发，将焊接缺陷尽可能地降低到一个能满足安全要求的最低限度。我国制定的压力容器法规、标准或技术条件较多，除国家质量监督检验检疫总局颁布的《固定式压力容器安全技术监察规程》[2]外，主要标准还有材料标准和产品制造检验标准，以及其他有关的零部件标准等，已经形成了以强制性标准为核心的过程设备标准体系。

6.3 理化试验

理化试验是截取某一部分焊接接头金属，加工成规定尺寸和形状的试件进行物理、化学检验，试件通常从与产品同时焊接完成的焊接试板上截取。破坏性检验的内容一般有力学性能、金相组织、化学成分分析等，有些材料还要进行耐腐蚀与扩散氢含量的测定。

1）力学性能试验

承压壳体焊接接头的力学性能试验按《承压设备产品焊接试件的力学性能检验》(NB/T 47016—2011)[57]进行，其内容有：

（1）拉力试验

用以测定焊接接头的抗拉强度(σ_b)、屈服强度(σ_s)、断面收缩率(ψ)和延伸率(δ)，这些指标能反映焊接接头的强度与塑性。

（2）弯曲试验

以试样弯曲角度的大小及产生裂纹的情况作为评定指标来检验焊接接头的塑性。

（3）冲击试验

用来测定焊接接头的韧性指标，要求采用 V 形缺口试样，应根据具体要求在常温或规定低温下进行试验。

2）金相分析

通过焊接接头的金相分析可了解接头各部位的组织，发现焊缝中的显微缺陷，如夹杂物、裂纹、白点等。金相分析方法可分为宏观分析和微观分析两种。

（1）宏观分析

直接用肉眼或借助 30 倍以下低倍放大镜观察试样断口，可进行宏观组织分析，也可进行断口分析，还可做硫印检测。

（2）微观分析

用光学显微镜或电子显微镜，在放大几百倍至几千倍下观察试件的微观组织。它可以检验焊接接头各区域的微观组织、偏析、缺陷以及析出相的种类、性质，形态、数量等，以便研究它们的变化与焊接材料、工艺方法和焊接参数等的关系。它主要作为质量分析及试验研究手段，某些情况下也作为质量检验手段。

3）化学分析

化学分析试样应取自焊缝金属。但要避开焊缝两端。由于不同层次的焊缝金属受母材的稀释作用不同，一般以多层焊或多层堆焊的第三层以上的成分作为焊条熔敷金属的成分。经常分析的元素为 C、Mn、Si、S 和 P，对于合金钢、不锈钢焊缝还需分析相应的合金元素。

4）耐腐蚀性试验

焊接接头的腐蚀破坏有多种形式，如均匀腐蚀、晶间腐蚀、点腐蚀、应力腐蚀等。腐蚀试验方法多种多样，主要与材料的种类有关。奥氏体不锈钢焊接接头往往要做晶间腐蚀试验，有时也做应力腐蚀试验。

5）扩散氢含量的测定

低合金钢焊缝中扩散氢含量的多少，直接关系到焊后是否会产生延迟裂纹。因此，用于低合金钢焊接的焊条应控制熔敷金属中的扩散氢含量。我国普遍采用 45℃ 甘油法测定熔敷金属中扩散氢的含量。扩散氢含量通常在焊接工艺评定试验中进行测定。

6.4 无损检测

无损检测是指在不损坏检测对象的前提下，以物理或化学方法为手段，借助相应的设备器材，按照规定的技术要求，对检测对象的内部及表面的结构、性质或状态进行检查和测试，并对结果进行分析和评价。

6.4.1 无损检测的通用要求

1）总体要求

（1）检测人员

从事承压设备无损检测的人员，应按照国家特种设备无损检测人员考核的相关规定取得相应无损检测人员资格。无损检测人员资格级别分为Ⅰ级（初级）、Ⅱ级（中级）和Ⅲ级（高级），取得不同无损检测方法不同资格级别的人员，只能从事与该方法和该资格级别相应的无损检测工作。

（2）检测设备和器材

检测设备和主要器材应附有产品质量合格证明文件。对于可反复使用的无损检测设备和灵敏度相关器材，为确保其工作性能持续符合本标准各部分的有关要求，承担无损检测的单位应定期进行检定、校准或核查，并在检测单位的工艺规程中予以规定。

（3）检测方法和工艺

无损检测方法包括射线检测、超声检测、磁粉检测、渗透检测、涡流检测、泄漏检测、目视检测、声发射检测、衍射时差法超声检测、X 射线数字成像检测、X 射线计算机辅助成像检测、漏磁检测和脉冲涡流检测等。每一种无损检测方法均有其能力范围和局限性，且应保证足够的实施操作空间。表 6-1 列出了各种无损检测方法通常能检测的一般缺陷。表 6-1 作为一般的指导，而不是在一种特定应用中对某种无损检测方法的要求和禁用。对于使用产生的缺陷，检测部位的可接近性和空间条件也是考虑采用某种无损检测方法的重要因素。另外，表 6-1 未包含所有的无损检测方法，使用者在一种特定的应用中选择无损检测方法时，必须考虑所有相关的条件。

表 6-1　缺陷与无损检测方法对照表

	表面[a]		近表面[b]		所有位置[c]				
	VT	PT	MT	ET	RT	DR	UTA	UTS	TOFD
使用产生的缺陷									
点状腐蚀	●	●	●		●	●		◎	
局部腐蚀	●	●						●	●
裂纹	◎	●	●	◎	◎	◎	●		●
焊接产生的缺陷									
烧穿	●				●	●	◎		◎
裂纹	◎	●	●	◎	◎	◎	●	○	●
夹渣			◎	◎	●	●	◎	○	●
未熔合	◎		◎	◎	◎	◎	●	◎	●
未焊透	◎	●	●	◎	●	●	●	◎	●
焊瘤	●	●	●	○	●	●	○		◎
气孔	●	●	○		●	●	◎	○	●
咬边	●	●	●	○	●	●	◎	○	
产品成型产生的缺陷									
裂纹(所有产品成型)	○	●	●	◎	◎	◎	◎	○	
夹杂(所有产品成型)			◎	◎	●	●	◎	○	
夹层(板材、管材)	◎	◎	◎					●	
重皮(锻件)	○	●	●	○	◎	◎		○	
气孔(铸件)	●	●	○		●	●	○	○	

注：1. 字母说明：

VT——目视检测；PT——渗透检测；MT——磁粉检测；ET——涡流检测；RT——射线检测；

DR——X 射线数字成像检测；UTA——超声检测(斜入射)；UTS——超声检测(直入射)；

TOFD——衍射时差法超声检测。

2. 符号含义：

●——在通常情况下，按本标准相应部分规定的无损检测技术都能检测这种缺陷。

◎——在特殊条件下，按本标准相应部分规定的特定的无损检测技术将能检测这种缺陷。

○——检测这种缺陷要求专用技术和条件。

a 仅能检测表面开口缺陷的无损检测方法。

b 能检测表面开口和近表面缺陷的无损检测方法。

c 可检测被检工件中任何位置缺陷的无损检测方法。

(4) 无损检测的一般程序

编制工艺文件→确定检测人员→检测设备和器材的准备→检测场所和环境条件的检查→安全防护的准备→检测对象的准备→检测操作→检测设备复核(有要求时)→检测结果的评定→填写检测记录→出具检测报告。

2) 无损检测质量管理和安全防护

检测单位应建立无损检测质量管理制度，加强无损检测质量控制。

无损检测质量管理应包括如下内容：

(1) 无损检测人员；

(2) 无损检测设备器材；

(3) 无损检测工艺文件；

（4）无损检测场所和环境；

（5）无损检测的实施；

（6）无损检测资料和档案。

安全防护措施至少应考虑如下因素：

（1）部分无损检测方法会产生或附带产生放射性辐射、电磁辐射、紫外辐射、有毒材料、易燃或易挥发材料、粉尘等物质，这些物质对人体会有不同程度的损害。在实施无损检测时，应根据可能产生的有害物质的种类，按有关法规或标准的要求进行必要的防护和监测，对相关的无损检测人员应采取必要的劳动保护措施。

（2）在封闭空间内进行操作时，应考虑氧气含量等相应因素，并采取必要的保护措施。

（3）在高空进行操作时，应考虑人员、检测设备器材坠落等因素，并采取必要的保护措施。

（4）在极端环境下进行操作时，如深冷、高温等条件下，应考虑冻伤、中暑等因素，并采取必要的保护措施。

（5）如存在有毒有害气体等其他可能损害人体的各种环境因素，在实施无损检测时，应仔细加以辨识，并采取必要的保护措施。

3）无损检测资料和档案

检测单位应建立完整的无损检测档案（制造企业内部的检测部门也应该类似），至少应包括以下内容：

（1）无损检测委托单或检验检测合同；

（2）无损检测工艺文件；

（3）无损检测记录；

（4）无损检测报告。

无损检测记录应真实、准确、完整、有效，并经相应责任人员签字认可。无损检测记录的保存期应符合相关法规标准的要求，且不得少于7年[76]。7年后，若用户需要，可将原始检测数据转交用户保管。

无损检测报告至少应包含以下内容：

（1）报告编号；

（2）检测技术要求：执行标准和合格级别；

（3）检测对象：承压设备类别，检测对象的名称、编号、规格尺寸、材质和热处理状态、检测部位和检测比例、检测时的表面状态、检测时机等；

（4）检测设备和器材：名称和规格型号；

（5）检测工艺参数；

（6）检测部位示意图；

（7）检测结果和检测结论；

（8）编制者（级别）和审核者（级别）；

（9）编制日期。

无损检测报告还应符合NB/T 47013.2～47013.14[77~89]的有关要求。报告的编制、审核应符合相关法规或标准的规定。无损检测报告的保存期应符合相关法规标准的要求，且不得少于7年。

6.4.2 射线检测

射线检测(RT)是利用X射线、γ射线和中子射线易于穿透物体，并在穿透物体过程中受到吸收和散射而衰减的性质，在感光材料或光电转换显示屏上获得与材料内部结构和缺陷相对应黑度不同的图像，从而探明物质内部缺陷种类、大小、分布状况，并做出评价的一种无损检测方法。随着计算机图像处理技术及射线探测技术的发展，传统的射线检测也将逐渐被X射线计算机辅助成像检测(CR)及X射线数字成像检测(DR)代替。

1）检测原理

射线检测是利用射线可穿透物质和在物质中有衰减的特性来发现缺陷的一种检测方法。按检测所使用的射线种类不同，射线检测可分为X射线检测、γ射线检测和高能射线检测三种，这些射线都具有使照相底片感光的能力。

利用射线检测时，若被检工件内存在缺陷，缺陷与工件材料不同，其对射线的衰减程度不同，且透过厚度不同，透过后的射线强度则不同，如图6-7所示。

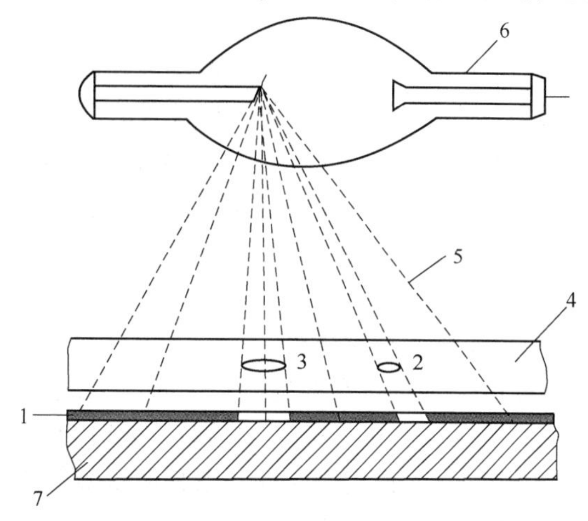

图6-7 X射线透照检测法

1—胶片；2—内部缺陷；3—内部缺陷；4—工件；5—X射线；6—X射线管；7—背防护铅板

射线在物质中的衰减规律，可表示为：

$$J=J_0 e^{-\mu A} \qquad (6-1)$$

式中 J——射线穿过厚度为A(cm)物质后强度；

J_0——射线穿过物质以前强度；

A——被透射材料厚度；

μ——射线在被透射材料中的衰减系数。

衰减系数μ是辐射强度在1cm厚物质内的衰减量，每种物质每种波长都有一定的衰减数值；对同一种物质，穿过它的每一种波长都有各自的衰减系数。因而，物质的厚度越大，密度越大，X射线波长越长，则穿透后的射线强度越小。

当X射线穿过被透照的物体(透度计、工件和底片编号、定位记号标志)到照相软片上，使软片产生潜像，也就是射线使软片感光乳剂中的溴化银还原成金属银粒。经过显影后，软片呈黑色。由于物体无缺陷处和有缺陷处厚度不同，射线穿透后衰减程度也不同，因而照射到软片上的强度也就不同。软片在显影后，产生不同程度的黑度，据此就可判断物体内部有无缺陷，并确定缺陷位置和大小。

工件愈厚或构成元素的原子序数愈大，射线愈不易透过。反之，对于空气或由低原子序数物质所构成的工件内部缺陷，如焊缝中的夹渣、气孔或裂纹，射线则较易透过。如在工件下面放置X射线胶片，则有缺陷处由于透过的射线强度较大而使胶片感光较多，经显影后就能显出黑度较周围更为深的缺陷图像。从中可辨认出焊缝的轮廓、缺陷的形状和大小。

2）射线检测特点

射线检测的优点是：(1)可以得到直观的检测结果，易作永久性的保存；(2)可展现出检查材料缺陷性质；(3)可以检测多种材料；(4)对工件中体积形缺陷(气孔、夹杂物等)具有较高的检出率。

缺点是：(1)不适合几何形状复杂的工件；(2)与其他方法相比(如 UT)，对微小裂纹和夹层之类的缺陷不易检测出来；(3)必须考虑对射线的防护措施；(4)生产成本和检验周期高于其他方法。

3) 适用范围

适用于钢、铜及铜合金、铝及铝合金、钛及钛合金、镍及镍合金等金属熔化焊焊接接头的检测。焊接接头的型式包括板及管的对接接头焊缝(以下简称“对接焊缝”)、插入式和安放式接管角接接头对接焊缝(以下简称“管座角焊缝”)和管子-管板角焊缝。承压设备其他金属材料、支承件和结构件的焊接接头的射线检测也可参照使用。

4) 检测设备和器材

(1) 射线装置

可以使用两种射线源：

① 由 X 射线机和加速器产生的 X 射线；

② 由^{60}Co、^{192}Ir、^{75}Se、^{169}Yb 和^{170}Tm 射线源产生的 γ 射线。

经合同双方商定，允许采用其他新型射线源。采用其他射线源时，有关检测技术要求仍应参照本部分的规定执行。

(2) 射线胶片

胶片系统分为六类，即 C1、C2、C3、C4、C5 和 C6 类。C1 为最高类别，C6 为最低类别。胶片制造商应对所生产的胶片进行系统性能测试并提供类别和参数。胶片处理方法、设备和化学药剂用胶片制造商提供的预先曝光胶片测试片进行测试和控制。胶片应按制造商推荐的温度和湿度条件予以保存，并应避免受任何电离辐射的照射。

(3) 观片灯

观片灯的主要性能应符合 GB/T 19802 的有关规定，最大亮度应能满足评片要求。

(4) 黑度计(光学密度计)

黑度计可测的最大黑度应不小于 4.5，测量值的误差应不超过±0.05。黑度计首次使用前应进行核查，以后至少每 6 个月应进行一次核查，每次核查后应填写核查记录。在工作开始时或连续工作超过 8h 后应在拟测量黑度范围内选择至少两点进行检查。

(5) 标准密度片

标准密度片应至少有 8 个一定间隔的黑度基准，且能覆盖 3~4.5 黑度范围，应至少每 2 年校准一次。必须特别注意标准密度片的保存和使用条件。

(6) 增感屏

射线检测一般应使用金属增感屏或不用增感屏，金属增感屏应满足《无损检测射线照相检测用金属增感屏》(GB/T 23910—2009)[90] 的要求，增感屏应完全干净、抛光和无纹道。使用增感屏时，胶片和增感屏之间应接触良好。

(7) 像质计

像质计又称透度计，是用来定量评价射线底片影像质量的工具，用与被检工件相同材料制成，有金属丝型、槽型和平板孔型三种。底片影像质量采用线型像质计或孔型像质计测定。通用线型像质计和等径线型像质计的型号和规格应符合《无损检测线型像质计通用规范》(JB/T 7902—2015)[91]的规定，孔型像质计型号和规格应满足《无损检测射线照相底片像质第 2 部分：阶梯孔型像质计像质指数的测定》(GB/T 23901. 2—2009)[92]的规定。

像质计的应用原理是将其放在射线源一侧被检工件部位(如焊缝)的一端(约被检区长度的 1/4 处)，金属丝与焊缝方向垂直、细丝置于外侧，与被检部位同时曝光，则在底片上应观察到不同直径的影像，若被检工件厚度、检测透照条件相同时，能识别出的金属丝越细，说明灵敏度越高。

像质计的材料代号、材料和不同材料的像质计适用的工件材料范围可按表 6-2 的规定执行，像质计材料的吸收系数应尽可能地接近或等同于被检材料的吸收系数，任何情况下不能高于被检材料的吸收系数。

表 6-2　不同材料的像质计适用的材料范围

像质计材料代号	Al	Ti	Fe	Ni	Cu
像质计材料	工业纯铝	工业纯钛	碳素钢	镍-铬合金	3#纯铜
适用材料范围	铝，铝合金	钛，钛合金	钢	镍-镍合金	铜、铜合金

5）射线检测照相法的程序及其技术

射线检测技术分为 3 级：A 级——低灵敏度技术；AB 级——中灵敏度技术；B 级——高灵敏度技术。射线检测技术等级选择应符合相关法规、规范、标准和设计技术文件的要求，同时还应满足合同双方商定的其他技术要求。承压设备焊接接头的射线检测，一般应采用 AB 级射线检测技术进行检测。对重要设备、结构、特殊材料和特殊焊接工艺制作的焊接接头，可采用 B 级技术进行检测。

检测工艺文件包括：

(1) 适用范围中的结构、材料类别及厚度；

(2) 射线源种类、能量及焦点尺寸；

(3) 检测技术等级；

(4) 透照技术；

(5) 透照方式；

(6) 胶片型号及等级；

(7) 像质计种类；

(8) 增感屏和滤光板型号(如使用)；

(9) 暗室处理方法或条件；

(10) 底片观察技术。

射线源的能量及曝光距离可参考《承压设备无损检测第 2 部分：射线检测》(NB/T 47013. 2—2015)[77]的内容。

6）技术措施

照射方向对焊缝中裂纹的检测优劣影响很大。当照射方向和裂纹的裂向重合时，裂纹在底片上显露得很清楚，否则裂纹很难甚至显露不出来。若裂纹方向与射线方向不重合时，裂纹的显露由裂纹的宽度所决定，宽度大时可以显露，宽度小时便不能显露。照相时，照射方向和部位是根据缺陷的性质(往往是在 100%超声波检测之后进行 X 射线照相)和焊接条件确定的。图 6-8～图 6-12 给出了常用的对接焊缝典型透照方式示意图，可供透照布置时参考。

图中 d 表示射线源有效焦点尺寸，F 表示焦距，b 表示工件至胶片距离，f 表示射线源至工件距离，δ 表示公称厚度，D_0表示管子外径。

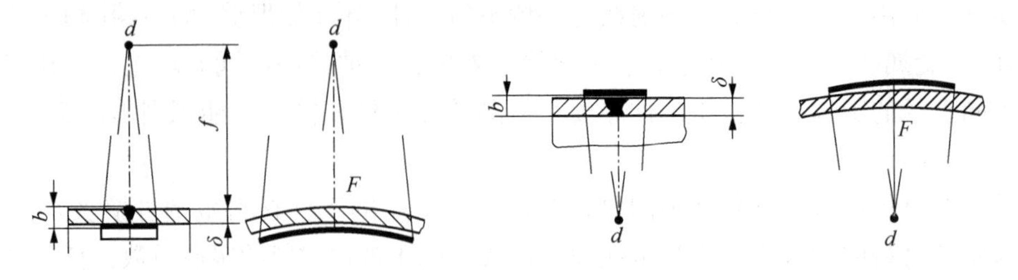

图 6-8　纵、环向焊接接头源在外单壁透照方式

图 6-9　纵、环向焊接接头源在内单壁透照方式

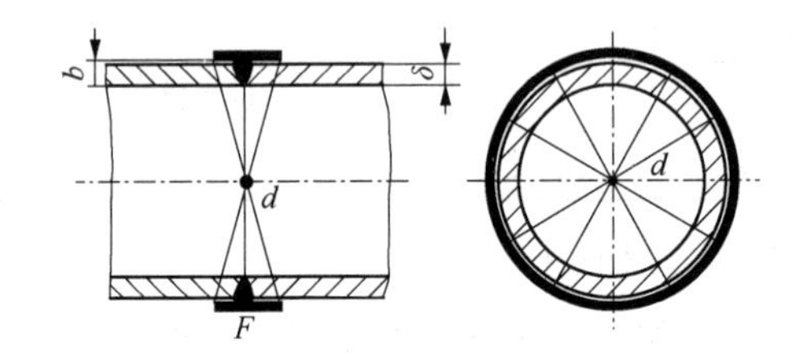

图 6-10　环向焊接接头源在中心周向透照方式

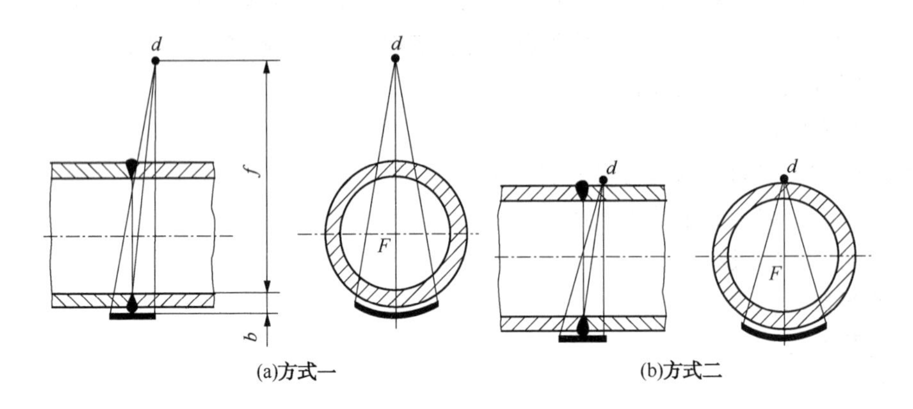

图 6-11　环向焊接接头源在外双壁单影透照方式

当胶片暗盒无法放入工件内部时，例如直径较小的筒体，则应采用图 6-13 所示的透层照射法。为了避免上层焊缝的投影与所要检查的部分重叠，射线略微偏斜地照射。又如对管径小于 100mm 的筒体，为了将上、下两层焊缝同时摄于一张照片上，这时为避免影像重叠，射线应适当地偏一个角度，同时还应使焦距尽可能地大些，如图 6-13(a)所示。

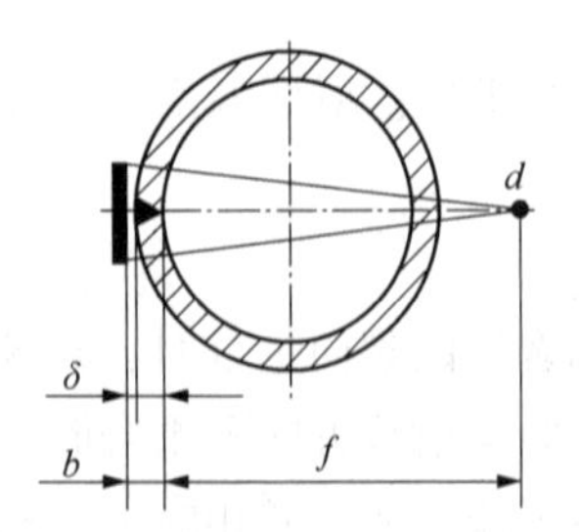

图 6-12　纵向焊接接头源在外双壁单影透照方式

用 X 射线检测的目的是为了从底片上辨别有无缺陷的存在、分布情况、缺陷性质以及对工件的影响，从而确定焊缝是否合乎质量底限要求，或经修补后能否使用等。

由于底片上的影像是从一个投影方向透照的，它反映出的缺陷大小、形状与工件中的实际缺陷不完全一样，对缺陷的分析辨认需要有一定的经验。

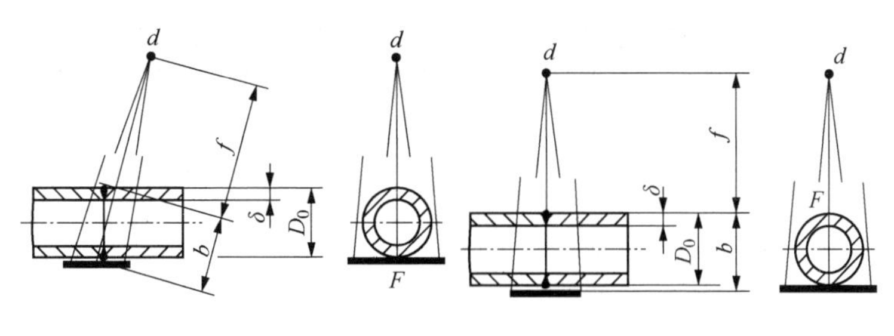

图 6-13 小直径筒体的照射方法

7）承压设备熔化焊焊接接头射线检测结果评定和质量分级

焊接接头中的缺陷按性质和形状可分为裂纹、未熔合、未焊透、条形缺陷和圆形缺陷五类。根据焊接接头中存在的缺陷性质、尺寸、数量和密集程度，其质量等级可划分为Ⅰ级、Ⅱ级、Ⅲ级和Ⅳ级。焊缝质量分级见表 6-3，其中Ⅰ级焊缝质量最高，依次下降，Ⅳ级最差。

焊缝缺陷总体上可分为圆形缺陷和条形缺陷。

表 6-3 焊缝的质量分级

焊缝级别	要求内容
Ⅰ级	焊接接头内不允许存在裂纹、未熔合、未焊透和条形缺陷，铝及铝合金不允许有夹铜缺陷
Ⅱ级和Ⅲ级	焊接接头内不允许存在裂纹、未熔合和未焊透，铝及铝合金不允许有夹铜缺陷
Ⅳ级	焊接接头中缺陷评定的质量级别超过Ⅲ级时，一律定为Ⅳ级

注：1. 圆形缺陷评定区内同时存在圆形缺陷和条形缺陷时，应进行综合评级，即分别评定圆形缺陷评定区内圆形缺陷和条形缺陷的质量级别，将两者级别之和减一作为综合评级的质量级别。

2. 除综合评级外，当各类缺陷评定的质量级别不同时，应以最低的质量级别作为焊接接头的质量级别。

（1）圆形缺陷的质量分级

圆形缺陷评定区为一个与焊缝平行的矩形，圆形缺陷评定区应选在缺陷最严重的区域。圆形缺陷评定区内或与区边界线相割的缺陷均应划入评定区内。将评定区内的缺陷换算为点数，并进行焊接接头的质量级别评定。钢、镍、铜及铝制承压设备可按表 6-4 进行点数换算；钛及钛合金制设备按表 6-5 进行点数换算。钢、镍、铜制承压设备焊接接头允许的圆形缺陷点数见表 6-6，铝制设备焊接缺陷允许点数见表 6-7，钛及钛合金制设备焊接缺陷允许点数见表 6-8。

（2）条形缺陷的质量分级

承压设备焊接接头允许的条形缺陷见表 6-9。

表 6-4 钢、镍、铜和铝制承压设备熔化焊焊接接头缺陷点数换算表

缺陷长径/mm	≤1	>1~2	>2~3	>3~4	>4~6	>6~8	>8
缺陷点数	1	2	3	6	10	15	25

表 6-5 钛及钛合金制承压设备熔化焊焊接接头缺陷点数换算表

缺陷长径/mm	≤1	>1~2	>2~4	>4~8	>8
缺陷点数	1	2	4	8	16

表 6-6　钢、镍、铜制承压设备各级别熔化焊焊接接头允许的圆形缺陷点数

评定区/(mm×mm)	10×10			10×20		10×30
母材公称厚度 δ/mm	≤10	>10~15	>15~25	>25~50	>50~100	>100
Ⅰ级	1	2	3	4	5	6
Ⅱ级	3	6	9	12	15	18
Ⅲ级	6	12	18	24	30	36
Ⅳ级	缺陷点数大于Ⅲ级或缺陷长径大于 $T/2$					

注：当母材公称厚度不同时，取较薄板的厚度。

表 6-7　铝制承压设备各级别熔化焊焊接接头允许的圆形缺陷最多点数

评定区/(mm×mm)	10×10				10×20	
母材公称厚度 δ/mm	≤3	>3~5	>5~10	>10~20	>20~40	>40~80
Ⅰ级	1	2	3	4	6	7
Ⅱ级	3	7	10	14	21	24
Ⅲ级	6	14	21	28	42	49
Ⅳ级	缺陷点数大于Ⅲ级或缺陷长径大于 $2\delta/3$ 或缺陷长径大于 10mm					

注：当母材公称厚度不同时，取较薄板的厚度。

表 6-8　钛及钛合金制承压设备各级别熔化焊焊接接头允许的圆形缺陷最多点数

评定区/(mm×mm)	10×10				10×20	
母材公称厚度 δ/mm	≤3	>3~5	>5~10	>10~20	>20~30	>30~50
Ⅰ级	1	2	3	4	5	6
Ⅱ级	2	4	6	8	10	12
Ⅲ级	4	8	12	16	20	24
Ⅳ级	缺陷点数大于Ⅲ级或缺陷长径大于 $\delta/2$					

注：当母材公称厚度不同时，取较薄板的厚度。

表 6-9　承压设备各级别熔化焊焊接接头允许的条形缺陷长度　　mm

级别	单个条形缺陷最大长度	一组条形缺陷累计最大长度
Ⅰ级	不允许	
Ⅱ级	≤δ/3(最小可为 4)且≤20	在长度为 12δ 的任意选定条形缺陷评定区内，相邻缺陷间距不超过 $6L$ 的任一组条形缺陷的累计长度应不超过 δ，但最小可为 4
Ⅲ级	≤2δ/3(最小可为 6)且≤30	在长度为 6δ 的任意选定条形缺陷评定区内，相邻缺陷间距不超过 $3L$ 的任一组条形缺陷的累计长度应不超过 δ，但最小可为 6
Ⅳ级	大于Ⅲ级	

注：1. L 为该组条形缺陷中最长缺陷本身的长度；δ 为母材公称厚度，当母材公称厚度不同时取较薄板的厚度值。
2. 条形缺陷评定区是指与焊缝方向平行的、具有一定宽度的矩形区，δ≤25mm，宽度为 4mm；25mm<δ≤100mm，宽度为 6mm；δ>100mm，宽度为 8mm。
3. 当两个或两个以上条形缺陷处于同一直线上、且相邻缺陷的间距小于或等于较短缺陷长度时，应作为 1 个缺陷处理，且间距也应计入缺陷的长度之中。

8）X 射线计算机辅助成像检测

随着计算机图像处理技术及射线探测技术的发展，X 射线计算机辅助成像检测（CR 检测）[89] 和 X 射线数字成像检测（DR 检测）[86,93] 正逐渐运用于过程设备制造。数字图像便于储存，检索、统计，易于传输、专家评审，结合 GPS 系统可对每道焊口进行精确定位，便于工程质量监督。同时，没有底片暗室处理环节，消除了化学药剂对环境以及人员健康的影响。

（1）CR 检测基本原理

X 射线计算机辅助成像检测（CR 检测）采用成像板 IP（Imaging Plate）代替胶片，IP 板是一种涂有稀土元素铕、钡、氟化合物的柔性板，曝光后能以潜影形式储存信息，X 射线穿过被检测工件后的剩余能量被 IP 板保存（即在 IP 板上留下潜影），随后通过激光扫描器读出带有潜影的 IP 板上的信息，荧光物质被激光束激励，以荧光形式释放其储存的能量，经过复杂的光电转换和 A/D 模数转换形成数字图像，再经由计算机处理得到数字化图像，加以利用与保存。

（2）CR 检测程序

CR 系统的组成：射线源、IP 板、成像板扫描仪、电子图像处理系统、图像显示器、数据记录系统。由扫描决定的数字图像理论上的像素几何尺寸，扫描分辨率取决于激光扫描仪扫描 IP 的行间距，以及激光点扫描行走速度与模数转换器工作频率之比。CR 数字图像常用的处理方法包括放大、压缩、分割、灰度变换、对比度变换等。

CR 系统的工作过程可简化为 4 个主要步骤：

① 通过射线曝光，引起成像板里 IP 的含磷层变化存储射线图像。

② 成像板扫描仪的聚焦激光束激发存储的射线图像数据，已可见光的形式释放。

③ 发出的光可被捕获和探测，然后转换成数字化的电信号，最后以数字图像显示在联机的计算机监视器上。

④ 在内部成直线的擦除器上清除 IP 上的残留数据，以备进行下一次曝光。

9）X 射线数字成像检测

（1）概述

X 射线数字成像检测（DR 检测）与 RT 检测采用胶片和 CR 检测采用成像板不同，DR 检测采用数字探测器，数字探测器是将射线转换为电信号并输出数字信号的装置，如线阵列探测器（LDA）、平板探测器（FPD）和数字化的图像增强器（II）等。数字探测器对 X 线产生的图像信号进行扫描和直接读出，并将图像以数字形式存储在计算机中。成像原理是先将 X 线信号转变为可见光通过光电二极管组成的薄膜晶体管阵列（TFT）进行聚集，由专门的读出电路直接读出送计算机系统进行处理。目前平板探测器分为以非晶硅（a-Si）为代表的间接转换数字成像（IDR）、以非晶硒（a-Se）为代表的直接转换数字成像（DDR）和以互补金属氧化物半导体为代表的 CMOS 成像三种类型。IDR 和 DDR 两种数字技术都已经成熟，成像的空间分辨率接近胶片，对比度范围超过胶片。在保证最好的对比度和最小噪声的情况下，DDR 成像系统的图像精度高于 IDR 系统。

检测系统包括 X 射线机、探测器系统、计算机系统和检测工装。

探测器系统动态范围应不小于 2000：1；A/D 转换位数不小于 12bit。应按照具体的探测器系统规定的图像校正方法，对探测器进行校正。

计算机系统的基本配置依据采用的 X 射线数字成像部件对性能和速度的要求而确定。宜配备一定容量的内存，不低于一定容量的硬盘，高亮度高分辨率显示器以及刻录机、网卡等。系统软件是 X 射线数字成像系统的核心单元，完成图像采集、图像处理、缺陷几何尺寸测量、缺陷标注、图像存储、辅助评定和检测报告打印及其他辅助功能，是保证检测准确性和安全性的重要因素。应包含叠加降噪、改变窗宽窗位和对比度增强等基本数字图像处理功能。

(2) DR 检测原理

非晶硅数字平板结构如图 6-14(a)所示，由玻璃衬底的非结晶硅阵列板，表面涂有闪烁体碘化铯，其下方是按阵列方式排列的薄膜晶体管电路(TFT)组成，TFT 像素单元的大小直接影响图像的空间分辨率，每一个单元具有电荷接收电极信号存储电容与信号传输器，通过数据网线与扫描电路连接。

非晶硒数字平板结构与非晶硅有所不同，其表面不用碘化铯闪烁体，而是直接用硒涂层，如图 6-14(b)所示。

两种数字平板成像原理不同，非晶硅平板成像称为间接成像(IDR)，X 射线首先撞击平板上的闪烁层，闪烁层以与所撞击的射线能量成正比的关系发出电子，这些光电子被下面的硅光电二极管阵列采集到，并且将它们转化成电荷，X 射线转换为光线需要中间媒体——闪烁层；而非晶硅平板成像可称为直接成像(DDR)，X 射线撞击硒层，硒层直接将 X 射线转化为电荷。

硅或硒元件按吸收射线量的多少产生正比例的正负电荷对，存储于薄膜晶体管内的电容器中，所存的电荷与其后产生的影像黑度成正比。扫描控制器读取电路将光电信号转换为数字信号，数据经处理后获得的数字化图像在影像监视器上显示。图像采集和处理包括图像的选择、图像校正、噪声处理、动态范围、灰阶重建、输出匹配等过程，在计算机控制下完全自动化。上述曝光和获取图像过程一般仅需几秒钟至十几秒钟，数字平板技术成像原理如图 6-15 所示。

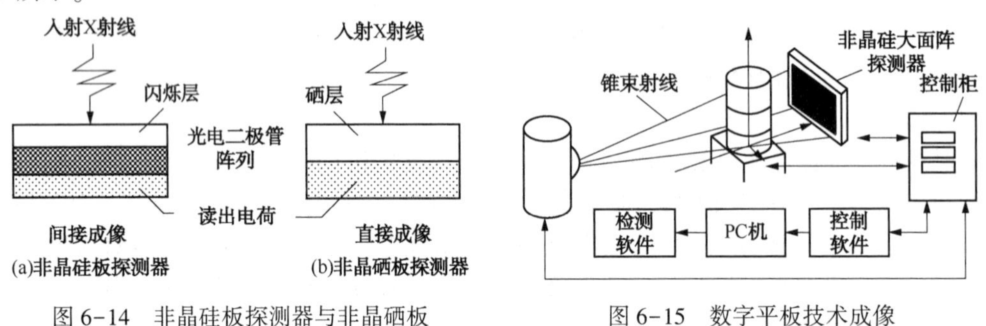

图 6-14　非晶硅板探测器与非晶硒板探测器工作原理示意图

图 6-15　数字平板技术成像原理示意图

(3) DR 检测程序

DR 检测与胶片照相检测的主要区别在于射线接收器的不同，所以射线接收器的特性决定了透照参数选择上的区别。照透过程中，参数的选择应包括：图像校正、管电压选择、曝光量选择、焦距选择等。

图像校正包括偏置校正、增益校正与坏像素校正，其结果是每个像素的 K(相当于吸收系数)保持一致。

管电压的选择与胶片对管电压的要求一致，需要保证一定的穿透能力，同时还需要保证一定的灵敏度。

灰度值随曝光量线性变化，不同的曝光量几乎不会影响数字探测器的 K 值。由于数字探测器对射线吸收率非常高，对曝光量的要求非常小。

焦距的选择与胶片检测一致。

6.4.3 超声检测

超声检测(UT)是利用材料内部缺陷和材料组成的声学系统对超声波传播产生不同影响的原理，对材料内部和表面缺陷(如裂纹、夹渣、气孔)的大小、形状和分布情况进行探测并测定材料性质的一种无损检测方法。

超声检测具有灵敏度高、可探测厚度大、检查速度快、成本低、设备简单、轻便和对人体无害等一系列优点。与射线检测相比，对面积形缺陷(如裂纹、未熔合等)检出率高。缺点是检测的效果和可靠程度受操作人员的影响较大，除要求操作人员掌握超声波检测的基础知识和技术外，还要掌握材料及制造工艺，了解被探工件的结构、几何形状和状态；此外，超声检测的探头较小，检测速度也有一定限制。

1) 超声检测原理

超声波是一种在一定介质中传播的机械振动，它的频率很高，超过了人耳膜所能觉察出来的最高频率(20000Hz)，故称为超声波。超声波在介质中沿直线传播，就是指向性。超声波的指向性与辐射器(探头)尺寸、超声波的波长有关。如果探头尺寸一定，超声波的频率越高、波长就越短，声束就越集中，即指向性越好，对检测越有利(灵敏度高)，易于发现微小缺陷。常用的超声波频率带为2.5~5MHz。

超声波在介质中传播时，当从一种介质传到另一种介质时，在界面处发生反射与折射。超声波几乎完全不能通过气体与固体的界面，即当超声波由固体传向空气时，在界面上几乎百分之百被反射回来。如金属中有气孔、裂纹、分层等缺陷，因这些缺陷内有气体等存在，所以超声波到达缺陷边缘时就全部反射回来，超声波检测就是根据这个原理实现的。

由于超声波在气体中衰减大，为减少超声波在探头与工件表面间的衰减损失，检测表面要有较低的粗糙度，并在探头与工件表面之间加藕和剂(如机油、变压器油、水玻璃等)，以排除空气，减少能量损失，使超声波顺利通过分界面进入工件内部。

当超声波垂直射入异质界面时，由反射定律和折射定律得知，反射角和折射角均为0，超声波能量除部分反射外，其余则透过界面继续按原方向传播。当超声波倾斜射入异质界面，且第二介质为固体时；由于横波与纵波在介质中的传播速度不同，则折射后发生波型转换，产生折射纵波与折射横波。两种波的传播方向互不相同，也不同于入射波的方向。当入射角为27.5°时纵波全反射，在第二介质中只有折射横波。要获得完全的横波，入射角要大于27.5°，用于过程设备检测的横波检测斜探头的角度有30°、40°、50°三种。

根据缺陷的显示方法不同，脉冲反射式超声波检测仪有A型、B型、C型和3D型四种类型。其中A型是目前焊缝检测中最常用的一种。其主要特点是示波屏上纵坐标代表反射波的振幅，可由此显示缺陷的存在与大小；横坐标代表探头的水平位，可由此对缺陷定位。A型检测仪的工作原理如图6-16所示。

检测时，超声波通过探测表面的耦合剂将超声波传入工件，超声波在工件里传播，遇到缺陷和工件的底面就反射回至探头，由探头将超声波转变成电信号，并传至接收放大电路中，经检波后在示波管荧光屏的扫描线上出现表面反射波(始波)A、缺陷反射波F和底面反射波B。通过始波A和缺陷波F之间的距离便可确定缺陷离工件表面的位置，同时通过缺陷波F的高度亦可确定缺陷的大小。

荧光屏上纵坐标显示出的脉冲波的高度与探头所接收的超声波能量成比例。缺陷波的高度与缺陷的大小、性质、位置有关。通过缺陷波在荧光屏上横坐标的位置，可以对缺陷定

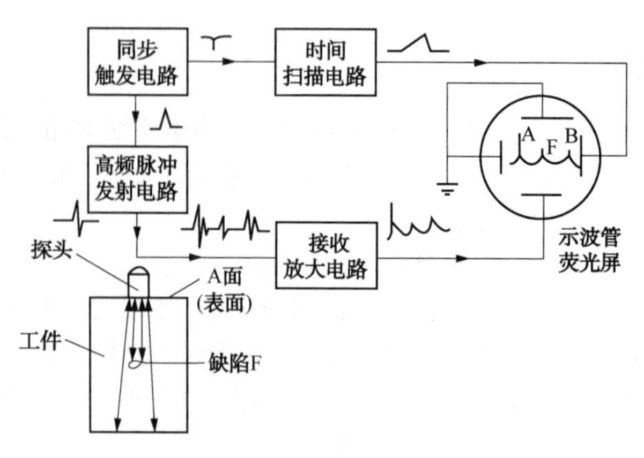

图 6-16　超声检测原理方框图

位，通过缺陷波在荧光屏上纵坐标的高度，可以估计缺陷的情况。

缺陷离表面的距离 L 可由下式计算：

$$L=tC/2$$

式中　t——声波往返的时间；

C——声波传播的速度。

2）适用范围

超声检测适用于所有金属材料制承压设备的检测，包括用原材料、零部件和焊接接头的检测，也适用设备的在役检测。

3）超声波探头和检测仪

图 6-17 所示为超声波探头结构图。根据其结构不同又分为直探头、斜探头、表面波探头、可变角度探头和聚焦探头等，最常用的还是前两种(图 6-17)。

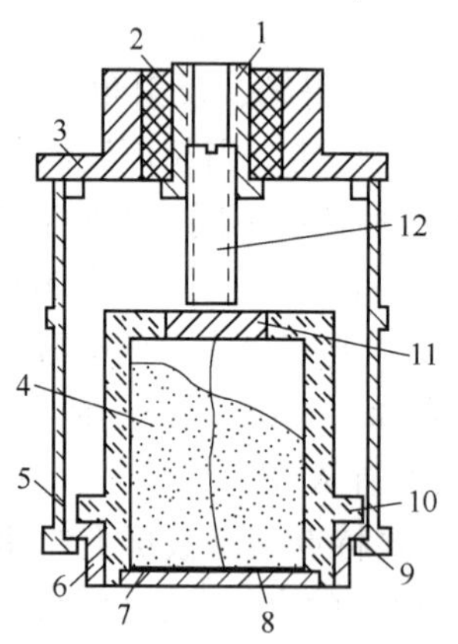

1—接触座；2—绝缘柱；3—金属盖；4—吸收块；
5—地线；6—接地铜圈；7—保护膜；8—晶片；
9—金属外壳；10—晶片座；11—接线片；12—导线螺杆

(a)直探头

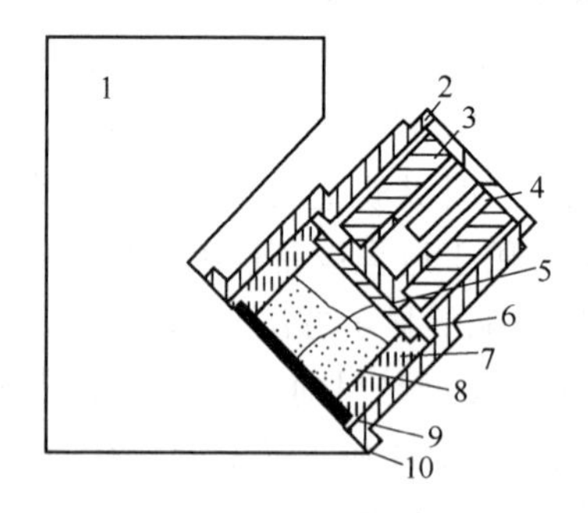

1—楔块；2—外壳；3—绝缘柱；4—接线插；
5—接线；6—接线片；7—探头芯；8—吸收材料；
9—晶片；10—接地铜销

(b)斜探头

图 6-17　超声波探头结构示意图

焊缝检测采用脉冲反射式超声波检测仪。它是由脉冲超声波发生器、接收放大器、指示器和声电换能器(探头)等四大部分组成，除探头(声电换能器)外，其他三部分合装在一个箱内成为一个机体。

换能器(探头)产生的超声波有纵波和横波，在同一固体介质中，横波传播速度约为纵波速度的一半，超声波束在倾斜方向传入介质时，在反射与折射过程中，都可能有波型转换发生。

4）检测操作

过程设备的超声检测系指采用 A 型脉冲反射式超声检测仪对原材料、零部件(板材、锻件、复合钢板、无缝钢管、螺栓)和焊缝进行检测缺陷，并对其进行等级分类的全过程。

不同的构件和检测目的，选用的探头类型、试块和调整校正也不同。板材、锻件、复合钢板等一般采用纵波直探头检测(发现内部缺陷)。对于锅炉压力容器设备制造厂，焊缝是检测人员的主要检测对象。焊缝通常采用纵波法或横波法进行检测。由于焊缝的加强高都高出板材表面，而且凹凸不平，因此焊缝采用横波检测居多，这样还有利于发现垂直于板材表面的裂纹。

超声波在板材表面的入射点 a 到第一次反射点 d 的路程长度 L_1，称为一次声程；入射点到二次反射点 c 的路程长度 L_2，称二次声程。声程表示声波所走的路程，二次声程为一次声程的两倍(图 6-18)。声程的水平距离称为波距。它们之间的关系式如下：

一次声程：$L_1=\delta/\cos\beta$；一次波距：$b_1=\delta\tan\beta$

二次声程：$L_2=2\delta/\cos\beta$；二次波距：$b_2=2\delta\tan\beta$

式中　δ——板厚；

　　β——折射角。

在检测时，可用一次声程检测，如图 6-19(a)所示，常用于厚板。也可用二次声程检测，如图 6-19(b)所示，常用于中厚板和薄板。

平板对接焊缝检测操作过程和评定过程为：确定探测频率→选择探头 K 值→选择正确的探测方向→探测灵敏度的校检→确定探头移动范围→缺陷的判别→焊缝质量评定。

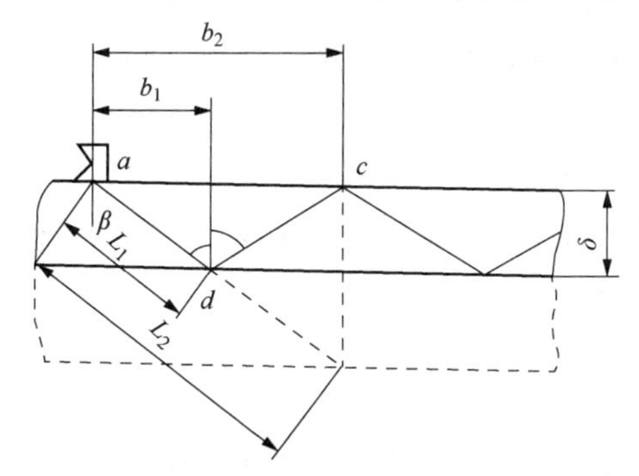

图 6-18　声程与探头折射角和板厚间的关系

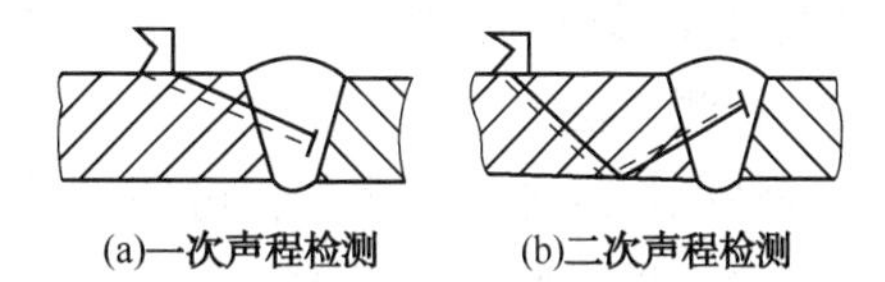

图 6-19　一次、二次声程检测

(1) 超声检测技术等级

超声检测技术等级分为 A 级、B 级和 C 级。超声检测技术等级的选择应符合制造、安装等有关规范、标准及设计图样规定。承压设备焊接接头的制造、安装时的超声检测，一般应采用 B 级检测，对重要设备的焊接接头，可采用 C 级检测技术等级进行检测。

A 级适用于工件厚度为 6~40mm 焊接接头的检测。可用一种折射角(K 值)斜探头采用直射波法和一次反射波法在焊接接头的单面双侧进行检测，如受条件限制，也可以选择双面单侧或单面单侧进行检测。一般不要求进行横向缺陷的检测。

B 级适用于工件厚度为 6~200mm 焊接接头的检测。焊接接头一般应进行横向缺陷的检测。对于需要双面双侧检测的焊接接头，如受几何条件限制或由于堆焊层(或复合层)的存在而选择单面双侧检测时，还应补充斜探头作近表面缺陷检测。

C 级适用于工件厚度大于等于 6~500mm 焊接接头的检测。采用 C 级检测时应将焊接头的余高磨平。对焊接接头斜探头扫查经过的母材区域要用直探头进行检测。工件厚度大于 15mm 的焊接接头一般应在双面双侧进行检测，如受几何条件限制或由于堆焊层(或复合层)的存在而选择单面双侧检测时，还应补充斜探头作近表面缺陷检测。对于单侧坡口角度小于 5°的窄间隙焊缝，如有可能应增加检测与坡口表面平行缺陷的有效方法。工件厚度大于 40mm 的对接接头，还应增加直探头检测。焊接接头应进行横向缺陷的检测。

(2) 选择探头、探测频率、试块及耦合剂

按《承压设备无损检测第 3 部分：超声检测》(NB/T 47013. 3—2015)[78]规定，探测频率一般采用 2. 5MHz，板厚较薄时，可采用 5MHz，奥氏体不锈钢采用 1~2. 5MHz。

焊缝检测中，为保证超声波主声束能够扫查到焊缝的整个截面(因为非主声束扫查到的缺陷回波，不能用来正确评估缺陷的当量大小和位置)，在焊缝检测前，正确选定探头的 K 值($\tan\beta$)是至关重要的。不同材料所选择的 K 值不同，具体可参照 NB/T 47013. 3—2015。

试块有标准试块和对比试块。标准试块是指具有规定的化学成分、表面粗糙度、热处理及几何形状的材料块，用于评定和校准超声检测设备，即用于仪器探头系统性能校准的试块。采用 20 号优质碳素结构钢制造，型号包括 C5K-IA、DZ-I 和 DB-PZ20-2。对比试块是指与被检件或材料化学成分相似，含有意义明确参考反射体(反射体应采用机加工方式制作)的试块，用以调节超声检测设备的幅度和声程，以将所检出的缺陷信号与已知反射体所产生的信号相比较，即用于检测校准的试块。对比试块的外形尺寸应能代表被检工件的特征，试块厚度应与被检工件的厚度相对应。如果涉及到不同工件厚度对接接头的检测，试块厚度的选择应由较大工件厚度确定。不同材料的设备检测所选用的试块也不同，具体可参照 NB/T 47013. 3—2015。

耦合剂透声性应较好且不损伤检测表面，如机油、化学浆糊、甘油和水等。耦合剂污染物含量应确保镍基合金上使用的耦合剂含硫量不大于 250mg/L；奥氏体不锈钢或钛材上使用的耦合剂卤素(氯和氟)的总含量不大于 250mg/L。

(3) 检测方法

一般情况焊缝加强不磨平，可用一种(或两种) K 值的斜探头以一次波在焊缝的单面双侧进行检测，母材厚度大于 46mm 时采用双面双侧检测，如受几何条件限制，也可在焊缝单侧采用两种 K 值探头进行扫查检测。

检测区由焊接接头检测区宽度和焊接接头检测区厚度表征。焊接接头检测区宽度应是焊缝本身加上焊缝熔合线两侧各 10mm 确定。V 形坡口对接接头检测区示意见图 6-20。对接接头检测区厚度应为工件厚度加上焊缝余高。超声检测应覆盖整个检测区。若增加检测探头数量或增加检测面(侧)还不能完全覆盖，应增加辅助检测，包括采用其他无损检测方法。

探头移动区宽度应能满足检测到整个检测区。为检测纵向缺陷，斜探头应垂直于焊缝中心线放置在检测面上，作锯齿型扫查，见图 6-20。探头前后移动的范围应保证扫查到全部焊缝截面。在保持探头垂直焊缝作前后移动同时，还应做 10°~15°左右转动。

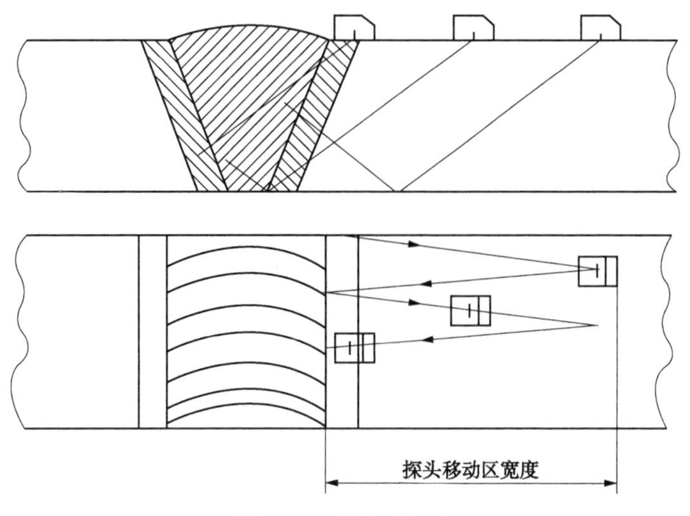

图 6-20　锯齿形扫查

为检测焊缝和热影响区的横向缺陷应进行平行和斜平行扫查。检测时，可在焊缝两侧边缘使探头声束中心与焊缝中心线成 10°~20°作斜平行扫查，见图 6-21。焊缝余高磨平时，可将探头放在焊缝及热影响区上作两个方向的平行扫查，见图 6-22。对于电渣焊缝还应增加与焊缝中心线夹角为 45°的扫查。为确定缺陷的位置、方向和形状，观察缺陷动态波形和区分缺陷信号和伪缺陷信号，可采用前后、左右、转角、环绕等四种探头基本扫查方式，见图 6-23。

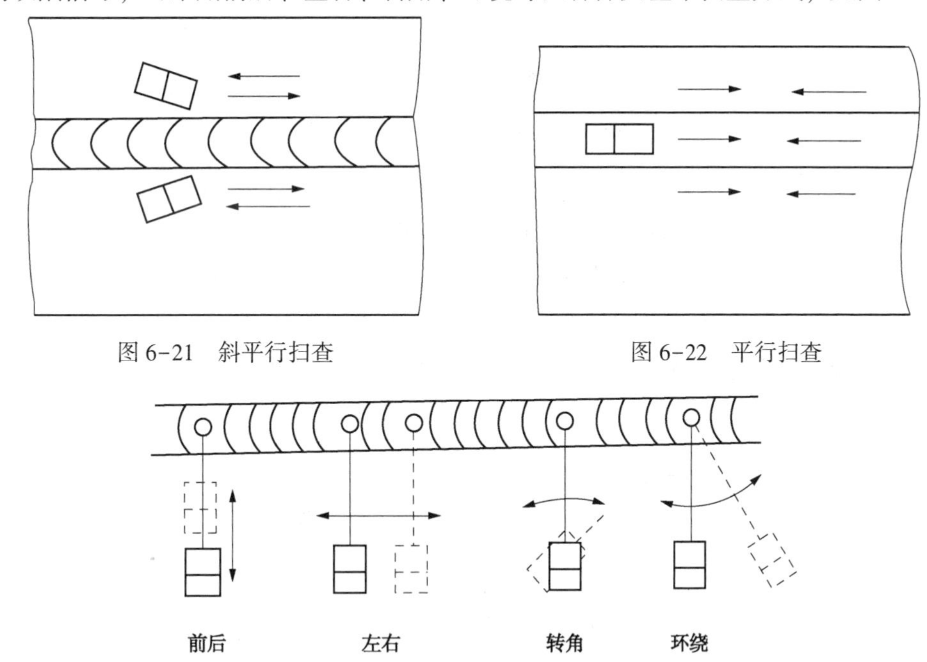

图 6-21　斜平行扫查

图 6-22　平行扫查

图 6-23　四种基本扫查方法

5）缺陷的定性与定量

检测的目的除了检查出工件中存在的缺陷外，还需进一步确定缺陷的大小、位置和性质，对整个工件质量作出评定。超声波检测发现缺陷，特别是发现裂纹的能力比射线检测法强，但它不像射线检测那样直观，因此对缺陷的判别要有一定的操作经验。一般而言，它能大致确定缺陷的位置，对缺陷的性质判别则比较困难。目前只能判别是点状或线状缺陷，要进一步确定缺陷性质还需从制造工艺综合分析。

(1) 定性分析(回波动态波形模式)

超声检查回波动态模式包括点状反射体、光滑平面反射体、粗糙平面反射体以及密集反射体。

点状反射体产生的波形模式Ⅰ如图 6-24 所示，即在显示屏上显示出的一个单一尖锐回波波形。当探头前后、左右移动时，其波幅平滑地由零上升到最大值，然后又平滑地下降到零(或到噪声水平)。

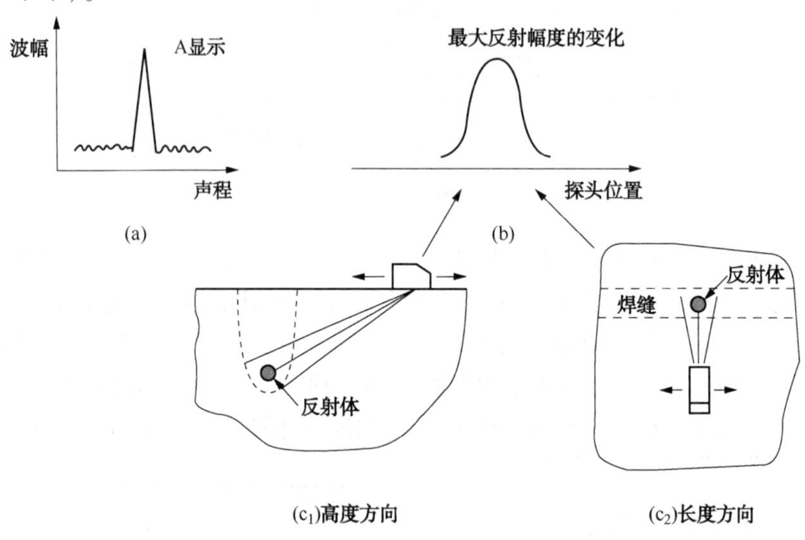

图 6-24　点反射体的回波动态波形

光滑平面反射体所产生的波形模式Ⅱ如图 6-25 所示。探头在各个不同的位置检测时，显示屏上均显示一个单一尖锐回波波形。探头前后和左右移动时，一开始波幅平滑地上升到最大幅度，探头继续移动时，波幅基本不变，或波幅的变化范围不大于 4dB。随着探头离开反射体，波幅又平滑地下降。

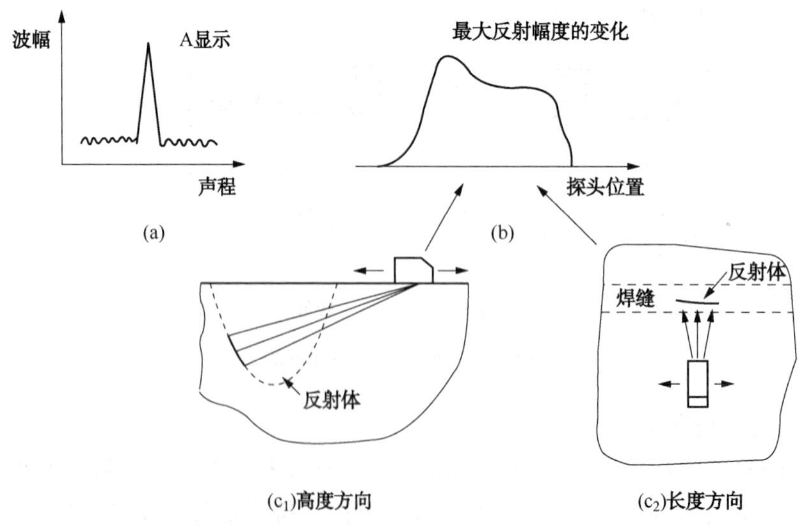

图 6-25　光滑大平面反射体的回波动态波形

接近垂直入射的由不规则平面反射体所产生的波形模式Ⅲa(图6-26)，探头在各个不同的位置检测时，显示屏上均呈一个单一且参差不齐的回波波形。探头移动时，回波幅度显示出不规则的起伏变化(波幅间变化大于6dB)。这种起伏变化是由于不规则反射体的不同反射面的回波引起的，另外，反射面回波间的相互干涉也会引起回波幅度的不规则起伏变化。

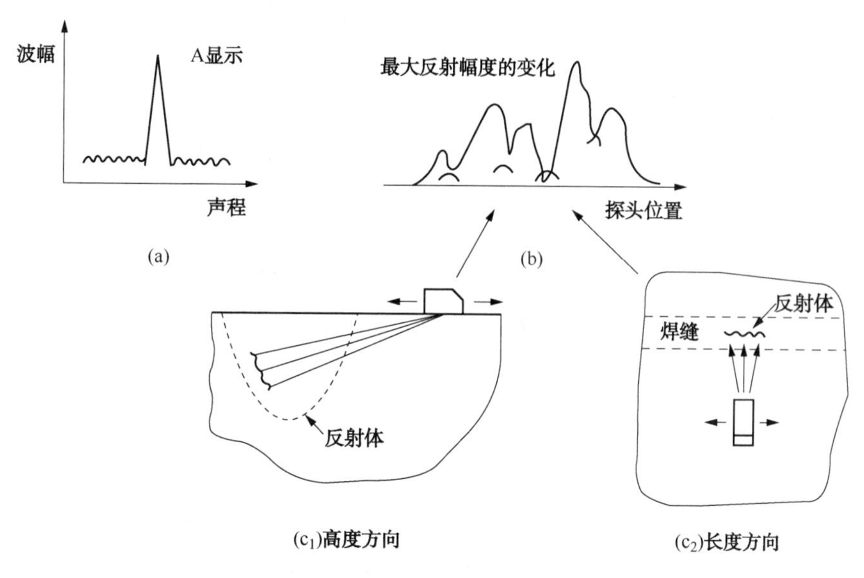

图6-26　接近垂直入射时不规则大反射体的回波动态波形

倾斜入射的不规则大反射体所产生的波形模式Ⅲb(图6-27)，又称为“游动回波波形模式”。探头在各个不同的位置检测时，显示屏上显示脉冲包络呈钟形的一系列连续信号(有很多小副波峰)。探头移动时，每个小副波峰也在脉冲包络中移游动，副波峰向脉冲包络中心游动时波幅逐渐升高，然后又下降，信号波幅起伏较大(大于6dB)。

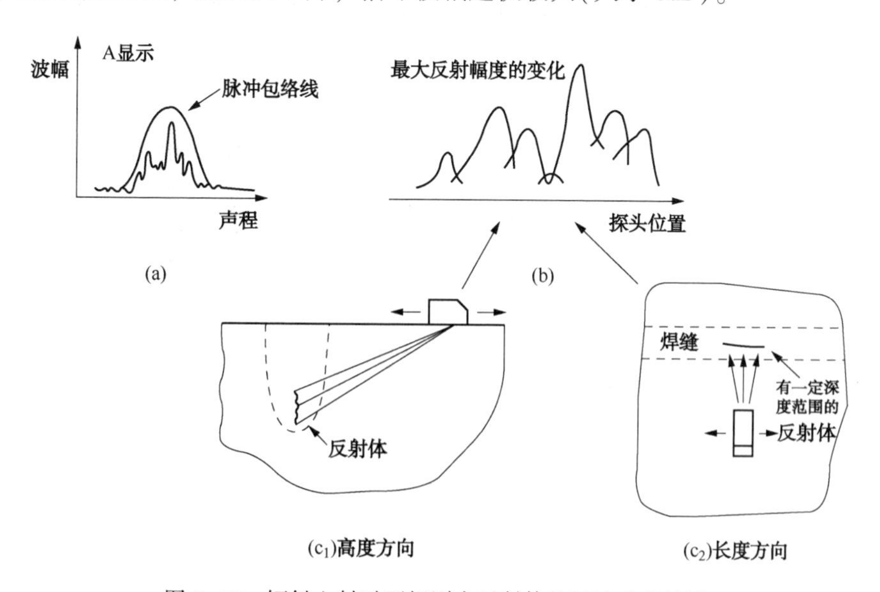

图6-27　倾斜入射时不规则大反射体的回波动态波形

由密集型反射体所产生的波形模式Ⅳ(图6-28)，探头在各个不同的位置检测时，显示屏上显示一群密集型反射体回波(在显示屏基线上有时可分辨开)。探头移动时，反射体回波时起时伏。如能分辨，则可发现每个单独信号均显示波形Ⅰ的特征。

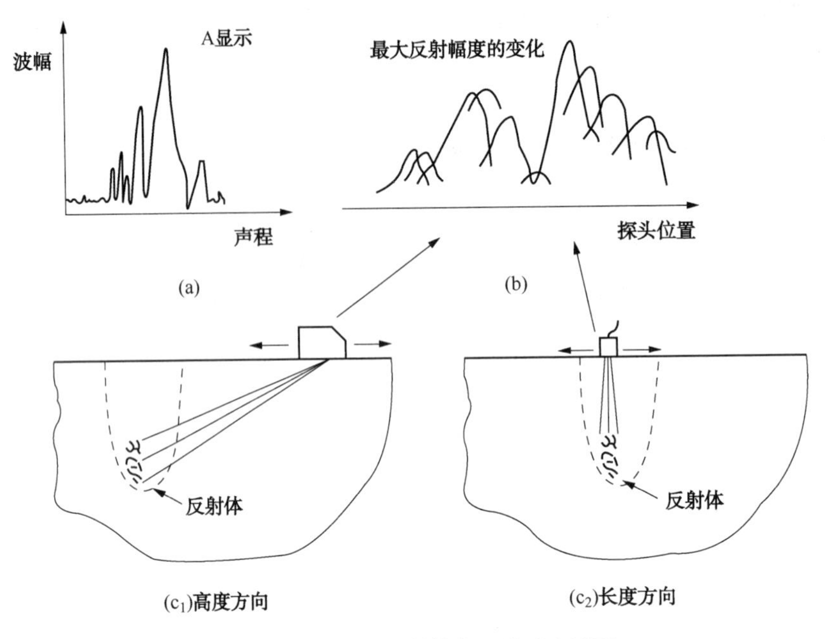

图6-28　密集型反射体的回波动态波形

(2) 定量分析

缺陷的定量(测定缺陷自身高度)分析方法包括：端点衍射波法、端部最大回波法、-6dB法。

端点衍射波法主要根据缺陷端点回波来辨认衍射波，并通过缺陷上下两端点衍射波之间的延迟时间差值(或声程差)来确定缺陷自身高度，见图6-29。对于裂纹类缺陷自身高度的测定，应优先采用端点衍射波法。

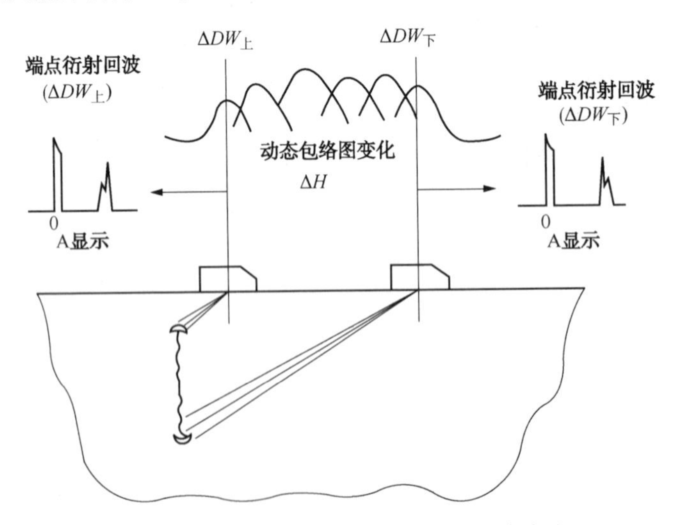

图6-29　用端点衍射波法测量缺陷自身高度

对于波形模式Ⅲa、波形模式Ⅲb 和波形模式Ⅳ的缺陷，在测定缺陷自身高度时，应在相对垂直于缺陷长度的方向进行前后扫查。由于缺陷端部的形状不同，扫查时应适当转动探头，以便能清晰地测出端部回波，当存在多个杂乱波峰时，应把能确定出缺陷最大自身高度的回波确定为缺陷端部回波，如图 6-30 所示。测定时应以缺陷两端的峰值回波 A 和 A_1 作为缺陷的上下端点。这种测定缺陷自身高度的方法为端部最大回波法。

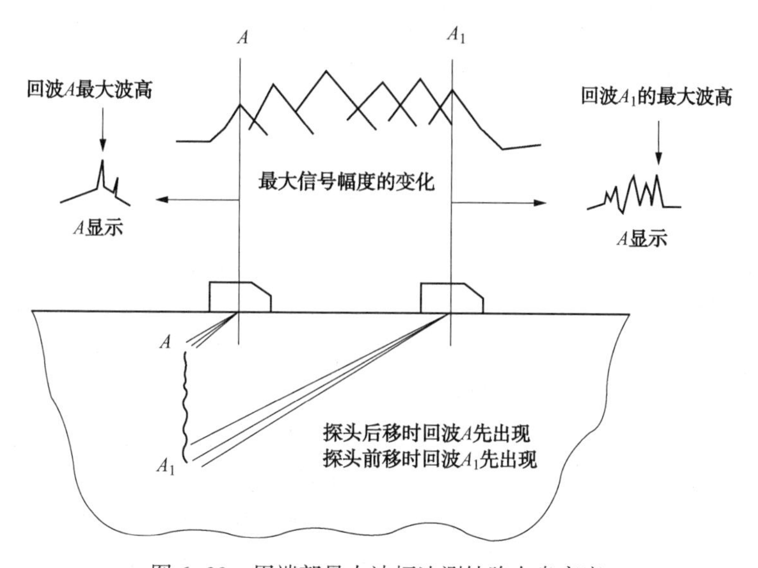

图 6-30　用端部最大波幅法测缺陷自身高度

（注：当端部回波达到最大时即可测出缺陷的两边上下两端点 A_1 和 A_2）

-6dB 法适用于波形模式Ⅱ类型的缺陷。使探头垂直于缺陷长度方向移动，注意观察动态波形包络的形态变化。若回波高度变化很小，可将回波迅速降落前的波高值，作为-6dB 法测高的基点，即图 6-31 中的 A 和 A_1点。

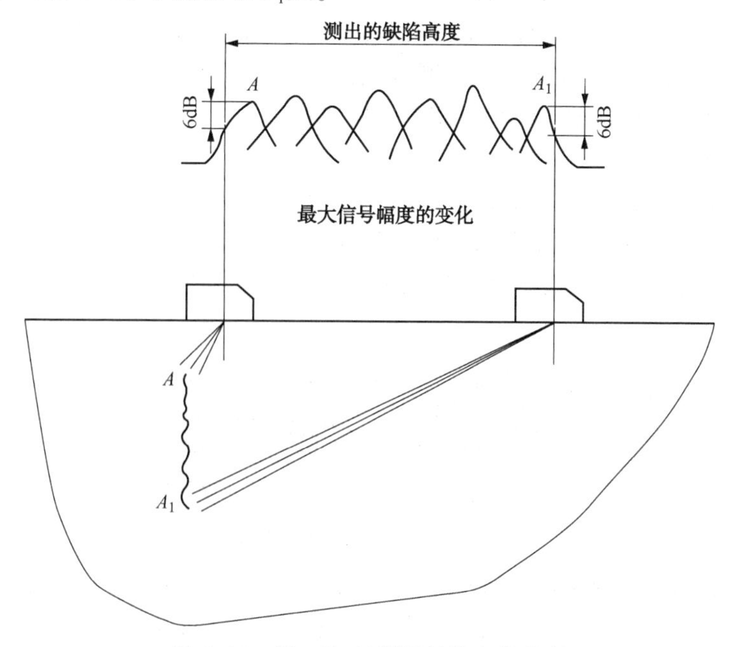

图 6-31　用-6dB 法测量缺陷自身高度

6）焊缝质量分级

根据《承压设备无损检测 第3部分：超声检测》(NB/T 47013.3—2015)[78]和《焊缝无损检测 超声检测 技术、检测等级和评定》(GB/T 11345—2013)[94]，焊缝的超声波检测结果分为四级，评定时要依据距离—波幅曲线(DAC)图(图6-32)。距离—波幅曲线应按所用探头和仪器在试块上实测的数据绘制而成，该曲线族由评定线、定量线和判废线组成。评定线与定量线之间(包括评定线)为Ⅰ区，定量线与判废线之间(包括定量线)为Ⅱ区，判废线及其以上区域为Ⅲ区。如果距离-波幅曲线绘制在显示屏上，则在检测范围内曲线任一点高度不低于显示屏满刻度的20%。

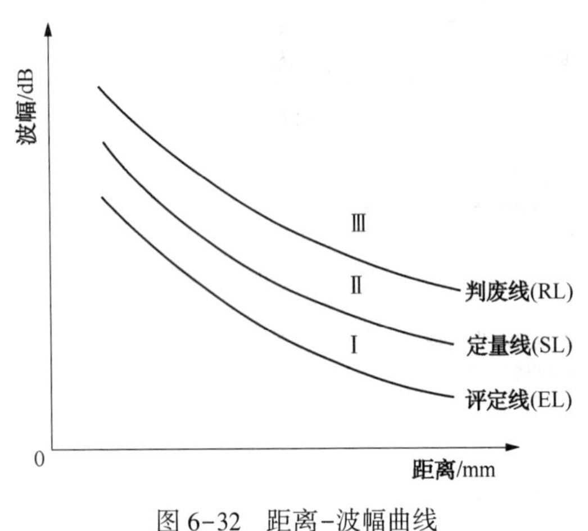

图6-32　距离-波幅曲线

(1) 最大反射波幅不超过评定线的缺陷，均评为Ⅰ级。

(2) 最大反射波幅位于Ⅰ区的非裂纹性缺陷。均评为Ⅰ级。

(3) 最大反射波幅超过评定线的缺陷，若检验者判定为裂纹类的危害性缺陷时，无论其波幅和尺寸如何，均评定为Ⅳ级。

(4) 最大反射波幅位于Ⅲ区的缺陷，无论其指示长度如何，均评定为Ⅳ级。

(5) 不合格的缺陷应予以返修。返修区域修补后，返修部位及补焊受影响的区域应按原检测条件进行复检。复检部位的缺陷亦应按缺陷评定要求评定。

6.4.4 磁粉检测

磁粉检测(MT)是用于检测铁磁性材料和工件(包括铁、镍、钴等)表面上或近表面的裂纹以及其他缺陷。磁粉检测对表面缺陷最灵敏，对表面以下的缺陷随埋藏深度的增加检测灵敏度迅速下降[95]。采用磁粉检测方法检测铁磁性材料的表面缺陷，比采用超声波或射线检测的灵敏度高，而且操作简便、结果可靠、价格便宜。

1）磁粉检测原理

材料或工件磁化后，磁力线将以均匀的平行直线形式分布。遇有未焊透、夹渣或裂纹等缺陷时，便会在该处形成一漏磁场。此漏磁场将吸引、聚集检测过程中施加的磁粉，而形成缺陷显示，如图6-33所示。根据铁粉集聚的部位、大小和形状可直接判断缺陷的部位和大小。

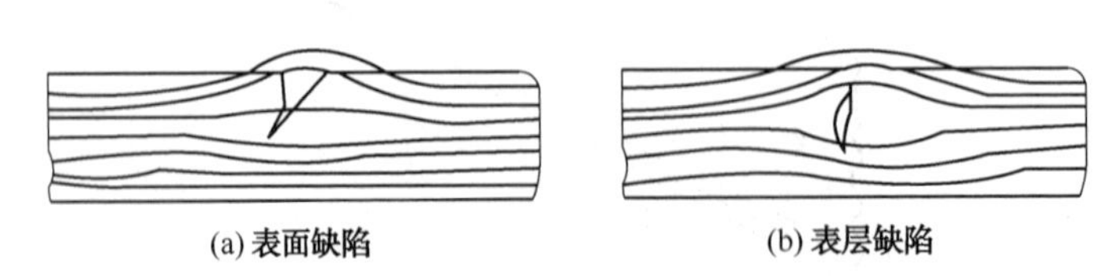

图6-33　磁粉检测原理图

缺陷与磁力线垂直时显示得最清楚，而平行时则显示不出来。缺陷分布与磁力线平行或位于工件内部深处则无法发现，所以磁粉检测法只能进行表面或近表面的检测。

2）适用范围

适用于铁磁性材料表面和近表面缺陷的检测。对于非铁磁性材料如有色金属、奥氏体不锈钢、非金属材料等不能采用磁粉检测方法。但当铁磁性材料上的非磁性涂层厚度不超过50μm时，对磁粉检测的灵敏度影响很小。

3）磁化方式

为了探出处于各种位置的缺陷，应对工件进行多方位的磁化。过程设备无损检测采用纵向磁化、周向磁化和复合磁化。

（1）纵向磁化

检测与工件轴线（或母线）方向垂直或夹角≥45°的线性缺陷时，应使用纵向磁化方法。纵向磁化时，磁力线平行于焊缝的纵轴，可发现横向缺陷。纵向磁化可用下列方法获得：

① 线圈法，见图6-34（a）；

② 磁轭法，见图6-34（b）。

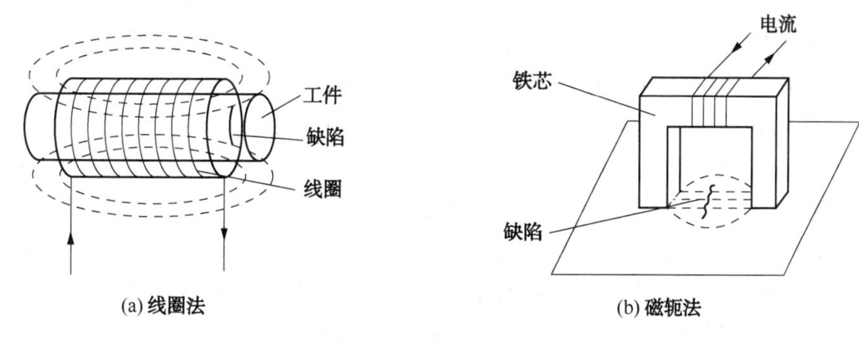

(a) 线圈法　　(b) 磁轭法

图6-34　纵向磁化方法

（2）周向磁化

检测与工件轴线（或母线）方向平行或夹角<45°的线性缺陷时，应使用周向磁化方法，周向磁化是使磁力线方向与工件的中心线相垂直，可发现纵向缺陷。周向磁化可用下列方法获得：

轴向通电法，见图6-35；触头法，见图6-36；中心导体法，见图6-37；偏心导体法，见图6-38。

（3）复合磁化

复合磁化法包括交叉磁轭法（图6-39）、交叉线圈法和直流线圈与交流磁轭组合等多种方法。复合磁化法是上述两法的综合，一次磁化就可以检查出工件上的纵向和横向缺陷。

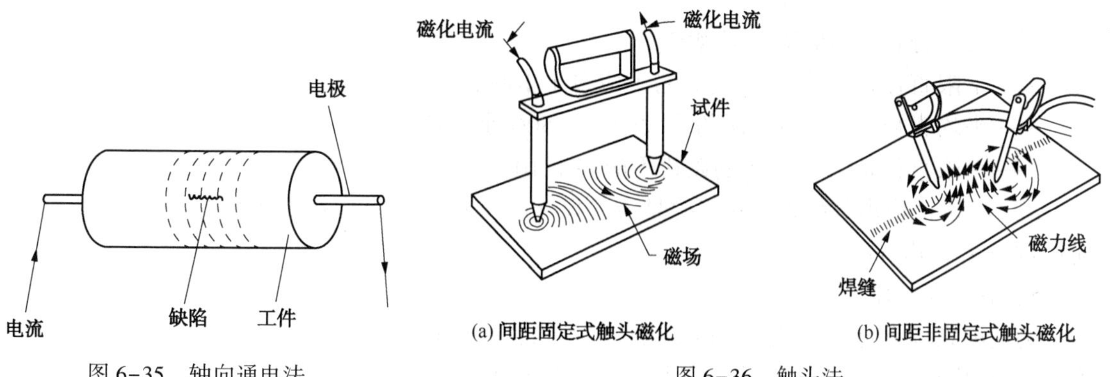

(a) 间距固定式触头磁化　　(b) 间距非固定式触头磁化

图6-35　轴向通电法　　图6-36　触头法

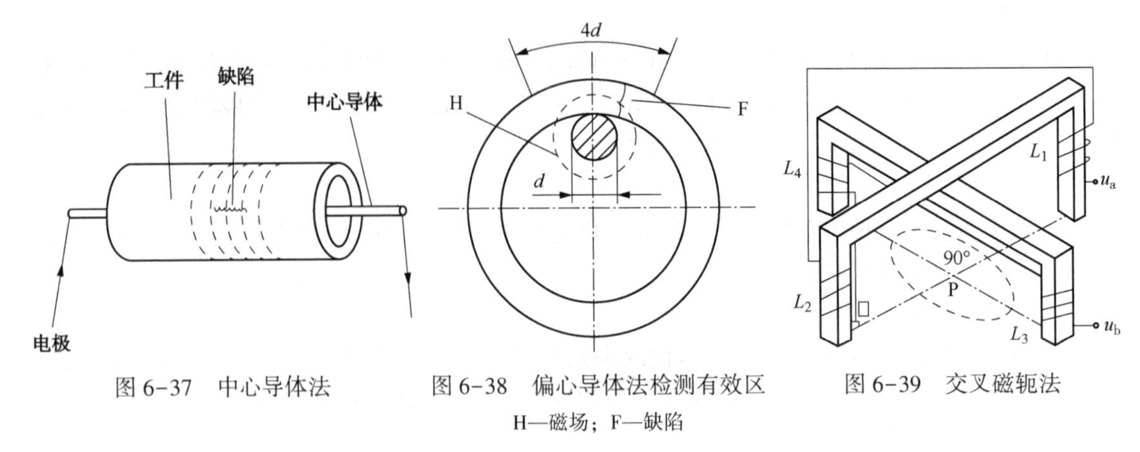

图 6-37　中心导体法　　图 6-38　偏心导体法检测有效区

H—磁场；F—缺陷

图 6-39　交叉磁轭法

4）磁粉

在磁粉检测中，磁粉的质量将影响检验的灵敏度，磁粉应具有高磁导率、低矫顽力和低剩磁，非荧光磁粉应与被检工件表面颜色有较高的对比度。磁粉粒度和性能等其他要求应符合《无损检测 磁粉检测用材料》(JB/T 6063—2006)[96]的规定。

检测方法所用磁粉包括干粉及磁悬液。干法所用的干磁粉分为彩色和(或)荧光磁粉。按颜色不同，可分为黑磁粉、红磁粉、白磁粉、荧光磁粉。其颜色与工件表面颜色区别越大越好。当对设备的内表面进行磁粉检测时，应使用荧光磁粉。

磁悬液应由彩色磁粉或荧光磁粉加入适宜的载液构成，搅拌时应呈均匀的悬浮状。磁悬液可由所购的浓缩状产品(包括磁膏和干磁粉)配制，或是直接可使用的。配制磁悬液时应采用水或低黏度油基载体作为分散媒介。若以水为载体时，应加入适当的防锈剂和表面活性剂，必要时添加消泡剂。油基载体的运动黏度在38℃时小于或等于3.0mm^2/s，最低使用温度下小于或等于5.0mm^2/s，闪点不低于94℃，且无荧光、无活性和无异味。磁悬液浓度应根据磁粉种类、粒度、施加方法和被检工件表面状态等因素来确定。一般情况下，磁悬液浓度范围应符合表6-10的规定。测定前应对磁悬液进行充分搅拌。

表 6-10　磁悬液浓度

磁粉类型	配制浓度/(g/L)	沉淀浓度(含固体量)/(mL/100mL)
非荧光磁粉	10~25	1.2~2.4
荧光磁粉	0.5~3.0	0.1~0.4

磁粉尺寸分布范围应按如下规定：

——下限直径 d_1：小于 d_1 的磁粉不应多于10%；

——平均直径 d_a：50%的磁粉应大于 d_a，50%小于 d_a；

——上限直径 d_u：大于 d_u 的磁粉不应多于10%。

d_1、d_a 和 d_u 应出具报告。对于磁悬液，尺寸应在 $d_1 \geq 1.5\mu m$ 和 $d_u \leq 40\mu m$ 范围内；干磁粉通常为 $d_1 \geq 40\mu m$。

5）灵敏度试片

为使漏磁场有足够的吸附磁粉能力，必须根据经验选择磁化规范(磁化电流、磁感应强度)。工作中产生的磁感应强度不但与磁化电流有关，还与工件的导磁率、尺寸、形状和材质有关，所以要选择一个最佳的磁化规范比较困难，为此，国内外开发了用于磁粉检测的灵敏度试片。使用它可以正确确定工件的磁化电流，衡量磁粉检测灵敏度，判断检测仪器性能的好坏以及检测方法是否正确。《承压设备无损检测 第4部分：磁粉检测》(NB/T 47013.4—2015)[79]中磁粉检测灵敏度试片有 A_1 型、C 型、D 型和 M_1 型，其类型、规格和图形见表6-11。A_1 型、C 型和 D 型标准试片应符合《无损检测 磁粉检测用试片》(GB/T 23807—2009)[97]的规定。

表6-11 标准试片的类型、规格和图形

类型	规格：缺陷槽深/试片厚度/μm		图形和尺寸/mm
A_1 型	A_1：7/50	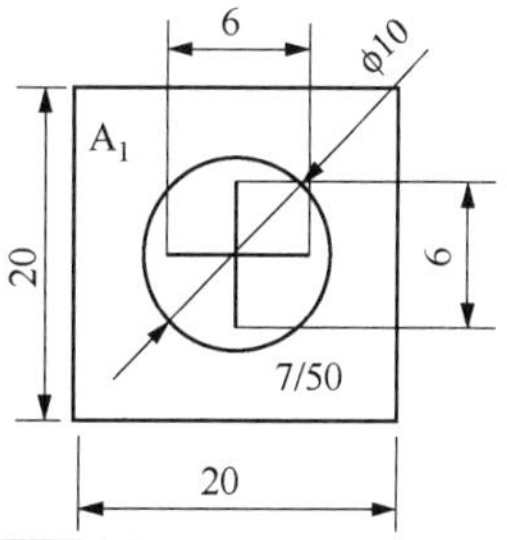	A_1 6 φ10 6 20 7/50 20
	A_1：15/50		
	A_1：30/50		
	A_1：15/100		
	A_1：30/100		
	A_1：60/100		
C 型	C：8/50	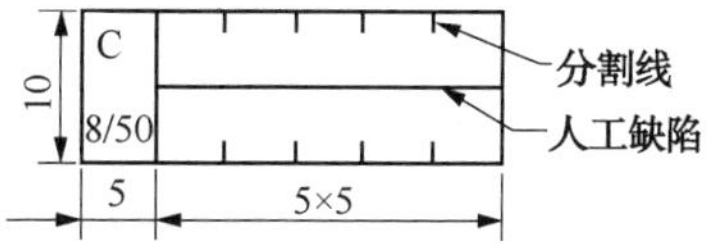	C 10 8/50 分割线 人工缺陷 5 5×5
	C：15/50		
D 型	D：7/50		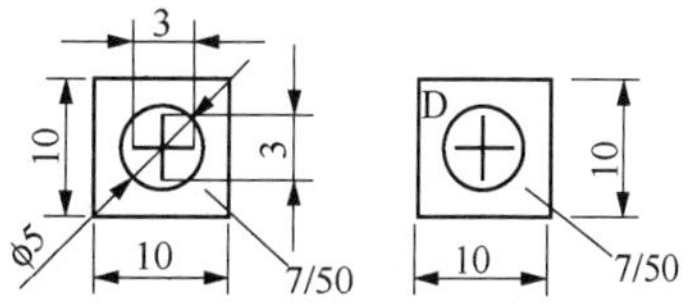 3 10 3 φ5 10 7/50 D 10 10 7/50
	D：15/50		
M_1 型	φ12	7/50	M_1 20 7/50 20
	φ9	15/50	
	φ6	30/50	

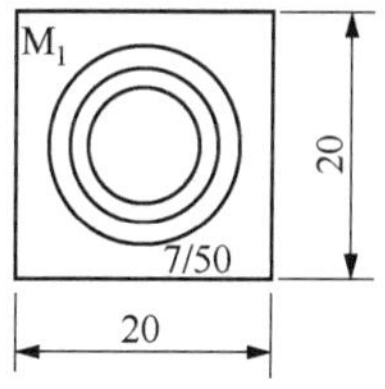

注：C 型标准试片可剪成5个小试片分别使用。

磁粉检测时一般应选用 A_1：30/100 型标准试片。当检测焊缝坡口等狭小部位，由于尺寸关系，A_1 型标准试片使用不便时，可选用 C：15/50 型标准试片。为了更准确地推断出被检工件表面的磁化状态，当用户需要或技术文件有规定时，可选用 D 型或 M_1 型标准试片。

标准试片适用于连续磁化法，其使用要求如下：

① 标准试片表面有锈蚀、褶折或磁特性发生改变时不得继续使用；

② 试片使用前，应用溶剂清洗防锈油，如果工件表面贴试片处凹凸不平，应打磨平，并除去油污。

③ 使用时，应将试片无人工缺陷的面朝外，并保持与被检工件有良好的接触。为使试片与被检面接触良好，可用透明胶带或其他合适的方法将其平整粘贴在被检面上，并注意胶带不能覆盖试片上的人工缺陷；

④ 试片使用后，可用溶剂清洗并擦干，干燥后涂上防锈油，放回原装片袋保存；

⑤ 标准试片使用时，所采用的磁粉检测技术和工艺规程，应与实际应用的一致。

6）磁场指示器

磁场指示器是一种用于表示被检工件表面磁场方向、有效检测区以及磁化方法是否正确的一种粗略的校验工具，但不能作为磁场强度及其分布的定量指示。其几何尺寸见图 6-40。

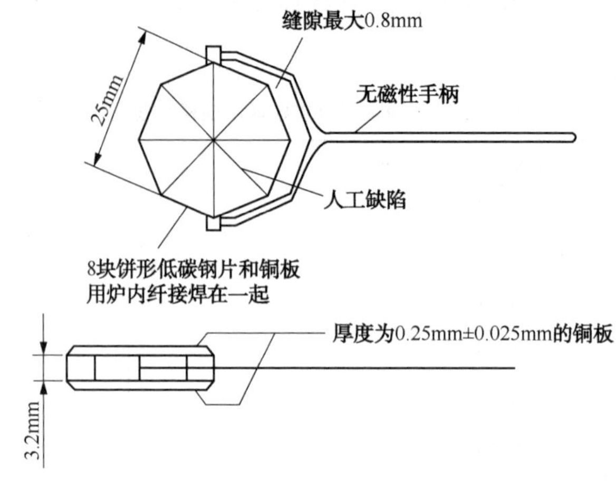

图 6-40　磁场指示器

7）检测程序与要求

（1）检测前的准备

调整和校验检测仪的灵敏度，清除被探件表面的油污、铁锈、氧化皮等。

（2）磁化

首先应确定磁化电流的种类与方向。一般干法用直流电，湿法用交流电效果较好。应尽可能使磁场方向与缺陷分布方向垂直。在焊缝磁粉检测中，为得到较高的探测灵敏度，通常在被探件上至少进行两个近似相互垂直方面的磁化。

（3）喷撒磁粉或磁悬液

采用干法检验时，应将干粉喷成雾状；湿法检验时，磁悬液应充分搅拌后喷撒。

（4）对磁痕进行观察与评定

用 2~10 倍的放大镜观察磁痕。若发现有裂纹、成排气孔或超标的线形或圆形显示，均判为不合格。必须返修或补焊。

（5）退磁

工件经磁粉检测后所留下的剩磁会影响安装在其周围的仪表、罗盘等计量装置的精度；或者吸引铁屑增加磨损；有时工件中的强剩磁场会干扰焊接过程，引起电弧的偏吹；或影响以后进行磁粉检测。使工件的剩磁回零的过程叫退磁。当工件进行两个以上方向的磁化后，若后道工序不能克服前道工序剩磁影响时，应进行退磁处理。如果工件在检测后需经热处理，则剩磁会自行消失，该工件就不需要退磁。

8）磁痕检测评定

磁痕评定时除能确认磁痕是由于工件局部磁性不均或操作不当之外，其他一切磁痕显示均作为缺陷磁痕处理。

磁痕分类方法如下：

（1）长度与宽度之比大于 3 的缺陷磁痕，按线性缺陷处理；

（2）长度与宽度之比小于 3 的缺陷磁痕，按圆性缺陷处理；

（3）长度小于 0.5mm 的磁痕不计。

（4）两条或两条以上缺陷磁痕在同一直线上且间距小于或等于 2mm 时，接一条缺陷处理；其长度为两条缺陷之和加间距。

所有磁痕的尺寸、数量和产生部位均应记录，并图示。磁痕的永久性记录可采用胶带法、照相法以及其他适当的方法。

承压设备不允许任何裂纹显示；紧固件和轴类零件不允许任何横向缺陷显示。焊接接头的质量分级按表 6-12 进行。

表 6-12　焊接接头的质量分级

等级	线性缺陷磁痕	圆形缺陷磁痕（评定框尺寸为 35mm×100mm）
Ⅰ	$l \leqslant 1.5$	$d \leqslant 2.0$，且在评定框内不大于 1 个
Ⅱ	大于Ⅰ级	

注：l 表示线性缺陷磁痕长度，mm；d 表示圆形缺陷磁痕长径，mm。

6.4.5　渗透检测

1）基本原理

渗透检测（PT）是在被检材料或工件表面上浸涂某些渗透力比较强的液体，利用液体对微细孔隙的渗透作用，将液体渗入孔隙中，然后用水和清洗液清洗材料或工件表面的剩余渗透液，最后再用显示材料喷涂在被检工件表面，经毛细管作用，将孔隙中的渗透液吸出来并加以显示。渗透检测中不同液体向固体孔隙中的渗透能力，称为液体的渗透力。渗透力的强度将明显影响检出缺陷的能力。一般可检测出 0.5μm 的微裂纹，最小可检测出 0.2μm 的微裂纹。

2）渗透检测特点

渗透检测的优点包括：

（1）工作原理简单易懂，对操作者技术水平要求不高。

（2）可用于多种材料的表面检测，基本不受工件几何形状和尺寸大小的限制，特别适合某些表面无损检测方法难以工作的非铁磁性金属材料和非金属材料工件。

（3）缺陷的显示不受缺陷方向的限制，即一次检测可同时探测不同方向的表面缺陷。

（4）检测用设备简单、成本低廉、使用方便。

其局限性主要有：

（1）只能检测开口式表面缺陷，如裂纹、气孔、分层、夹杂物、折叠、熔合不良、泄漏等。

（2）工序比较多，探伤灵敏度受人为因素的影响比较多。

（3）化学试剂易燃、易挥发，有些对人体有害。

（4）对工件和材料的表面粗糙度有一定要求，因为表面过于粗糙及多孔材料和工件上的剩余渗透液很难完全清除，以致使真假缺陷难以判断。

3）适用范围

液体渗透检测包括荧光检测和着色渗透检测方法。渗透检测可以检测工件表面开口如裂纹、气孔、分层、夹杂物、折叠、熔合不良、泄漏等缺陷。它不受材料磁性的限制，可应用于除表面多孔材料外的各种金属、非金属、磁性、非磁性材料。

4）检测方法

渗透检测材料有着色检测液和荧光检测液两大类，每类分别由渗透剂、乳化剂、清洗剂和显像剂等组成。这些渗透检测法的显像方式又分干式、湿式、速干式三种，根据生产的要求进行选择。

（1）荧光检测

荧光检测是将待查工件表面涂以荧光粉渗透液，荧光粉液的渗透力很强，若工件表面有裂纹等缺陷，则粉液将渗入缺陷内，然后在检测的表面撒上一层氧化镁粉末进行显影，最后在暗室中用紫外线灯照射工件，如图 6-41 所示，在紫外线作用下，留在缺陷处的荧光物质发出明亮的荧光。缺陷是裂纹时，它们就会以明亮的曲折线条出现，如图 6-42 所示。

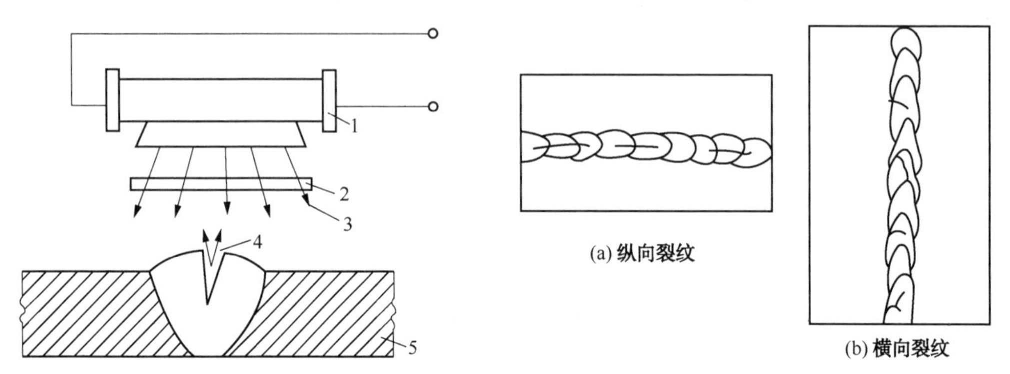

图 6-41　荧光检测工作原理

1—荧光灯（紫外线灯）；2—滤光片（氧化镍玻璃）；3—紫外线；4—荧光物质；5—工件

(a) 纵向裂纹

(b) 横向裂纹

图 6-42　荧光检测显示的裂纹

由于荧光检测的荧光发光油液不够理想，很难检查出极其细微的缺陷，此外，影响灵敏度的因素较多，如检测前工件的净化程度、激发光源的功率、荧光物质的发光度、渗透性和发光颜色等致使灵敏度不高，使得此方法应用不够广泛。

（2）着色检测

着色检测的检测原理与荧光相同，利用红色的着色渗透液对狭窄缝隙良好的渗透性进行检测。经过渗透清洗，显示处理以后，显示放大了的检测显示痕迹，用目视法对缺陷的性质和尺寸作出适当的评价。着色检测不需紫外光源照射和不需在暗室观察，它比荧光检测法方便，应用也更为广泛。具体操作步骤见图 6-43。着色剂是由染料和矿物油组成，显像剂通常是由氧化锌、氧化镁、高岭土粉末和火棉胶液组成。

(a) 渗透　(b) 清洗　(c) 显像　(d) 观察

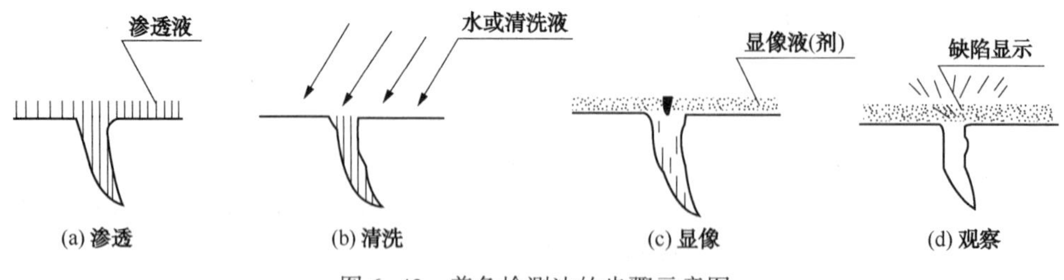

图 6-43　着色检测法的步骤示意图

（3）渗透检测操作的基本程序

渗透检测包括：预处理→施加渗透剂→去除多余的渗透剂→干燥处理→施加显像剂→观察及评定→后处理。

5）检测结果评定和质量分级

（1）检测结果评定

显示分为相关显示、非相关显示和伪显示。非相关显示和伪显示不必记录和评定。相关显示的评定如下：

① 小于0.5mm的显示不计，其他任何相关显示均应作为缺陷处理。

② 长度与宽度之比大于3的相关显示，按线性缺陷处理；长度与宽度之比小于或等于3的相关显示，按圆形缺陷处理。

③ 相关显示在长轴方向与工件（轴类或管类）的轴线或母线的夹角大于或等于30°时，按横向缺陷处理，其他按纵向缺陷处理。

④ 两条或两条以上线性相关显示在同一条直线上且间距不大于2mm时，按一条缺陷处理，其长度为两条相关显示之和加间距。

（2）质量分级

不允许任何裂纹。紧固件和轴类零件不允许任何横向缺陷显示。

焊接接头的质量分级按表6-13进行。

表6-13 焊接接头的质量分级

等级	线性缺陷	圆形缺陷（评定框尺寸为35mm×100mm）
Ⅰ	$l \leq 1.5$	$d \leq 2.0$，且在评定框内不大于1个
Ⅱ	大于Ⅰ级	

注：l表示线性缺陷显示长度，mm；d表示圆形缺陷显示在任何方向上的最大尺寸，mm。

6.4.6 衍射时差法超声检测

1）检测原理

衍射时差法超声检测，简称TOFD，是近年来被广泛认可的一种超声波检测新工艺，它利用从工件内部缺陷（如裂纹）的端角或端点处发出的衍射波来检测缺陷。当超声波作用于一条长裂纹缺陷时，在裂纹缝隙产生衍射，另外在裂纹表面还会产生反射。TOFD就是利用声束在裂纹两个端点或端角产生的衍射波来对缺陷进行定位定量的。TOFD检测具有自动化程度高、检测速度快以及显示结果直观等特点，对于判定缺陷的真实性和准确定量十分有效，解决了大厚壁工件射线检测困难的问题，在核电、建筑、化工、石化等行业得到应用，并在一定范围内有取代射线检测的趋势。

TOFD检测采用一发一收的探头对工作模式，利用缺陷端点的衍射波信号探测和测定缺陷。其扫描方式包括A扫描和D扫描，A扫描以波形图形式显示缺陷，当超声波束由一个高阻抗的介质传播到一个低阻抗介质中时，在界面经过反射后波束相位发生改变，如果波束在遇到界面前是负向周期则在界面反射后转变为正向周期，如果两个衍射信号的相位相反，则在两个信号间一定存在一个连续不间断的缺陷。因此识别相位变化对于评定缺陷尺寸非常重要；D扫描则是以图像形式显示缺陷。TOFD检测原理如图6-44所示（图中阴影部分为焊缝），当超声波遇到诸如裂纹等缺陷时，将在缺陷尖端产生衍射波，探头探测到不同声程和位置的衍射波，根据两个端点衍射波的位置和距离可以得到缺陷的高度和深度。纵波声速大于横波声速，在显示屏上反射纵波会比反射横波先到，从而避免了横波的干扰，所以TOFD是利用纵波来实现缺陷检测的。TOFD检测中使用的是纵波探头，并成对配置[98]。

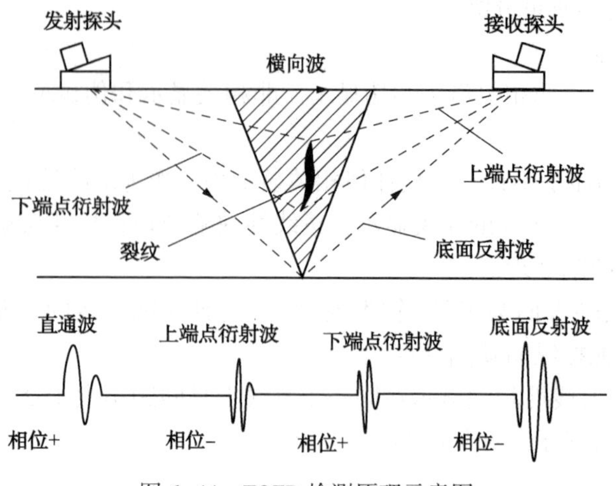

图 6-44　TOFD 检测原理示意图

当缺陷位于表面时(即开口缺陷)，则横向波(缺陷位于上表面)或底面反射波(缺陷位于下表面)将被中断，图 6-45 给出了横向波被中断情况。此时，只有一个尖端衍射波。

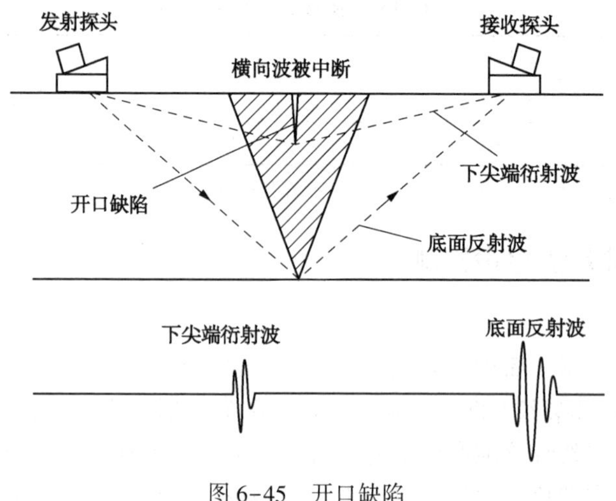

图 6-45　开口缺陷

2）适用范围

适用于所有金属材料制承压设备的检测，包括用原材料、零部件和焊接接头的检测，也适用设备的在役检测。

3）技术特点

与其他检测方法相比 TOFD 检测的优点如下：

（1）缺陷检出率高，并可对缺陷的深度和自身高度进行精确测量。

（2）检测精度高，误差小于 1mm，对裂纹和未熔合缺陷高度测量误差通常只有零点几毫米。

（3）TOFD 检测简单快捷，最常用的非平行扫查只需一人即可操作，探头只需沿焊缝两侧移动即可，不需做锯齿扫查，检测效率高，操作成本低。

（4）TOFD 检测系统配有自动或半自动扫查装置，信号可通过处理转换成 TOFD 图像，图像信息量比 A 扫描大得多。高性能数字处理器能够全程记录信号，长久保存数据，并能够大批量处理信号。

（5）除检测外，TOFD 还可用于缺陷扩展的监控，是有效且能够精确测量出裂纹增长的方式之一。

（6）根据衍射信号传播时差确定衍射点位置，缺陷定量定位不依靠信号振幅。缺陷衍射信号与角度无关，检测可靠性和精度不受角度影响。

TOFD 检测的局限性主要有：

（1）近表面存在盲区，对该区域检测可靠性不够。

（2）对缺陷定性比较困难，横向缺陷检出比较困难。

（3）对图像判读需要丰富经验。

4）检测设备和器材

检测设备包括仪器、探头、扫查装置和附件，附件是实现设备检测功能所需的其他物件，器材包括试块和藕合剂等。

（1）检测设备

① 仪器和探头应符合其相应的产品标准规定，具有产品质量合格证明文件。仪器合格证明文件中至少应给出预热时间、低电压报警或低电压自动关机电压、发射脉冲重复频率、有效输出阻抗、发射脉冲电压、发射脉冲宽度（采用方波脉冲作为发射脉冲的）以及接收电路频带等主要性能参数；探头产品质量合格证中至少应给出中心频率、电阻抗或静电容、相对脉冲回波灵敏度和频带相对宽度等主要性能参数。

② 探头通常采用两个分离的宽带窄脉冲纵波斜入射探头，一发一收相对放置组成探头对固定于扫查装置。在能证明具有所需的检测和测量能力情况下，也可使用其他型式的探头，如相控阵探头、横波探头或电磁超声探头等。

③ 检测仪器和探头的组合性能包括水平线性、垂直线性、灵敏度余量、组合频率、-12dB声束扩散角和信噪比。

（2）扫查装置

扫查装置一般包括探头夹持部分、驱动部分和导向部分，并安装位置传感器。探头夹持部分应能调整和设置探头中心间距，在扫查时保持探头相对位置不变。导向部分应能在扫查时使探头运动轨迹与拟扫查线保持一致。驱动部分可以采用马达或人工驱动。位置传感器的分辨率和精度应符合本部分的工艺要求。

耦合剂采用有效且适用于被检工件的介质。选用的藕合剂应在工艺规程规定的温度范围内保证稳定可靠。

标准试块的选择参照超声波检测部分。

对比试块可采用无焊缝的板材、管材或锻件，也可采用焊接件；其声学性能应与工件相同或相似，外形尺寸应能代表工件的特征和满足扫查装置的扫查要求，对比试块中的反射体采用机加工方式，按相应型号试块图样制作加工，对比试块应满足规定的尺寸精度要求并提供相应的证明文件。

5）检测方法

（1）检测程序

TOFD 检测程序如下：

根据工艺规程和检测对象的检测要求编制操作指导书→选择和确定检测工艺参数→被检测工件准备→检测系统性能检查→检测→检测系统复核→数据评定→检测记录→检测报告。

（2）检测区域

检测区域由其高度和宽度表征，检测区域高度为工件焊接接头的厚度；检测区域宽度为焊缝本身及焊缝熔合线两侧各 10mm。若对于已发现缺陷部位进行复检或已确定的重点部位，检测区域可缩减至相应部位。

(3) 扫查方式

常见的扫查方式包括非平行扫查、偏置非平行扫查、平行扫查和斜向扫查四种。非平行扫查是探头运动方向与声束方向垂直的扫查方式，一般指探头对称布置于焊缝中心线两侧沿焊缝长度方向(X 轴)运动的扫查方式，见图 6-46(a)；偏置非平行扫查是探头对称中心与焊缝中心线保持一定偏移距离的非平行扫查方式，见图 6-46(b)；平行扫查是探头运动方向与声束方向平行的扫查方式，一般指探头沿 Y 轴运动的扫查方式，见图 6-46(c)；斜向扫查是探头沿 X 轴方向运动，且探头对连线与焊缝中心线成 30°~60°夹角的扫查方式，见图 6-46(d)。

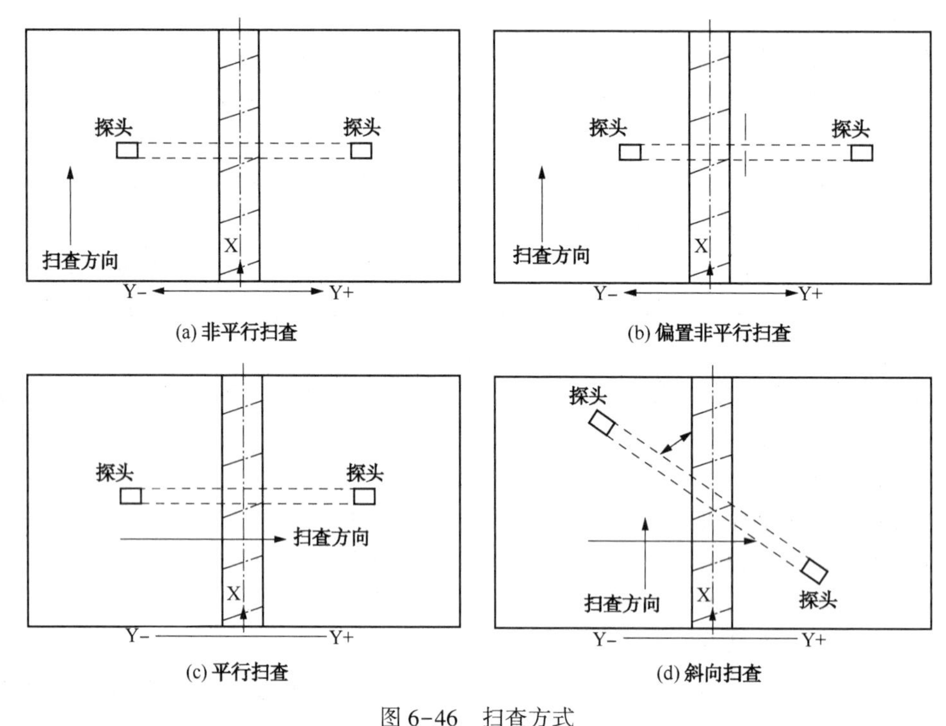

图 6-46　扫查方式

TOFD 检测技术等级分为 A、B、C 三个级别。

当检测技术等级为 A 级或 B 级时，一般情况下宜选择外表面作为扫查面；弧面和非平面对接接头的扫查面选择应考虑盲区高度的大小；扫查面的选择还应考虑有足够的操作实施空间；当检测技术等级为 C 级时，应重新选取试块进行验证。

一般采用非平行扫查作为基本扫查方式，用于缺陷的快速探测以及缺陷长度、缺陷自身高度的测定，可大致测定缺陷深度。当非平行扫查的初始底面盲区高度较大或探头声束不能有效覆盖检测区域时，可对相应检测区域增加偏置非平行扫查。当需要检测焊接接头中的横向缺陷时，可采用斜向扫查。在满足检测目的前提下，根据需要的不同，也可采用其他适合的扫查方式。在采用多种初始扫查方式时，应合理安排扫查次序并在操作指导书中注明。

6) 相关显示和非相关显示

相关显示是 TOFD 图像中，由缺陷引起的显示；非相关显示是 TOFD 图像中，由于工件结构(例如焊缝余高或根部)或者材料冶金成分的偏差(例如铁素体基材和奥氏体覆盖层的界面)引起的显示为非相关显示。

(1) 相关显示

相关显示分为表面开口型缺陷显示和埋藏型缺陷显示。

表面开口型缺陷显示可细分为如下三类：

① 扫查面开口型：该类型通常显示为直通波的减弱、消失或变形，仅可观察到一个端点(缺陷下端点)产生的衍射信号，且与直通波同相位；

② 底面开口型：该类型通常显示为底面反射波的减弱、消失、延迟或变形，仅可观察到一个端点(缺陷上端点)产生的衍射信号，且与直通波反相位；

③ 穿透型：该类型显示为直通波和底面反射波同时减弱或消失，可沿壁厚方向产生多处衍射信号。

数据分析时，应注意与直通波和底面反射波最近的缺陷信号的相位，初步判断缺陷的上、下端点是否隐藏于表面盲区或在工件表面。

埋藏型缺陷显示可细分为如下三类：

① 点状显示：该类型显示为双曲线弧状，且与拟合弧形光标重合，无可测量长度和高度；

② 线状显示：该类型显示为细长状，无可测量高度；

③ 条状显示：该类型显示为长条状，可见上、下两端产生的衍射信号。

埋藏型缺陷显示一般不影响直通波或底面反射波的信号。

(2) 非相关显示

① 对于表面开口型缺陷显示、线状和条状埋藏型缺陷显示，至少应测定缺陷的位置、缺陷长度、缺陷深度以及缺陷自身高度，必要时还应测定缺陷偏离焊缝中心线的位置；

② 对于埋藏型点状显示，当某区域内数量较多时，应予以记录；

③ 对于非相关显示，应记录其位置。

7) 缺陷的位置及缺陷长度测定

(1) 缺陷的位置

根据非平行扫查或偏置非平行扫查得到的 TOFD 图像确定缺陷在 X 轴的位置。

一般使用拟合弧形光标法确定缺陷沿 X 轴方向的前、后端点位置：

① 对于点状显示，可采用拟合弧形光标与相关显示重合时所代表的焊缝方向上位置数值；

② 对于其他显示，应分别测定其前、后端点位置。可采用拟合弧形光标与相关显示端点重合时所显示的焊缝方向上位置数值。

可采用聚焦探头改善缺陷位置的测定精度。缺陷长度根据缺陷前、后端点在 X 轴的位置计算而得，见图 6-47 中的 l。

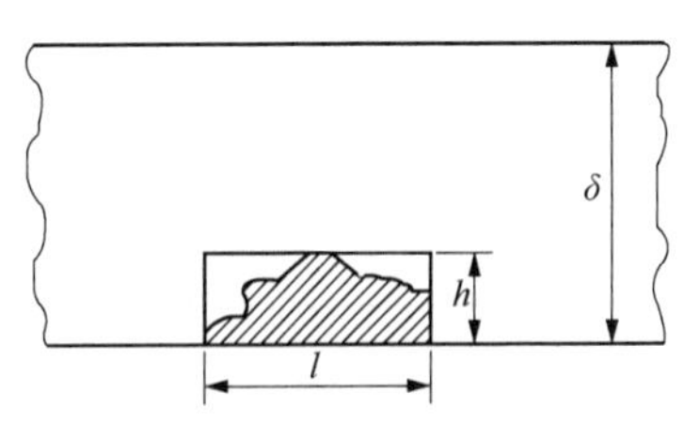

图 6-47　表面开口型缺陷尺寸

h—表面缺陷自身高度；l—表面缺陷长度；δ—工件厚度

(2) 缺陷深度测定

表面开口型缺陷显示：

① 扫查面开口型和穿透型：缺陷深度为 0；

② 底面开口型：缺陷上端点与扫查面间的距离为缺陷深度。

埋藏型缺陷显示：

① 点状显示：采用拟合弧形光标与点状显示重合时所显示的深度值；

② 线状显示和条状显示：其上端点与扫查面间的距离为缺陷深度。

在平行扫查的 TOFD 显示中，缺陷距扫查面最近处的上端点所反映的深度为缺陷深度的精确值。

(3) 缺陷自身高度测定

对于表面开口型缺陷显示：缺陷自身高度为表面与缺陷上(或下)端点间最大距离。若为穿透型，缺陷自身高度为工件厚度。对于埋藏型条状缺陷显示，缺陷自身高度见图 6-47 中 h。

(4) 缺陷偏离焊缝中心线位置的测定

在非平行扫查和偏置非平行扫查得到的 TOFD 图像中，无法确定缺陷偏离焊缝中心线的距离，应采用脉冲反射法超声检测或其他有效方法进行测定。

在平行扫查得到的 TOFD 图像中，缺陷上端点距扫查面最近处所反映的 Y 轴位置为缺陷偏离焊缝中心线的位置。

8) 缺陷评定与质量分级

(1) 不允许危害性表面开口缺陷的存在。

(2) 如检测人员可判断缺陷类型为裂纹、坡口未熔合等危害性缺陷时，评为Ⅲ级。

(3) 相邻两个或多个缺陷显示(非点状)，其在 X 轴方向间距小于其中较小的缺陷长度且在 Z 轴方向间距小于其中较小的缺陷自身高度时，应作为一条缺陷处理，该缺陷深度、缺陷长度及缺陷自身高度按如下原则确定：

① 缺陷深度：以两缺陷深度较小值作为单个缺陷深度；

② 缺陷长度：两缺陷在 X 轴投影上的前、后端点间距离；

③ 缺陷自身高度：若两缺陷在 X 轴投影无重叠，以其中较大的缺陷自身高度作为单个缺陷自身高度；若两缺陷在 X 轴投影有重叠，则以两缺陷自身高度之和作为单个缺陷自身高度(间距计入)。

(4) 点状显示的质量分级要求如下：

① 点状显示用评定区进行质量分级评定，评定区为一个与焊缝平行的矩形截面，其沿 X 轴方向的长度为 100mm，沿 Z 轴方向的高度为工件厚度。

② 在评定区内或与评定区边界线相切的缺陷均应划入评定区内，按表 6-14 的规定评定焊接接头的质量级别。

③ 对于密集型点状显示，按条状显示处理。

表 6-14　各级别允许的点状显示的个数

等级	工件厚度 δ/mm	个数
Ⅰ	12~400	δ×0.5，最大为 130
Ⅱ	12~400	δ×0.8，最大为 200
Ⅲ	12~400	超过Ⅱ级者

6.4.7　涡流检测及脉冲涡流检测

1) 检测原理

涡流检测(ET)的基本原理为：当载有交变电流的检测线圈靠近导电材料时，由于线圈磁场的作用，材料中会感生出涡流。涡流的大小、相位及流动形式受到材料导电性能的影响，而涡流产生的反作用磁场又使检测线圈的阻抗发生变化，因此，通过测定检测线圈阻抗的变化，可以得到被检材料有无缺陷的结论，涡流检测原理图见图 6-48，示意图见图 6-49。假定一次电流的振幅不变，线圈和金属工件之间的距离也保持固定，涡流和涡流磁场的强度和分布就由金属工件的材质所决定。即合成磁场中包含了金属工件的电导率、磁导率、裂纹缺陷等信息。只要从线圈中检测出有关信息，例如从电导率的差别就能得到纯金属的杂质含量、时效铝合金的热处理状态等信息，这是利用涡流方法检测金属或合金材质的基本原理。当激励信号为一定占空比的方波时，称为脉冲涡流检测(PET)。涡流(脉冲涡流)检测只适用于能够产生涡流的导电材料，由于涡流是电磁感应产生的，在检测时不必要求线圈与被检材料紧密接触，也不必在线圈和工件之间充填藕合剂，容易实现自动化检测。

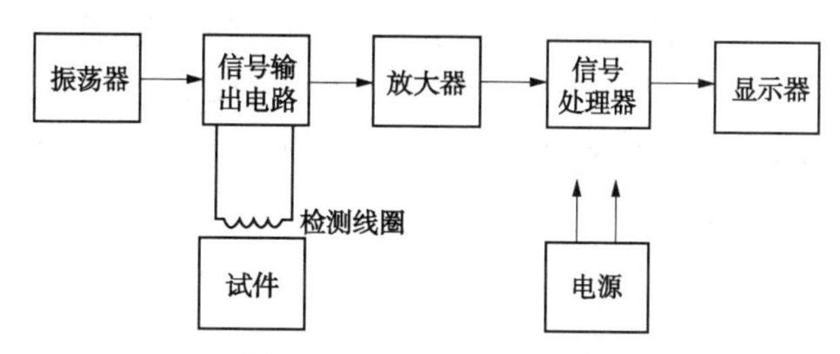

图 6-48　涡流检测原理图

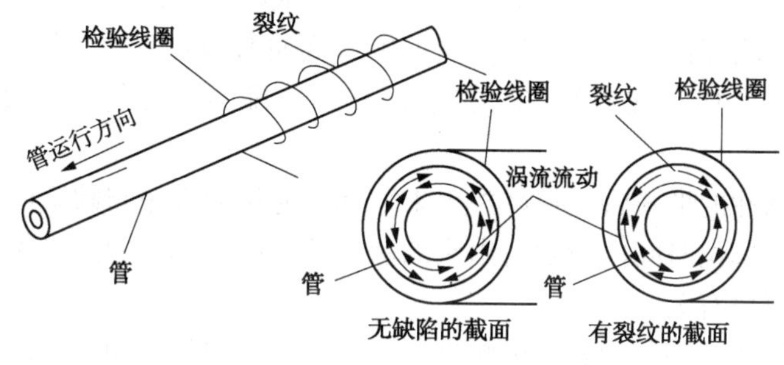

图 6-49　涡流检测示意图

对工件中涡流产生影响的因素主要有：电导率、磁导率、缺陷、工件的形状与尺寸以及线圈与工件之间的距离等。涡流检测可以对材料和工件进行电导率测定、检测、厚度测量以及尺寸和形状检查等。

涡流检测适用于导电性金属材料的在制和在用承压设备，如管道、零部件、焊接接头表面及近表面缺陷的涡流检测；适用于金属基体表面覆盖层厚度的磁性法和涡流法测量。

脉冲涡流检测适用于在不拆除覆盖层的情况下对在用承压设备用碳钢、低合金钢等铁磁性材料由于腐蚀、冲蚀或机械损伤造成的均匀壁厚减薄的检测方法及评价准则。

2）涡流检测的特点

涡流检测的优点主要有：对导电材料的表面或近表面缺陷检侧有良好的灵敏度；适用范围广，能对导电材料的缺陷和其他因素的影响提供检测的可能性；在一定条件下可提供裂纹深度的信息；不需要藕合剂；对管、棒、线材等便于实现高速、高效率的自动化检测；适用于高温及薄壁管、细线、内孔表面等其他检测方法比较难以进行的特殊场合下的检测。

其缺点包括：只限于导电材料；只限于材料表面和近表面缺陷的检测；干扰因素多，需要特殊的信号处理；对形状复杂的工件进行全面检测时效率很低；检测时难于判断缺陷的种类和形状。

3）适用范围

只适用于导电材料，并且只限于材料表面和近表面缺陷的检测。

4）检测过程及结果评定

（1）检测

检验前，应对被检件表面情况进行确认，包括涂层类型及厚度、焊缝表面几何形状及表面状态，确保满足检测要求。整个检测过程中，尽可能地使探头移动速度恒定平稳。扫查时应注意检测方向与预计缺陷的走向垂直，同时应控制探头角度。最大扫查速度视所用仪器和选择的参数而定，一般不超过 50mm/s。

（2）检测结果评定与处理

不可接受信号定义为被检测工件正常信号显示区域之外出现的异常信号显示。一旦发现不可接受的信号，应对该区域进行进一步的检查。不可接受信号区域可采用磁粉检测或渗透检测进行验证检测。可采用超声检测或衍射时差法超声检测来确定缺陷的深度和方向。

6.4.8 新型检测技术

1）声发射检测

物体内部存在缺陷时，便在物体中造成不连续状态，而使缺陷周围的应变能较高，在外力作用下，缺陷部位所承受的应力高度集中，因而使缺陷部位的能量也进一步集中。当外力达到某一数值时，缺陷部位比无缺陷部位先发生微观屈服或变形，使该部位应力得到松弛，多余的能量释放出来，成为波动能（应力波或声波），即为声发射，再通过声换能器接收，从而检查出发声的地点。

缺陷通常是以脉冲的形式将能量释放出来。释放能量的大小与缺陷的微观结构特点以及外力的大小有关。而单位时间内所发射出来的脉冲数目既与释放的能量大小有关，也与释放能量的微观过程的速率有关。

声发射的每个脉冲，都包含着一个频谱，这个频谱所包括的频率范围很大，可以从几十 Hz 到几十 MHz（已观测到的最高声发射频率是 30MHz）。用电子仪器检测发射出来的声波，加以处理，以探测缺陷发生、发展规律，或寻找缺陷位置的技术称为声发射技术。

声发射技术与上述超声波检测不同，超声波检测所检测的缺陷是静态的。而声发射无损检测则是动态无损检测。这种检测方法不但能了解缺陷的目前状态，而且能够了解缺陷的形成过程和实际使用条件下发展和扩大的趋势。

引起声发射的微观结构尺寸越小，或者释放能量的微观过程所进行的速率越快，则所产生的声发射频率越高。因此，测量声发射的能量分布情况及声发射总数或声发射频率，就能判断声发射源（缺陷或潜在缺陷）的微观结构特点及材料的声发射规律。

声发射检测对象必须是处于动态中的缺陷，如正在产生和扩展中的裂纹等。而对于处于静态的气孔、夹渣和未焊透等缺陷是不能检测的，声发射适用于承载条件下的监控和检测。在制承压设备的声发射检测需要在加压过程中进行，一般在进行耐压试验的同时进行，试验压力为耐压试验压力。

图 6-50 给出了在制承压设备的加压程序。声发射检测应在达到承压设备设计压力（或公称压力/额定工作压力）的 50%前开始进行，并至少在压力分布达到设计压力 P_D 和最高试验压力 P_{T1} 时进行保压。如果声发射数据指示可能有活性缺陷存在或不确定，应从设计压力

开始进行第二次加压检测，第二次加压检测的最高试验压力 P_{T2} 应不超过第一次加压的最高试验压力，建议 P_{T2} 为 97%P_{T1}。

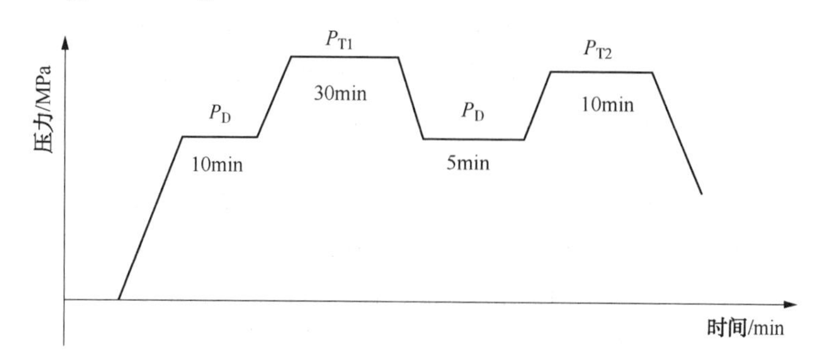

图 6-50　在制承压设备的加压程序

2）全息照相检测

全息照相技术是 20 世纪 60 年代发展起来的一种新技术，是激光的一种重要应用。用这种技术能够得到被摄物体的空间像。在 60 年代后期，开始应用到无损检测工作中。全息检测技术包括激光全息照相、X 光全息照相和声学全息照相等。全息照相就是在照相时，把物体波的振幅和相位同时记录下来。其方法是，使物体波(物体反射波或物体透射波)同另外一参考波在照相底版上交叠在一起，产生干涉。于是在照相底版上产生干涉条纹，经显影和定影之后，便得到全息照相图，这个过程称为“造图”。这种全息图是干涉条纹，而不是物像。将全息图用参考光束照射，就能使物像重现，这个过程称为“建像”。能够查知工件表层缺陷和内部缺陷的立体情况。

全息照相检测过程首先摄取物体在不受力状态下的全息图，这时物体内部缺陷并不在表面上表现出异常情况。第二步是摄取物体受力状态下的全息图，这时物体由于受力，它的表面发生位移，于是第二个全息图上的干涉条纹与第一个相比就发生了移动。第三步是将两个全息图一同在激光的照射下建像。每一个全息图都显示出物体光波的原来波阵面，由于两个波阵面都保持了它们原来的振幅和相位，所以两个波阵面相遇时将发生干涉，此时除了显示原来的物体全息像外，还产生了较粗大的干涉条纹。条纹间距就表示物体受力变形时表面位移的大小。当物体内部无缺陷时，这种条纹的间距和形状是连续的，与物体的外形轮廓的变化是同步调的。反之，如果工件内部存在缺陷，则由于物体受力时，内部缺陷对应的表面发生的位移与无缺陷部位不同，建像时，在干涉条纹的波纹图上，对应于有缺陷的局部区域，就出现波纹不连续的突然的形状和间距变化，从而判定内部有缺陷存在。图 6-51 所示为激光全息检测聚四氟乙烯铝胶合板局部开脱的全息图。这种探测技术的依据是，物体内部缺陷在外力作用下，使它们所对应的表面产生与周围不同的微差位移。

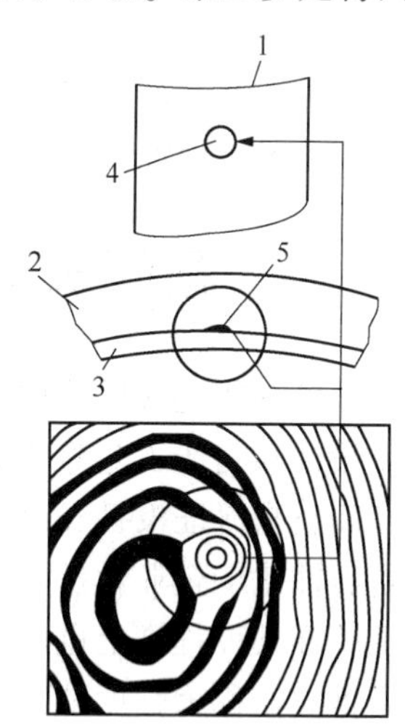

图 6-51　激光全息检测胶合板开脱的全息图

1—聚四氟乙烯铝胶合板；2—聚四氟乙烯；3—铝；4—缺陷位置；5—缺陷

3）高能射线和中子检测

（1）高能射线检测

当用普通 X 射线和 γ 射线检测时，因其能量低、穿透力差，不能满足大厚度工件的检测要求。采用加速器后，可产生高能射线，对较厚钢铁工件(如300~500mm)进行检测，可以得到满意的结果。直线加速器是高能X射线检测中应用最多、效果较好的一种设备。直线加速器有以下优点：a. 加速器机头尺寸较小，适宜各方向运动，可用于大型工件的射线检测；b. 效率高，射线输出剂量大[可达6000拉特/(min·m)，透照厚度可达500mm]；c. 焦点直径小，有较高的检测灵敏度(焦点直径可达1mm，灵敏度达1%)。这种加速器已在一些大型工厂开始应用。

(2) 热中子检测

中子检测中较为成熟和实际应用较多的主要是热中子检测，其他能区的中子检测还处于研究阶段。热中子检测是根据各种物质对热中子吸收能力不同的原理进行的。图6-52为热中子检测示意图，它包括中子源、慢化剂、准直器；被透视工件和像探测器等几部分。检测时，中子源发射的快中子，经慢化剂充分慢化后变成热中子，热中子通过准直器限制热中子束的发散角，使之成为束照射并透过被检验的工件，在像探测器上把被透视工件的内部情况记录下来。

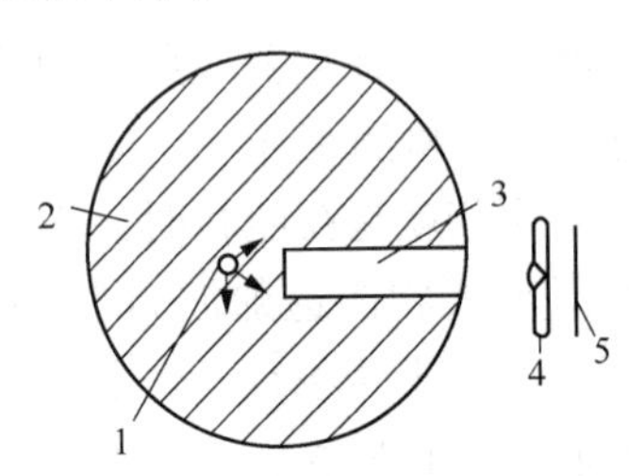

图6-52　热中子检测示意图
1—中子源；2—慢化剂；3—准直器；4—工件；5—像探测器

中子检测设备目前采用X光胶片法、径迹腐蚀法和中子电视系统等三种方法记录或表达中子照相后的物体影像。

① X光胶片法：中子直接与X光胶片作用效果很差，要通过一种转换屏才对X光胶片产生作用。转换屏的作用在于中子对它作用后，放出α、X或γ射线，利用放出的这三种射线再对X光胶片作用。

② 径迹腐蚀法：此法不用转换屏和X光胶片，只用云母片、玻璃和塑料作记录材料。因为这些电介质材料被中子作用后，形成辐射损伤。通过某种化学腐蚀剂进行腐蚀，就显示出中子作用的径迹，从而得出被透视物体内部有无缺陷。

③ 中子电视系统：这种方法是用6Li-Zn(Ag)闪烁体作荧光屏，通过正析显像管的电视系统来显示。由于荧光屏的亮度较低，故灵敏度较低。如果结合像增强器，可以大大提高灵敏度。对于检验高反差的物体，中子电视系统的检验速度为5m/min；分辨率为0.5mm。中子电视系统的显像法，可避免辐射线对人体伤害。

6.5　耐压试验和泄漏试验

设备制造完成后的耐压试验和泄漏试验是设备整体强度和密封性的试验，即对设备选材、设计和制造工艺等的综合性检验。其检验结果不仅是产品合格和等级划分的关键数据之一，而且是保证设备安全运行的重要依据。耐压试验与泄漏试验是设备制造厂的最终工序，也是石油化工企业设备购进时的必检项目及检修开车前维修规程的要求。虽然水压试验和气压试验在某种程度上也具有气密性检验的性质，但其主要目的仍然是强度检验，因而习惯上还是把它们称为强度试验。

制造完工的设备应按图样规定进行耐压试验(液压试验或气压试验)或增加泄漏试验。

耐压试验和泄漏试验时，如采用压力表测量试验压力，则应使用两个量程相同的、并经检定合格的压力表。压力表的量程应为1.5~3倍的试验压力，宜为试验压力的2倍。压力表的精度不得低于1.6级，表盘直径不得小于100mm。设备的开孔补强圈应在试验前以0.4~0.5MPa的压缩空气检查焊接接头质量。

6.5.1 耐压试验

耐压试验分为液压试验、气压试验以及气液组合压力试验，应按设计文件规定的方法进行耐压试验。耐压试验前，设备各连接部位的紧固件应装配齐全，并紧固妥当；为进行耐压试验而装配的临时受压元件，应采取适当的措施，保证其安全性。试验用压力表应安装在被试验容器安放位置的顶部。耐压试验保压期间不得采用连续加压以维持试验压力不变，试验过程中不得带压拧紧紧固件或对受压元件施加外力。耐压试验后所进行的返修，如返修深度大于壁厚一半的设备，应重新进行耐压试验。2 个(或 2 个以上)压力室组成的多腔容器的耐压试验，应符合 GB 150.1—2011 中 4.6.1.7 和设计文件的要求。带夹套容器应先进行内筒耐压试验，合格后再焊夹套，然后再进行夹套内的耐压试验。外压设备和真空设备以内压进行压力试验。

1）液压试验

（1）试验要求

试验液体一般采用水，试验合格后应立即将水排净吹干；无法完全排净吹干时，对奥氏体不锈钢制设备，应控制水的氯离子含量不超过 25mg/L。需要时，也可采用不会导致发生危险的其他试验液体，但试验时液体的温度应低于其闪点或沸点，并有可靠的安全措施。

Q345R、Q370R、07MnMoVR 制设备进行液压试验时，液体温度不得低于 5℃；其他碳钢和低合金钢制设备进行液压试验时，液体温度不得低于 15℃；低温设备液压试验的液体温度应不低于壳体材料和焊接接头的冲击试验温度(取其高者)加 20℃。如果由于板厚等因素造成材料无塑性转变温度升高，则需相应提高试验温度。当有试验数据支持时，可使用较低温度液体进行试验，但试验时应保证试验温度(设备器壁金属温度)比设备器壁金属无塑性转变温度至少高 30℃。

（2）试验压力

根据 GB150，内压设备液压试验的试验压力：

$$p_t = 1.25p\frac{[\sigma]}{[\sigma]^t} \tag{6-2}$$

式中 p_t——试验压力，MPa；

p——设计压力，MPa；

$[\sigma]$——设备元件材料在试验温度下的许用应力，MPa；

$[\sigma]^t$——设备元件材料在设计温度下的许用应力，MPa。

设备各主要受压元件，如圆筒、封头、接管、设备法兰(或人手孔法兰)及其紧固件等所用材料不同时，应取各元件材料的$[\sigma]/[\sigma]^t$比值中最小者；$[\sigma]^t$不应低于材料受抗拉强度和屈服强度控制的许用应力最小值。

外压和真空设备液压试验的试验压力：

$$p_t = 1.25p \tag{6-3}$$

压力试验前应按有关规定进行应力校核。

（3）试验程序和步骤

① 试验时设备顶部应设排气口，充液时设备内的气体应当排净并充满液体，试验过程中，应保持设备观察表面的干燥；

② 当试验设备器壁金属温度与液体温度接近时，方可缓慢升压至设计压力，确认无泄

漏后继续升压至规定的试验压力，保压时间一般不少于 30min；然后降至设计压力，保压足够时间进行检查，检查期间压力应保持不变。

液压试验的合格标准：试验过程中，容器无渗漏，无可见的变形和异常声响。

液压试验完毕后，应将液体排尽并用压缩空气将内部吹干。

2）气压试验和气液组合压力试验

（1）试验要求

试验所用气体应为干燥洁净的空气、氮气或其他惰性气体；试验液体与液压试验的规定相同。气压试验和气液组合压力试验应有安全措施，试验单位的安全管理部门应当派人进行现场监督。

试验温度与液压试验规定相同。

（2）试验压力

根据 GB 150—2011，内压设备气压试验和气液组合压力试验的试验压力：

$$p_t = 1.1p\frac{[\sigma]}{[\sigma]^t} \tag{6-4}$$

外压和真空设备气压试验和气液组合压力试验压力：

$$p_t = 1.1p \tag{6-5}$$

式中符号规定及要求与液压试验同。

（3）试验程序和步骤

试验时应先缓慢升压至规定试验压力的 10%，保压 5min，并且对所有焊接接头和连接部位进行初次检查；确认无泄漏后，再继续升压至规定试验压力的 50%；如无异常现象，其后按规定试验压力的 10%逐级升压，直到试验压力，保压 10min；然后降至设计压力，保压足够时间进行检查，检查期间压力应保持不变。

气压试验和气液组合压力试验的合格标准如下：

对于气压试验，设备无异常声响，经肥皂液或其他检漏液检查无漏气，无可见变形；对于气液组合压力试验，应保持设备外壁干燥，经检查无液体泄漏后，再以肥皂液或其他检漏液检查无漏气，无异常声响，无可见的变形。

6.5.2 泄漏试验

过程设备的密封性是保证设备安全运行的重要依据，过程设备需经耐压试验合格后方可进行泄漏试验。泄漏试验包括气密性试验、氨检漏试验、卤素检漏试验和氦检漏试验，泄漏试验通常采用《承压设备无损检测 第 8 部分：泄漏检测》（NB/T 47013.12—2012）[83] 所规定的方法进行。

1）气密性试验

介质的毒性程度为极度或高度危害的容器，应在压力试验合格后进行气密性试验。需作气密性试验时，试验压力、试验介质和检验要求应在图样上注明。

试验时压力应缓慢上升，达到规定试验压力后保压 10min，然后降至设计压力，对所有焊接接头和连接部位进行泄漏检查。小型容器亦可浸入水中检查。如有泄漏，修补后重新进行液压试验和气密性试验。

2）卤素二极管泄漏检测技术

卤素二极管泄漏检测技术是采用卤素二极管探测技术进行泄漏检测的方法，先进的电子卤素检漏仪具有较高的灵敏度，能探测到一个密封体或分隔两个不同压力腔的隔板上极小漏孔泄漏的卤素气流，是用于检测和确定泄漏位置的一种半定量方法，不能做为定量分析方法。

3）氦质谱仪泄漏检测

氦质谱仪泄漏检测包括：吸枪技术、示踪探头技术和护罩技术检测。

吸枪技术是使用氦质谱仪检测承压部件泄漏的微量示踪氦气的方法，具有很高的灵敏度，能探测到一个密封体或分隔两个不同压力腔隔板上极小漏孔泄漏的氦气流，或者检测出存在于任何混合气体中的氦气，是半定量方法，不能做为定量分析方法。

示踪探头技术是使用氦质谱仪检测抽空工件中的微量示踪氦气泄漏的方法，具有很高的灵敏度，能探测到一个密封体或分隔两个不同压力腔的隔板上极小漏孔泄漏的氦气流，是用于检测和确定泄漏位置的半定量方法，不能做为定量分析方法。

护罩技术是使用氦质谱仪检测并测量抽空承压部件中氦气泄漏的方法，这种氦质谱泄漏检测技术有很高的灵敏度，能探测到一个密封体或分隔两个不同压力腔的隔板上极小漏孔泄漏的氦气流，是定量的测量方法，用以确定泄漏位置并测量泄漏量。

4）氨泄漏检测技术

氨泄漏检测技术是利用氨的渗透性来检测充氨工件泄漏的方法，具有较高的灵敏度，能探测出从一些微小开口较高压力一侧向低压一侧渗透的氨气，并确定泄漏的位置，是半定量的检测方法，用以检测泄漏并确定其位置。

5）压力变化泄漏检测技术

压力变化泄漏检测技术是测定密封承压设备部件或系统在特定的压力或真空条件下的泄漏率的方法，是一种定量的检测方法。

7　设备热处理

7.1　设备热处理概述

热处理是提高材料力学性能、物理和化学性能，节约材料，充分发挥材料潜力，延长设备服役寿命的有力措施[99]。随着设备的大型化，其厚度也越来越大，焊接加工后更容易产生残余应力及淬硬倾向；高强度、耐腐蚀材质的使用也需要解决其焊接后出现的各种问题；过程设备操作介质的复杂性也对焊接接头提出了更高的要求，对过程设备进行热处理，改善力学性能，消除可能产生的焊接缺陷便尤为重要，设备热处理也越来越被重视。绝大多数的热处理是把材料或设备加热到一定温度，在此温度下适当保持，然后以一定速度冷却，以使其改变组织和性能的工艺过程。

7.1.1　设备热处理目的

1）改变焊接接头的组织和性能，降低残余应力

焊接接头由于不均匀受热、组织转变、受到母材的约束、冷却速度快等原因，残余应力的峰值可以达到很高的程度。尤其是有色金属以及合金含量高的钢材，焊接性能更差，更容易产生焊接缺陷，淬硬倾向增加；随着金属厚度的增加，焊缝也越深，焊缝冷却后收缩的倾向越大，残余应力越高。消除残余应力一直是焊后热处理的主要目的之一。

2）恢复力学性能

过程设备零部件的成形，如筒节的卷制、封头的冲压与旋压等，在其塑性变形时会产生加工硬化现象，可通过热处理消除加工硬化，恢复材料的力学性能。通常采取消除应力退火或正火处理或正火加回火处理，一般以消除应力退火为主。

3）消氢处理

过程设备焊接时氢会溶入焊缝液态金属中，冷却后氢保留在焊缝中，使金属材料的塑性、韧性明显下降，对某些材料还会产生裂纹(氢致延时裂纹)，导致脆性破坏。焊接时氢可能来自于焊接材料吸收的水分。脆性破坏前容器的外观无任何可见的变形，其破坏具有突然性，且可能在低应力水平下发生，其后果危害性极大。氢导致焊接接头的开裂，往往是在焊后几小时或几天内发生。焊缝中的氢可通过热处理使其扩散出来。需进行消氢处理的设备，如焊后立即进行焊后热处理，则可免做消氢处理。

4）固溶处理

奥氏体不锈钢经焊后热处理虽然可以降低残余应力，但焊后热处理不当时，会加剧晶间腐蚀或 σ 相析出造成脆化，焊后热处理对奥氏体不锈钢安全使用性能的影响目前尚不清楚。对有抗应力腐蚀要求，或复合钢板基板要求一定要热处理时，应注意防止焊缝和母材中铬的碳化物 $Cr_{23}C_6$ 析出和形成 σ 相，有效的手段是进行固溶处理。该方法也适用于一些有色金属材料。

7.1.2 热处理范围

热处理操作消耗能源、增加成本和制造周期，只在必要时才进行。《压力容器》(GB 150—2011)[16]、《铝制焊接容器》(JB/T 4734—2002)[73]、《钛制焊接容器》(JB/T 4745—2002)[74]、《锆制压力容器》(NB/T 47011—2010)[27]以及《镍及镍合金制压力容器》(JB/T 4756—2006)[26]分别规定了钢材及复合钢板、铝、钛、锆、镍及镍合金过程设备的热处理范围。

1）成形受压元件的恢复性能热处理

材料卷板时卷板变形率超过本书3.2.2节规定的最小冷弯半径时需要进行恢复性能热处理。此外，对于盛装毒性为极度或高度危害介质的容器，或图样注明有应力腐蚀的设备均应进行热处理。

铝镁硅合金的热处理应根据材料的状态和力学性能要求进行固溶时效处理。

钛制设备当热成形的终压温度超过550℃并随后空冷时，可免于单独进行热处理。其他情况是否进行热处理由图样规定。

镍及镍合金材料在400℃以上成形或因需提高耐腐蚀性能时必须进行成形后热处理，纯镍与镍铜合金为退火处理，其他含铬或(和)铝的镍合金为固溶处理。

镍及镍合金为复层的复合钢板热成形(>400℃)为封头、筒体和其他成形件一般应热处理，热处理工艺应根据复层的晶间腐蚀要求、基层材料情况及承载要求等具体确定。复合板冷成形后一般不热处理，或按设计图样规定。

锆及锆合金材料圆筒与壳体的成形宜采用冷成形，必要时也可采用热成形。当冷成形变形率超过3%时应进行恢复性能热处理。

2）焊后热处理

(1) 钢制过程设备焊后热处理

承压设备厚度满足表7-1要求，或图样注明有应力腐蚀的容器，或用于盛装毒性为极度或高度危害介质的碳素钢、低合金钢制容器，或对于异种钢材之间的焊接接头，都应进行焊后热处理，焊后热处理应包括受压元件间及其与非受压元件的连接焊缝。当制定热处理技术要求时，除满足相应规定外，还应采取必要的措施，避免由于焊后热处理导致再热裂纹的产生。

(2) 铝制过程设备焊后热处理

铝制焊接设备一般不要求进行焊后热处理。

(3) 钛制过程设备焊后热处理

钛制设备一般不进行焊后热处理。有特殊要求时(如钛在使用介质条件下具有明显的应力腐蚀开裂敏感性时，或设备由钛钢复合板制成，而钢基层要求焊后热处理时)，则按图样规定进行。热处理应在焊修合格后和水压试验前进行。

(4) 镍及镍合金设备焊后热处理

镍及镍合金设备焊接后，如需提高耐晶间腐蚀性能，应按设计图样规定进行焊后热处理。对于管子与管板的连接焊缝，以及膨胀节的连接焊缝可以不进行焊后热处理。

镍钼合金焊制容器的壳体(筒体与封头)，当设计图样有要求时，应进行焊后固溶热处理。

镍及镍合金在许多腐蚀介质条件下都具有应力腐蚀敏感性，由于设备组焊后进行整台设备的消除应力退火处理较困难，而且消除应力退火处理的温度常与晶间腐蚀敏化温度重叠，使镍合金设备增大了晶间腐蚀敏感性，因此镍及镍合金设备一般不采用焊后消除应力退火处理的方法解决应力腐蚀问题，除非设计图样另有规定。

表 7-1　需进行焊后热处理的钢制设备焊接接头厚度

材　　料	焊接接头厚度
碳素钢、Q345R、Q370R、P265GH、P355GH、16Mn	>32mm >38mm(焊前预热 100℃以上)
07MnMoVR、07MnNiVDR、07MnNiMoDR、12MnNiVR、08MnNiMoVD、10Ni3MoVD	>32mm >38mm(焊前预热 100℃以上)
16MnDR、16MnD	>25mm
20MnMoD	>20mm(设计温度不低于-30℃的低温容器) 任意厚度(设计温度低于-30℃的低温容器)
15MnNiDR、15MnNiNbDR、09MnNiDR、09MnNiD	>20mm(设计温度不低于-45℃的低温容器) 任意厚度(设计温度低于-45℃的低温容器)
18MnMoNbR、13MnNiMoR、20MnMo、20MnMoNb、20MnNiMo	任意厚度
15CrMoR、14Cr1MoR、12Cr2Mo1R、12Cr1MoVR、12Cr2Mo1VR、15CrMo、14Cr1Mo、12Cr2Mo1、12Cr1MoV、12Cr2Mo1V、12Cr3Mo1V、1Cr5Mo	任意厚度
S11306、S11348	>10mm
08Ni3DR、08Ni3D	任意厚度

7.1.3 热处理工艺

设备热处理工艺包括热处理温度、保温时间、加热及冷却速度、装入和取出温度。另外，对保护气体，加热和保温中的温度梯度，局部热处理的加热范围，分段装炉热处理的重叠长度等也应做出明确规定。

拟定热处理工艺时，应考虑防止材料性质恶化、防止再热裂纹的产生、操作上有无问题、异种材料构成的设备是否适于热处理以及如何协调其热处理工艺上的矛盾等问题。

1）成形受压元件的恢复性能热处理工艺

经冷塑性变形加工的工件加热到再结晶温度以上，保持适当时间，通过再结晶使冷变形过程中产生的晶体学缺陷基本消失，重新形成均匀的等轴晶粒，以消除形变强化效应和残余应力的退火。

（1）钢材

一般钢材再结晶退火温度在 600～700℃，保温 1～3h 空冷，对含碳量<0.2%的普通碳钢，在冷变形时临界变形率若在 6%～15%范围，则再结晶退火后易出现粗晶，应避免在该范围内形变。

（2）铝材

成形后，纯铝退火加热温度可为 300～400℃，铝锰合金与铝镁合金退火加热温度可为 300～450℃，铝镁硅合金的热处理应根据材料的状态和力学性能要求进行固溶时效处理。

（3）钛材

钛制设备成形后的退火热处理温度应为 540～600℃，保温时间为 30min(TA10 为 1h)。热处理的加热温度与保温时间可根据具体情况有所调整。热处理时应控制加热炉气氛为微氧化性。

(4) 镍及镍合金材料

纯镍与镍铜合金为退火处理，纯镍的退火温度为700~925℃，镍铜合金的退火温度为650~980℃；其他含铬或(和)铝的镍合金为固溶处理，固溶处理温度为1000~1200℃。

(5) 锆及锆合金材料

除非图样另有要求，Zr-3一般可不要求进行焊后退火处理。Zr-5应要求在焊后14天内进行退火处理。热处理应在焊修合格后和水压试验前进行。

热处理工艺：

单层锆的封头、圆筒、壳体、弯管等构件成形后如需退火处理，退火温度可为510~620℃，保温时间不少于1h。当厚度超过25mm后，每增加25mm厚度，保温时间应增加0.5h。锆复合板成形后的过程设备构件如需热处理，热处理工艺应根据构件要求，同时考虑覆层和基层材料的因素来确定。

2) 焊后热处理工艺

(1) 钢制过程设备

根据《钢制化工容器制造技术要求》(HG/T 20584—2011)[48]，常用钢材的焊后热处理工艺见表7-2。

表7-2 焊后消除应力热处理

序号	钢种	推荐焊后消除应力热处理温度/℃	复合钢板焊后消除应力热处理温度/℃
1	低碳钢、Q345R、16MnDR、20MnMo	580~620	550
2	含钒低合金高强度钢，如Q370R、09Mn2VDR	530~580	530
3	18MnMoNbR、20MnMoNb、13MnNiMoR	600~650	590
4-1	细晶粒高强度钢、低温用低碳铝镇静钢	530~600	530
4-2	公称含镍量不大于3.5的镍钢	520~600	520
5	0.5Mo钢、0.5Cr-0.5Mo钢	630~670	590
6	1Cr-0.5Mo钢、1.25Cr-0.5Mo钢	630~670	600
7	2.25Cr-1Mo钢	680~720 (抗氢、耐蚀、高温强度)	675
		630~670 (高强度和一定韧性)	600 (调质高强度钢用)
		710~750 (软化)	700
8	5Cr-0.5Mo钢	710~750	700

注：1. 保温期间，受压元件各处温度与规定温度的偏差应为±25℃。

2. 序号4-1和序号4-2的焊后热处理温度应参照相应钢材标准推荐的温度和限制。表列数值为缺乏该资料时的一般温度范围。

3. 一般保温时间为20~30min。

(2) 铝制、钛制过程设备

铝制焊接设备、钛制焊接设备一般不进行焊后热处理。

(3) 镍及镍合金材料

NS111、NS112(或其相应牌号)焊制容器当设计温度高于538℃时，应进行焊后热处理。

可选择以下两种热处理工艺：

① 固溶处理。一般为1000～1070℃快冷。

② 稳定化处理，最低加热温度为885℃，当壁厚小于或等于25mm时保温1.5h，当壁厚大于25mm时保温时间为1.5h+1h/25mm。加热与冷却的速度由制造单位或协议确定。

镍铝合金焊制设备的壳体(筒体与封头)，当设计图样要求时，应进行焊后固溶热处理，NS322的焊件应加热到1040～1090℃至少保温1h，在壳体内侧与外侧同时喷淋水或浸水，在15min之内降到425℃以下。随炉热处理的焊接试样在500倍下金相观察，晶粒边界不出现连续的析出沉淀为合格。

7.2 炉内整体热处理

7.2.1 整体热处理概述

整体热处理是把材料或设备放在炉中整体加热和随后整体冷却，以改变其整体组织和性能的热处理工艺。属于整体热处理工艺的有退火、正火、淬火、回火、固溶时效等。退火主要用在设备成形或焊接后热处理，是应用最广的热处理工艺，其目的是均匀材料的化学成分，细化晶粒，消除应力，改善冷变形和切削加工性能，提高其强韧性等；正火主要用于电渣焊后焊缝及热影响区粗大晶粒的细化；固溶和时效主要用于沉淀硬化不锈钢和铝合金，以提高其强度和硬度。

整体热处理可以是炉内整体加热或设备内部加热方法。在可能的情况下，应优先采用炉内整体加热方法；当无法整体加热时，允许分段加热进行。分段热处理时，其重复加热长度应不小于1500mm，且相邻部分应采取保温措施，使温度梯度不致影响材料的组织和性能。

7.2.2 加热炉及温度控制

加热炉的种类和形式多样，一般可选用电加热、燃料气加热和液体燃料雾化加热等。炉内加热时由于炉膛体积有限，应注意不使被加热件产生过度氧化，火焰不能直接触及被加热件。被加热件入炉或出炉的温度不宜大于400℃，出炉后应在静止的空气中冷却；焊件升温至400℃后，加热范围内升温速度不超过5500/δ(℃/h，δ为焊件壳体最大厚度，单位为mm)，且不应超过220℃/h；焊件升温期间，加热范围内任意长度为4600mm范围内的温差不得大于140℃；焊件保温期间，加热范围内最高与最低温度之差不得大于80℃；升温和保温期间应控制加热范围内气氛，防止焊件表面过度氧化；焊件温度高于400℃时，加热范围内降温速度不超过7000/δ(℃/h，δ为焊件壳体最大厚度，单位为mm)，且不应超过280℃/h；焊件在高于400℃的加热与冷却过程中，加热与冷却速度不小于55℃/h，如不产生有害作用，可以降低加热与冷却速度。

1）测温点及其布置

为控制加热温度，加热炉内应布置相应的测温点。测温点应布置在焊件的温度容易变化部位、产品焊接试件和特定部位(如均温带边界、炉内每个加热区、炉门口、进风口、加热介质出口、烟道口、焊件壁厚突变处、分段加热的接合部以及加热介质流经途中的“死角”等)。

当热处理炉中有多于1台(件)焊件时，应在炉内顶部、中部和底部的焊件上设置测温点。

测温点应均布在焊件表面，相邻测温点的间距不超过4600mm，测温点应布置成正三角形排列，三角形顶点设置热电偶。

2）焊后热处理炉规定

焊后热处理炉应符合如下规定：

（1）不得使用煤或焦炭做燃料；

（2）采用程序控制器或计算机等自动化方式控制焊后热处理过程，炉内温度及升(降)温速度范围可以调控；

（3）炉内用于加热焊件的介质能够充分流动；

（4）在热处理过程中，炉内应适时保持正压；

（5）可以控制炉内加热区域气氛，防止焊件表面过度氧化；

（6）应配备温度测量、控温和报警系统，温度能够自动记录；

（7）至少应规定相应的技术要求，如额定装载量、炉内装载空间的尺寸、入炉装载规定、额定装载量时最大升温速度、额定装载量时最大降温速度、控温仪表准确度级别、测温仪表准确度级别等。

（8）应有产品说明书和操作手册。

7.2.3 整体热处理的膨胀及变形

整体热处理时热处理炉不允许填装太满，需留有设备高温热膨胀的余量。

由于过程设备的特点是尺寸大，质量大，刚度小，尤其是正火需要高温出炉，此时设备刚度更低，吊运过程中很容易变形，所以最好采用台车式加热炉，将设备放在台车上推入炉中进行加热。

随着温度的升高，材料的屈服极限降低，也更容易产生变形，尽管正确地执行了热处理工艺，设备仍有可能由于自重原因产生变形。特别是正火、稳定化退火、奥氏体化处理等高温情况下，设备刚度很低，更易由于自重作用而变形。

实践证明，180°鞍式支座能将变形减到最小程度。鞍式支座(半圆支承)由热强钢铸成。对于碳钢和低合金钢制设备，一方面加热温度在多数情况下并不太高(高温回火约650℃以下)，另一方面各个工件的直径和厚度很不一致，准备大量各种半径的鞍式支座在技术经济上很不合理。在这种情况下可以采用共点支承的梯形支座。实际上由于大量接管、人孔及其加强圈的加强作用，特别是塔盘支承圈之类的框式内部构件的加强作用，这种支座也能保证设备在600～650℃之下具有足够的刚度。但是高温热处理只能用180°鞍式支座支承，因为在高温下支承形式是变形的决定性因素。炉底应平整，需扫除氧化皮及其他杂物。各个鞍式支座要拉钢丝严格对正。相隔距离不得大于2～2.5m。设备与支座的圆弧面要贴合，其间隙要用耐火泥填满。设备上的丝孔要堵上石棉，避免直接接触高温的炉气，设备法兰上要加配对的法兰，并用螺栓联接好，以保护密封面。

7.3 局部热处理

局部热处理主要用于改善焊缝及热影响区的晶粒组织和性能，消除残余应力，也用于卷圆、弯曲及其他成形操作中。

7.3.1 局部热处理要求

局部热处理时，将设备划分为加热带、均温带和隔离带，根据《承压设备焊后热处理规程》(GB/T 30583—2014)[100]作如下解释。

加热带：局部焊后热处理时，为保证焊件获得规定的均温体积范围而实施加热的区域；

均温带：局部焊后热处理时，焊件达到规定温度的体积范围的表面区域，均温带包括焊缝区、熔合区、热影响区及其相邻母材；

隔热带：局部焊后热处理时，为防止焊件均温范围和加热范围散热而在其表面铺设绝热材料的区域。

局部焊后热处理时均温、加热和隔热范围如图 7-1 所示。必要时，在背面也要布置加热器和绝热材料。均温带的最小宽度为焊缝最大宽度两侧各加 δ_{PWHT}或 50mm，取两者较小值；在返修焊缝两端各加 δ_{PWHT}或 50mm，取两者较小值[100]。δ_{PWHT}为焊后热处理厚度，等厚度全焊透对接接头的 δ_{PWHT}为其焊缝厚度(不计余高)，此时 δ_{PWHT}与母材厚度相同。

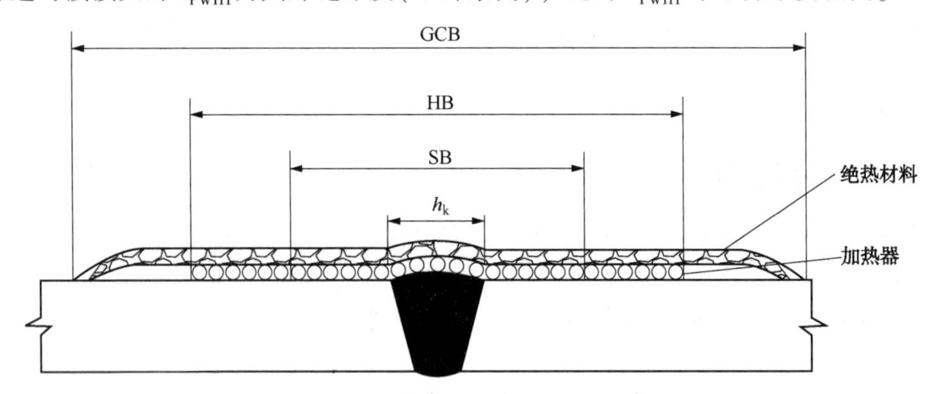

图 7-1　局部焊后热处理各带示意图

h_k—焊缝最大宽度；SB—均温带宽度；HB—加热带宽度；GCB—隔热带宽度

筒体局部焊后热处理时，加热带应环绕包括均温带在内的筒体全圆周。如不产生有害的温度梯度，在离开均温带较远处，可减少加热带的宽度或降低其温度。较大截面半径的椭圆形封头、半球形封头和球壳板局部焊后热处理时，均温带呈圆形覆盖返修焊缝及周围，均温带边缘离返修焊缝边界至少为 δ_{PWHT}或 50mm，取两者较小值。加热带尺寸需足够大。均温带所示体积范围内任意一点温度都应符合焊后热处理的规定。加热带应保证均温带所示体积范围的温度值，隔热带则应保证热能效率，并防止产生有害的温度梯度。

7.3.2 局部热处理加热方式

1）气体燃烧加热

现在广泛使用可燃气体(天然气、炼厂气、煤气等)对金属局部进行气体火焰加热，以进行工件的局部热处理、焊缝的预热、后热或切割合金钢的预热；材料焊接和切割预热，都用移动式燃烧器，移动式燃烧器由气体燃烧器的引射混合器和将混合气体送向燃烧地点的管道组成，能把金属加热到 300～350℃。加热温度要求更高时，气体需在陶瓷燃烧室内燃烧。

2）红外线加热

利用远红外线(波长 0.7～20μm)辐射加热，可使金属表面层吸收辐射能而发热。这种方式没有火焰对金属表面的侵蚀作用，也没有环境污染，加热能量密度高，可达很高的加热速度，单面加热热处理的壁厚可达 150mm；加热器为板式结构，利用连接链条可在现场组装成适合工件形状和尺寸的炉体，又可对焊缝局部加热；占地面积小，操作简便。

3）感应加热

感应加热是中小型工件局部加热的最经济方便的办法，加热温度可达正火温度(900～950℃)，加热均匀，便于控制，适应性强。根据产品尺寸和热处理类型的不同，可以使用各种结构的感应线圈、不同的频率和不同结构的高频电流发生器。

7.4 内热式整体热处理

当制造厂因受热处理炉容积尺寸限制而不能对大型设备按要求进行炉内整体热处理时，可以采用内热式整体热处理。对于现场组装的超限设备，需根据具体情况决定采用焊缝局部热处理还是整体热处理。内热式整体热处理最具代表性的是球罐设备，球罐焊缝多，焊缝方向不一致，局部热处理操作十分不便，并且设备体积庞大，一般无法采用炉内整体热处理。本节以球罐为例介绍内热式整体热处理。

7.4.1 热处理加热方法

目前，国内外针对球罐等焊后内热式整体热处理的施工方法有电加热法、爆炸法、震动法、柴油内燃法、燃气法以及化学加热法等，而应用较为普遍和安全的主要为电加热法及内燃法(包括燃油和燃气)。

1）电加热法

电加热法整体热处理的优点是电能损耗不大，可将焊接接头加热到奥氏体化温度；该法容易实现工艺过程自动化，控制精度高，但是要消耗大量的电能，而施工现场又往往难以提供足够容量的电能，即使具备，在送电期间也会使其他大中型用电设备被迫停车，无形中影响了整个工程的施工进度，另一方面巨大的电能消耗会导致施工成本急剧增加，所以只适用于(400m^{3}以下)小型设备的热处理。

2）爆炸法

以炸药做能源，将炸药放在设备、管道一定位置上引爆，由水将能量传递到设备、管道上。其成本仅为普遍采用的内燃法成本的千分之一、生产周期的百分之一。

3）柴油内燃法

目前，使用燃料加热的方式以其处理周期短、施工方便、成本低、适应性好等优点而被普遍采用。燃油法优点是灵活性大，既可以对难以接近的焊接接头进行热处理，也可以在缺少电能的场合下进行热处理。其工艺原理是：将燃烧器置于设备内下人孔中央附近，以柴油为燃料，用压缩空气将柴油雾化点燃，加热设备，按照工艺要求使壳板温度以一定的速度均匀上升，达到一定的热处理温度，并根据需要保持一定的恒温时间，再以一定的降温速度均匀下降，降至环境温度即完成了热处理过程。该技术已被我国许多有实力的公司所掌握，并广泛应用于实际生产中，技术较为成熟。

4）电加热辅助燃油法

该法分两步进行，第一步采用燃油法(内燃法)使轻柴油点燃并雾化后，在设备内靠对流和辐射来加热壳体；第二步采用电加热法在设备内部下极板处适当地敷设电加热器，以有效地减小设备内部的温差，从而提高设备的热处理质量。该工艺适用于400m^3以上大型设备的焊后整体热处理施工。

5）燃气(液化气、天然气)法

燃气法是国外专业热处理公司现在普遍采用的方法，我国引进的5万吨/年丙烯腈装置中的反应器整体热处理也是采用该方法加热，燃气法在节能、环保，技术的先进性等方面都比燃油法有了很大进步，国内企业也在开始广泛应用中。

7.4.2 内热式热处理操作

内热式整体热处理是一个特殊过程，具有不可逆性的特点。对各方面的要求都比较高，就外部条件而言，必须选择良好的天气；必须保证电源供应。从内部条件来讲，必须做好整套热处理设备的预试验工作，确保各部位如供油(气)系统、供风系统、测温系统等运行正常，同时要准备好备品备件及机械仪表抢修工作。热处理还需要多工种紧密配合，分工明确，责任到人。

热处理前要完成所有准备工作，包括：

1）所有焊缝、预焊板与设备间焊缝及产品试板焊缝均已焊接完毕。

2）设备内外所有组装用工装、卡具、吊耳均已清除；焊缝打磨完毕；缺陷修补完毕。

3）焊缝的各项无损检测工作全部完成。

4）产品试板均匀布置在高温区，与壳体贴紧。

5）全部接管已用盲板封堵。

6）设备几何尺寸符合规范要求。

7）已采取防雨、防风、防火、防停电等措施。

根据《压力容器》(GB 150—2011)[16]和《承压设备产品焊接试件的力学性能检验》(NB/T 47016—2011)[57]对试样进行制备和试验，试验结果应符合标准规定的要求。

7.4.3 大型设备热处理问题分析

尽管整体内热式热处理可以使承压设备免受二次加热带来局部残余应力与残余变形影响，但对大型设备而言仍存在很多问题，相应标准也不够完善。

焊后热处理与焊接、无损检测等工艺不同，焊后热处理一次连续完成，热处理质量也随之确定，质量符合要求则热处理成功；质量不符合规定，则热处理失败。与焊接、无损检测不同，热处理失败后，很难有第二次重新再来的可能，也不存在“返修”的可能。焊后热处理是承压设备建造工艺最后一环，如果最后一道工艺失败，而且又不能返修，则以前所有劳动全部付诸东流，损失惨重。

热处理后除过烧、变形、表面裂纹等可以直接观察外，残余应力、硬度、金相组织和试件力学性能等都需要借助于仪器或专用手段进行检测。除外观检查外，几乎所有检验方法都具有局限性，难以评价总体效果。

焊后热处理的主要目的之一是消除残余应力。焊后热处理各工序中，大都与消除残余应力有非常密切的关系，因此当缺少焊后热处理经验造成若干工序不合格，但都可以通过验收，而给产品留下终身隐患。残余应力测定方法虽然很多，但能用于工程中的方法并不多，而且误差很大。

8 过程设备现代制造技术

我国的过程装备制造经历几十年的发展，已经形成比较完善的制造、检验、管理体系，但仍然存在创新度不强、能耗高、效率低、信息化水平低等问题。随着全球制造业的发展和环境面临的严峻挑战，装备制造技术的发展必须适应工艺和工程的发展趋势。

现代化的过程装备及控制工程，对于提高石油化学加工工业的国际竞争力，保障国家安全和相关高新技术产业的发展，对于过程装备与控制、装备诊断工程和现代控制工程等学科自身的发展都具有十分重要的意义。

《中国制造 2025》提出，坚持“创新驱动、质量为先、绿色发展、结构优化、人才为本”的基本方针，也明确了 9 项战略任务和重点：一是提高国家制造业创新能力；二是推进信息化与工业化深度融合；三是强化工业基础能力；四是加强质量品牌建设；五是全面推行绿色制造；六是大力推动重点领域突破发展，聚焦新一代信息技术产业、高档数控机床和机器人、航空航天装备、海洋工程装备及高技术船舶、先进轨道交通装备、节能与新能源汽车、电力装备、农机装备、新材料、生物医药及高性能医疗器械等十大重点领域；七是深入推进制造业结构调整；八是积极发展服务型制造和生产性服务业；九是提高制造业国际化发展水平。根据该方针，自动、创新、互联、绿色的现代制造是过程装备制造的发展方向。

8.1 现代制造的内涵及科学基础

8.1.1 现代制造的内涵

制造技术是使原材料成为产品而使用的一系列技术的总称。现代制造是在制造技术的基础上融入信息技术以及现代管理技术。即：

“信息技术+传统制造技术的发展+现代管理技术 = 现代制造技术”。

现代制造技术包含以下三个层次。

1）基础技术

包括精密下料、精密成形、精密加工、精密测量、毛坯强韧化、少(无)氧化热处理、气体保护焊及埋弧焊、功能性防护涂层等。

2）新型制造单元技术

在市场需求及新兴产业的带动下，制造技术与电子、信息、新材料、新能源、环境科学、系统工程、现代管理等高新技术结合而形成了崭新的数控与新制造单元技术。

3）现代制造集成技术

现代制造集成技术是应用信息、计算机和系统管理技术对上述两个层次技术进行局部或系统集成而形成的现代制造技术的高级阶段。如柔性制造系统(FMS)、计算机集成制造系统(CIMS)、智能制造系统(IMS)等。

这种体系结构强调了现代制造技术从基础制造技术、新型制造单元技术到现代制造集成技术的发展过程。

美国机械科学研究院(AMST)提出了一个由多层次技术群构成的体系如图 8-1 所示。

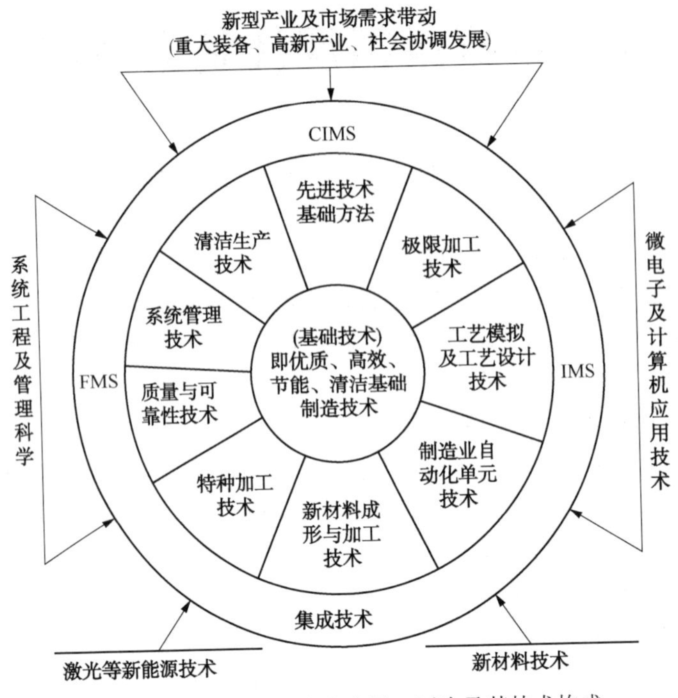

图 8-1 现代制造技术的内涵、层次及其技术构成

8.1.2 现代制造技术的科学基础

科学与技术的整体化趋势，自然科学与社会科学在更深层次上的广泛交叉，工程科学与技术的伟大作用，都为现代制造科学与技术的发展提供了框架。

现代制造已不仅仅是机械制造，它的基本特点是大制造、全过程、多学科[101]。现代制造科学是支撑和产生先进制造理论、方法和技术的基础，它涉及到制造系统和制造过程的理论和建模，制造信息和知识的获取、处理、传递和应用，制造模式和生产管理理论与方法，制造产品的现代设计理论和方法，制造过程及系统的测量、监控理论和方法以及制造自动化理论等。

制造技术的进一步向前发展，越来越多地依赖于基础科学的深化，依赖于不同领域、不同学科的发展，越来越多地吸收数学、物理、化学、生物、材料、信息、计算机、系统论、信息论、控制论等诸多学科的基本理论和最新成果。制造学科发展到今天已成为一门面向整个制造业，涵盖整个产品和制造系统生命周期及其各个环节的“大制造、大系统、大科学”，即现代制造科学，具有综合、交叉的特点。其中，制造机理、制造信息学、计算制造学、制造智能和制造系统的结构与建模等，构成了现代制造的新的科学基础。

1）制造信息学

制造信息学是研究与制造活动有关的信息、信息驱动、人类应用制造信息的机制以及制造信息体系结构的一门基础科学。制造信息的主要来源是知识，制造系统对信息的依赖也是对知识的依赖。制造经验、技能和知识的信息化，特别是制造活动中人的经验、技能、诀窍和知识的表达、获取、传递、变换和保真机制将是制造信息学的重要研究内容，也是制造系统及制造单元智能化的基础。

2）计算制造学

计算制造学是指利用计算机对制造过程和制造系统的表示、计算、推理和形式处理，包括制造中的几何表示、计算、优化和推理，研究制造过程中与建模、控制、规划和管理有关的计算问题及其复杂性问题分析。目的是使制造系统中的种种问题归结为计算机可形式化的计算模型，研究可计算性和复杂性。

计算制造的研究内容大体由定量计算、定性推理和信息融合三部分组成。计算制造着重研究制造过程中支持产品快速建模的计算方法和推理机制以及产品虚拟原型的建立。计算几何是计算制造的理论基础之一，与代数几何、组合几何、凸分析、优化和计算方法等学科有关，并与计算机科学与技术有紧密的联系、计算智能是计算制造的另一个重要的研究内容。计算智能是基于数值计算的智能方法，主要包括进化计算、神经网络与模糊系统等，其灵活性、通用性明显优于基于知识的人工智能技术。计算智能对提高制造系统和制造单元的智能化水平有着重大意义。

3）制造智能学

人工智能特别是计算智能在制造系统及其各环节的广泛应用，以及制造知识的获取、表示、存储和推理成为可能，导致出现了制造智能和制造技术的智能化。制造智能主要表现在智能调度、智能设计、智能加工、智能操作、机器人、智能控制、智能工艺规划、智能测量和诊断等多方面。基于制造智能的智能化制造系统是制造系统的发展方向，被称为21世纪的制造系统。

4）制造系统学

制造系统学主要研究制造系统的组成、体系结构，特别是复杂系统求解框架；根据现代系统理论，如信息论、系统论、耗散结构论、协同论、突变论以及非线性科学理论等，对系统从其要素、结构、功能、环境、变化发展等各方面进行综合、建模、仿真、设计和优化、系统的全局集成与全面创新等。例如现代制造对建模与仿真提出了新的要求，其系统模型具有多层次、多截面、多维、全息和多学科等特点。制造系统学研究的内容主要有：

（1）并行工程环境下制造系统的进化模型；

（2）开放式体系结构；

（3）复杂系统求解框架；

（4）多智能体间的协商和仲裁；

（5）虚拟企业与网络化制造；

（6）制造系统的仿真与虚拟原型。

8.2 自动化制造

8.2.1 自动化制造技术的定义、内涵

最初“自动化(Automation)”是美国人 D. S. Harder 于 1936 年提出的。当时他在通用汽车公司工作，他认为在一个生产过程中，机器之间的零件转移不用人去搬运就是“自动化”。这是早期制造自动化的概念。随着计算机的出现和广泛应用，自动化的概念已扩展为用机器(包括计算机)不仅代替人的体力劳动而且还代替或辅助脑力劳动，以自动地完成特定的作

业。今天，自动化制造已远远突破了上述传统的概念，具有更加宽广和深刻的内涵。制造自动化的广义内涵至少包括以下几点：

1）在形式方面，自动化代替人的体力劳动；代替或辅助人的脑力劳动；制造系统中人、机及整个系统的协调、管理、控制和优化。

2）在功能方面，制造自动化代替人的体力劳动或脑力劳动仅仅是制造自动化功能目标体系的一部分。制造自动化的功能目标是多方面的，已形成一个有机体系。

3）在范围方面，制造自动化不仅涉及到具体的生产制造过程，而且涉及产品生命周期的所有过程。

随着科学技术的进步，机械制造自动化技术也由最初的主要依靠机械结构加上继电器等组成的刚性自动化机床和生产线发展到现今依靠信息技术和先进的生产管理方法形成的高柔性化设备技术。

8.2.2 自动化制造技术的关键技术

实现21世纪自动化制造所涉及的关键技术主要有：

(1) 集成化技术；

(2) 智能化技术；

(3) 网络技术；

(4) 分布式并行处理技术；

(5) 多学科、多功能综合产品开发技术；

(6) 虚拟现实技术；

(7) 人机环境系统技术。

8.2.3 计算机集成制造

CIMS——计算机集成制造系统，是计算机控制的综合自动化制造系统。制造业的各种生产经营活动，从人的手工劳动变为采用机械的、自动化的设备，并进而采用计算机是一个大的飞跃；从计算机单机运行到集成运行是更大的一个飞跃。CIM是一种组织、管理与运行企业的生产哲理，其宗旨是使企业的产品高质量、低成本、上市快、服务好、环境清洁，使企业提高柔性、健壮性、敏捷性以适应市场变化，进而使企业赢得竞争。

1998年，我国制定的CIMS的定义：将信息技术、现代管理技术和制造技术相结合，并应用于企业产品全生命周期(从市场需求分析到最终报废处理)的各个阶段；通过信息集成、过程优化及资源优化，实现物流、信息流、价值流的集成和优化运行，达到人(组织、管理)，经营和技术三要素的集成，以加强企业新产品开发的时间(T)、质量(Q)、成本(C)、服务(S)、环境(E)，从而提高企业的市场应变能力和竞争能力。这实质上已将计算机集成制造发展到了现代集成制造。

CIMS系统由生产经营管理信息系统、工程设计自动化系统、制造自动化系统和质量保证系统四个功能分系统以及计算机通信网络和数据库两个支撑分系统组成，如图8-2所示。

CIMS系统下的过程设备制造业，已从典型的离散型设备制造业扩展到化工、冶金等连续或半连续制造业。实施CIMS的生命周期可分为五个阶段：①项目准备；②需求分析；③总体解决方案设计；④系统开发与实施；⑤运行及维护。

例如，反应设备的CIMS制造过程包括：设备制造厂分析用户(石油、化工企业)的使用

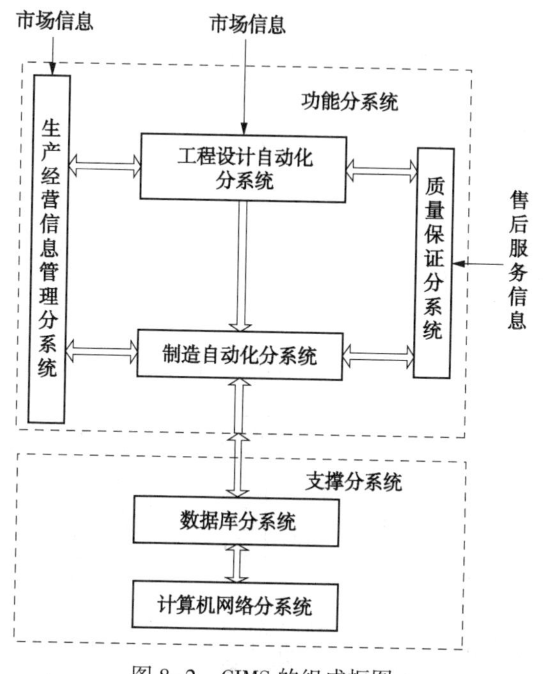

图 8-2　CIMS 的组成框图

需求(处理的介质、工作条件、有无特殊要求等)；工程设计及分析，形成材料需求信息、产品加工信息等；根据材料信息指导材料冶炼过程；采用自动化加工系统对材料进行加工及检测，得到合格产品；在使用过程中对设备进行在线监测，及时发现事故隐患，并进行维护。

8.2.4　典型的自动化制造系统

自动化制造系统(计算机集成制造系统)是由自动化程度不同的多个子系统的集成，如管理信息系统(MIS)、制造资源计划系统(MRPII)、计算机辅助设计系统(CAD)、计算机辅助工艺规划系统(CAPP)、计算机辅助制造系统(CAM)、柔性制造系统(FMS)以及数控机床(NC、CNC)、机器人等。

1) 柔性制造系统

(1) 柔性制造系统的概念

柔性制造系统(Flexible Manufacturing System，FMS)是为解决多品种、中小批量生产中生产效率低、周期长、成本高及质量差等问题而出现的。它是集数控技术、计算机技术、机器人技术及现代生产管理技术为一体的现代制造技术。随着社会经济的发展和科技水平的提高，柔性自动化制造技术得到了迅速的发展，FMS 的出现标志着装备制造业进入了一个新的发展阶段。

在过程设备制造中，换热器管板的制造费时费力。管板是典型的群孔结构，大型换热器管板孔数量巨大，目前最大的换热器直径为 13m，管板孔数高达 80000 多。传统的加工工艺是先划线网格线；打洋冲点；再使用摇臂钻床进行钻孔加工。钻孔过程为：根据划线或利用钻模先钻出直径 10mm、深 10mm 的小孔；再钻透并扩孔；加工胀接槽(如需要)；最后进行铰孔。该加工方法工作量大，对工人技术水平要求高。如果每个孔的加工时间按 5min 计算，需要将近 7000h，若每天工作 8h，总共需要 800 多天才能完成；即使每天加工 24h，也需要将近 1 年时间才能完成！这样的工期显然无法满足现代化生产的要求。

采用数控技术的柔性制造系统进行加工时，其定位依靠计算机进行控制，无需划线、打洋冲孔，钻孔过程也可一次加工完成；采用多轴数控钻床可同时加工多个孔。如果每孔加工时间为 2min，采用 4 个钻头进行钻孔，则加工时间为原来的 1/10，如加工系统的钻头数再增加，加工时间还可大大减少。

（2）柔性制造系统的组成

一个柔性制造系统(FMS)可概括为由下列三部分组成：多工位数控加工系统、自动化的物料储运系统和控制与管理系统(图 8-3)。

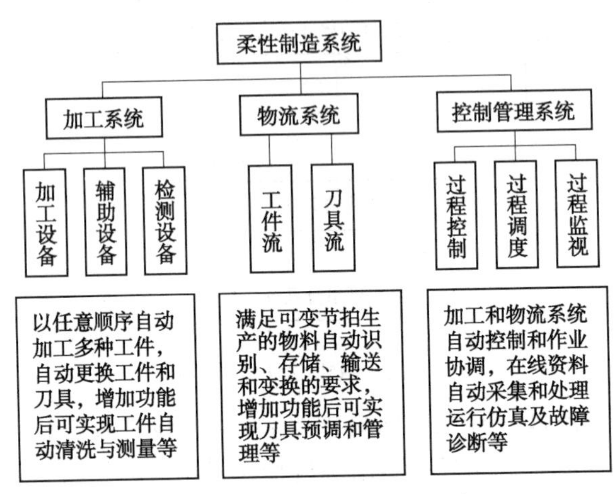

图 8-3　柔性制造系统的组成

加工系统的功能是以任意顺序自动加工各种工件，并能自动地更换工件和工具；物流是 FMS 中物料流动的总称。包含物料输送和物料储存检索两个子系统；FMS 的控制与管理系统是实现 FMS 加工过程和物料流动过程的控制、协调、调度、监测和管理的信息流系统，是 FMS 的神经中枢和命脉，也是各子系统之间的联系纽带。其主要任务是：组织和指挥制造流程，并对制造流程进行控制和监视，向 FMS 的加工系统、物流系统(储存系统、输送系统及操作系统)提供全部控制信息并进行过程监视，反馈各种在线监测数据，以便修正控制信息，保证系统安全、可靠地运行。

（3）柔性制造系统的应用

从加工领域看，现在的 FMS 不仅能完成机械加工，还可应用于钣金加工、锻造、焊接、装配、铸造和激光、电火花等特种加工，以及喷漆、热处理、注塑和橡胶模制造等加工领域。

2）计算机辅助工艺规划(CAPP)

（1）CAPP 概述

计算机辅助工艺规划(Computer Aided Process Planning，CAPP)作为联结 CAD 和 CAE 的桥梁，成为构成 CIMS 系统中工程设计自动化分系统的中心。目前，CAPP 系统在实际应用中已显示出了巨大的潜力和明显的社会经济效益，反过来，CAPP 系统的研究也在工业应用的推动下得到了进一步的发展。国内已经有压力容器的 CAPP 应用软件的开发应用的例子。

（2）CAPP 系统的类型和特征

归纳起来，CAPP 系统的基本类型主要有派生式、创成式、综合式、智能式和交互式等五类[41]。

派生式(Variant)CAPP 系统是利用成组技术(GT)将零件按照几何形状及工艺的相似性

分类、归族，每一族都有一个典型的样件，用这个样件设计出相应的典型工艺文件，存入工艺文件库内。在需要设计一个新零件的工艺规程时，输入零件的信息与编码，由计算机检索出相应零件族的典型工艺，根据零件结构及工艺要求，对工艺进行修改，得到所需的工艺规程。

创成式(Generative)CAPP系统应用决策树和决策表等方法，通过工艺决策逻辑与算法从无到有自动生成零件的工艺规程。由于零件结构的多样化、工艺决策随环境变化的多变性及复杂性等诸多因素，系统对不同环境的可重用性差。基本上排除了人的干预，使工艺规程的编制不会因人而异，容易保证零件工艺规程的一致性。

综合式CAPP系统将创成式CAPP系统和派生式CAPP系统结合起来，一般以成组技术为基础，采用检索与自动决策相结合的工作方式，根据输入信息进行逻辑判断，自动选择标准工序(工步)生成新工艺规程。此类系统具有一定的人工智能。不是从零开始进行分析、推导产生工艺规程，而是对现有成熟的工艺进行分析、归纳、总结、提高而实现最优化。我国现有CAPP系统大多采用这类系统。

智能式CAPP系统将人工智能技术应用到CAPP系统中所形成的CAPP专家系统。制定新产品的工艺规程是根据数据库中的当前数据，激活知识库中的相关知识，通过逻辑推理实现的。智能型CAPP以推理加知识为特征，它把工艺规程中的大量专家知识和经验，以计算机编码的形式存放在知识库里。

交互式CAPP系统以人机交互、人机互补的方式完成工艺规程的设计，工艺规程设计的质量对人的依赖性很大。系统具有开放性、通用性的特点，并有一定的人工智能。这类系统强调人在工艺决策中的作用，实用性较强。

(3) CAPP系统的开发模式

开发CAPP系统归纳可为两种模式：专用型和工具型。

专用型CAPP系统是专门为某一生产企业或部门开发的，它的制造资源数据、工艺决策和其他系统功能是针对具体的应用背景而设计的。这就使专用型CAPP系统具有针对性强、开发周期长等特点，并且有一定的局限性。

工具型CAPP系统的基本特征是其工艺决策方法和其他系统功能实现了通用化。工具型CAPP系统可以分为框架型CAPP系统和开发工具型CAPP系统。框架型CAPP系统提供给用户一个固定的CAPP系统框架。用户可以通过用户界面根据本企业的情况，输入数据和知识；开发工具型CAPP系统是把CAPP系统的功能分解成一个个相对独立的工具。针对不同的应用环境，在开发平台上构造符合用户需要的CAPP系统，也可以将开发平台提供给用户，使用户可以进行CAPP系统的二次开发。

(4) CAPP应用

CAPP系统可应用于过程设备的整个制造过程中，过程设备零件综合明细表(原料及定额、简明工艺路线)、零件制造(封头、筒体、补强圈、人孔筒体)工艺过程卡、部件组焊工艺过程卡、总装工艺卡、产品焊接工艺说明书、特殊焊缝焊接工艺卡、产品试板工艺卡、热处理工艺卡等均可由CAPP系统完成。

焊接是过程设备制造中最重要的加工工艺之一，下面以过程设备焊接过程的CAPP软件系统开发为例说明计算机辅助过程设备制造工艺过程CAPP系统基本构成。

焊接结构件生产CAPP系统可以简单地概括为，在计算机辅助下编制焊接结构件的零(部)件工艺路线表、焊接装配工艺过程卡、焊接装配工序卡等。编制焊接结构件的零(部)

件工艺路线表，首先要根据产品图纸列出产品中的零部件明细表(BOM)，其中的数据最好由 CAD 或 PDM 系统的明细表和标题栏中直接提取，然后根据零部件的具体情况、企业的生产习惯、企业中现有设备的加工能力等条件制定零部件的工艺路线。

焊接 CAPP 系统的工作流程如图 8-4 所示，系统总体结构如图 8-5 所示。它能够完成立式、卧式、塔式容器和管壳式换热器的焊接工艺文件的自动生成。

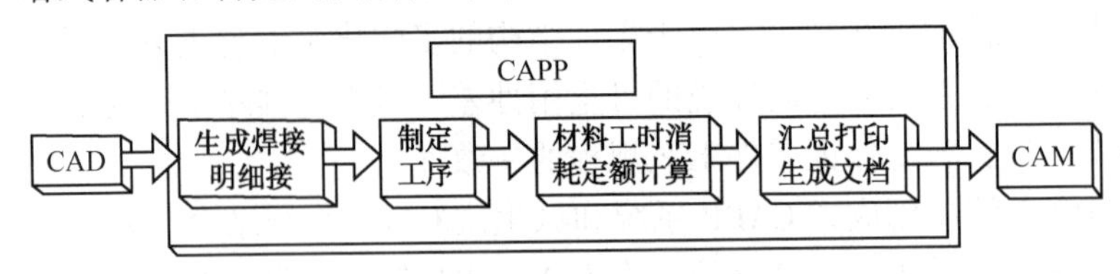

图 8-4　焊接 CAPP 系统的工作流程

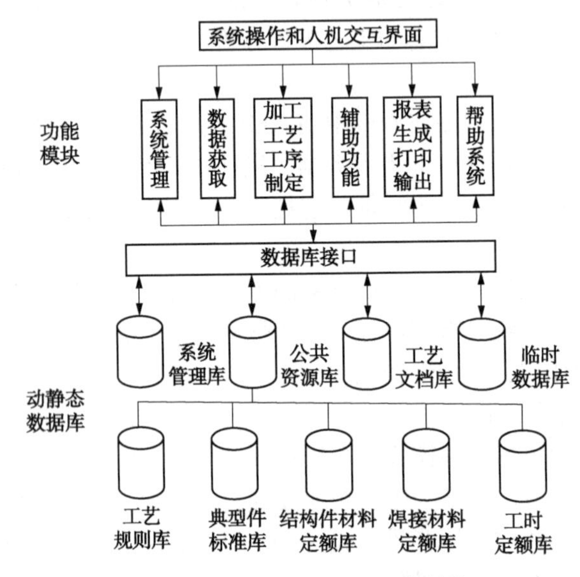

图 8-5　焊接 CAPP 系统总体结构

焊接零部件的加工工艺工序制定模块首先从焊接明细表中提取每个焊接零部件的相关信息，并由 CAD 图纸得到该零部件的形状及特征参数，然后制定该零部件的加工工艺工序。

对一般的规则焊接零部件可以根据其尺寸、结构特征、所需的特殊加工方法及考虑设备加工能力后形成相应的工艺工序制定规则，据此进行加工工艺工序制定，但是一个产品的焊接零部件不全都是规则件，有个别零部件不能用规则的工艺工序制定方法来制定，必须由工艺人员进行手工制定；另一方面，对于国家标准件及企业的典型件，由于它们属于常用件，工艺工序固定，为了进一步提高系统运行的效率，实现工艺工序的规范化，系统将这些零部件的工艺工序、工时、结构件材料定额及焊缝明细等信息存储在标准库中，供工艺人员查询和在需要制定其工艺工序时直接提取使用。因此，焊接零部件的工艺工序制定可以通过以下三种方式来实现：

① 从典型件标准库中直接提取。

② 根据工艺工序规则制定工序。

③ 由用户手工制定新工艺。当一个焊接零部件不包含在标准库中，又不符合工艺工序制定规则时，则由工艺人员来手工填写工序时、结构件材料定额及焊缝明细信息，系统只提供设计模板。

图 8-6 所示为焊接零部件加工工艺工序的制定流程。

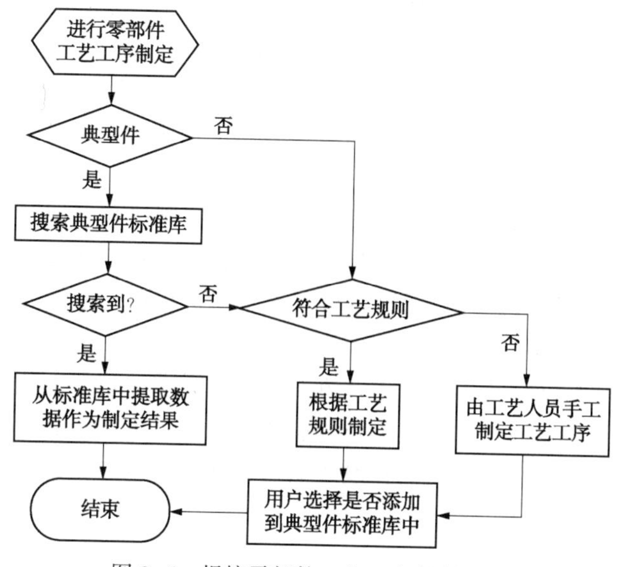

图 8-6 焊接零部件工艺工序制定流程

8.3 虚拟制造

8.3.1 虚拟制造的产生背景

随着建模与仿真技术的飞速发展，分布式交互仿真技术对复杂系统的设计与分析带来了巨大帮助。仿真技术及其相关的建模与优化技术正是信息技术与制造技术结合的桥梁，是企业产生最大经济效益的核心技术。计算机图形学、虚拟现实技术和可视化为机械产品的设计、加工、分析以及生产的组织和管理提供一个虚拟的仿真环境，从而能够在计算机上组织和"实现"生产，在产品实际投入生产以前，就对其可制造性和可生产性等各方面的性能进行论证，保证一次投入生产就能够成功。

目前虚拟制造正向高精度、高效率建模与仿真；集成计算机材料工程与多尺度建模与仿真；多学科综合优化、全过程建模与仿真；基于数字样机的协同仿真的集成化、平台化方向发展。

8.3.2 虚拟制造技术的内涵

1）虚拟制造的定义

"虚拟制造"就是在计算机上实现制造。虚拟制造最终提供的是一个强有力的建模与仿真环境，使得产品的规划、设计、制造、装配等均可在计算机上来实现，并且能够对产品生产过程的方方面面提供支持。也就是说，虚拟制造应该包括交互式的设计过程、生产过程、工艺规划、调度、装配规划、从生产线到整个企业的后期服务、财务管理等业务的可视化。

虚拟制造可以分为三个层次：

第一层是宏观层，指能够覆盖从产品需求、产品虚拟设计、产品虚拟生产到产品虚拟消费、报废循环的整个过程，包含产品生产企业的所有活动以及用户的消费过程，这就需要表达整个制造系统中的物流、信息流、能量流，以及系统各单元间的关系、约束机制等，是指高层次大系统仿真；

第二层是中观层，指对加工环境的仿真，包含生产系统的虚拟布局、虚拟调度等生产系统的仿真，也包含零件的加工过程仿真，如刀具轨迹、加工过程仿真等；

第三层是微观层，指加工过程中制造系统被加工件的各种微观特性的变化，如磨削加工中工件表面状态的变化，铸造(锻压)成形过程中材料的微观现象仿真等。

2) 虚拟制造的分类

包括以设计为中心的虚拟制造、以生产为中心的虚拟制造和以控制为中心的虚拟制造。

以设计为中心的虚拟制造的核心思想是把制造信息引入到设计过程，利用制造仿真来优化产品设计，从而在设计阶段就可对设计零件甚至整机进行可制造性分析；以生产为中心的虚拟制造的核心思想是将虚拟制造引入到生产过程中，建立生产过程模型来评估和优化生产过程，以便降低费用，快速评价不同的工艺方案、资源需求计划、工艺计划等；以控制为中心的虚拟制造的核心思想是通过对制造设备和制造过程进行仿真，建立虚拟的制造单元，对各种制造单元的控制策略和制造设备的控制策略进行评估，从而实现车间级的基于仿真的最优控制。

8.3.3 虚拟制造的关键技术

虚拟制造所涉及的技术领域十分广泛，根据各项技术在虚拟制造中的地位和作用，可以把这些技术划分为建模技术、仿真技术和虚拟现实技术。

1) 建模技术

是虚拟现实中的技术核心，也是难点之一。虚拟制造系统是现实制造系统在虚拟环境下的映射，是模型化、形式化和计算机化的抽象描述和表示。虚拟制造建模的关键技术应包括：生产模型、产品模型和工艺模型的信息体系结构。

2) 仿真技术

是应用计算机对复杂的现实系统经过抽象和简化形成系统模型，然后在分析的基础上运行此模型，从而得到一系列系统的统计性能。由于仿真是以系统模型为对象的研究方法，而不干扰实际生产系统，同时仿真可以利用计算机的快速运算能力，用很短时间模拟实际生产中需要很长时间的生产周期，因此可以缩短决策时间，避免资金、人力和时间的浪费。计算机还可以重复仿真，优化实施方案。

3) 虚拟现实技术

虚拟现实技术是为改善人与计算机的交互方式，提高计算机可操作性而产生的，是综合利用计算机图形系统、各种显示和控制等接口设备，在计算机上生成可交互的三维环境(称为虚拟环境)，以及交互性操作的计算机系统，称为虚拟现实系统(Virtual Reality System, VRS)。虚拟现实系统包括操作者、机器和人机接口三个基本要素。它不仅提高了人与计算机之间的和谐程度，也成为了一种有力的仿真工具。利用VRS可以对真实世界进行动态模拟，通过用户的交互输入，并及时按输出修改虚拟环境，使人产生亲临其境的感觉。

8.3.4 虚拟制造技术在设备制造中的应用

1) 虚拟企业

虚拟企业是指分布在不同地区的多个企业利用电子手段，为快速响应市场需求而组成的动态联盟，是组织、人力、技术、信息等资源在完善的网络组织结构基础上的有效集成。这种企业组织和生产模式可克服空间和时间的局限性，保持集中和分散之间稳定、合理的平衡，具备系统优化组合和有效协调的优越性。

过程设备制造中的用户、设计院、设备制造企业、原材料生产企业、采矿企业、标准件供应商及其生产厂家等通过某一设备制造而构成了动态的联盟，在该联盟中通过虚拟环境完成产品从概念设计到最终实现的过程。

2）虚拟产品设计

用户提出概念，例如需要一套塔设备，设计院对其进行设计并进行多学科协同仿真，如塔尺寸是否满足处理量要求、内件能否实现传质功能、运行过程的阻力、其内部构件布局的合理性；塔的强度、稳定性是否满足要求等。在复杂管道系统设计中，采用虚拟技术，设计者可“进入其中”进行管道布置，并可检查是否发生干涉。这样可提高设计效率，尽早发现设计中的问题，从而优化产品设计。

3）虚拟产品制造

设备制造企业应用计算机仿真技术，对零件的加工方法、工序顺序、工装的选用、工艺参数的选用，加工工艺性、装配工艺性、配合件之间的配合性、运行物件的运动性等均可建模仿真，提前发现加工缺陷和装配时出现的问题，从而优化制造过程、提高加工效率。

材料生产厂家也可以对材料的生产过程进行虚拟制造，直至材料满足设计要求。

4）虚拟生产过程

产品生产过程的合理制定，人力资源、制造资源、物料库存、生产调度、生产系统的规划设计等，均可通过计算机仿真进行优化，同时还可对生产系统进行可靠性分析，对生产过程的资金进行分析预测，对产品市场进行分析预测等，从而对人力、制造资源的合理配置，对缩短生产周期、降低生产成本意义重大。

8.4 物联网制造

制造业是实体经济的主体，是我国经济实现创新驱动、转型升级的主战场。随着德国工业 4.0 和《中国制造 2025》提出，设备制造业的发展趋势是自动化和智能化。“智能生产”主要涉及整个企业的生产物流管理、人机互动以及 3D 技术在工业生产过程中的应用等。该计划将特别注重吸引中小企业参与，力图使中小企业成为新一代智能化生产技术的使用者和受益者，同时也成为先进工业生产技术的创造者和供应者。如此复杂的制造系统也提升了互联网在制造中的作用，基于物联网的制造也应运而生。

过程设备制造过程中，基于 RFID(射频识别)技术可以借助云计算和宽带接入技术等实行对生产车间的远程监测、设备升级和故障修复。对现场工作人员进行实时监控和管理。在生产车间做到所有产品相关信息充分共享。对于在设备制造过程中出现的种种问题可以第一时间解决，发现有任何和程序有误差的细小瑕疵都可以及时解决，并通过物联网进行远程修复或者联系现场人员进行人工修理，大大降低设备的返修率，提高成品的出厂率，节省大量的后期人力物力的资源浪费。

透过物联网，生产操作员或公司管理人员在办公室，就可以对整个生产现场和流通环节进行很好的掌握，实现动态、高效管理，设备供货商或产品设计师也可以进行远程监控，当生产在线的诊断模块，搜集产品在生产过程的信息，并传送到网络上作为诊断和警示数据时，在远程的工程师即可根据相关信息，随时调整自己的工作。

8.4.1 物联网制造的内涵

物联网被认为是继计算机、互联网与移动通信网之后的世界信息产业第三次浪潮，受到各国政府、企业和学术界的重视，美国、欧盟、日本等甚至将其纳入国家和区域信息化战略。物联网是指利用互联网等通信技术，形成人与人、人与物、物与物相联的智能化网络。物联网等新一代信息技术的出现和发展，也推动了新型的智能制造模式——物联网制造(制造物联)的发展。

以物联网为基础的智能制造目标可分为三个阶段[102]：

(1) 工厂和企业范围的集成，通过整合不同车间工厂和企业的数据，实现数据共享，以更好地协调生产的各个环节，提高企业整体效率；

(2) 通过计算机模拟和建模对数据加以处理，生成“制造智能”，使柔性制造、生产优化和更快的产品定制得以实现；

(3) 由不断增长的制造智能激发工艺和产品的创新，引起市场变革，改变现有的商业模式和消费者的购物行为。

8.4.2 物联网制造的体系结构

物联网制造更强调智能技术在产品全生命周期中的应用和业务的协同，需要根据制造业的特点和应用需求来研究物联网的应用体系结构。图 8-7 为设备制造厂的物联网制造平台架构。

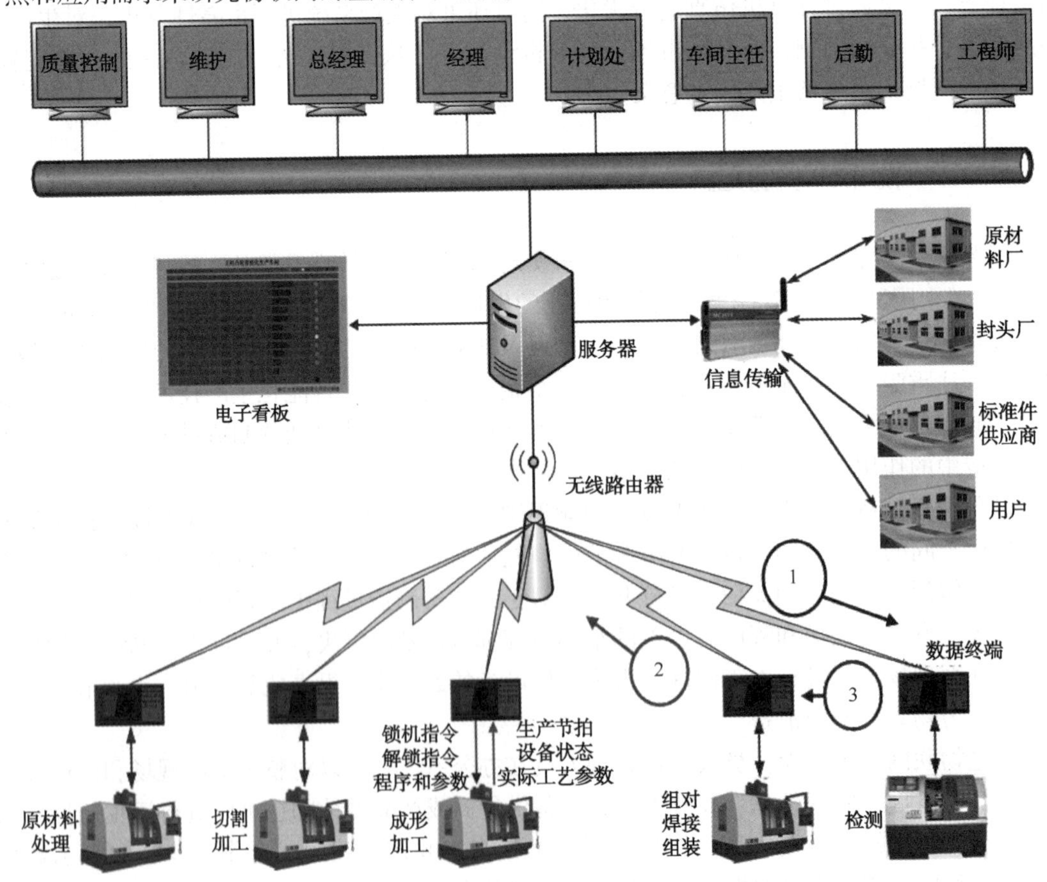

图 8-7 物联网制造平台架构

8.4.3 制造物联的关键技术

1）网络化传感器技术

利用传感器网络采集到的大量数据，可以实现信息交流、自动控制、模型预测、系统优化和安全管理等功能。但要实现以上功能，必须有足够规模的传感器。

2）数据互操作

当合作的企业利用这一网络系统时，需要对产品整个制造过程的数据进行无缝交换，进而进行设计、制造、维护和商业系统管理，而这些数据常常存在于不同的终端上，因此可靠的数据互操作技术尤其重要。

3）多尺度动态建模与仿真

多尺度建模使业务计划与实际操作完美地结合在一起，也使企业间合作和针对公司与供应链的大规模优化成为可能。

4）数据挖掘与知识管理

现有数字化企业中普遍存在"数据爆炸但知识贫乏"的现象，而物联网制造将产生大量的数据，如何从这些海量数据中提取有价值的知识并加以运用，也是物联网制造的关键问题之一。

5）智能自动化

对于资源的分析、服务流程的制定、生产过程的实时控制涉及到大量信息需要迅速处理，这一过程不可能由人工来完成，也很难由人工全程监控，需要依赖可靠的决策和生产管理系统，通过自身的学习功能和技术人员的改进，为物联网制造平台上的各个对象提供更快更准确的服务。发展智能自动化，对于平台的发展、生产过程的改进甚至整个供应链的顺利运行都是非常必要的。

6）可伸缩的多层次信息安全系统

互联网的信息安全问题始终是人们关注的对象。物联网制造系统中巨大的信息量包括大量的企业商业机密，甚至涉及到国家安全，这些信息一旦泄露后果不堪设想。由于信息量巨大和信息种类繁多，并不是所有信息都需要特别保护，根据信息的不同制定不同的信息安全计划。

7）物联网的复杂事件处理

物联网中的传感器产生大量的数据流事件，需要进行复杂事件处理。通过对传感器网络采集到的大量数据进行处理分析，去掉无用数据，就可以得到能反映一定问题的简单事件，通过事件处理引擎进一步将一系列简单事件提炼为有意义的复杂事件，为接下来的数据互操作、动态建模和流程制定等后续操作节省了数据存储空间，提高了存储和传输效率。

8.5 可持续发展制造

8.5.1 绿色制造

1）绿色制造的概念

绿色制造是在保证产品的功能、质量和成本的前提下，综合考虑环境影响和资源效率的现代制造模式。绿色制造使产品在从设计、制造、使用到报废的整个产品生命周期中不产生环境污染或使环境污染最小化，符合环保要求；绿色制造节约资源和能源，使资源利用率最高，能源消耗最低，并使企业经济效益和社会生态效益协调最优化[103]。

绿色制造涉及的问题领域有三部分：

（1）制造问题，包括产品生命周期全过程。

（2）环境保护问题。

（3）资源优化利用问题。

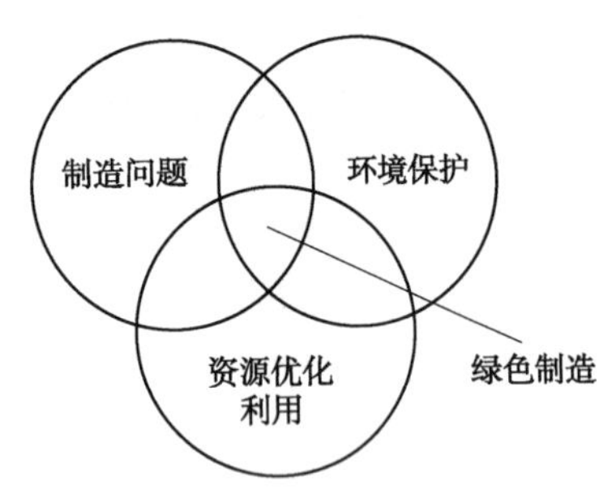

图 8-8　绿色制造的问题领域交叉

绿色制造就是这三部分内容交叉，如图 8-8 所示。

2）绿色制造的内涵

（1）绿色制造是“大制造”

绿色制造中的“制造”涉及到产品整个生命周期，同计算机集成制造、敏捷制造等概念中的“制造”一样，是一个“大制造”概念。

（2）绿色制造范围广

绿色制造涉及的范围非常广泛。包括机械、电子、食品、化工、石化、军工等，几乎覆盖整个工业领域。

（3）绿色制造重视资源和环境问题

资源问题、环境问题、人口问题是当今人类社会面临的三大主要问题。绿色制造从制造系统工程的观点出发，是一种充分考虑前两大问题的一种现代制造模式，是充分考虑制造业资源和环境问题的复杂系统工程问题。

3）绿色制造的内容体系

绿色制造作为一种先进制造模式，它强调在产品生命周期全过程中采取绿色措施，从而尽可能地减少产品在整个生命周期中对环境和人体健康的负面影响，提高资源和能源的利用率，所谓产品生命周期全过程，是指从地球环境（土地、空气和海洋）中提取材料，加工制造成产品，并流通给消费者使用。产品报废后经拆卸、回收和再循环将资源重新利用的整个过程，如图 8-9 所示。

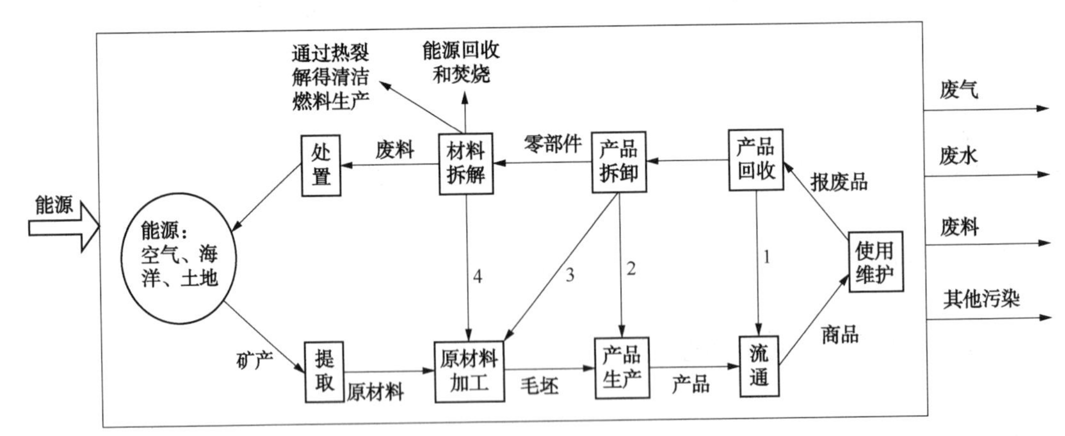

图 8-9　产品全生命周期循环过程图

由图可以看出，绿色产品的生命周期可大致分为五个阶段：原材料绿色制备阶段、产品绿色设计与清洁生产阶段、产品的绿色流通阶段及产品绿色使用阶段及产品再资源化阶段。

绿色制造的内容及其相互关系可以如图 8-10 所示。它包括绿色设计、清洁生产、绿色包装、绿色运输、再资源化技术及企业环境管理等内容。其中，绿色设计是绿色制造的核心，它在企业硬件、软件、组织机构、管理模式的支持下，不断地同产品生命周期的其他阶段以及外部环境因素交换信息，通过信息的反馈与控制实现产品的清洁生产、绿色消费、绿色回收处理及再利用。

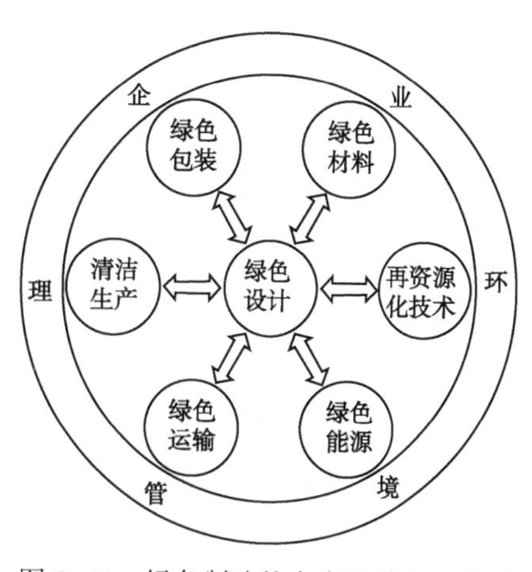

图 8-10　绿色制造的内容及其相互关系

8.5.2　再制造技术

1）再制造概述

产品经过长期的服役后，将会因“到寿”而报废。判定产品是否“到寿”有以下几个原则：产品的性能是否因落后而丧失使用价值，即是否达到产品的技术寿命；产品结构、零部件是否因损耗而失去工作能力，即是否达到产品的物理寿命；产品继续使用或储存是否合算，即是否达到产品的经济寿命；产品是否危害环境、消耗过量资源，即是否符合可持续发展。

目前，对待报废产品处理的方法大多采用再循环处理，但所获得的往往是低级的原材料，同时也造成了一定的资源和能源的浪费，尤其是大型过程设备的处理更为困难。世界各国都在积极研究和探寻有效地利用资源、最低限度地产生废弃物的处理报废产品的合理方法。在这种形势下，产生了全新概念的再制造工程。

2）再制造工程的定义

再制造工程是一个以产品全寿命周期设计和管理为指导，以优质、高效、节能、节材、环保为目标，以先进技术和产业化生产为手段，来修复或改造废旧（报废或过时）产品的一系列技术措施或工程活动的总称。其中再制造的对象——“产品”是广义的。它既可以是设备、系统、设施，也可以是其零部件；既包括硬件，也包括软件。再制造加工包括以下的两个方面：

（1）再制造恢复，主要指针对达到物理寿命和经济寿命而报废的产品，在失效分析和寿命评估的基础上，把有剩余寿命的废旧零部件作为再制造毛坯，采用先进表面技术、快速成形技术、修复热处理等加工技术，使其迅速恢复原技术性能和应用价值，形成再制造新产品的工艺过程。如对换热器管板采用堆焊技术进行修复，使其恢复使用价值。

（2）再制造改造，主要指针对已达到技术寿命的过时产品，或是不符合可持续发展要求的产品，通过技术改造、更新，特别是通过使用新材料、新技术、新工艺等，提高产品技术性能、延长使用寿命、减少环境污染、优化资源回收。石油、化工等过程工业产能过剩，今后不可能大规模增容扩建，如何对现有设备进行升级改造装备从而实现可持续发展是必须解决的问题。为提高传质质量，对塔设备的升级改造便是再制造改造过程。如对浮阀塔塔内件进行改造，包括改变数量、改变开孔率、更换塔内件为条阀、填料等。换热器的再制造改造过程包括更换管束等。

3）再制造的特点

图 8-11 是再制造在产品全寿命周期中的位置，产品的全寿命周期包括论证设计、制造、使用、维修、报废五个环节，再制造是产品维修、报废阶段的一种再生处理，是对现有制造概念的延伸和革新。最大限度发挥产品的作用。

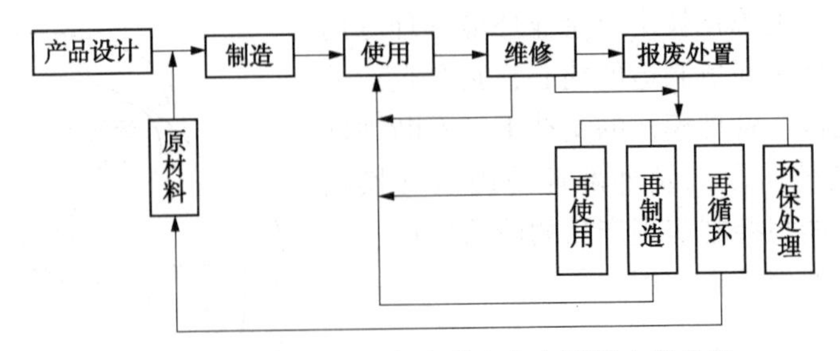

图 8-11　再制造工程在产品全寿命周期中的位置

（1）再制造与维修区别

维修是在产品的使用阶段为了保持其良好技术状况及正常的运行而采取的技术措施，常具有随机性、原位性、应急性。维修的对象为有故障的产品，多以换件为主，辅以单个或小批量的零部件的修复，不能形成批量生产。而再制造是将大量相似的报废产品回收到工厂拆卸后，按零部件的类型进行收集和检测，以有剩余寿命的报废零部件作为再制造毛坯，利用高新技术对其进行批量化修复、性能升级，所获得的再制造新产品在技术性能上和质量上都能达到甚至超过新品的水平。再制造是规模的生产模式，它有利于生产自动化和产品的在线质量监控，有利于降低成本、降低资源和能源消耗、减少环境污染，能以最小的投入获得最大经济效益。显然，是再制造使维修和报废处理得到跨越式发展。

（2）再制造与再循环区别

再循环是狭义的"回收"，一旦这些商品被废弃以后，就可以进行再循环，即把它们从废物流中移出，通过回炉冶炼等加工返回到原材料的形式。再循环减少了废弃垃圾的数量，增加了地球上的可用的原材料资源。再制造是广义上的"回收"概念，是最大限度重新利用报废产品的"回收"方式。再循环所回收的只是原材料本身价值，而再制造重新获得了产品的附加值。

4）再制造工艺过程

再制造工艺过程就是根据再制造技术条件对废旧产品进行加工，生成再制造产品的过程。再制造工艺过程一般不是指整个再制造全过程，一般不包括再制造中毛坯的逆向物流及再制造产品的销售，主要指再制造工厂内部的再制造工艺，包括拆解、清洗、检测、加工、零件测试、装配、整机测试、包装等步骤。由于再制造的产品种类、生产目的、生产组织形式的不同，与其相适应的工艺过程也不完全相同。图 8-12 所示是一般情况下再制造的工艺过程。废旧零部件再制造技术很多，主要包括喷涂法、粘修法、焊修法、电镀法、熔敷法、塑性变形法及机械加工修理法等。

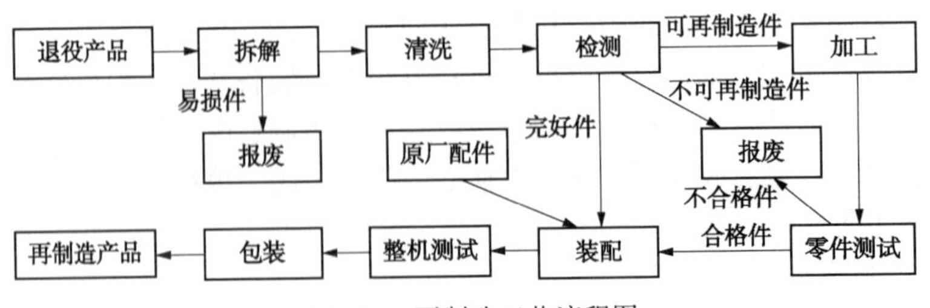

图 8-12　再制造工艺流程图

9 过程设备制造质量控制

9.1 设备制造质量管理与安全监察

9.1.1 设备制造质量管理的意义

现代石油化工生产规模超大、把各种生产过程有机地联合在一起，能量密集、产物众多，具有高温、高压、低温、低压、有毒和易燃易爆的特点，一旦外泄就会造成重大事故，给生命和财产带来巨大灾难。确保过程设备制造厂的产品质量，保证这类特殊产品的安全性，是制造企业确保市场竞争能力和经济效率的基础。

高质量的产品不仅仅依靠先进的技术装备和先进的生产工艺，还取决于科学的、严格的管理和对质量的严密控制。作为技术装备的“硬件”和作为各种管理的规章制度及管理体制的“软件”，两者是设备制造领域中的两个方面，是相辅相成、相互补充的，两者都是通过“人”去实施和监督。

企业以保证和提高产品质量为目标，运用系统工程的概念和方法，把专业技术和管理手段有机地结合起来，设置必要的组织机构，把分散在各部门、各环节的质量管理活动严密地组织起来，形成一个保证产品质量的系统，这就是“质量保证系统”。

在质量保证系统中，有两种质量控制方法。一种是统计法，它允许有一定比例的不合格品，这种方法适用于电子工业和其他工业。另一种方法是“无缺陷”法，它不允许有一台产品存在着“规范所不允许的缺陷”，锅炉和压力容器等过程设备只能采用这种控制方法。

全面质量管理要求把不合格产品消灭在它的形成过程中，做到防检结合，以防为主，并从全过程的各环节致力于质量的提高。这就是要把质量管理工作的重点从事后检验把关，转到事先控制生产工序。从结果管理变为因素管理，对设计、生产等各个环节，都实行严格的质量管理。

对过程设备制造实行严格的系统控制和全过程控制，按法规对压力容器设计、制造单位实行资格审定和许可制度，要求制造企业建立和健全一整套比较科学的质量保证体系，进一步运用现代计算机信息技术提高技术水平、管理水平和企业素质，加强制造技术研究、创新开发工作，是保证持久、稳定的压力容器产品质量和社会经济效益的根本。

9.1.2 过程设备的制造许可管理

《固定式压力容器安全技术监察规程》(TSG 21—2016)规定的压力容器是指“工作压力大于或者等于 0.1MPa；容积大于或者等于 0.03m^{3}并且内直径大于或者等于 150mm；盛装介质为气体、液化气体以及介质最高工作温度高于或者等于其标准沸点的液体”，所以绝大多数过程设备属于压力容器范畴。我国有关法规规定压力容器制造单位必须首先具备“压力容器制造许可证”，才能有资格进行压力容器的制造工作。压力容器制造单位的资格审定工作的基本方针、政策、指导思想以及有关原则、要求和方法、程序等，是按照我国现行的许可证法规——2002 年颁布的“中华人民共和国国家质量监督检验检疫总局令第 22 号令《锅炉压力容器制造监督管理办法》”进行。

《锅炉压力容器制造监督管理办法》规定国家质量监督检验检疫总局(以下简称国家质检总局)负责本办法所规定的锅炉压力容器制造的监督管理工作；地方各级质量技术监督部门负责本行政区域内的锅炉压力容器制造的监督管理工作。国家质检总局和地方各级质量技术监督部门内设的锅炉压力容器安全监察机构(以下简称安全监察机构)负责本办法的具体实施。锅炉和压力容器许可证划分为 A、B、C、D 四个级别。D 级锅炉和 D 级压力容器的《制造许可证》，由制造企业所在地的省级质量技术监督部门颁发，其余级别的《制造许可证》由国家质检总局颁发；境外企业制造的用于境内的锅炉压力容器，其《制造许可证》由国家质检总局颁发(以下统一简称发证部门)。

1）许可证申请

锅炉压力容器制造企业必须具备以下条件：

(1) 具有企业法人资格或已取得所在地合法注册；

(2) 具备与制造产品相适应的生产场地、加工设备、技术力量、检测手段等条件；

(3) 建立质量保证体系，并能有效运转；

(4) 保证产品安全性能符合国家安全技术规范的基本要求。

申请取证的制造企业应向发证部门的安全监察机构提出书面取证申请，并提交有关资料。安全监察机构应在接到申请和全部资料后的 15 个工作日内做出是否受理申请的决定。制造企业取证申请被批准受理的，应按照批准范围试制产品，以备审查。两年内不能完成产品试制的，原批准的受理失效。发证部门的安全监察机构或委托审查机构应在产品试制结束后，对制造企业进行工厂检查和相应的产品检验，并出具审查报告。国家安全技术规范中规定进行型式试验的产品，应在工厂检查前进行型式试验。发证部门应对审查报告进行审核，并对审核合格的企业签发《制造许可证》。报告审核和证书签发工作应在收到审查报告后 25 个工作日内完成。取证申请未被受理或受理后经审查不合格的制造企业，1 年内不得提出取证申请。

2）许可证管理

持证企业制造用于境内的锅炉压力容器，不得超出《制造许可证》所批准的产品范围。锅炉压力容器随机文件中应附有《制造许可证》复印件。产品铭牌上应标注与《制造许可证》一致的制造企业名称和编号。产品随机文件中的产品质量合格证书、产品安装和使用说明书必须有中文表述。发证部门的安全监察机构和制造企业所在地安全监察机构应按规定对制造企业的证书使用、生产条件、产品质量状况及其管理等情况进行检查。制造企业必须接受检查。持证企业不得涂改、转让、转借《制造许可证》。

《制造许可证》有效期为 4 年。申请换证的制造企业必须在《制造许可证》有效期满 6 个月以前，向发证部门的安全监察机构提出书面换证申请，经审查合格后，由发证部门换发《制造许可证》。未按时提出换证申请或因审查不合格不予换证的制造企业，在原证书失效后 1 年内不得提出新的取证申请。因特殊原因不能按期换证的制造企业，可以向发证部门提出暂缓换证申请，经批准后可以暂缓，暂缓期不超过 1 年。

制造企业需要增加许可的产品种类、级别、项目的，应向发证部门提出新的书面申请，经受理、试制、审查合格后，由发证部门颁发新的《制造许可证》。制造企业发生更名、产权变更、生产场地变更或有型式试验要求的产品发生主体材料、结构型式、关键制造工艺、产品规格等变更的，应及时向发证部门申报。发证部门根据制造企业的变更申报，做出予以认可、进行必要的检查或者另行办理许可申请手续等决定，并通知企业。制造企业依据本办法取得的《制造许可证》在全国范围内有效。各地相关部门不得进行重复审查、重复发证。

3）产品安全性能监督检验

锅炉压力容器安全性能监督检验应在制造过程中进行，未经监督检验或经监督检验不合格的产品不得销售、使用。境内制造企业的锅炉压力容器安全性能监督检验工作，由制造企业所在地的省级质量技术监督部门授权有资格的检验机构承担；境外制造企业的锅炉压力容器安全性能监督检验工作，由国家质检总局安全监察机构授权有资格的检验机构承担。

从事安全性能监督检验工作的检验机构，其检验所依据的《锅炉压力容器产品安全性能监督检验规则》已经废止，现在应该按照新的《中华人民共和国特种设备安全法》和固定式压力容器“大容规”即《固定式压力容器安全技术监察规程》(TSG 21—2016)[2]及有关技术规范的规定进行检验，并对检验合格的产品出具监督检验合格证明。

制造企业必须对产品安全性能负责，并配合检验机构开展产品安全性能监督检验工作。

4）罚则

对违反《锅炉压力容器制造监督管理办法》办法的行为，按照《锅炉压力容器压力管道特种设备安全监察行政处罚规定》实施处罚。

制造企业有下列行为之一的，责令改正；情节严重的暂停使用《制造许可证》(暂停期不超过1年)；拒不改正的，吊销《制造许可证》：

(1) 产品出现严重安全性能问题的；

(2) 不再具备制造许可条件的；

(3) 拒绝或逃避产品安全性能监督检验的；

(4) 涂改、伪造监督检验证明的。

制造企业有下列行为之一的，吊销《制造许可证》：

(1) 转让、转借《制造许可证》的；

(2) 向其他企业产品出具《制造许可证》、产品质量合格证明等虚假随机文件的；

(3) 未经批准，超出《制造许可证》范围制造产品的。

对被吊销《制造许可证》的企业，发证部门4年内不予受理其取证申请。

从事安全监察、许可审查、监督检验工作的人员，未按本办法的规定履行职责，滥用职权、玩忽职守、徇私舞弊，构成犯罪的，依法追究刑事责任；尚未构成犯罪的，依法给予行政处分。审查机构、监督检验机构因管理不严，造成工作人员失职的，给予警告、通报批评，情节严重的，取消对其委托、授权。

9.2 压力容器制造过程与质量保证体系

根据《中华人民共和国特种设备安全法》和《国务院对确需保留的行政审批项目设定行政许可的决定》的规定，为规范特种设备制造、安装、改造、维修质量保证体系(以下简称“质量保证体系”)的建立和实施，需要建立可以确保产品质量的质量保证体系和质量管理制度。中华人民共和国国家质量监督检验检疫总局于2007年颁布了《特种设备制造、安装、改造、维修质量保证体系基本要求》[104]，并将其作为压力容器制造企业制定《压力容器制造与质量保证手册》的依据。

9.2.1 质量保证体系基本要求

1）质量保证体系原则

（1）符合国家法律、法规、安全技术规范和相应标准；

（2）能够对特种设备安全性能实施有效控制；

（3）质量方针、质量目标适合本单位实际情况；

（4）质量保证体系组织能够独立行使职责；

（5）质量保证体系责任人员（质量保证工程师和各质量控制系统责任人员）职责、权限及各质量控制系统的工作接口明确；

（6）质量保证体系基本要素设置合理，质量控制系统、控制环节、控制点的控制范围、程序、内容、记录齐全；

（7）质量保证体系文件规范、系统、齐全；

（8）满足特种设备许可制度的规定。

2）责任人员要求

（1）特种设备制造、安装、改造、维修单位法定代表人（或者其授权的最高管理者）是承担安全质量责任的第一责任人，应当在管理层中任命1名质量保证工程师，协助最高管理者对特种设备制造、安装、改造、维修质量保证体系的建立、实施、保持和改进负责，任命各质量控制系统责任人员，对特种设备制造、安装、改造、维修过程中的质量控制负责；

（2）质量保证工程师和各质量控制系统责任人员应当是特种设备制造、安装、改造、维修单位聘用的相关专业工程技术人员，其任职条件应当符合安全技术规范的规定，并与特种设备制造、安装、改造、维修单位签订了劳动合同，但是不得同时受聘于两个以上单位；

（3）质量控制系统责任人员最多只能兼任两个管理职责不相关的质量控制系统责任人。

3）管理职责

（1）质量方针和目标

质量方针和目标应当经法定代表人（或者其授权的代理人）批准，形成正式文件。质量方针和目标应当符合以下要求：

① 符合本单位的实际情况和许可项目范围、特性，突出特种设备安全性能要求；

② 质量方针体现了对特种设备安全性能及其质量持续改进的承诺，指明本单位的质量方向和所追求的目标；

③ 质量目标进行量化和分解，落实到各质量控制系统及其相关的部门和责任人员，并且定期对质量目标进行考核。

（2）质量保证体系组织

根据许可项目特性和本单位的实际情况，建立独立行使特种设备安全性能管理职责的质量保证体系组织。

（3）职责、权限

规定法定代表人对特种设备安全质量负责，任命质量保证工程师和各质量控制系统责任人员。质量保证工程师应为在管理层中成员且具有与所许可项目专业相关的知识，对质量保证体系建立、实施、保持和改进的管理职责和权限。

任命质量控制系统（如设计、材料、工艺、焊接、机械加工、金属结构制作、电控系统制作、热处理、无损检测、试验、检验、安装调试、其他主要过程控制系统等)责任人员，明确各质量控制系统责任人员以及需要独立行使与保证特种设备安全性能相关人员的职责、权限，各质量控制系统之间、质量保证工程师与各质量控制系统责任人员之间、各质量控制系统责任人员之间的工作接口控制和协调措施。

(4) 管理评审

每年至少应当对特种设备质量保证体系进行一次管理评审，确保质量保证体系的适应性、充分性和有效性，满足质量方针和目标，并保存管理评审记录。

4) 质量保证体系文件

质量保证体系文件包括质量保证手册、程序文件(管理制度)、作业(工艺)文件(如作业指导书、工艺规程、工艺卡、操作规程等，下同)、质量记录(表、卡)等。

(1) 质量保证手册

质量保证手册应当描述质量保证体系文件的结构层次和相互关系，并至少包括以下内容：

① 术语和缩写；

② 体系的适用范围；

③ 质量方针和目标；

④ 质量保证体系组织及管理职责；

⑤ 质量保证体系基本要素、质量控制系统、控制环节、控制点的要求。

(2) 程序文件(管理制度)

程序文件(管理制度)与质量方针相一致、满足质量保证手册基本要素要求，并且符合本单位的实际情况，具有可操作性。

(3) 作业(工艺)文件和质量记录

作业(工艺)文件(通用或者专用)和质量记录应当符合许可项目特性，满足质量保证体系实施过程的控制需要。文件格式及其包括的项目、内容应当规范标准。

(4) 质量计划(过程控制表卡、施工组织设计或者施工方案)

质量计划能够有效控制产品(设备)安全性能，能够依据各质量控制系统要求，合理设置控制环节、控制点(包括审核点、见证点、停止点)，满足受理的许可项目特性和申请单位实际情况，并且包括以下内容：

① 控制内容、要求；

② 过程中实际操作要求；

③ 质量控制系统责任人员和相关人员的签字确认的规定。

5) 文件和记录控制

文件控制的范围、程序、内容如下：

(1) 受控文件的类别确定，包括质量保证体系文件、外来文件(注)、其他需要控制的文件等；外来文件包括法律、法规、安全技术规范、标准、设计文件，设计文件鉴定报告，型式试验报告，监督检验报告，分供方产品质量证明文件、资格证明文件等。其中安全技术规范、标准必须有正式版本。

(2) 文件的编制、会签、审批、标识、发放、修改、回收，其中外来文件控制还应当有收集、购买、接收等规定；

(3) 质量保证体系实施的相关部门、人员及场所使用的受控文件为有效版本的规定；

(4) 文件的保管方式、保管设施、保存期限及其销毁的规定。

记录控制范围、程序、内容如下:

(1) 特种设备制造、安装、改造、维修过程形成的质量记录的填写、确认、收集、归档、贮存等。

(2) 记录的保管和保存期限等。

(3) 质量保证体系实施部门、人员及场所使用相关受控记录表格有效版本的规定。

6) 合同控制

合同控制的范围、程序、内容如下:

(1) 合同评审的范围、内容, 包括执行的法律法规、安全技术规范、标准及技术条件等, 并且形成评审记录并且保存;

(2) 合同签订、修改、会签程序等。

7) 设计控制

设计控制的范围、程序、内容如下:

(1) 设计输入的内容包括依据的法规、安全技术规范、标准及技术条件等, 形成设计输入文件(如设计任务书等);

(2) 设计输出, 应当形成设计文件(包括设计说明书、设计计算书、设计图样等), 设计文件应当满足法规、安全技术规范、标准及技术条件等要求;

(3) 按照相关规定需要设计验证的, 制定设计验证的规定;

(4) 设计文件修改的规定;

(5) 设计文件由外单位提供时, 对外来设计文件控制的规定;

(6) 法规、安全技术规范对设计许可、设计文件鉴定、产品型式试验等有规定时, 应当制定相关规定。

8) 材料、零部件控制

材料、零部件(包括配套设备, 下同)控制的范围、程序、内容如下:

(1) 材料、零部件的采购(包括采购计划和采购合同), 明确对分供方实施质量控制的方式和内容(包括对分供方进行评价、选择、重新评价, 并编制分供方评价报告, 建立合格供方名录等), 对法规、安全技术规范有行政许可规定的分供方, 应当对分供方许可资格进行确认;

(2) 材料、零部件验收(复验)控制, 包括未经验收(复验)或者不合格的材料、零部件不得投入使用等;

(3) 材料标识(可追溯性标识)的标识编制、标识方法、位置和标识移植等;

(4) 材料、零部件的存放与保管, 包括储存场地、分区堆放或分批次(材料炉批)等;

(5) 材料、零部件领用和使用控制, 包括质量证明文件、牌号、规格、材料炉批号、检验结果的确认, 材料领用、切割下料、成形、加工前材料标识的移植及确认, 余料、废料的处理等;

(6) 材料、零部件代用, 包括代用的基本要求及代用范围, 代用的审批、代用的检验试验等。

9) 作业(工艺)控制

作业(工艺)控制的范围、程序、内容如下:

(1) 作业(工艺)文件的基本要求, 包括通用或者专用工艺文件制定的条件和原则要求;

（2）作业（工艺）纪律检查，包括工艺纪律检查时间、人员，检查的工序，检查项目、内容等；

（3）工装、模具的管理，包括工装、模具的设计、制作及检验，工装、模具的建档、标识、保管、定期检验、维修及报废等。

10）焊接控制

焊接控制的范围、程序、内容如下：

（1）焊接人员管理，包括焊接人员培训、资格考核，持证焊接人员的合格项目，持证焊接人员的标识，焊接人员的档案及其考核记录等；

（2）焊接材料控制，包括焊接材料的采购、验收、检验、储存、烘干、发放、使用和回收等；

（3）焊接工艺评定报告（PQR）和焊接工艺指导书（WPS）控制，包括焊接工艺评定报告、相关检验检测报告、工艺评定施焊记录以及焊接工艺评定试样的保存；

（4）焊接工艺评定的项目覆盖特种设备焊接所需要的焊接工艺；

（5）焊接过程控制，包括焊接工艺、产品施焊记录、焊接设备、焊接质量统计以及统计数据分析；

（6）焊缝返修（母材缺陷补焊）控制，包括焊缝返修（母材缺陷补焊）工艺、焊缝返修次数和焊缝返修审批、焊缝返修（母材缺陷补焊）后重新检验检测等；

（7）依据安全技术规范、标准有产品焊接试板要求时，对产品焊接试板控制，包括焊接试板的数量、制作、焊接方式、标识、热处理、检验检测项目、试样加工、检验试验、焊接试板和试样不合格的处理、试样的保存等。

11）热处理控制

结合许可项目特性和本单位实际情况，依据安全技术规范、标准的要求，制定热处理控制的范围、程序、内容如下：

（1）热处理工艺基本要求；

（2）热处理控制，包括所用的热处理设备、测温装置、温度自动记录装置、热处理记录（注明热处理炉号、工件号/产品编号、热处理日期、热处理操作工签字、热处理责任人签字等）和报告的填写、审核确认等；

（3）热处理由分包方承担时，对分包方热处理质量控制，包括对分包方的评价、选择和重新评价，分包方热处理工艺控制，分包方热处理报告、记录（注明热处理炉号、工件号/产品编号、热处理日期、热处理操作工签字、热处理责任人签字等）和报告的审查确认等。

12）无损检测控制

结合许可项目特性和本单位实际情况，依据安全技术规范、标准的要求，制定无损检测控制的范围、程序、内容如下：

（1）无损检测人员管理，包括无损检测人员的培训、考核，资格证书，持证项目的管理，无损检测人员的职责、权限等；

（2）无损检测通用工艺、专用工艺基本要求，包括无损检测方法，依据安全技术规范、标准等；

（3）无损检测过程控制，包括无损检测方法、数量、比例，不合格部位的检测、扩探比例，评定标准等；

（4）无损检测记录、报告控制，包括无损检测记录、报告的填写、审核、复评、发放，

RT 底片的保管，UT 试块的保管等；

（5）无损检测设备及器材控制；

（6）无损检测工作由分包方承担时，对分包方无损检测质量控制，包括对分包方资格、范围及人员资格的确认，对分包方的评价、选择、重新评价并且形成评价报告，对分包方的无损检测工艺、无损检测记录和报告的审查和确认等。

13）理化检验控制

理化检验控制的范围、程序、内容如下：

（1）理化检验人员培训上岗；

（2）理化检验控制，包括理化检验方法确定和操作过程的控制；

（3）理化检验记录、报告的填写、审核、结论确认、发放、复验以及试样、试剂、标样的管理等；

（4）理化检验的试样加工及试样检测；

（5）理化检验由分包方承担时，对分包方理化检验质量控制，包括对分包方的评价、选择、重新评价并且形成评价报告，对分包方理化检验工艺、理化检验记录和报告审查和确认等。

14）检验与试验控制

检验与试验控制的范围、程序、内容如下：

（1）检验与试验工艺文件基本要求，包括依据、内容、方法等；

（2）过程检验与试验控制，包括前道工序未完成所要求的检验与试验或者必须的检验与试验报告未签发和确认前，不得转入下道工序或放行的规定；

（3）最终检验与试验控制（如出厂检验、竣工验收、调试验收、试运行验收等），包括最终检验与试验前所有的过程检验与试验均已完成，并且检验与试验结论满足安全技术规范、标准的规定；

（4）检验与试验条件控制，包括检验与试验场地、环境、温度、介质、设备（装置）、工装、试验载荷、安全防护、试验监督和确认等；

（5）检验与试验状态，如合格、不合格、待检的标识控制；

（6）安全技术规范、标准有型式试验或其他特殊试验规定时，应当编制型式试验或其他特殊试验控制的规定，包括型式试验项目及其覆盖产品范围、型式试验机构、型式试验报告、型式试验结论及其他特殊试验条件、方法、工艺、记录、报告及试验结论等；

（7）检验试验记录和报告控制，包括检验试验的记录、报告的填写、审核和确认等，检验试验记录、报告、样机（试样、试件）的收集、归档、保管的特殊要求等。

15）设备和检验试验装置控制

设备和检验试验装置的控制范围、程序、内容如下：

（1）设备和检验试验装置控制，包括采购、验收、操作、维护、使用环境、检定校准、检修、报废等；

（2）设备和检验试验装置档案管理，包括建立设备和检验试验装置台帐和档案，质量证明文件、使用说明书、使用记录、维修保养记录、校准检定计划，校准检定记录、报告等档案资料；

（3）设备和检验试验装置状态控制，包括检定校准标识，法定检验要求的设备定期检验的检验报告等。

16）不合格品(项)控制

根据本单位实际情况，制定不合格品(项)控制的范围、程序、内容如下：

(1) 不合格品(项)的记录、标识、存放、隔离等；

(2) 不合格品(项)原因分析、处置及处置后的检验等；

(3) 对不合格品(项)所采取纠正措施的制定、审核、批准、实施及其跟踪验证等。

17）质量改进与服务

质量改进与服务控制范围、程序、内容如下：

(1) 质量信息控制，包括内、外部质量信息，质量技术监督部门和监督检验机构提出的质量问题，质量信息收集、汇总、分析、反馈、处理等；

(2) 规定每年至少进行一次完整的内部审核，对审核发现的问题分析原因、采取纠正措施并跟踪验证其有效性；

(3) 对产品一次合格率和返修率进行定期统计、分析，提出具体预防措施等；

(4) 用户服务，包括服务计划、实施、验证和报告，以及相关人员职责等。

18）人员培训、考核及其管理

人员培训、考核及其管理的范围、程序、内容如下：

(1) 人员培训要求、内容、计划和实施等；

(2) 特种设备许可所要求的相关人员的培训、考核档案；

(3) 特种设备许可所要求的相关人员的管理，包括聘用、借调、调出的管理。

注：本条不包括焊接人员、无损检测人员、理化检验人员，这些人员的培训、考核及其管理在相关条中规定。

19）其他过程控制

其他过程是指在压力容器等特种设备制造、安装、改造、维修过程中，对特种设备安全性能有重要影响、需要加以特别控制的过程。如爆破片的刻槽，球片的压制，封头的成形，锻件加工，容器的表面处理，缠绕容器的缠绕或绕带，无缝气瓶的拉伸成形、收口、收底、瓶口加工等，溶解乙炔气瓶的填料配料、蒸压、烘干等，缠绕气瓶的纤维缠绕、烘干、固化等，医用氧舱的安装、通信系统、电器系统、照明系统、供排气系统等，锅炉管板与烟管、汽包与下降管的胀接过程，锅炉安装调试，非金属管件、管材的挤出成形等，锅炉压力容器等用板材生产过程中的炼钢、连铸、模铸、加热和热处理、压力加工及成品精整等，金属管件的弯制、成形等，阀门装配测试过程，压力管道安装中的穿跨越工程、阴极保护装置安装、通球扫线、防腐、隐蔽工程等，电控系统、液压系统、气动系统及整机的安装调试，重要零部件的加工、安全部件的制作和检验、金属结构制作，批量制造产品的批量管理等。

结合许可项目特性，应当将其他过程控制单独编制独立的控制要素，规定控制范围、程序、内容如下：

(1) 明确对特种设备安全性能有重要影响的其他过程；

(2) 任命其他过程控制责任人员，明确其职责、权限；

(3) 其他过程控制实施中的特殊控制要求、过程记录、检验试验项目、检验试验记录和报告。

对于许可规则(条件)等安全技术规范规定明确规定的其他过程控制中的主要控制过程，应当单独作为一个基本要素做出专门规定，其他一般性的过程控制可以在作业(工艺)控制中规定。对于某些许可项目，如果没有焊接、热处理、无损检测等要求的，可以不进行专门规定，而将许可规则(条件)等安全技术规范规定的其他主要过程控制列入。

20）执行特种设备许可制度

结合许可项目特性和本单位实际情况，制定执行特种设备许可制度控制，控制范围、程序、内容如下：

（1）执行特种设备许可制度；

（2）接受各级质量技术监督部门的监督；

（3）接受监督检验，包括法规、安全技术规范对特种设备制造、安装、改造、维修实施监督检验的要求时，制定接受特种设备监督检验的规定，明确专人负责与监督检验人员的工作联系，提供监督检验工作的条件，对监督检验机构提出的《监检工作联络单》、《监检意见通知书》的处理内容等；

（4）做好特种设备许可证管理，包括遵守相关法律、法规和安全技术规范的规定，特种设备许可情况(如名称、地点、质量保证体系)发生变更、变化时，及时办理变更申请和备案的规定，特种设备许可证及许可标志管理规定，特种设备许可证的换证的要求等。

（5）提供相关信息，包括按照法规、安全技术规范，向质量技术监督部门、检验机构和社会提供制造、安装、改造、维修设备及其过程的相关信息，以及机构设置、人员配备和设备的情况等。

9.2.2 质量监督

1）质量监督形式

建立了质量保证体系后，需要对体系的执行进行监督(QS)，为了合理分配资源，设备制造监督也可以实施分级管理，不同级别的设备或部件的监督内容与要求有所不同[105]。

（1）驻厂监督(QS1)

从原材料进厂一直到设备出厂验收，进行全过程跟踪监督。一般应用于QS等级高的核安全级重要设备(如：核安全一级设备的大型铸锻件、反应堆压力容器、蒸汽发生器、稳压器、主泵、主管道等)及决定可用率的非核级重要设备(如：汽轮机、发电机、汽水分离再热器、主变等设备)。

（2）定期制造厂监督(QS2)

依据设置的监督点，有选择地实施设备制造质量监督及过程抽查。一般用于监督等级为核安全二级的重要设备，以及影响可用率的设备(如汽轮机相关系统、发电机和励磁机相关系统、辅助压力容器及换热设备、给水泵及凝结水泵、离心及轴流泵、潜水泵、化水处理成套系统及化学药剂储存区、氢气生产及贮存系统、循环水过滤系统、中型起吊设备等重要设备)。

（3）最终验收(QS3)

在设备完成制造后，出厂前需进行一次全面的监督检查。根据设备制造质量监督的实际情况，也可在制造过程中设见证点。一般用于监督等级为核安全三级的设备，以及间接影响可用率的设备(如板式热交换器、BOP管道、阀门、泵、小型起吊设备等设备)。

2）质量监督过程管理

从QS各个环节的策划与实施对设备制造质量进行监督。

（1）设备制造开工前

QS人员应通过多种渠道收集所监督设备相关合同/订单信息、上游采购规范、技术支持文件等，及时了解和掌握设备制造特点与重点，做好质量监督策划与准备工作。在审查质量跟踪文件过程中，须查看上游技术文件要求，包括：采购要求和专用监督计划最低要求等，避免重要工序的遗漏，合理设置见证点，主要包括：H 点、W 点和 R 点。

结合 QS“人”、“机”、“料”、“法”、“环”和“测”相关要素，验证供应商/制造厂开工前准备情况。人员、机器、原料、方法、环境，是对全面质量管理理论中的五个影响产品质量的主要因素的简称，也是工业制造企业管理中所讲的五要素。

（2）设备制造过程中

QS 人员出席 W/H 见证点或进行巡检活动时，须携带必要的指导文件和操作、检查规程等，并做好必要信息的记录工作，如：监督导则中要求必须记录的基本信息。在供应商/制造厂检查并签字确认的前提下，QS 人员验证后在质量跟踪文件对应栏签字确认。针对设备制造和生产过程中的工艺流程、制造质量及供应商/制造厂的 QA/QC 体系存在的问题和薄弱因素，进行深入分析，力求见微知著、举一反三，查找问题根源。根据发现问题的严重程度，通过发布备忘录、观察意见单、质量监督缺陷报告和函件及召开专题会等不同的方式和渠道，要求供应商采取有效措施，敦促供应商及时整改，确保设备制造质量符合采购要求和《质量保证大纲》要求。

（3）设备最终验证与放行期间

质量监督人员在设备放行前应做好对设备及其制造完工报告的最终验证和确认。

① 设备本体性能指标及表面质量符合合同采购规范的具体要求；

② 设备包装与装箱等符合相关要求；

③ 设备相关外部不符合项、观察意见单及其他遗留项都已关闭。

在对设备及其制造完工报告进行了最终验证后，除了不影响发运的保留意见外，没有违反合同规定的性能要求，则应该对设备进行质量放行。

9.2.3 事故反馈机制

过程设备制造是一个十分复杂的系统工程，包含众多的加工工序和设备部件，其供货来源可能并不是一家或几家公司，而是来自国内外的众多供应商。各供应商制造的设备不同、技术能力不同、质量意识和管理水平参差不齐，特别是对压力容器安全的理解和认同也存在较大差异，这就给设备制造、采购的质量管理控制提出了挑战。

对于重大质量事件采取过程调查和原因分析，以便采取准确有效的纠正措施。而造成重大影响或损失的质量事件，原因较为复杂，处理纠正难度较大。因此，对问题原因要分析得更为深入，厘清机理。目前在安全性要求高的过程设备，如核设备的质量管理工作中已经全面推行经验反馈制度，对不同供应商、不同类别的典型质量问题进行原因分析、处理纠正、经验总结、反馈落实。在整个核电设备质量管理网络内实现信息和经验共享，结合设备制造关键工序风险分析预先做好防控措施，预防和避免同类质量问题重复发生[106]。

过程设备的质量管理也可借鉴航天行业的“双归零”质量管理方法。“归零”是指对设备、零部件、原材料在设计、制造、试验等活动过程中出现的质量事件，从技术和管理两个方面入手分析质量问题产生的原因、机理及纠正措施，并进行经验反馈，避免同样质量问题重复发生[107]。技术归零的原则是“定位准确、机理清楚、问题复现、措施有效、经验反馈”。管理归零的原则是“过程清楚、责任明确、措施落实、严肃处理、完善规章”。航天质量“双归零”的突出特点和优势是从技术和管理两个维度去分析、考察事件发生原因，在问题处理上形成一个完整的闭环，达到根本解决的效果，克服了常规质量问题处理过程中偏技术、轻管理，重形式、轻落实的不足。因此，管理归零是质量问题处置的一个关键方面，是区别于常规质量问题处理的一个显著特点，能够更有效地预防和避免问题的重复发生。

过程设备质量管理的大系统是国家质量监督检验检疫总局(简称质检总局)特种设备安全监察局管理锅炉、压力容器、压力管道等特种设备的安全监察、监督工作；监督检查特种设备的设计、制造、安装、改造、维修、使用、检验检测和进出口；按规定权限组织调查处理特种设备事故并进行统计分析；监督管理特种设备检验检测机构和检验检测人员、作业人员的资质资格。

在过程设备质量管理上建立包括质量事件的通报、原因调查、跟踪处理、经验反馈的事故处理流程，学习和借鉴航天“双归零”的思想和方法，建立体系完整、运行流畅、结果清楚、落实有效的过程设备质量事件管理办法，能够进一步提升设备制造厂的质量管理水平和设备实体质量，降低质量风险，减少设备安全事故，体现质量管理的效益和价值。

参 考 文 献

[1] 涂善东. 过程装备与控制工程概论[M]. 北京：化学工业出版社，2009.
[2] 固定式压力容器安全技术监察规程：TSG 21—2016[S].
[3] 周明宇，褚良银，陈文梅，等. 微型化工设备的研究与应用进展[J]. 化工装备技术，2006，(03)：1-5.
[4] 葛琪林，柳建华，张良，等. 微通道换热研究进展综述[J]. 低温与超导，2012，(09)：76-80.
[5] 刘兆利，张鹏飞. 微反应器在化学化工领域中的应用[J]. 化工进展，2016，(01)：10-17.
[6] 赵述芳，白琳，付宇航，等. 液滴流微反应器的基础研究及其应用[J]. 化工进展，2015，(03)：593-607+616.
[7] 陈光文，赵玉潮，乐军，等. 微化工过程中的传递现象[J]. 化工学报，2013，(01)：63-75.
[8] 高金吉，杨国安. 流程工业装备绿色化、智能化与在役再制造[J]. 中国工程科学，2015，(07)：54-62.
[9] 黄伯云，李成功，石力开，等. 中国材料工程大典：第4卷 有色金属材料工程(上)[M]. 北京：化学工业出版社，2006.
[10] 黄伯云，李成功，石力开. 中国材料工程大典：第5卷 有色金属材料工程(下)[M]. 北京：化学工业出版社，2006.
[11] 江东亮，李龙土. 中国材料工程大典：第8卷 无机非金属材料工程(上)[M]. 北京：化学工业出版社，2006.
[12] 江东亮，李龙土，欧阳世翕. 中国材料工程大典：第9卷 无机非金属材料工程(下)[M]. 北京：化学工业出版社，2006.
[13] 杨鸣波，唐志玉. 中国材料工程大典：第6卷 高分子材料工程(上)[M]. 北京：化学工业出版社，2006.
[14] 杨鸣波，唐志玉. 中国材料工程大典：第7卷 高分子材料工程(下)[M]. 北京：化学工业出版社，2006.
[15] 益小苏，杜善义，张立同. 中国材料工程大典：第10卷 复合材料工程[M]. 北京：化学工业出版社，2006.
[16] 压力容器：GB 150—2011[S].
[17] 塔式容器：NB/T 47041—2014[S].
[18] 卧式容器：NB/T 47042—2014[S].
[19] 锅炉和压力容器用钢板：GB 713—2014[S].
[20] 低温压力容器用钢板：GB 3531—2014[S].
[21] 变形铝及铝合金化学成分：GB/T 3190—2008[S].
[22] 钛及钛合金牌号和化学成分：GB/T 3620. 1—2007[S].
[23] 钛及钛合金加工产品化学成分允许偏差：GB/T 3620. 2—2007[S].
[24] 耐蚀合金牌号：GB/T 15007—2008[S].
[25] 高温合金和金属间化合物高温材料的分类和牌号：GB/T 14992—2005[S].
[26] 镍及镍合金制压力容器：JB/T 4756—2006[S].
[27] 锆制压力容器：NB/T 47011—2010[S].
[28] 干勇，田志凌，董瀚，等. 中国材料工程大典：第2卷 钢铁材料工程(上)[M]. 北京：化学工业出版社，2006.
[29] 徐滨士，刘世参. 中国材料工程大典：第16卷 材料表面工程(上)[M]. 北京：化学工业出版社，2006.
[30] 王文友. 过程装备制造工艺[M]. 北京：中国石化出版社，2009.

[31] 李志安，金志浩，金丹．过程设备制造[M]．北京：中国石化出版社，2014.
[32] 热轧钢板和钢带的尺寸、外形、重量及允许偏差：GB/T 709—2006[S].
[33] 一般工业用铝及铝合金板、带材 第3部分：尺寸偏差：GB/T 3880.3—2012[S].
[34] 钛及钛合金板材：GB/T 3621—2007[S].
[35] 镍及镍合金板材：GB/T 2054—2013[S].
[36] 辛希贤，樊玉光．化工设备制造工艺学[M]．西安：陕西科学技术出版社，2001.
[37] 朱振华，邵泽波．过程装备制造技术[M]．北京：化学工业出版社，2011.
[38] 气焊、焊条电弧焊、气体保护焊和高能束焊的推荐坡口：GB/T 985.1—2008[S].
[39] 埋弧焊的推荐坡口：GB/T 985.2—2008[S].
[40] 铝及铝合金气体保护焊的推荐坡口：GB/T 985.3—2008[S].
[41] 史耀武．中国材料工程大典：第23卷 材料焊接工程(下)[M]．北京：化学工业出版社，2006.
[42] 萧前．化工机械制造工艺学[M]．北京：烃加工出版社，1990.
[43] 工作场所有害因素职业接触限值 第1部分：化学有害因素：GBZ2.1—2007[S].
[44] 工作场所有害因素职业接触限值 第2部分：物理因素：GBZ2.2—2007[S].
[45] 王至尧．中国材料工程大典：第25卷 材料特种加工成形工程(下)[M]．北京：化学工业出版社，2006.
[46] 复合钢的推荐坡口：GB/T 985.4—2008[S].
[47] 胡正寰，夏巨谌．中国材料工程大典：第21卷 材料塑性成形工程（下)[M]．北京：化学工业出版社，2006.
[48] 钢制化工容器制造技术要求：HG/T 20584—2011[S].
[49] 热交换器：GB 151—2014[S].
[50] 压力容器封头：GB/T 25198—2010[S].
[51] 胡正寰，夏巨谌．中国材料工程大典：第20卷 材料塑性成形工程(上)[M]．北京：化学工业出版社，2006.
[52] 史耀武．中国材料工程大典：第22卷 材料焊接工程(上)[M]．北京：化学工业出版社，2006.
[53] 钢制化工容器结构设计规定：HG/T 20583—2011[S].
[54] 邹广华，刘强．过程装备制造与检测[M]．北京：化学工业出版社，2003.
[55] 焊缝符号表示法：GB/T 234—2008[S].
[56] 承压设备焊接工艺评定：NB/T 47014—2011[S].
[57] 承压设备产品焊接试件的力学性能检验：NB/T 47016—2011[S].
[58] 非合金钢及细晶粒钢焊条：GB/T 5117—2012[S].
[59] 热强钢焊条：GB/T 5118—2012[S].
[60] 不锈钢焊条：GB/T 983—2012[S].
[61] 堆焊焊条：GB/T 984—2001[S].
[62] 铸铁焊条及焊丝：GB/T 10044—2006[S].
[63] 铝及铝合金焊条：GB/T 3669—2011[S].
[64] 镍及镍合金焊条：GB/T 13814—2008[S].
[65] 埋弧焊用碳钢焊丝和焊剂：GB/T 5293—1999[S].
[66] 气体保护电弧焊用碳钢、低合金钢焊丝：GB/T 8110—2008[S].
[67] 不锈钢焊丝和焊带：GB/T 29713—2013[S].
[68] 钛及钛合金焊丝：GB/T 30562—2014[S].
[69] 铝及铝合金焊丝：GB/T 10858—2008[S].
[70] 镍及镍合金焊丝：GB/T 15620—2008[S].
[71] 锆及锆合金焊丝：YS/T 887—2013[S].

[72] 压力容器焊接规程：NB/T 47015—2011[S].
[73] 铝制焊接容器：JB/T 4734—2002[S].
[74] 钛制焊接容器：JB/T 4745—2002[S].
[75] 干勇，田志凌．中国材料工程大典：第 3 卷 钢铁材料工程(下)[M]. 北京：化学工业出版社，2006.
[76] 承压设备无损检测 第 1 部分：通用要求：NB/T 47013. 1—2015[S].
[77] 承压设备无损检测 第 2 部分：射线检测：NB/T 47013. 2—2015[S].
[78] 承压设备无损检测 第 3 部分：超声检测：NB/T 47013. 3—2015[S].
[79] 承压设备无损检测 第 4 部分：磁粉检测：NB/T 47013. 4—2015[S].
[80] 承压设备无损检测 第 5 部分：渗透检测：NB/T 47013. 5—2015[S].
[81] 承压设备无损检测 第 6 部分：涡流检测：NB/T 47013. 6—2015[S].
[82] 承压设备无损检测 第 7 部分：目视检测：NB/T 47013. 7—2012[S].
[83] 承压设备无损检测 第 8 部分：泄漏检测：NB/T 47013. 8—2012[S].
[84] 承压设备无损检测 第 9 部分：声发射检测：NB/T 47013. 9—2012[S].
[85] 承压设备无损检测 第 10 部分：衍射时差法超声检测：NB/T 47013. 10—2015[S].
[86] 承压设备无损检测 第 11 部分：X 射线数字成像检测：NB/T 47013. 11—2015[S].
[87] 承压设备无损检测 第 12 部分：漏磁检测：NB/T 47013. 12—2012[S].
[88] 承压设备无损检测 第 13 部分：脉冲涡流检测：NB/T 47013. 13—2015[S].
[89] 承压设备无损检测 第 14 部分：X 射线计算机辅助成像检测：NB/T 47013. 14—2016[S].
[90] 无损检测 射线照相检测用金属增感屏：GB/T 23910—2009[S].
[91] 无损检测 线型像质计通用规范：JB/T 7902—2015[S].
[92] 无损检测 射线照相底片像质 第 2 部分：阶梯孔型像质计像质指数的测定：GB/T 23901. 2—2009[S].
[93] 无损检测 术语 X 射线数字成像检测：GB/T 12604. 11—2015[S].
[94] 焊缝无损检测 超声检测 技术、检测等级和评定：GB/T 11345—2013[S].
[95] 徐祖耀，黄本立，鄢国强．中国材料工程大典：第 26 卷 材料表征与检测技术[M]. 北京：化学工业出版社，2006.
[96] 无损检测 磁粉检测用材料：JB/T 6063—2006[S].
[97] 无损检测 磁粉检测用试片：GB/T 23907—2009[S].
[98] 裴润有，刘保平，魏增安．油气田建设工程焊接质量无损检测技术[M]. 北京：石油工业出版社，2014.
[99] 樊东黎，潘健生，徐跃明，等．中国材料工程大典：第 15 卷 材料热处理工程[M]. 北京：化学工业出版社，2006.
[100] 承压设备焊后热处理规程：GB/T 30583—2014[S].
[101] 张世琪，李迎，孙宇．现代制造引论[M]. 北京：科学出版社，2003.
[102] 姚锡凡，于淼，陈勇，等．制造物联的内涵、体系结构和关键技术[J]. 计算机集成制造系统，2014，20 (1)：1-10.
[103] 路甬祥．走向绿色和智能制造——中国制造发展之路[J]. 中国机械工程，2010，21 (4)：379-386，399.
[104] 特种设备制造、安装、改造、维修质量保证体系基本要求：TSG Z0004—2007[S].
[105] 孙峰，王小刚，张春来，等．核电工程设备制造质量监督体系的建立与完善[J]. 标准科学，2013，(03).
[106] 徐文镜，张春来，王小刚，等．航天质量“双归零”在核电设备质量管理中的应用浅析[J]. 标准科学，2013，(02).
[107] 航天产品质量问题归零实施要求：GB/T 29076—2012[S].